人民交通出版社"十一五"
高职高专土建类专业规划教材

建筑力学

主　编　刘志宏　蒋晓燕
副主编　马晓健　杨石柱　冯昆荣
主　审　高　健

U0293958

人民交通出版社
China Communications Press

内 容 提 要

本书根据高职土建专业特点,以培养技能型、实用性人才为目标,努力反映建筑(市政)施工专业所涉及的力学知识。重点内容包括:力学基本知识和力学计算基础等理论力学内容,轴向拉伸与压缩变形、弯曲变形、压杆稳定等材料力学的内容,以及几何组成分析、静定刚架内力计算、力法、位移法和力矩分配法等结构力学的知识。

本书主要适用于高职高专院校、成人高校及本科院校举办的二级职业技术学院中建筑工程技术专业、市政工程专业、工程监理专业以及相关专业作为教学用书,也可作为有关工程技术人员的参考用书。

图书在版编目(CIP)数据

建筑力学/刘志宏等编. --北京:人民交通出版社,2007.8

ISBN 978-7-114-06286-5

Ⅰ. 建… Ⅱ. …刘 Ⅲ. 建筑力学-高等学校:技术学校-教材 Ⅳ. TU311

中国版本图书馆 CIP 数据核字(2006)第 144893 号

书　　名:	建筑力学
著 作 者:	刘志宏　蒋晓燕
责任编辑:	邵　江
出版发行:	人民交通出版社股份有限公司
地　　址:	(100011) 北京市朝阳区安定门外外馆斜街 3 号
网　　址:	http://www.ccpress.com.cn
销售电话:	(010) 59757973
总 经 销:	人民交通出版社股份有限公司发行部
经　　销:	各地新华书店
印　　刷:	北京市密东印刷有限公司
开　　本:	720×960　1/16
印　　张:	31.25
字　　数:	616 千
版　　次:	2007 年 8 月　第 1 版
印　　次:	2015 年 12 月　第 10 次印刷
书　　号:	ISBN 978-7-114- 06286-5
定　　价:	42.00 元

(有印刷、装订质量问题的图书由本社负责调换)

高职高专土建类专业规划教材编审委员会

主任委员

吴 泽（四川建筑职业技术学院）

副主任委员

危道军（湖北城建职业技术学院）　　范文昭（山西建筑职业技术学院）
赵 研（黑龙江建筑职业技术学院）　　袁建新（四川建筑职业技术学院）
李 进（济南工程职业技术学院）　　　许 元（浙江广厦建设职业技术学院）
韩 敏（人民交通出版社）

土建施工类分专业委员会主任委员

赵 研（黑龙江建筑职业技术学院）

工程管理类分专业委员会主任委员

袁建新（四川建筑职业技术学院）

委员 （以姓氏笔画为序）

马守才（兰州工业高等专科学校）　　毛燕红（九州职业技术学院）
王 安（山东水利职业学院）　　　　王 强（北京工业职业技术学院）
王延该（湖北城建职业技术学院）　　王社欣（江西工业工程职业技术学院）
田恒久（山西建筑职业技术学院）　　边亚东（中原工学院）
刘志宏（江西建设职业技术学院）　　刘晓敏（黄冈职业技术学院）
朱玉春（河北建材职业技术学院）　　张修身（陕西铁路工程职业技术学院）
张晓丹（河北工业职业技术学院）　　李中秋（河北交通职业技术学院）
李春亭（北京农业职业技术学院）　　杨太生（山西建筑职业技术学院）
杨家其（四川交通职业技术学院）　　肖伦斌（绵阳职业技术学院）
邹德奎（哈尔滨铁道职业技术学院）　闵 涛（湖南交通职业技术学院）
陈年和（徐州建筑职业技术学院）　　陈志敏（人民交通出版社）
罗 斌（湖南工程职业技术学院）　　侯洪涛（济南工程职业技术学院）
战启芳（石家庄铁道职业技术学院）　钟汉华（湖北水利水电职业技术学院）
郭起剑（徐州建筑职业技术学院）　　蒋晓燕（浙江广厦建设职业技术学院）
韩家宝（哈尔滨职业技术学院）　　　詹亚民（湖北城建职业技术学院）
蔡 东（广东建设职业技术学院）　　谭 平（北京京北职业技术学院）

顾问

杨嗣信（北京双圆工程咨询监理有限公司）谢建民（中国广厦控股集团）
侯君伟（北京建工集团）　　　　　　陈德海（北京广联达软件技术有限公司）
李 志（湖北城市建设职业技术学院）

秘书处

邵 江（人民交通出版社）

高职高专土建类专业规划教材出版说明

近年来我国职业教育蓬勃发展,教育教学改革不断深化,国家对职业教育的重视达到前所未有的高度。为了贯彻落实《国务院关于大力发展职业教育的决定》的精神,提高我国土建领域的职业教育水平,培养出适应新时期职业需要的高素质人才,人民交通出版社深入调研,周密组织,在全国高职高专教育土建类专业教学指导委员会的热情鼓励和悉心指导下,发起并组织了全国四十余所院校一大批骨干教师,编写出版本系列教材。

本套教材以《高等职业教育土建类专业教育标准和培养方案》为纲,结合专业建设、课程建设和教育教学改革成果,在广泛调查和研讨的基础上进行规划和展开编写工作,重点突出企业参与和实践能力、职业技能的培养,推进教材立体化开发,鼓励教材创新,教材组委会、编审委员会、编写与审稿人员全力以赴,为打造特色鲜明的优质教材做出了不懈努力,希望以此能够推动高职土建类专业的教材建设。

本系列教材先期推出建筑工程技术、工程监理和工程造价三个土建类专业共计四十余种主辅教材,随后在2—3年内全面推出土建大类中7类方向的全部专业教材,最终出版一套体系完整、特色鲜明的优秀高职高专土建类专业教材。

本系列教材适用于高职高专院校、成人高校及二级职业技术学院、继续教育学院和民办高校的土建类各专业使用,也可作为相关从业人员的培训教材。

人民交通出版社
2007 年 1 月

前　言
QIANYAN

　　本书作为高职院校土建类专业基础课教材，在编写过程中，围绕高职教育培养技能型、实用型人才的目标，遵循高职教育的教学内容"以应用为目的"、"以必要够用为度"的原则，努力使本书的编写既满足高职学生学习相关课程的当前学习需求，又兼顾学生自我学习、自我提高发展的长远学习追求。希望通过对本课程的学习，构建一个满足建筑类专业知识学习要求的平台，保证学生学完本课程内容后，能顺利进行后续专业课程的学习，并具备一定的专业素养，满足进一步学习专业知识及参加注册建造师、监理工程师等专业资格考试的要求。

　　本书在编排上努力反映高等职业教育的特点和要求，将理论力学、材料力学和结构力学等不同课程内容综合在一起，并根据建设类专业特点，在理论力学知识中只讨论静力学部分，并将与力学关系密切的荷载规范的内容及荷载简化的内容有机地结合在课程内容中。在教学内容取舍上，以满足后续专业课程学习要求为主，突出概念和应用方法的介绍，省略了部分理论性较强的推导过程。在编写风格上追求简单明了、通俗易懂、深入浅出。在保证课程内容的科学性和实用性的同时，维持了力学体系的系统性，有益于学习者进一步的学习要求。

　　本书最大特点是在建立力学基本概念，介绍力学基本计算内容以及力法、位移法和力矩分配法等超静定结构基本分析方法时，采用了新的视角和新的方法来阐述，使教学内容更加容易被学习者理解和接受，给力学教学带来一些清新的气息，不仅会使初学者容易接受，而且会让学过力学的人也感到耳目一新。

　　本书由江西建设职业技术学院刘志宏和浙江广厦职业技术学院蒋晓燕共同任主编，由马晓健、杨石柱、冯昆荣担任任副主编。由江西建设职业技术学院刘志宏编写绪论、第一章、第二章、第十五章、第十六章和第十七章，浙江广厦职业技术学院蒋晓燕编写第十二章和第十三章，山西建筑职业技术学院马晓健编写第五章和第九章,山西建筑职业技术学院张海珍、冯启隆、高岩、荀慧霞分别编写第三章、第四章、第七章、第八章,山东理工大学杨志刚编写第六章,石家庄铁道职业技术学院杨石柱编写第十章。浙江广厦职业技术学院黄乐平编写第十一章,四川省绵阳职业技术学院冯昆荣编写第十四章。本书由浙江水利水电专科学校高健担任主审。

由于编者水平所限,编写时间仓促,本书内容难免有不足与缺憾,敬请读者批评指正。

MULU

绪　　论

　　建筑力学是土建类专业课程体系中最重要的专业基础课,无论是从事建筑设计还是建筑施工、建设监理等各种土建专业技术工作,都离不开建筑力学知识。建筑力学知识是每一个从事土建专业工作的技术人员必须具备的基本素质。

一　建筑物的作用

　　从不同的角度来认识建筑物,其作用可以有不同的表述形式。如果从力学的角度(或者说从运动的角度)来看建筑物的作用,高楼大厦只是实现了物体在空中的静止不动。生活经验告诉我们,在高楼大厦里面的空间里,我们可以在空中的楼板上静止不动,而高楼大厦外面的空间里,由于受到地球吸引力的影响,空中的物体一定会发生自由落体运动,并且要一直等到该物体落地以后,物体才会静止不动,如图 0-1a)所示。这个简单的实验,告诉了我们一个深刻的道理,空中的物体由于受到重力作用是不可能静止不动的,只有当物体上的力传到了地面(即落地)后,物体才可能静止不动。

　　根据物体的力传到地面就可以静止这一道理,很容易理解,当我们做一个支架,托住处在空中的物体 A,如图 0-1b)所示,则 A 物体也是可以在空中处于静止状态,因为物体 A 的力通过支架传到了地面。所以我们可得出结论,只要物体上的力能够安全地传到地面,无论是直接落地的方式传到地面,还是通过支架把物体的力传到地面,物体都可以保持静止不动。

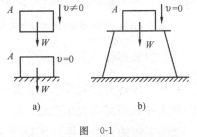

图　0-1

根据这个简单的力学道理,高楼大厦的作用就很清楚地展现出来,我们的房屋作用从力学角度来说,就是要构建一个支架,或者说构建一个传力体系,这个支架(或传力体系)的作用是将空中物体的力传到地面,从而确保空中的物体能够保持静止不动状态。因此,从力学的角度,设计一幢房屋就是设计一个传力体系,建造一幢房屋就是建造一个传力体系,而设计和建造这个传力体系的依据之一就是建筑力学理论。正是因为如此,我们可清楚地认识到,建筑力学理论是从事土建技术工作专业人员必须掌握的基本功和必须具备的基本素质。

二 基本力学模型

在实际建筑工程中,遇到的工程构件都是很复杂的,各种构件之间也是千差万别,作为一种理论和一门学科,建筑力学不可能(也不必要)对每一个工程构件(或者说研究对象)进行完整、准确地描述,而是需要对研究对象进行简化和抽象,略去一些次要因素,保留主要因素,将实际的工程构件抽象成便于分析研究的模型。所以说,模型的作用是反映实际工程构件的主要特征。模型来源于实际工程构件,但又不是原来真实的构件,模型是对实际工程构件经过抽象后,归纳、总结出来的能反映原来实际构件主要特征的计算概念或计算图式。按力学分析的要求建立的模型称为力学模型。

(一)刚体

刚体指受力后不会产生变形的物体。刚体的基本特征是,在任何情况下,刚体内任意两点间的距离始终保持不变。

特别要强调,刚体是描述物体运动特征的一个理想模型。实际上物体受力后都会产生变形,真正的理想刚体在现实生活中是不存在的。一般当物体受力后的变形对力学分析的影响很小时,通常可将该物体近似地视为刚体。例如,我们用手指按住课桌,虽然课桌产生了变形,但这个变形值太小了,因此,在这类情况下进行受力分析时,我们可将该课桌近似地按刚体对待。

多个相互关联的刚体组成的系统,称为刚体系。

(二)变形体

变形体指受力后会产生变形的物体。变形体的基本特征是,受力后变形体内两点间的距离会发生改变。

变形体的模型比刚体的模型更加接近现实生活中的物体。所以,变形体在建筑力学中比刚体模型应用得更加广泛，一般情况下，在建筑力学讨论范围内，物体都视为变形体。

变形体的变形是指物体受力后，其内部两点间的距离发生改变这一现象。从力学的角度来说，任何受到外力作用的物体都将产生变形。我们把外力除去后，物体能够自动恢复的变形称为弹性变形。把外力除去后，物体不能自动恢复的变形称为塑性变形，也称为残余变形。一般物体在外力较小时都会产生弹性变形，当外力较大时（超过材料的弹性极限），会产生塑性变形。

建筑力学只讨论弹性变形。

(三)杆件

杆件是指物体横截面的宽度和高度尺寸远小于物体长度尺寸的构件。在实际工程中梁、柱构件就是典型的杆件实例。根据工程计算习惯，通常在计算单向楼板和砌体结构的墙体时，也将单向楼板和墙体等效为杆件来进行力学计算。所以说，杆件是常见的建筑结构构件形式。

两根以上相互关联的杆件组合，称为杆件系统。我们说房屋是一个传力体系，一般情况下，房屋传力体系大多数都是由杆件系统构成的。当杆件系统中各个杆件的轴线不处在同一平面内，则称该杆件系统为空间杆件系统(也称空间传力体系)。实际结构的杆件系统，通常为空间杆件系统，如房屋的框架结构。当杆件系统中各个杆件的轴线位于同一平面内，则称该杆件系统为平面杆件系统。平面杆件系统一般都是空间杆件系统的组成部分，如一个房屋的空间杆件系统(框架结构)可认为是多个平面杆件系统(一榀榀框架)组合而成的。这也就是说，在建筑力学分析过程中，通常是将实际存在的空间杆件系统等效简化为平面杆件系统后，再进行工程计算、设计。因此，建筑力学主要讨论平面杆件系统。所以，杆件和平面杆件系统是建筑力学的主要研究对象。

三 建筑力学的主要内容

建筑力学是面向土建工程的需要，为研究、解决土建工程中的力学问题提供理论依据和基本计算方法的学科。

建筑力学主要解决两个基本问题：一是揭示杆件(或杆件系统中任意一根杆件)受到力作用后产生的力学反映(如支座反力、内力、应力、变形等)与传力体系(建筑结构)所承受的已知力(或称荷载)之间存在的关系，也就是找出计算方法，使我们能够根据作用在传力体系上的已知力(或称荷载)，求解出杆件(或杆件系

统)中产生的力学反映;二是弄清杆件的材料、截面尺寸、支承形式等因素与构件抵抗外力的能力之间的关系,也就是搞清楚影响构件抵抗外力能力的各种因素。一旦解决了这两个基本问题,即弄清楚了受力后杆件产生的力以及杆件的抵抗力,就很容易判断杆件是否满足工程要求了。

建筑力学包含理论力学、材料力学和结构力学三大部分力学内容。

理论力学是以刚体为研究对象,主要是讨论物体受力后的运动特性,由于所有土建工程构件都有一个共同的运动特性——静止不动,因此,在高职、高专建筑力学中的理论力学知识一般不涉及物体的运动,而是只讨论静止物体的受力情况,这部分理论力学知识称为静力学。静力学主要研究三个问题:1.力系的简化:通过力系的等效代换,将物体复杂的受力情况简化为简单的受力情况,为解决复杂的力学问题打下基础;2.力系的平衡条件:从力学的角度讨论土建工程构件的共同运动特征——静止不动,从而总结出静止不动物体必须满足的力学要求——力系的平衡条件。找出了物体的力系平衡条件,就找到了沟通力学问题与数学的桥梁,从而也就构建了建筑力学基本的计算平台;3.应用平衡方程求解未知力:将力系的已知计算要素代入力系的平衡条件,可得到平衡方程,从而将力学问题真正转化为数学方程,通过解方程就可求出未知力。

材料力学以表现形式为单根杆件的变形体为研究对象,主要研究单根杆件的强度(指杆件在荷载作用下抵抗破坏的能力)、刚度(指杆件在荷载作用下抵抗变形的能力)以及稳定性(指受压杆件保持原有平衡形态的能力)三方面基本问题。杆件的强度要求、刚度要求和稳定性要求是实际工程构件正常工作必须要满足的三个基本要求,我们工程构件的设计就是以满足这三方面基本要求为目标。

结构力学是以表现形式为杆件系统的变形体为研究对象,主要研究杆件系统在荷载作用下产生的力学反映。由于杆件系统内部各根杆件之间存在着相互影响,故杆件系统的力学分析较单根杆件的力学分析要复杂得多。同时必须指出,实际结构一般是以空间杆件系统形式存在的,但是,在建筑力学分析过程中,可以将这些空间杆件系统等效简化为平面杆件系统。所以,尽管结构力学讨论的杆件系统是平面杆件系统,但还是可以分析实际结构的力学问题。也就是说,实际工程计算求解实际结构的力学反映时,通常都要运用结构力学知识。

总之,建筑力学知识是每一个从事土建工程技术人员必不可少的专业基础知识,只有学习好、掌握好建筑力学知识,才能通过这个知识平台,进一步深入地学习和掌握其他土建专业知识。

第一章
力学基本知识

本章学习内容主要是帮助学生建立力学的基本概念,介绍力学分析中常用的力学公理、常见的约束反力形式,以及内力、应力、基本变形形式等力学基本概念,重点是培养学生对受力杆件定性分析能力(即正确绘制杆件受力图的能力)。

第一节　力学的基本概念

力是我们在日常生活和工程实践中经常遇到的一个概念,人人都觉得它很熟悉,但真正理解并领会力这个概念的内涵,其实并不容易。所以,学习力学应从了解力的概念开始。

 力的定义

力是指物体间的相互机械作用。

应该从以下四个方面来把握这个定义的内涵:

1. 力存在于相互作用的物体之间。

只有两个物体之间产生的相互作用才是力学中所研究的力。如图 1-1a)所示,用 B 绳索拉车辆 A,此时 B 绳索与车辆 A 之间的相互作用[如图 1-1b)所示]就是力学中要研究的力 F 和 F'。

建筑力学范畴里的力不包含维持杆件形成整体的分子间作用力。如图 1-2所示,一根不受外力的杆件,由于形成杆件的分子间存在着相互作用力 P、P',才

使所有分子形成一个整体——杆件。这种维持杆件形成整体的分子间相互作用力不是建筑力学中要研究的力。

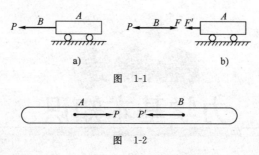

图　1-1

图　1-2

2.虽然力的定义是抽象的,但力的效果是具体的、实在的。

力的效果是可以通过其表现形式被人们看到和观测到的。力的表现形式是:1)力的运动效果(也称为力的外效应);2)力的变形效果(也称为力的内效应)。一个物体受力后,一定会产生力的效果,即产生运动和变形,力与力的效果是一一对应的。如粉笔盒若放在空中,则粉笔盒会产生自由落体运动,这个运动效果证明了重力的存在。但若将粉笔盒放在讲台上,这时,我们看到粉笔盒向下的运动效果消失了,凭此现象,根据力与力的效果一一对应的概念,就可断定粉笔盒一定受到力的作用。实际上粉笔盒放在讲台上失去了其向下运动的效果,原因是粉笔盒受到了讲台的支承力。所以,无论是在物体上看到一种力的效果产生(粉笔盒的空中自由落体运动)还是消失(粉笔盒放在讲台上静止),我们都可以断定该物体受到了力的作用。

物体受到力的作用后都会产生变形,即受力后物体的形状都会发生变化,这种受力后会产生变形的物体称为变形体。各种工程材料尽管变形能力大小不一,但都是变形体。当作用在物体上的外力消失后,能够自动恢复的变形称为弹性变形,外力消失后,不能自动恢复的变形称为塑性变形(或残余变形)。当外力从零开始在一定范围内变化时,物体会产生弹性变形。产生弹性变形的外力变化范围称为弹性范围。当外力超出弹性范围,则物体除了会产生弹性变形外,还会产生塑性变形。所以,各种工程材料随着外力大小的不同,有时产生弹性变形,有时产生塑性变形。

在讨论力学问题时,为了简化分析,有时会暂时不讨论物体的变形,即暂不考虑变形,这种不考虑变形的物体可以视为刚体。如在对物体进行受力分析时,当变形对力学分析影响不大时,往往不考虑其变形,把研究对象(脱离体)视为刚体。所以,尽管在图1-1a)中的绳子和车子受力后,实际上都会产生变形,但它们的变形值都很小,该变形值对于绳、车的力学分析影响不大,故在受力图中,仍将研究对象如图 1-1b)中的绳子和车子均视为刚体。

对于刚体来说,由于忽略了其变形效果,故对刚体来说物体只有运动效果。建筑力学在工程中,特别关心物体运动效果中的一种特殊情况——静止不动,静止不动状态在力学上也称为平衡状态。注意,物体仅在一个力作用下是不可能处在平衡状态的,因为根据牛顿第二定律,一个力作用下的物体其加速度 a 一定不等于零,所以该物体的速度也不可能等于零,即该物体不可能处于平衡状态(静止不动)。只有同时在物体上作用多个力,而这些力的运动效果相互抵消,这个物体才能平衡。作用在研究对象(物体)上多个力的集合称为力系。因此,物体只有在力系的作用下,才能处于平衡状态。为什么我们特别注重平衡(静止)这个概念呢?因为在对物体进行力学分析(不含动力学分析)时,平衡(静止)是所有建筑工程构件的共同力学特征,也就是说所有建筑工程构件工作时均处于平衡(静止)状态。而任何物体都不会无缘无故地处在平衡(静止)状态,只有满足了一定的力学条件(这个条件也称为物体的力学平衡条件),物体才会平衡(静止)。建筑工程构件均处在平衡(静止)状态,所以说,建筑工程中一切构件都满足力学平衡条件,这个力学平衡条件是我们对建筑工程构件进行力学计算必不可少的依据和条件。

3. 力产生的形式有直接接触和场的作用两种形式。

物体间的相互作用怎样会发生?从力学分析的角度,两个物体只要相互接触就有可能产生力的作用。这个概念在画受力图时很重要,画受力图时一定要把握,相互接触的物体间就有力的作用,记住这一点,在画受力图时就不容易漏掉力的作用。力有另外一种作用形式——场的作用,在建筑工程领域中最常见是重力场的作用,一般表现为物体的重力。

4. 要定量地确定一个力,也就是要定量地确定一个力的效果,通常我们只要确定一个力的大小、方向和作用点就可以完全确定这个力的效果。因此,将力的大小、力的方向和力的作用点称为力的三要素(如图 1-3 所示)。

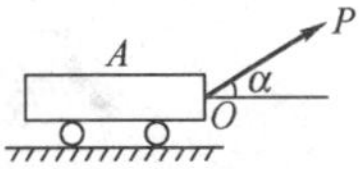

图 1-3

力的大小是衡量力作用效果强弱的物理量,通常用数值表示,有时也采用比例线段的长度表示力的大小。在国际单位制里,力的常用单位为牛顿(N)或千牛(kN),1kN＝1000N。

力的方向是确定物体运动方向的物理量。力的方向包含两个指标,一个指标是力的指向,也就是图 1-3 中 P 力的箭头。力的指向表示了这个力是拉力(箭头离开物体),还是压力(箭头指向物体)。另一个指标是力的方位,力的方位通常用力的作用线与基准线(通常是水平轴线)的夹角"α"来定量地表示。

力的作用点是指物体间接触点或物体的重心,力的作用点是影响物体变形的特殊点。

二 常见外力的形式

根据力与力的效果是一一对应的概念,我们知道,若物体上产生了力的效果,则该物体通常是受到来自于该物体外部的力的作用。例如,无支撑的空中物体,由于受到重力作用而产生自由落体运动;挑东西的扁担,由于受到扁担外部的力(人的支撑力和东西的重力)而产生弯曲。为了研究问题方便,力学中将来自于物体(杆件)外部的力简称为外力。

在建筑力学中,外力是导致物体(杆件)产生力的效果的原因。对外力的分析是建筑力学对杆件受力分析的基础,没有搞清楚作用在杆件上的外力,就不可能对杆件进行全面正确的力学分析。

从力学分析的角度,外力可分为已知力(也称为荷载)和未知力(如约束反力)两种形式。

从外力的作用形式来分,外力可分为集中力[如图 1-4a)所示]和分布力[如图 1-4b)、c)、d)、e)所示]两种形式。

集中力是指作用在物体一个点上的力[如图 1-4a)所示]。集中力的单位为牛顿(N)或千牛(kN)。注意,集中力是一个理想模型,在现实生活中与定义吻合的集中力是不存在的,因为工程中的外力不可能作用在杆件的一个点上。一般来说,外力都是以分布力的形式出现[如图 1-4b)所示],但当分布力的分布范围 x 与整个物体的范围(或者说与杆件长度)相比较很小时,则为了方便分析力学问题,一般将这种情况下的分布力按集中力形式对待。

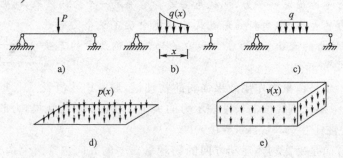

图 1-4

分布力的形式有三种:第一种分布力是线分布力,线分布力是指在直线(或线段上)每个点都受到力作用的情况[如图 1-4b)所示]。线分布力的常用单位

kN/m 或 N/m。1kN/m 的意思是,一米长的杆段上每个点都受到力的作用,若将这一米长杆段上每个点受到的力叠加起来,得到的合力为 1kN。线分布力是建筑力学中最常见的分布力。如果直线上每个点受到的力不是一样大,则称该分布力为不均匀分布力[如图 1-4b)所示];当直线上每个点受到的力都是同样大,则称该分布力为均匀分布力,简称均布力[如图 1-4c)所示]。

第二种分布力是面分布力,面分布力是指在平面上每个点都受到力作用的情况,如图 1-4d)所示。面分布力的常用单位为 kN/m² 或 N/m²,1kN/m² 的意思是 1 平方米的面积上每个点都受到力的作用,若将该面积上所有点的力都叠加起来,得到的合力是 1kN。面分布力是结构使用荷载(即房屋使用过程中产生的外力)的主要表现形式。房屋结构的使用荷载是设计、计算房屋结构的主要依据之一。结构使用荷载取值是关系到结构安全及房屋正常使用的非常慎重的大事,因此,国家以技术法规的形式来统一确定结构使用荷载的取值。例如,民用建筑楼面使用荷载的取值,根据我国《建筑结构荷载规范》(GB50009—2001)中规定,可查表得住宅、宿舍、教室的楼面荷载为 2kN/m²;食堂,餐厅的楼面荷载是 2.5kN/m²;礼堂、剧院的楼面荷载为 3kN/m²。可以看出这些建筑结构的设计依据都是以面分布力的形式表示的。施工计算中也是这样规定,如脚手架的建筑施工荷载按 3kN/m² 考虑;装修施工荷载按 2kN/m² 考虑;50mm 厚竹、木脚手架的自重按 0.35kN/m² 考虑;模板的施工人员及设备荷载按 2.5kN/m² 考虑;模板振捣混凝土产生的荷载按 2kN/m²(水平模板)和 4kN/m²(垂直面模板)考虑。

需要强调的是,尽管面分布力是结构计算、设计中常见的表达形式,但由于建筑力学研究对象是平面杆件和杆件系统,它们都是线形构件,不可能承受面分布力,所以在平面力学计算过程中,通常要将面分布力等效成为线分布力以后,再进行建筑力学分析。

第三种分布力是体分布力,体分布力是指在构成物体的空间里(或者说物体体积内)每一个点都受到力作用的情况,如图 1-4e)所示。体分布力的常用单位为 kN/m³、N/m³。1kN/m³ 的意思是在 1 立方米的空间里,每一个点都受到力的作用,若将这些点的力都叠加起来,得到的合力是 1kN。体分布力也是荷载的常见表现形式。一般材料和构件的自重都是以体分布力的形式表达,例如根据《建筑结构荷载规范》(GB 50009—2001)的规定,素混凝土的自重是 24kN/m³,钢筋混凝土的自重是 25kN/m³,水泥砂浆的自重是 20kN/m³,石灰砂浆的自重是 17kN/m³,施工计算中楼板模板(含梁的模板)0.5kN/m³(木模板)和 0.75kN/m³(组合钢模板),4m 以下楼层的模板及其支架的自重 0.75kN/m³(木模板)和 1.1kN/m³(组合钢模板)。

同样必须强调的是在平面力学计算过程中,通常要将体分布力等效成为线分布力之后,再进行建筑力学分析。

三 力系的分类

力系是作用在一个物体上的多个(两个以上)力的总称(或多个力的集合)。力系是建筑力学研究的对象,因为所有建筑工程构件都是处于平衡状态,而根据力学概念,我们知道,一个力是不可能使物体处于平衡状态,物体只有在两个或两个以上的力的同时作用下,才有可能处于平衡状态。因此可以断定,处于平衡状态下的建筑工程构件都是受到力系作用的。作用在平衡物体上的力系称为平衡力系。在现实生活中,物体也往往是受到多个力同时作用的,最简单情况如图1-5a)所示,该灯就受到绳子拉力 T 和重力 W 的共同作用。如图 1-5b)所示。此时作用于灯上的绳子拉力 T 和重力 W 构成一个最简单的平衡力系。

根据力系中各个力作用线位置特点,我们把力系分为:1)平面力系,平面力系的特征是该力系中各个力作用线位于同一平面内;2)空间力系,空间力系的特征是该力系中各个力作用线不在同一平面内。实际工程中遇到的力系都是空间力系,但空间力系的计算较复杂,故在力学分析当中,我们常常将实际构件受到的空间力系等效为平面力系(即进行体系简化)后,再进行力学计算。所以除特别说明外,我们研究的力系均为平面力系。

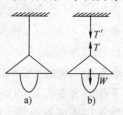

图 1-5

根据力作用线间相互关系的特点,我们把平面力系分为:1)共线力系,共线力系的特征是该力系中各个力作用线均处在一条直线上。如图 1-5b)所示,作用在灯上二个力的作用线在同一条直线上,所以作用于灯上的力系是共线力系;2)汇交力系,汇交力系的特征是该力系中各个力作用线或其延长线汇交于一点。如图 1-6a)所示,力系中各个力的作用线或延长线汇交于一点 O,故该力系是汇交力系;3)平面一般力系,平面一般力系的特征是该力系中各个力作用线无特殊规律。如图 1-6b)所示,力系中各个力的作用线无规律,故该力系是平面一般力系。实际上我们可以认为,共线力系和汇交力系均为平面一般力系中的特例,故学习力学计算理论时,我们主要注重平面一般力系的计算方法。

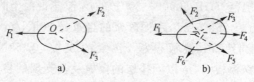

图 1-6

根据作用在物体上的力系运动特点，我们把力系分为：1）平衡力系，作用在平衡物体上的力系［如图 1-5b）所示的二力共线平衡力系］；2）不平衡力系，作用在运动物体上的力系。在建筑力学中，除特殊情况（如进行动力学分析）我们加以说明外，一般我们研究的力系均为平衡力系。

四 内力和应力的概念

根据前面的概念，我们知道，一根杆件受到力的作用，一定会产生力的效果，即杆件受力后会产生运动和变形，由于在我们建筑力学范围内，杆件都是平衡的，也就是说我们研究的杆件运动效应为零，所以我们可以肯定，平衡力系作用下的杆件虽然不会产生运动，但一定会产生变形。杆件为什么会产生变形？为了更深刻地理解变形概念，我们从微观的角度来描述变形的过程。以受力杆件 I-I 截面上任意一点 A 为例，如图 1-7a）所示，围绕截面上一点 A 取一小面积 ΔA ［如图 1-7b）］，设作用在 ΔA 上的作用力为 Δp，则面积 ΔA 上力的平均集度为：

$$p_m = \frac{\Delta p}{\Delta A}$$

p_m 称为面积 ΔA 上的平均应力，一般情况下，作用力在截面 ΔA 上的分布是不均匀的，平均应力还不能真实地反映一点处作用力的分布集度。所以将一点的应力定义为所取面积 ΔA 趋于零时，$\Delta p / \Delta A$ 的极限，即：

$$p = \lim_{\Delta A \to 0} \frac{\Delta p}{\Delta A}$$

p 称为 A 点处的应力。应力 p 表示了 I-I 截面上 A 点受到作用力的大小。

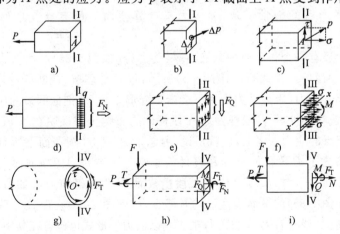

图　1-7

杆件内部的应力 p 一般较复杂,如图 1-7c) 所示,为了便于力学分析和计算,常把应力 p 分解为截面法线方向分量和截面切线方向分量,其中截面法线分量称为正应力 σ,截面切线方向分量称为剪应力 τ [如图1-7c)所示]。在力学计算中,应力计算一般都是计算正应力 σ 和剪应力 τ。

应力的单位是帕斯卡,简称帕,符号 Pa。工程实际中应力数值较大,常用兆帕 MPa 或吉帕 GPa 作单位。$1\text{MPa}=10^6\text{Pa}$,$1\text{GPa}=10^9\text{Pa}$。

力学中的计算理论许多是建立在实验基础之上的,所以对变形的观察和测量是必不可少的。而一个点的变形是无法观察和测量的。为了解决这个矛盾,人们在应力的概念基础之上,进一步提出了内力的概念,内力是指横截面上所有点应力的总和。如图 1-7d) 所示,某截面上所有点正应力 σ 之和就代表这个截面上的内力形式之一轴力 F_N,轴力 F_N 代表了截面上所有点正应力 σ 在轴线(或法线)方向上作用的总和。截面上可能还有其他形式的内力,如剪力 F_Q [代表截面上所有点剪应力 τ 在切线方向上作用的总和,如图1-7e)所示]和弯矩 M [当同一横截面上正应力 σ 有正有负时,弯矩 M 代表所有点正应力 σ 对正负应力分界轴 x-x 的力偶作用,如图1-7f)所示]以及扭矩 F_T [代表截面上所有点剪应力 τ 对截面中心 O 点的力偶作用,如图 1-7g)所示]等形式,杆件截面上最复杂的内力情形如图1-7h)所示,这些内力是截面上所有点引起的全部力学反映。因为内力是表示截面上所有点的变形,这种变形就便于观察和测量。图 1-7i)是内力的常见表现形式,它是图1-7h)的平面表达方式。

应力与内力在本质上是一致的,有变形就有应力,有应力就有内力。不同之处是,应力产生的变形是无法观察和测量的,内力产生的变形是可测的。应力是一个点变形后的力学反映,而内力是计算截面上所有点变形后的力学反映。

内力概念还有一个很重要的意义,一根受力杆[如图 1-8a) 所示],我们假想将杆件沿 I-I 剖面将杆件截断,如图 1-8b) 所示,很容易理解,截断杆件后,I-I 剖面两边的点都有应力(因为外力作用下会产生变形),且 I-I 剖面两边的应力是平衡的。注意,截断杆件后,B 段杆件对 A 段杆件的影响全部反映在 A 段杆件 I-I 横截面上所有点的应力 σ 之上,也就是说,考虑了 A 段 I-I 横截面上所有点的应力 σ,就等于考虑了 B 段杆件对 A 段杆件的影响。如果我们用横截面上所有点的力学反映总和——内力 F_N 来代表 A 段横截面 I-I 上全部应力 σ [如图 1-8c)所示,图 1-8d)是图 1-8c)的平面表达形式],那么,尽管图 1-8c)在形式上只反映了 A 段的受力,但 B 段杆件对 A 段杆件的影响以内力的形式也包含在其中。因此,可以看出,尽管图 1-8c)形式上与图 1-8a)、b)不一样,但它们的力学反映(即运动效应和变形效应)是一致的。这个分析的结果也就是说把杆件截断后,加上相应的内力,则截断后的杆件与截断前的杆件在力学分析中是等效的。这是我们进行力学分析过程中一个很重要的概念,也是常用力学计算方法——截面法(求解杆件内力的基本方法)能够成立的依据和基础。

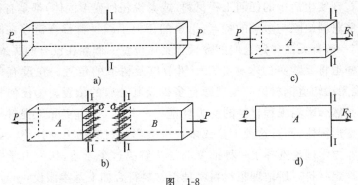

图 1-8

在平面力系中,主要讨论平面杆件体系,即所有杆轴线在同一平面内。在平面杆件体系中,尽管外力作用形式不同,但是在杆件内部产生的应力种类和内力种类是固定的。杆件应力种类只有两种,一种是正应力 σ,一种是剪应力 τ。杆件的内力种类总共是四种,它们是截面法线方向内力——轴力 F_N、截面切线方向内力——剪力 F_Q、在杆轴线和截面对称轴确定的平面(也称为纵向对称平面)内的力偶形式内力——弯矩 M 以及在横截面内的力偶形式内力——扭矩 F_T。如图 1-7h)、i)所示。

有了应力和内力概念后,我们还可以定性地描述杆件破坏的原理。我们知道,杆件内部点之间的相互作用力(分子之间作用力)的大小是与杆件内部点之间距离有关的,当杆件内部点之间距离发生变化时,该内部相互作用力(分子之间作用力)的大小也会发生变化,当杆件内部点之间距离的变化大到一定程度时,这个内部相互作用力会消失。在图 1-8a)所示情形中,杆件受力后,杆件内部点之间产生应力 σ,如图 1-8b)所示。外力愈大,杆件变形愈大,杆件内部的应力、内力也愈大,当杆件内部点之间距离因杆件变形增大到一定程度,也就是应力增加到一定限度,杆件内部点之间的内部作用力会消失,即意味着点之间出现了裂缝。这也就是说,当杆件变形达到一定限度,或者说应力达到一定的极限,点之间出现开裂现象。当截面上所有点的应力都达到了极限,截面上所有点之间都出现了裂缝,就意味着杆件发生断裂,发生破坏了。这个概念(或者说分析过程)是工程上对杆件强度破坏情形的定性描述。力学中后面要介绍的强度条件,实际上可以理解为这个概念的一种定量表达式。

五 基本变形形式

1. 材料的基本假设

工程中的任何构件受力后,都会产生变形,所以各种材料在力学中均称为变形固体。在现实生活中的任何工程材料(或者说任何变形固体)都是有缺陷和暇疵的。这些材料缺陷与暇疵的特点:①虽然任何工程材料都肯定存在缺陷与暇疵,但我们一般都无法确定它们的数量和具体位置。例如在没有购买木材之前,人们无法知道将要购买的木材有几个树节以及树节的位置。在没有购买钢材前,我们也无法知道钢材里的微裂缝有多少及其分布的位置。②任何材料缺陷和暇疵都必然会影响工程材料的受力性能。一句话,任何实际工程材料都是带有不足的变形固体,而且这种不足或多或少会影响材料的力学性能。如何处理这个矛盾?力学理论选择了一种抽象的办法解决这个矛盾,认为力学中研究的材料都是理想材料。所谓理想材料就是指材料符合如下基本假设:

1)材料的连续性假设 力学中研究的材料体积内被组成该材料的物质连续地、毫无空隙地充满。根据这个假设就可以把物体内的力学反映(例如支座反力、内力、应力等)也看成是连续变化的。由于这种连续性使得力学可以应用极限、微分、积分等数学工具对材料的力学反映进行研究,以便于描述这些物理量的连续变化现象。对于材料的连续性假设,从物质的微观结构来说,组成固体的粒子之间实际上是不连续的。但它们之间所存在的空隙与力学所研究的构件尺寸相比可以说是微不足道的,可以忽略不计,因此一般情况下,在宏观上我们还是可以认为物体在其整个几何容积内是连续的。

2)材料的均匀性假设 力学中研究的固体材料内任何部分的力学性质完全相同。也就是说,从物体内切取任何一部分材料,其力学性质与所切取的部位及切取部分的尺寸大小无关。根据这个假设就可以取出物体内的任意一小部分来加以分析研究,然后把分析结果用于整个物体。对于材料的均匀性假设从物质的微观结构来说,组成固体材料的微观分布可能并不均匀,因此材料内部各个部分的性质也不完全相同,但是由于微粒数量多且极小,因此一般情况下,在宏观上可以认为固体内的微粒均匀分布,各部分的性质也是均匀的。

3)材料的各向同性假设 力学研究的固体材料在各个不同方向都具有相同的力学性质。如果从物体内切取一部分材料,则其力学性质不会为因这部分材料在该物体内的方位不同而存在差异。具有这种力学性质的物体称为各向同性体。铸铁、玻璃、钢材等都可以认为是工程中较好的各向同性材料。而木材的各向同性性质就不如以上几种材料。

4)小变形假设　小变形假设是指物体产生的变形及由于变形而使其产生的杆件几何尺寸的改变量与整个物体的原始尺寸比起来是极其微小的。如图1-9所示,梁在 P 力作用下,产生如图中虚线的变形,故引起该梁在轴线方向上产生增量 δ。由于建筑力学讨论的是弹性变形,一般情况下,杆件在弹性变形中产生的增量 δ 与原梁长 l 相比,$l \gg \delta$,所以 δ 可以认为是小变形,在对梁进行受力分析时,我们把小变形 δ 忽略不计,梁长在变形前后均按 l 计算。

综上所述,力学中所讲的材料都是理想材料,各种材料都是连续、均匀、各向同性的变形固体,且建筑力学主要研究弹性体在弹性范围内的小变形问题。

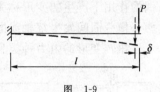

图　1-9

2.基本变形的形式

在工程结构中,由于外力经常以各种不同的方式作用在杆件上,因此,各种工程构件(杆件)产生的变形也是复杂的。在分析这些复杂的实际变形时我们发现,所有的变形都可归结为四种基本变形形式中的一种,或者是四种基本变形形式的叠加。故要研究工程构件(杆件)的变形,首先就要了解四种基本变形形式。

基本变形是特殊的变形,也是最简单的变形。每种基本变形都是在特殊的外力作用下才会发生的,同时每种基本变形产生的内力种类都是固定的。我们在学习力学过程中要注意掌握和运用好这个概念。

四种基本变形介绍如下:

1)轴向拉伸或压缩变形　杆件在一对大小相等、方向相反、作用线与杆件轴线重合的拉力或压力作用下产生的变形称为轴向拉伸或压缩变形,如图1-10a)、b)所示。这种基本变形使杆件产生长度的改变(伸长或缩短)。起吊重物的钢索、屋架中的杆件等构件都是轴向拉伸与压缩的实例。

轴向拉伸或压缩的内力种类只有轴力 F_N。如图1-10c)、d)所示。

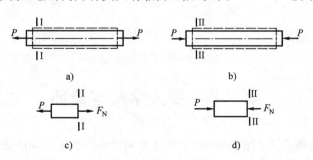

a)　　　　　　　　　　　　　b)

c)　　　　　　　　　　　　　d)

图　1-10

2)剪切变形　杆件受到大小相等、方向相反、作用线垂直于杆轴线且相距很近的一对外力作用下产生的变形称为剪切变形。受外力作用后剪切变形杆件的两部分沿外力作用方向发生相对的错动。如图 1-11a)所示,实际工程中的销钉、螺栓等联接件都是剪切变形实例。

剪切变形的内力种类只有一种剪力 F_Q,如图 1-11b)所示。

3)扭转变形　杆件在一对大小相等、方向相反、作用面垂直于杆轴线的外力偶的作用下产生的变形称为扭转变形。如图 1-12a)所示,扭转变形杆件的任意两个横截面间发生绕轴线的相对转动。机械中的转动轴就是扭转变形的实例。

扭转变形的内力种类只有一种——扭矩 F_T,如图 1-12b)所示。

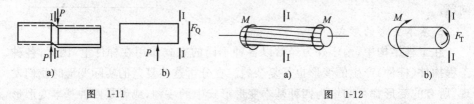

图　1-11　　　　　　　　　　　　　　　　图　1-12

4)平面弯曲　杆件受到作用于纵向对称平面(由杆轴线和截面对称轴决定的平面)内,且力的作用线垂直于杆轴线的外力或外力偶的作用而产生的变形称为平面弯曲变形。如图 1-13a),受外力作用后弯曲变形杆件的轴线由直线变为曲线。建筑工程中的梁、楼板产生的变形是弯曲变形的实例。

弯曲变形杆件的内力种类有两种——剪力 F_Q 和弯矩 M,如图1-13b)所示。

注意如图 1-13c)所示梁的外力不完全符合弯曲外力的要求(P 力的作用线不垂直于杆轴线),故该梁产生的不是平面弯曲变形而是第九章将要介绍的组合变形。

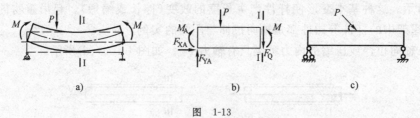

图　1-13

第二节　静力学基本公理

静力学公理是人们在实践中,对物体运动特性进行了长期的观察和实验,并经反复验证,得到大家公认的关于力的基本性质的概括和总结。

公理一　二力平衡公理:刚体在两个力作用下处于平衡状态的充分必要条

件是这两个力大小相等、方向相反，并且作用在同一条直线上。

　　二力平衡公理阐明了最简单的平衡力系的组成条件，也称为平衡条件，如图1-14a)所示。注意，平衡条件主要体现在对力系的约束要求（大小相等、方向相反且作用在同一条直线上），对刚体本身则无要求，如图1-14b)所示的刚体尽管该刚体呈曲线形状，但只要两个力满足平衡条件，仍可保证物体处在平衡状态。同理，由二力平衡公理，可以判断出雨伞在桌子上，处于图1-14c)状态不可能保持平衡状态，只有在图1-14d)状态才可能保持平衡状态。

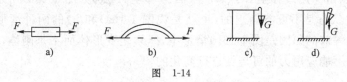

图　1-14

　　由二力平衡公理，还可得出一个结论，物体在一个力作用下是不可能处在平衡状态的。物体一定是受到两个或两个以上的力共同作用，才会处于平衡状态，或者说受到力系作用的物体才可能处于平衡状态。作用在平衡物体上的力系称为平衡力系。由于建筑力学的研究对象都是平衡物体，所以，建筑力学一般不研究一个力的作用，通常建筑力学都是讨论平衡力系的作用。

　　公理二　加减平衡力系公理：在刚体的力系中加上或者减去平衡力系，不会改变原物体的运动效应。

　　这个公理很好理解，因为平衡力系的运动效应是零，所以在刚体上增加或减少一个零运动效应，不可能对刚体原来的运动效应产生影响。

　　根据加减平衡力系公理，很容易理解力的可传性推论。力的可传性推论是说，作用在刚体上的力，可在刚体中沿着其力作用线任意移动，而不会改变此力对刚体的作用效应。

　　证明：设有力 F 作用在刚体上的 A 点，如图1-15a)所示。在刚体中该力作用线延长线 AB 上任意一点 B 上加一平衡力系，且使 $F'=-F''=F$，如图1-15b)所示。由于从图1-15a)情形到图1-15b)情形只是增加了一对平衡力系，所以根据加减平衡力系公理，图1-15a)和b)的运动效应是等效的。在图1-15b)中，由于 F 与 F'' 也是一对平衡力系，所以，将这对平衡力系减去，则可得到图1-15c)，同理根据公理二，图1-15b)和c)是等效的。因此可以看出图1-15a)、b)、c)都是等效的。由于图1-15a)、b)、c)都是等效的，对照图1-15a)和c)可看出，在力的运动效果不发生改变的情况下，力 F 的作用点已由 A 点沿作用线移至 B 点，或者说力 F 的作用点由 A 点传递到了 B 点。

　　力的可传性是我们进行力学等效简化的手段之一。特别需要强调，力的可

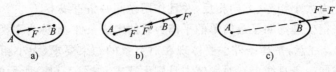

图 1-15

传性只能适用于刚体。如果不是刚体,则力的可传性将不能成立,如图 1-16a)所示绳索 AB 在平衡力系 F_1、F_2 的作用下处于静止状态,如果应用力的可传性,将 F_1 从 A 点沿作用线移至 B 点,F_2 从 B 点移至 A 点,如图 1-16b)所示,很明显,图 1-16b)状态是不可能静止的,也就是说图 1-16a)和 b)的两种情形是不等效的。而不等效的原因是图 1-16b)情形中,绳索是变形体而不是刚体,所以,在非刚体中是不能应用力的可传性进行简化的。

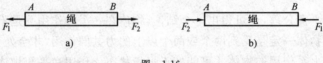

图 1-16

公理三 二力合成公理(也称为平行四边形法则):作用在刚体上某点 A(或两个力作用线交于 A 点)的两个分力 F_1、F_2 共同作用的效果,可以用一个力的效果来等效,这个力称为由两个分力组成的力系的合力,如图 1-17a)、b)所示。力系合力的大小、方向和作用点,由以这两个力为邻边所组成的平行四边形的对角线来决定。

图 1-17

公理三实际上指出,合力是分力的矢量和。即 $\vec{F}=\vec{F_1}+\vec{F_2}$,如图 1-17a)、b)所示,合力的大小和方向可用余弦和正弦定理计算。

$$F = F_1^2 + F_2^2 - 2F_1F_2\cos(180° - \alpha - \theta)$$

$$\frac{F_1}{\sin\theta} = \frac{F_2}{\sin\alpha}$$

公理三最重要的意义是阐明了怎样用一个力来代表两个力的作用,这恰恰是进行力学简化的最重要、最根本的方法。一个汇交力系上无论包含有多少个力,由于每应用一次公理三,都会等效地减少一个力的数量,所以,可以理解,这个力系的作用最终将会等效为一个合力,而且当这个合力的大小为零时,即如公理一中给出的二力平衡力系,则该力系的运动效应为零。

由于合力是分力的矢量和,这也表明一个合力 F 的作用可以由两个分力组合而成,如图 1-18 所示,即产生一个力 F 的效果,实际上有无数多种实现的方式,同一个合力 F 既可由分力 F_1、F_2 组合形成,也可由分力 F_3、F_4 组合形成,以此类推,可以理解合力 F 的分力组合形式有无限多种。当然在这不同的实现方式中,分力的大小、方向是不相同的,而且分力的数值甚至可能比合力 F 的数值还要大,如图 1-18 中的 F_3 和 F_4。反过来看这个问题,一个合力 F 也可以在任意两个方向上分解为分力 F_1 和 F_2 两个分量。正是根据这个特点,当一个力的大小和方向均未知的情况下,譬如图 1-19 中固定铰支座的反力 R,当 R 的大小及方位 α 都未知的情况下,我们可以用水平分量 R_X 和竖直分量 R_Y 来表示大小和方向都不确定的固定支座反力 R,这样等效后,由于两个分量的方位是确定的,就简化了计算要素。

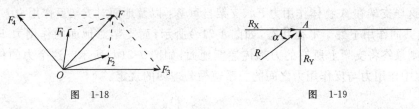

图 1-18　　　　　　　　　　　　　　图 1-19

总之,公理三是力系简化和受力分析过程中极其重要的手段和方法,是我们在力学分析过程中进行等效代换的主要依据之一。因此,全面、深刻地领会公理三的内涵是非常重要的。

由公理三还可以得出一个重要的推论——**三力平衡定理**:刚体在三个力作用下处于平衡状态,则此三个力的作用线共在一个平面内,且三个力的作用线必定汇交于一点。

证明:设图 1-20a)所示刚体在 F_1、F_2 和 F_3 三个力作用下处于平衡状态。若 F_1 和 F_2 的力作用线交于 O 点,如图 1-20a)所示,则按力的可传性,将将 F_1 和 F_2 分别沿各力作用线移到 O 点,并按平行四边形法则将 F_1 和 F_2 合成为作用在 O 点的合力 F_{12},如图 1-20b)所示,这样刚体就是在 F_{12} 和 F_3 两个力的作用

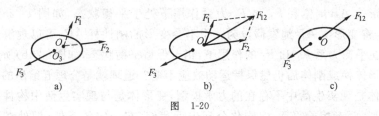

a)　　　　　　　　　b)　　　　　　　　　c)

图 1-20

下处于平衡状态,由二力平衡公理知,F_{12} 和 F_3 两个力必定共面、共线,如图 1-20c)所示,即 F_3 作用线必定通过 O 点。这说明 F_1、F_2 和 F_3 三个力必定共面且汇交于一点。

公理四 作用力与反作用力公理:当甲物体对乙物体产生作用力的同时,甲物体也受到来自乙物体的反作用力。作用力与反作用力总是同时存在,这两个力的大小相等、方向相反且力作用线沿同一条直线分别作用在两个相互作用的物体上。

公理四的核心是阐明了两个相互作用的物体之间实现力的传递的原理。这个公理告诉我们,力可以从一个物体传递到另外一个物体上。以图 1-21a)所示情况来说明力的传递过程,A 物体自重为 W,支架自重为 W_1,支架以反作用力的形式给 A 物体提供支撑力 F'_N,从而保证 A 物体能在空中维持平衡状态,如图 1-21b)所示;同时 A 物体以作用力 F_N 的形式将 A 物体的重力 W 传递给支架,这样支架在 A 物体作用力 F_N、支架自重 W_1 以及地面对支架反作用力 F'_{N1}、F'_{N2} 共同作用下处于平衡状态,如图 1-21c)所示;而支架对地面的作用力 F_{N1}、F_{N2} 则最终将支架上所有的力都传递至地面,如图 1-21d)所示。这个力的传递过程中作用力与反作用力之间的关系遵循公理四的规定。

20

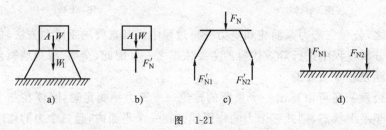

图 1-21

所以,作用力与反作用力公理反映了物体之间力相互传递的规律,可以看出公理四是由研究一个物体平衡问题过渡到研究多个物体(物体系统)平衡问题的桥梁。

公理五 刚化公理:当变形体在某力系作用下处于平衡状态,若此时将变形体刚化成刚体,则该物体的平衡状态不受影响。

变形体 AB 绳索在 F_1 和 F_2 力系作用下处于平衡状态,如图 1-22a)所示。此时,若将变形体 AB 绳索假设为一个不会变形的刚性杆 AB,可以理解此时刚杆 AB 在平衡力系 F_1 和 F_2 的作用下,仍可保持平衡状态,如图1-22b)所示。为什么变形体换成刚体后仍然保持运动效应不变?道理就是公理五给出的结论。

刚体是现实生活中不存在的力学模型,变形体是与现实生活中构件接近的力学模型,两者相差很远,但刚化公理告诉我们,在一定的条件(即处在平衡状态)下,刚体与变形体的差别不会影响力系对物体产生的运动效果,如图 1-22 所示,不论是变形体 AB 绳索还是刚性杆 AB,在 F_1 和 F_2 平衡力系作用下都处在平衡状态。因此,可以看出刚化原理的内涵是指,物体在平衡力系的作用下,无论物体是刚体还是变形体,产生的运动效果都是保持物体的平衡状态不变,即同一平衡力系对变形体和刚体产生的运动效果是相同的。换句话说,由刚化原理我们知道,物体平衡与否主要取决于作用在该物体上的力系条件或者说取决于该力系是否为平衡力系,而与物体本身性质(即该物体是刚体还是变形体)无关。

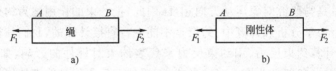

图　1-22

在建筑力学研究的范畴里,主要是讨论平衡力系问题,无论是变形体,还是刚体都是处于平衡状态,都满足刚化原理的应用条件。所以,在建筑力学中刚体和变形体的差别,对于受力分析或力系计算的影响不大。正是因为这个理由,所以,以刚体为研究对象建立起的静力学的概念和计算方法,例如平衡条件、平衡方程等,都可以在以变形体为研究对象的材料力学和结构力学中得到运用。

总之,公理五在特定条件下(物体处于平衡状态),建立了刚体与变形体之间的联系,使刚体的平衡条件可以扩展运用到变形体的平衡问题中去。

第三节　约　　束

空中的物体都是可以任意运动的自由体,如空中的飞鸟和飞机等,但是房屋中的楼板、大梁等构件,虽然它们也在空中,却是不能自由运动的非自由体。空中的物体都应该是自由体,为什么在空中的楼板、大梁等构件是非自由体?自由体是怎样变为非自由体的? 答案是房屋中的楼板、大梁等构件都受到约束的作用。

 约束的定义

约束是限制物体运动的东西。

应该从以下三个方面来把握这个定义的内涵:

1)约束是一种实实在在的物体。

2)约束是相对于研究对象而言的,也就是说约束具有相对性。例如,桌子放在楼板上,楼板阻止了桌子的向下运动,所以,对于研究对象——桌子来说,楼板是它的约束。而大梁又阻止了楼板向下运动,故对于研究对象——楼板而言,大梁是它的约束。因此,可以看出楼板并不永远是约束,楼板到底是不是约束,主要针对不同的研究对象而变化。这充分说明约束具有相对性。

3)约束的作用从本质上来说,是抵消了研究对象的运动效果。因此,根据力与力的效果——对应的概念,我们可以断定约束的作用是一种力的作用。由于约束的作用总是阻止研究对象运动,或者说约束作用是力的作用,并且这个力的作用方向总是与研究对象运动方向相反,因此,把约束的作用称为约束反力。

在进行力学分析和计算中,约束是不能进行直接计算的,我们往往是计算约束作用,即计算约束反力,用约束反力来代表约束对杆件的影响,如图1-23a)、b)所示结构,一般等效为图1-23c)形式,即用约束反力代替约束的作用后再进行力学分析和力学计算,且计算对象就是约束反力 F_{XA}、F_{YA}、F_{YB}。画受力图的重要内容之一就是正确地表示出约束反力的作用线(方位)和指向,它们都与约束性质有关。

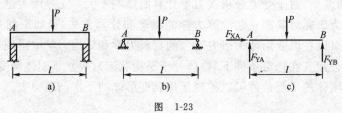

图 1-23

约束反力的计算,实际上是反映了力的一种外部传递规律,如图1-23a)所示结构,外力 P 通过 AB 梁,把力传到了 A、B 端墙上,即力从一个物体(梁)传到另一个物体(墙)上,这个力的传递结果就反映在支座反力 F_{XA}、F_{YA}、F_{YB} 上(因为根据公理四,这些支座反力的反作用力作用在 A、B 墙上)。所以我们可看出,支座反力的计算理论,实际上是反映力的外部传递(从一个物体传递到另一个物体)的规律。

二 常见约束的约束反力

通过前面的介绍,我们知道,在力学分析和计算中,要了解约束对结构的影响,就是要求出该约束的约束反力。在实际工程中遇到的约束是多种多样的,但力学中为了分析问题的方便,通常对实际约束进行抽象、归纳,把千变万化的实际约束简化为几种典型约束形式。学习典型约束,关键就是掌握每一种约束的特点并掌握它们的约束反力特征(即约束反力作用线方位和指向)。下面介绍几种常见约束的特点和约束反力特征。

1)柔体约束

由绳索、链条、皮带、钢丝等柔软物体所构成的约束称为柔体约束,如图1-24a)所示。柔体约束的特点是,它只能阻止物体与绳索连接的一点沿绳索中心线离开绳索方向运动,而不能阻止这一点沿其他方向运动。所以柔体约束对物体的约束反力一定作用在物体与绳索的连接点上,即柔体约束反力的作用点是物体与柔体的连接点,方位沿绳索的中心线,其指向背离物体,也就是说绳索只承受拉力,而不能承受压力或其他方向的力,柔体约束的约束反力通常用 T 表示。如图1-24a)表示实际约束,图1-24b)表示柔体约束反力表示方法。

2)光滑面约束

在相互接触的物体上,如果接触处很光滑,或摩擦力很小,可忽略不计,则将具有这种不考虑摩擦的约束称为光滑面约束,如图1-25a)所示,这种约束不管光滑面的形状如何,它都只能限制物体沿着光滑面公法线方位且指向光滑面的运动,而不能限制物体沿着光滑面的公切线运动或离开光滑面的运动。光滑面的约束反力通过接触点,即光滑面约束反力的作用点是物体间的接触点,其方向沿着光滑面的公法线指向物体,即光滑面约束反力是压力,这种约束反力通常用 F_N 表示。图1-25a)中 A 处表示光滑面约束,图1-25b)表示约束反力表示方法。

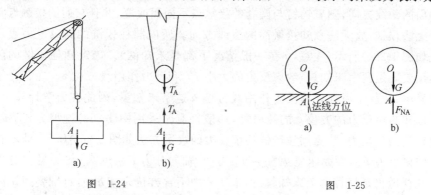

图 1-24   图 1-25

3)圆柱形铰链约束

圆柱形铰链(简称为铰链),门窗用的合页就是圆柱形铰链约束的实例。理想的圆柱铰链是由一个圆柱形销钉插入两个物体的光滑圆孔中构成,图1-26a)表示组成圆柱铰链的部件,图1-26b)表示圆柱铰链组合后的情形。图1-26d)是圆柱铰链在计算简图中的表示方法。

由于理论上销钉与圆孔的表面都是完全光滑的,所以从本质上来看,圆柱形铰链约束属于光滑面约束的特殊例子,圆柱形铰链约束只能限制物体在垂直于

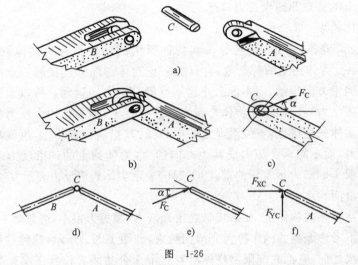

图 1-26

销钉轴线的平面内沿任意方向的移动,而不能限制物体绕销钉的转动。圆柱铰链的约束反力作用于接触点,并通过销钉中心,而方向未定。方向未定的原因是,销钉与圆孔是光滑面接触,而光滑面约束反力是接触面的法线方向,所以圆柱铰链的约束反力如图 1-26c)所示,但在圆柱铰链受力转动过程中,销钉与圆孔接触面的法线方向,随着销钉与圆孔的接触点不同而改变,并且它们的接触点实际上无法预知,故无法预知接触面的法线方向。所以圆柱铰链的约束反力表示方法如图 1-26e)所示(注意,α 在一般情况下都是未知的)。确定圆柱铰链的约束作用要确定两个未知量,约束反力的大小 F_C 和反力作用线方位 α。在日常工程计算中,一般不习惯计算反力作用线方位 α 这个未知量,因此在力学计算中,除了已知约束反力的方位 α 的数值外,一般都有不采用图 1-26e)这种方式表示圆柱铰链约束反力,常见圆柱铰链约束反力的表示方法如图 1-26f)所示,即不直接求约束反力 F_C,而是求约束反力 F_C 在 X 轴的分力 F_{XC} 和 F_C 在 Y 轴的分力 F_{YC},这样做仍是计算两个未知量,但未知量中不含方位未知量 α,特别要强调的是在图 1-26f)中两个未知力的方位都是确定的。

4)链杆约束

链杆约束就是两端用光滑销钉与物体(或支座)相连而中间是不受力的直杆,图 1-27a)表示链杆约束的一个实例,横木在 A 端用铰链与 AB 刚杆连接,AB 刚杆在 B 处与地面用铰链相连,这时刚杆 AB 就可视为横木的链杆约束。图 1-27b)、c)表示链杆在计算简图和受力图中的表示方法。链杆约束只能限制物体沿着链杆中心线离开链杆中心线,而不能限制物体沿其他方向的运动,所以链杆的约束反力作用线与链杆的中心线重合,但其指向未定,约束反力的表示方法如图1-27c)所示。特别说明,链杆约束反力 F_A 的指向(箭头)是假设指向,真实指向由计算得出。

5)固定铰支座

将构件与基础连接的装置称为支座。用圆柱铰链将构件与基础或另一静止的构件连接,如图1-28a)、c)所示,这两种形式的支座均称为固定铰支座。这种支座可以限制构件沿任何方向移动,而不限制其绕 A 点的转动,其约束反力的特点及表示方法实质上与圆柱铰链相同,固定铰支座约束反力表示方法可采用1-28b)形式表达(当方位 α 值已知),但通常采用如图1-28d)所示形式表达。注意,图1-28d)中 F_{XA}、F_{YA} 的指向是假设的。

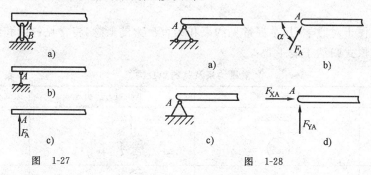

图 1-27   图 1-28

6)可动铰支座

在固定铰支座的座体与支承面之间加辊轴就成为可动铰支座,其计算简图如图1-29a)、b)所示,这种支座只能限制物体垂直于支承面方向运动,所以它的约束反力通过销钉中心,垂直于支承面,指向未定。可动铰支座约束反力在计算简图中如图1-29c)所示的方法表示。注意,F_{YA} 的指向是假设的。

在房屋建筑中,梁通过混凝土垫块支承在砖柱上[如图1-29d)所示]。当我们在力学分析中,有时会忽略梁与混凝土垫块之间的摩擦作用,这时,该支座即可视为是可动铰支座[如图1-29a)所示]。

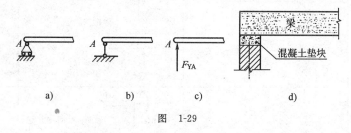

图 1-29

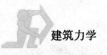

7)固定端支座(固定支座)

房屋中的挑梁,一端嵌入墙中,如图 1-30a)所示,墙对梁的约束使梁在 A 点既不能产生任何移动,又不能发生转动,这种支座称为固定端支座。固定端支座在计算简图中表示方法如图 1-30b)所示。在固定支座约束下,梁不能产生任何运动(无论是移动,还是转动)。固定端支座约束反力的表示方法如图 1-30c)所示。注意,F_{XA}、F_{YA} 的指向是假设的,M_A 的转向也是假设的。

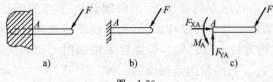

a)   b)   c)

图   1-30

为了便于对照学习、掌握常见约束和约束反力的概念,将常见约束和约束反力的表现形式归纳于表 1-1。

常见约束及其约束反力   表 1-1

约束类型	计 算 简 图	约 束 反 力	未知量数目
柔体约束		 T_A 拉力	1
光滑接触面		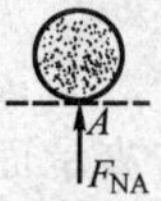 F_{NA} 压力	1
圆柱铰链	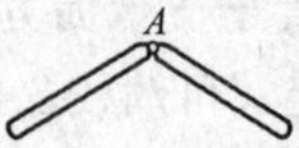	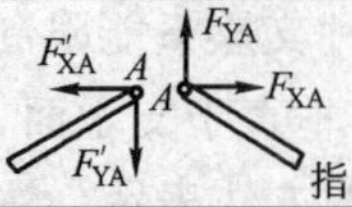 F'_{XA} F_{XA} F'_{YA} 指向假定	2
链杆	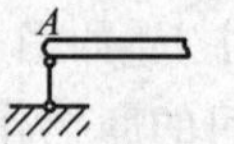	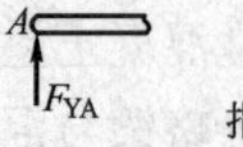 F_{YA} 指向假定	1
固定铰支座	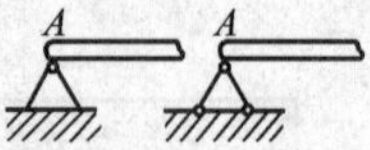	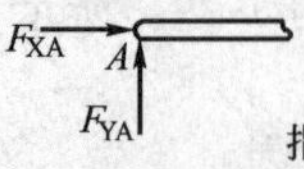 F_{XA} F_{YA} 指向假定	2
可动铰支座	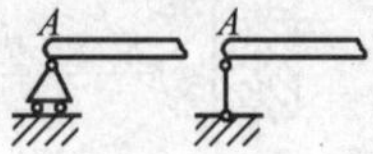	 F_{YA} 指向假定	1
固定端支座	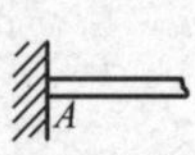	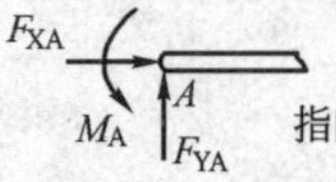 F_{XA} M_A F_{YA} 指向、转向均假定	3

第四节 受 力 图

一 定义

当一个实际工程结构放在我们面前时,如图 1-31a)所示,力学计算理论是无法直接求解该结构的,也就是说,运用力学计算理论是不能求 1-31a)实际结构的未知力的,因为力学计算理论的计算对象是力系,也就是说力学计算理论不能计算结构[图 1-31a)],只能计算力系[图 1-31c)]。实际上要计算一个结构的未知力,第一步要根据①反映原结构主要受力特点;②忽略次要因素的原则,将原结构[图 1-31a)]简化为计算简图[如图 1-31b)],也就是把实际结构等效为理想模型;第二步再根据等效的原则将计算简图进一步等效地转化为受力图[如图 1-31c)],即将理想模型等效为力系。当画出一个与原结构图 1-31a)等效的力系图——受力图[图 1-31c)]后,就可以根据力学计算理论,将该力系中的未知力求解出来。由于受力图与原结构等效,故受力图中求出来的未知力 F_{XA}、F_{YA}、F_{YB} 与原结构中各自对应的约束作用是等效的。

所以说,受力图的作用是将结构计算简图转化为与原结构在力学上等效的一个等效力系。

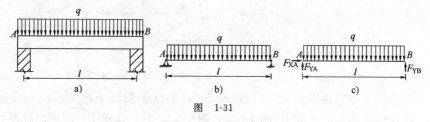

图 1-31

由于力学计算理论只能计算力系,所以求解任何实际工程力学问题的第一步就是画受力图,也就是将实际问题转化为等效力系,然后,根据力学计算理论求出等效力系中的未知力,从而得到与未知力对应的实际工程力学问题的力学反映。因此可以说画受力图是求解任何力学未知力的基础,不画出受力图就无法进行力学分析和结构计算。

二 画受力图步骤

画受力图是进行力学分析和结构计算的第一步,也是土建工程技术人员进行力学分析和结构计算必须具有的基本功,所以,每个学习建筑类专业的人都应

熟练地掌握受力图的画法。

画受力图通常分三个步骤完成：

第一步，取脱离体。脱离体是指力学分析和结构计算的对象。从计算简图中取脱离体的方法根据力学分析和结构计算目标、要求的不同，通常有两种不同的形式：①力学分析和结构计算的目的是求杆件或结构的支座反力或约束反力；如在图 1-32a)所示结构中，求梁 A、B 端支座反力。这类题目的脱离体一般通过解除约束的方式取整根杆件作为脱离体，也就是把 AB 杆整体作为研究对象，把与 AB 杆相连的 A 端固定铰支座、B 端可动铰支座通通解除，相当于将 AB 杆从原结构[图 1-32a)]中拿出来，得到 AB 杆脱离体，如图 1-32b)所示。②当力学分析和结构计算的目标是求杆件指定截面内力时；如在图 1-33a)所示结构中，求 I-I 截面内力。这时脱离体一般通过截断杆件及解除约束两种方式取一部分杆段作为脱离体，也就是根据计算要求，取假想平面沿 I-I 截面将杆件截断，并同时解除计算对象 A-I 杆段中 A 端的固定铰支座，将脱离体 A-I 杆段从原结构[图 1-33a)]中拿出来，得到 A-I 杆段脱离体，如图 1-33b)所示。

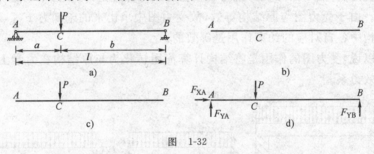

图 1-32

第二步，加已知力。加已知力的具体做法是，对照计算简图[如图 1-32a)和图 1-33a)所示计算简图]与已取得的脱离体[如图 1-32b)和图 1-33b)所示脱离体]，将计算简图中的已知力[图 1-32a)，图 1-33a)中 C 点的 P 力]抄在脱离体的相应处，即在图 1-32b)和 1-33b)脱离体的 C 点处，将已知力 P 原封不动地抄在脱离体的 C 点处，如图 1-32c)和 1-33c)所示。

第三步，加相应的约束反力和内力。加相应的约束反力和内力的具体做法是，对照计算简图[例如图 1-32a)和图 1-33a)所示的计算简图]与已画上已知力的脱离体图[如图 1-32c)和图 1-33c)]，在脱离体图中解除约束处加上相应的约束反力或内力，即解除什么样的约束就加相应的约束反力；截断哪一种基本变形的杆件就加上该种基本变形的内力种类。如图 1-32c)图中 A 端以及图 1-33c)中 A 端，都是解除了固定铰支座，因此在图 1-32d)和 1-33d)中 A 端均加上固定铰支座对应的约束反力形式 F_{XA}、F_{YA}；在图 1-32c)图中 B 端是解除了可动铰支座,因此,在图 1-32d)中 B 端,加上了可动铰支座对应的约束反力形式 F_{YB};在图 1-33c)的 I-I 截面处,假想平面是截断了一根平面弯曲杆件(因为该杆件所承受的外力与产生弯曲变形的外力要求一致),所以在 I-I 剖面处加上弯曲变形的内力种类剪力 F_{Q1} 和弯矩 M_1。当这三个步骤完成后,对研究对象(脱离体)的力学定性分析(画受力图)也就结束了。如图 1-33d)和图 1-32d)所示。

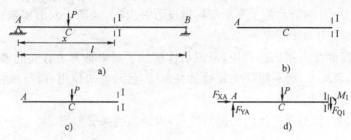

图　1-33

在画受力图时需要特别强调的两点是:

①在画受力图时必须标示约束反力和内力的名字。约束反力和内力的名字一般用英文字母表示,通常习惯是 F_X 表示水平方向力,F_Y 表示竖直方向力,R 表示任意方向力,同时用下标表示力的作用点或作用面。

②在画受力图时必须标示约束反力和内力的方向。虽然受力图中约束反力和内力通常均为未知力,但在受力图中必须标示它们的方向,即必须标示未知力的作用线方位和未知力的箭头,其中未知力的作用线方位可根据约束特点和杆件基本变形形式来确定,也就是说未知力的作用线方位是已知的。但未知力的箭头(即未知力的指向)是假设的,受力图中约束反力和内力的真实指向由计算确定。如果在受力图中不标示出约束反力和未知力的方向,则无法将这些力列入平衡方程,也就是说,不标示出约束反力和未知力的方向,则无法计算。

【例 1-1】　物体受力如图 1-34a)所示,圆球靠在墙角上,求作该球的受力图。

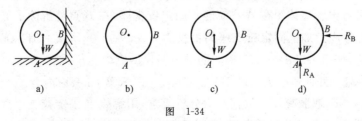

图　1-34

解:第一步取脱离体。根据受力分析的要求是要画球的受力图,所以应该取球 O 作为脱离体,如图 1-34b)所示;

第二步加已知力。对照计算简图[图 1-34a)]和脱离体图[图 1-34b)],只需要在脱离体中的 O 点上将已知力 W 抄上,得图 1-34c);

第三步加相应的约束反力。对照计算简图[图 1-34a)]和脱离体图[图 1-34c)],在 A、B 两处均加上光滑面约束反力 R_A、R_B,如图 1-34d)所示。

球 O 点受力图作图完毕。

注意:在画受力图的过程中,根据物体接触了就可能有力存在的概念,B 端必须加上约束反力,而不能仅凭经验就判断 B 点无力的作用,而导致在受力图上遗漏约束反力 R_B。

【例 1-2】 构架受力如图 1-35a)所示,求作该构架受力图。

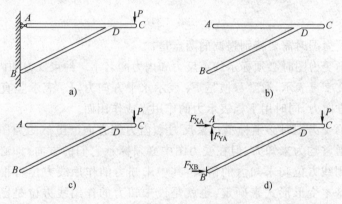

图 1-35

解:第一步取脱离体。根据受力分析的要求是画构架的受力图,所以应该取构架作为脱离体,如图 1-35b)所示;

第二步加已知力。对照计算简图[图 1-35a)]和脱离体图[图 1-35b)],只需在脱离体图中 C 点处,将已知力 P 抄上,如图 1-35c)所示;

第三步,加相应的约束反力。对照计算简图[图 1-35a)]和脱离体图[图 1-35c)],可看出脱离体图在 A 点解除了固定铰支座,在 B 点处解除了光滑面约束,故分别在 A 点加上固定铰支座约束反力 F_{XA}、F_{YA},在 B 点上加上光滑面约束反力 F_{XB},如图 1-35d)所示。构架的受力图作图完毕。

【例 1-3】 外伸梁受力如图 1-36a)所示,求所示梁 I-I 截面内力。

解:第一步,取脱离体。根据受力分析要求,用解除 B 固定铰支座并假想平面将杆件沿 I—I 剖面将杆件截断,取 A-I 杆段作为脱离体,如图 1-36b)所示;

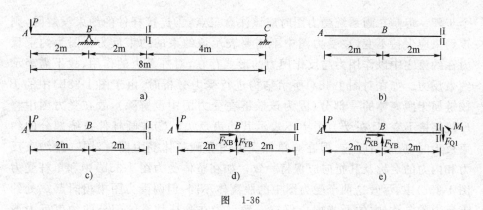

图 1-36

第二步，加已知力 P。对照计算简图[图 1-36a)]和脱离体图[图 1-36b)]，在 A 处加上已知力 P。如图 1-36c)所示；

第三步，加相应的约束反力和内力。对照计算简图[图 1-36a)]和脱离体图[图 1-36c)]，B 点解除固定铰支座，故加上固定铰支座约束反力 F_{XB}、F_{YB}，如图 1-36d)所示。由于外力特点，可知道该杆是弯曲变形，故根据弯曲变形杆件的内力种类，在 I-I 剖面上加剪力 F_{Q1} 和弯矩 M_1，如图 1-36e)所示。

A-I 脱离体的受力图作图完毕。

（思考：如果将梁沿 I-I 剖面截断后，我们也可取 I-C 杆段作为脱离体，当取 I-C 杆段作为脱离体时，其受力图应该如何画？）

三 物体系统受力图

实际工程结构经常是由很多杆件组合而成的，如图 1-37a)、b)所示。当一个结构为多个物体或多根杆件组成时，我们称该结构为物体系统或杆件系统。建筑力学中研究的平面力系，主要是讨论杆件及杆件系统的受力情况，画物体系统或杆件系统的受力图仍然是解决此类问题的前提和基础。

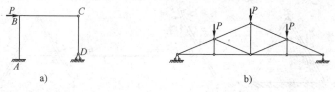

图 1-37

物体系统和杆件系统的受力图画法，本质上与画单根杆件的受力图画法没有区别，仍然是"取脱离体"、"加已知力"以及"加相应的约束反力和内力"三个步骤。但是在画系统受力图时应该注意三点：①连接杆件的约束没解除，则该约束应保持不变，在受力图中不需要表示该约束的约束反力。因为约束反力在约束之中以作用力与反作用力的形式存在，对外无力的作用，故不需表示约束反力。如在对图 1-38a)所示结构进行受力分析时，由于图 1-38b)中的 B 铰链属于脱离体的一部分（因为该铰链在受力图中没解除），故在受力图中将 B 铰保持不变，且在受力图中不表示其约束反力。②在画杆件系统部分的约束反力时，应前后呼应，即在画单杆受力图和画整体受力图时，同一处约束反力和内力的名称及其指向应保持一致。如在整体受力图 1-38b)中和单杆受力图 1-38c)中，尽管这两个受力图中的脱离体不同，但两受力图中相同点 C 处约束反力的名称、方位及指向应保持一致。③在画杆件系统部分的约束反力或杆件内力时，杆件的同一处[如图 1-38d)中的 AB 杆的 B 端和图 1-38c)中的 BC 杆的 B 端]的约束反力（也可是杆件内力）是作用力与反作用力的关系。因此，BC 杆 B 端的约束反力与 AB 杆 B 端的约束反力名称、作用线相同，但约束反力指向相反。

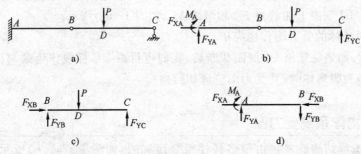

图　1-38

【例 1-4】　物体系统受力如图 1-39a)所示，求 AB 杆、DE 绳和整体的受力图。

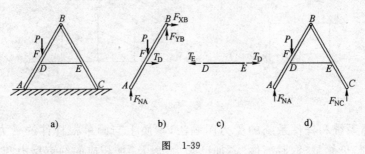

图　1-39

解:(1)画 AB 杆受力图

取脱离体 AB 杆;F 点加已知力 P;A 点加光滑面约束反力 F_{NA},D 点加柔体约束反力 T_D,B 点加铰链约束反力 F_{XB}、F_{YB},可得 AB 杆受力图,如图 1-39b)所示。

(2)画 DE 绳索受力图

取脱离体 DE 绳;因计算简图中 DE 绳索没有已知力,故绳索 DE 脱离体上无需加已知力;因 D、E 端均解除了柔体约束,故均加上柔体约束反力 T_D、T_E,但注意在 AB 杆和 DE 绳索受力图 D 点处的约束反力是作用力与反作用力关系,因此,图 1-39c)中 T_D 与图 1-39b)中 T_D 的名称和作用线保持不变,但力的指向相反。DE 绳索受力图如图 1-39c)所示。

(3)画整体受力图

取整体作为脱离体,注意此时 B 铰及 DE 绳索均保持不变(因为 B 铰或 DE 绳索约束解除了,就无法形成系统整体);在 F 点加已知力 P;在解除约束的 A、C 端,加上相应的光滑面约束反力 F_{NA}、F_{NC}。注意此时因 B 铰和 DE 绳索均未解除,所以在整体受力图中就不需要表示 B 铰的约束反力和 DE 绳索的约束反力了。整体受力图如图 1-39d)所示。

【例 1-5】 杆件系统受力如图 1-40a)所示,求 AC 杆受力图、I-I 剖面内力图和整体受力图。

解:(1)画 AC 杆受力图

取 AC 杆作为脱离体,在 E 点抄上已知力 P,在 A 点加上固定铰支座约束反力 F_{XA}、F_{YA},在 B 点加上可动铰支座约束反力 F_{YB},在 C 点加铰链约束反力 F_{XC}、F_{YC},可得 AC 杆受力图,如图 1-40b)所示。

(2)求 I-I 剖面内力图

取 A-I 杆段作为脱离体;在 E 点抄上已知力 P;在 A 点加上固定铰支座约束反力 F_{YA}、F_{YB} 以及在 I-I 剖面上加弯曲变形杆件的内力种类 F_{Q1} 和 M_1;可得 A-I 杆段受力图,如图 1-40c)所示。

(3)画整体受力图

当我们对画受力图步骤很熟悉后,为了加快画图速度,在求结构支座反力时,可直接在原计算简图的约束上画出其约束反力。因为求结构支座反力时,受力图的脱离体就是整根杆件或杆件系统。这样,在求结构支座反力画受力图时的三个步骤,可简化为一个步骤,即只需在原计算简图的约束上画出其约束反力,如求图 1-40a)所示梁的支座反力,可在图 1-40a)的 A、B、D 处直接画上固定铰支座约束反力 F_{XA}、F_{YA},以及可动铰支座约束反力 F_{YB} 和可动铰支座约束反

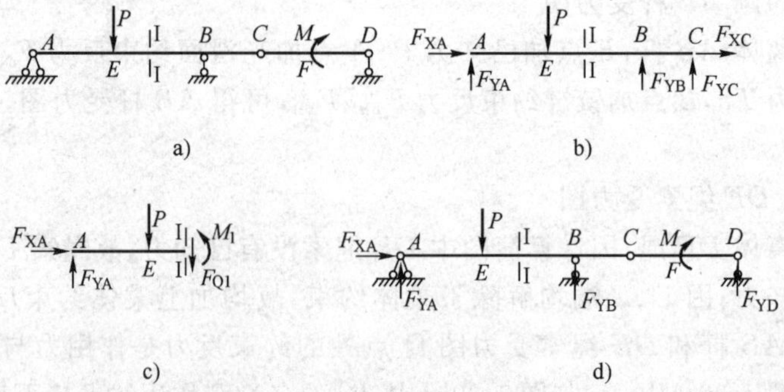

图 1-40

力 F_{YD}，即可得整体受力图，如图 1-40d）所示。

应当特别注意，尽管是在计算简图的约束上直接画其约束反力，可使画受力图的过程大大简化，但画受力图后，在概念上原计算简图上的约束已不存在了，因为受力图中的约束反力已代替了该约束的作用。此时，该图表达的内容已不是计算简图，而是反映与计算简图中结构等效的力系受力图。

◀ 小　　结 ▶

1. 力是指物体间的相互机械作用。

应该从以下四个方面来把握这个定义的内涵：

（1）力存在于相互作用的物体之间；

（2）力的表现形式是：①力的运动效果；②力的变形效果；

（3）力产生的形式有直接接触和场的作用两种形式；

（4）要定量地确定一个力，也就是定量地确定一个力的效果，我们只要确定力的大小、方向、作用点，这称为力的三要素。

2. 应力是截面上某一点处内力分布和集度。内力是指横截面上所有点应力的总和。有变形就有应力，有应力就有内力。

3. 约束是限制物体运动的东西。常见约束的表示方法及其约束反力形式如表 1-1 所示。

4. 力学中所讲的材料都是理想材料，各种材料都是连续、均匀、各向同性的变形固体，且建筑力学主要研究弹性体在弹性范围内的小变形问题。

5. 杆件的变形由①轴向拉伸或压缩；②剪切；③扭转；④平面弯曲四种基本变形构成。每种基本变形都是在特定外力作用下产生的，并且每种基本变形的杆件内力种类都是固定的。

6.受力图的作用是将结构计算简图转化为与原结构在力学上等效的一个等效力系。画受力图通常分三个步骤完成:第一步,取脱离体;第二步,加已知力;第三步,加相应的约束反力和内力。

◀ 思 考 题 ▶

1-1　根据生活经验,举例说明"力与力的效果是一一对应的"。

1-2　观察我们的周围,找出平衡力系和不平衡力系、平面力系和空间力系、汇交力系和平面一般力系。

1-3　请说明杆件应力与内力的联系和区别。

1-4　怎样才能使截断后的杆件截面与被截断前相应的杆件截面保持力学等效关系?

1-5　实际工程中的材料与建筑力学中讨论的相应材料相同吗? 如果两者不相同,那么两者间的区别在哪里?

1-6　四种基本变形杆件横截面上的内力种类都是固定的、已知的,那么一根非基本变形杆件横截面上的内力种类最复杂情况是怎样的?

1-7　请举例说明生活中应用平行四边形法则的情形。

1-8　看看我们周围存在哪几种约束形式?

习　　　题

1-1　作下列指定物体的受力图。物体的重量,除图上注明者外,均略去不计。假定接触处都是光滑的。

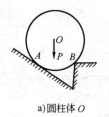

a)圆柱体O

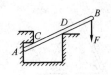

b)杆AB

题 1-1 图

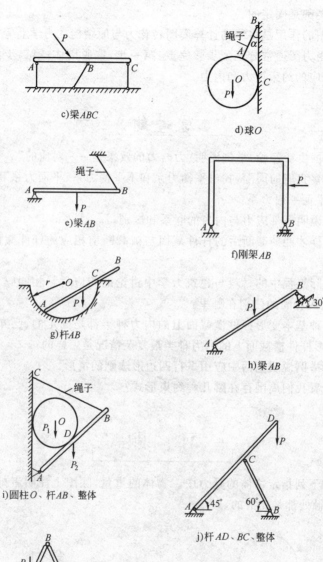

c)梁ABC

d)球O

e)梁AB

f)刚架AB

g)杆AB

h)梁AB

i)圆柱O、杆AB、整体

j)杆AD、BC、整体

k)整体、AB、CB

l)整体、AC、CD

题 1-1 图

1-2 试作图中物体整体的受力图。结构自重不计。

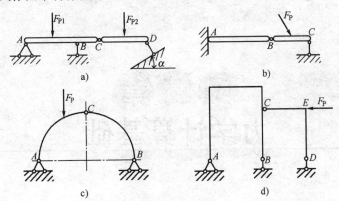

题 1-2 图

第二章
力学计算基础

【能力目标、知识目标与学习要求】

本章学习内容主要是帮助学生建立力学计算的基本概念,使学生掌握力学平衡条件的各种表达形式以及不同形式平衡条件的应用前提,重点是培养学生对静定悬臂结构和简支、外伸结构未知力的计算能力。

第一节　力　的　投　影

根据力的平行四边形法则(公理三),一个合力可用两个分力来等效,且这两个力的组合有很多种,为了计算的方便,在力学分析中,一个任意方向的力 F,通常分解为水平方向分量 F_X 和竖直方向分量 F_Y 后,再进行相关的力学计算,如图 2-1 所示。我们把分力 F_X 在 X 轴上的投影,即 X 轴上的 AB 线段长度称为力 F 在 X 轴的投影,实际上 F 在 X 轴的投影是一个数值,该数值代表了力 F 在 X 轴方向分力 F_X 的大小。同理,我们把分力 F_Y 在 Y 轴上的投影(即 Y 轴上的 CD 线段长度),称为力 F 在 Y 轴上的投影。力 F 在 Y 轴的投影也是一个数值,该数值代表了力 F 在 Y 轴方向分力 F_Y 的大小。因此,我们可知道,任意方向的力 F 与其分力 F_X、F_Y 之间的数值关系:

$$F = \sqrt{F_X^2 + F_Y^2} \tag{2-1}$$

$$\theta = \text{arctg}\, \frac{F_Y}{F_X} \tag{2-2}$$

$$F_X = F\cos\theta \tag{2-3}$$

$$F_Y = F\sin\theta \tag{2-4}$$

在建立了任意方向力 F 可以用其水平方向分力 F_X 和其竖直方向分力 F_Y 表示,以及用力的投影来表示水平分力 F_X 和竖直分力 F_Y 的大小这两个概念的基础上,我们讨论用代数量表示特殊方向(水平方向和竖直方向)矢量的方法。

在描述特殊方向矢量(分力)F_X、F_Y 时,主要表示清楚两个内容:

1. 表示清楚 F_X、F_Y 分力的方向。由于 F_X、F_Y 分力的方位是已知的,F_X 是水平方位,F_Y 是竖直方位,因此所谓确定 F_X、F_Y 分力的方向,主要就是要确定 F_X、F_Y 分力的箭头指向。一个力的方向在该力方位确定的前提下,该力的指向只有两种,如图 2-2 所示,以水平方位分量 F_1、F_2 为例,箭头指向要么与 X 坐标轴指向一致,如图 2-2 中的 F_1 所示,要么与 X 坐标轴指向相反,如图 2-2 中的 F_2 所示。同理,竖直方向分力 F_3、F_4 也是要么与 Y 坐标轴指向相同,要么与 Y 坐标轴指向相反。为了区分同一方位上的两种指向,力学上规定与坐标轴指向一致的力 F_1、F_3 用正号表示其指向,与坐标轴指向相反的力 F_2、F_4 用负号表示其指向。作出这样规定后,对于水平方向和竖直方向(可简称为特殊方向)的力,只要用正、负号即可完全表示清楚特殊方向力的指向。

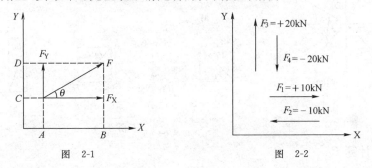

图 2-1   图 2-2

2. 表示清楚 F_X、F_Y 分力的大小。力的大小(即特殊方向分力在坐标轴上的投影长度)可用带单位的数值来表示。

当把 1、2 两个内容表示清楚了,就可以用一个代数值来表示一个特殊方向的力(特殊方向矢量),即根据特殊方向来确定力的方位,用正、负号来确定力的指向,用带单位的数值来确定力的大小(即特殊方向分力在坐标轴上的投影长度)。如图 2-2 所示,$F_1 = +10\text{kN}$,$F_2 = -10\text{kN}$,$F_3 = +20\text{kN}$,$F_4 = -20\text{kN}$。而且根据力的平行四边形法则,我们可以很容易地用两个特殊方向的力来表示一个任意方向的力,这也就是说,我们能用两个代数量依照公式(2-1)至公式(2-4)来准确地描述一个任意方向上的力。这奠定了用解析的方法来计算力学问题的基础。

【例 2-1】 汇交力系如图 2-3 所示,试用解析法计算 F_1、F_2、F_3、F_4、F_5、F_6

在 X 轴、Y 轴的分力（单位:kN）。

解:（1）计算 F_1

如图 2-4a）所示，根据公式（2-3）和公式（2-4）有：

$$F_{1X} =+ F_1 \cos30° =+ 100 \times \cos30° =+ 86.60\text{kN}$$
$$F_{1Y} =+ F_1 \sin30° =+ 100 \times \sin30° =+ 50\text{kN}$$

注意:尽管 F_{1X}、F_{1Y} 是两个代数量，但它们分别表达清楚了特殊矢量（分力）$\vec{F}_{1X}$、$\vec{F}_{1Y}$ 的大小和方向。

（2）计算 F_2

如图 2-4b）所示，根据公式（2-3）和公式（2-4）有：

$$F_{2X} =+ F_2 \cos(180° - 120°) =+ 120 \times \cos60° =+ 60\text{kN}$$
$$F_{2Y} =- F_2 \sin(180° - 120°) =- 120 \times \sin60° =- 103.92\text{kN}$$

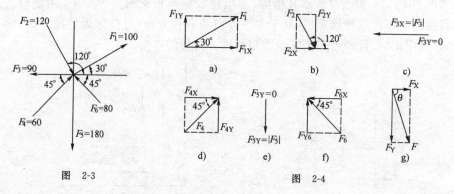

图 2-3 图 2-4

（3）计算 F_3

如图 2-4c）所示，根据公式（2-3）和公式（2-4）有：

$$F_{3X} =- F_3 \cos0° =- 90 \times \cos0° =- 90\text{kN}$$
$$F_{3Y} =+ F_3 \sin0° =+ 90 \times \sin0° = 0\text{kN}$$

（4）计算 F_4

如图 2-4d）所示，根据公式（2-3）和公式（2-4）有：

$$F_{4X} =+ F_4 \cos45° =+ 60 \times \cos45° =+ 42.43\text{kN}$$
$$F_{4Y} =+ F_4 \sin45° =+ 60 \times \sin45° =+ 42.43\text{kN}$$

（5）计算 F_5

如图 2-4e）所示，根据公式（2-3）和公式（2-4）有：

$$F_{5X} =+ F_{5X} | \cos(- 90°) | =+ 180 \times | \cos(- 90°) | = 0\text{kN}$$
$$F_{5Y} =- F_{5X} | \sin(- 90°) | =- 180 \times | \sin(- 90°) | =- 180\text{kN}$$

(6)计算 F_6

如图 2-4f)所示,根据公式(2-3)和公式(2-4)有:

$$F_{6X} = -F_6 \cos45° = -80 \times \cos45° = -56.57\text{kN}$$

$$F_{6Y} = +F_6 \sin45° = +80 \times \sin45° = +56.57\text{kN}$$

计算完毕。

进行分力的计算时注意:

1)根据分力的指向来直接判断分力投影的正、负号,且在运算中只取三角函数计算结果的绝对值,不考虑三角函数的正、负号。

2)从 F_3 和 F_5 两个特殊方向(水平和竖直方向)的力的计算结果,可以清楚地看出,特殊方向上力的指向可直接判断,如 F_{3X}、F_{5Y} 均为负号,而特殊方向上力投影的大小为:方位与坐标轴平行的特殊方向力,在自身方向上分量的大小等于力本身的绝对值(简单地说即为:平行等于本身),如 $F_{3X} = |F_3|$(专指分量的数值大小,分量的符号可直接判断)、$F_{5Y} = |F_5|$;与坐标轴垂直方位上的力分量的大小等于0(简单地说即为:垂直等于0),如 $F_{3Y} = 0$,$F_{5X} = 0$。记住这个规律对加快力学运算速度很有帮助。

3)当一个物体受到平面汇交力系 F_1、F_2、…、F_n 的作用时,如果反复运用平行四边形法则,最后可使力系等效为一个合力 F。力学理论已证明,该力系合力 F 的大小为:

$$F = \sqrt{F_X^2 + F_Y^2} \tag{2-5}$$

该力系合力 F 与 X 轴的夹角 θ 为:

$$\theta = \text{arctg} \frac{F_Y}{F_X} \tag{2-6}$$

式中:

$$F_X = F_{1X} + F_{2X} + \cdots + F_{nX} = X_1 + X_2 + \cdots + X_n = \sum_{i=1}^{n} X_i \tag{2-7}$$

$$F_Y = F_{1Y} + F_{2Y} + \cdots + F_{nY} = Y_1 + Y_2 + \cdots + Y_n = \sum_{i=1}^{n} Y_i \tag{2-8}$$

式中:　　　　　　　　　F——力系的合力;

$F_X(F_Y)$——力系的合力 F 在 X 轴(Y 轴)的分量;

F_{1X}、F_{2X}、…、$F_{nX}(X_1$、X_2、…、$X_n)$——力系中各分力在 X 轴的分量;

F_{1Y}、F_{2Y}、…、$F_{nY}(Y_1$、Y_2、…、$Y_n)$——力系中各分力在 Y 轴的分量;

θ——力系合力 F 与 X 轴的夹角。

【例 2-2】 计算图 2-3 所示汇交力系的合力 F。

解:根据例 2-1 的计算结果,可得:

$$F_X = F_{1X} + F_{2X} + \cdots + F_{nX}$$
$$= X_1 + X_2 + \cdots + X_n$$
$$= (+86.60) + (+60) + (-90) + (+42.43) + (0) + (-56.57)$$
$$= +42.46kN$$
$$F_Y = F_{1Y} + F_{2Y} + \cdots + F_{nY}$$
$$= Y_1 + Y_2 + \cdots + Y_n$$
$$= (+50) + (-103.92) + (0) + (+42.43) + (-180) + (+56.57)$$
$$= -134.92kN$$

根据公式(1-5)可得：

$$F = \sqrt{F_X^2 + F_Y^2} = \sqrt{(+42.46)^2 + (-134.92)^2} = 141.44kN$$

根据公式(1-6)可得：

$$\theta = \left| \text{arctg} \frac{F_Y}{F_X} \right| = \left| \text{arctg} \frac{(-134.92)}{(+42.46)} \right| = 72.53°$$

根据 F_X、F_Y 的正、负号可判断出合力 F 是在第四象限,故知 θ 是合力 F 与 X 轴的夹角,计算结果如图 2-4g)所示,计算完毕。

第二节　力矩和力偶

一 力矩

一个物体受力后,如果不考虑其变形效应,则物体必定会发生运动效应。以图 2-5 为例,在不考虑摩擦力的前提下,如果力的作用线通过物体中心,将使物体在力的方向上产生水平移动,如图 2-5a)所示;如果力的作用线不通过物体中心,物体将在产生向前移动的同时,还将产生转动,如图 2-5b)所示。因此,力可以使物体移动,也可以使物体发生转动。

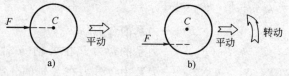

图　2-5

力矩是描述一个力转动效应大小的物理量。描述一个力的转动效应(即力矩)主要是确定:(1)力矩的转动平面;(2)力矩的转动方向;(3)力矩转动能力的大小。力矩转动平面一般就是计算平面。一个物体在平面内的转动方向只有两种(顺时针转动和逆时针转动),为了区分这两种转动方向,力学上规定:逆时针转动的力矩为正号,顺时针转动的力矩为负号。

实践证明,力 F 对物体产生的绕点 O 转动效应的大小与力 F 的大小成正比,与 O 点(转动中心)到力作用线的垂直距离(称为力臂)h 成正比,如图 2-6 所示。

图 2-6

综合上述概念,可用一个代数量来准确的描述一个力 F 对点 O 的力矩:

$$M_0(F) = \pm F \times h \tag{2-9}$$

式中:$M_0(F)$——力 F 对 O 点产生的力矩;

$\quad\quad F$——产生力矩的力;

$\quad\quad h$——力臂。力臂是转动中心到力作用线的距离,力臂的特点:①垂直于力作用线;②通过转动中心。

力矩转动方向的判断方法:四个手指从转动中心出发,沿力臂及力的箭头指向转动的方向,即为该力矩的转动方向。

【例 2-3】 构件受力如图 2-7a)所示。求 P 力对 O 点的力矩。

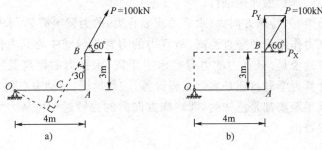

图 2-7

解:(1)按定义计算

如图 2-7a)所示,根据已知条件,可导出:

$$\angle CBA = 30°;\ \angle OCD = 60°$$

$$CA = AB \times \mathrm{tg}\angle CBA = 3 \times \mathrm{tg}30° = 1.732\mathrm{m}$$

$$OC = OA - CA = 4 - 1.732 = 2.268\mathrm{m}$$

$$h = OD = OC \times \sin\angle OCD = 2.268 \times \sin60° = 1.964\mathrm{m}$$

根据力矩转动方向的判断方法可知,P 力产生的力矩为逆时针转动的力矩,应取正号。所以:

$$M_0(P) = +P \times h = +100 \times 1.964 = +196.4\mathrm{kN \cdot m}$$

（2）按分力计算合力矩

根据平行四边形法则，任意方向的力 P 可等效分解为水平分力 P_X 和竖直分力 P_Y，力学理论证明，合力 P 对 O 点产生的力矩等于分力 P_X、P_Y 对 O 点产生力矩的代数和。如图 2-7b) 所示：

$$P_X = +P \times \cos 60° = +100 \times \cos 60° = +50 \text{kN} \quad (1)$$

$$P_Y = +P \times \sin 60° = +100 \times \sin 60° = +86.6 \text{kN} \quad (2)$$

$$M_0(P) = M_0(P_X) + M_0(P_Y) = -50 \times 3 + 86.6 \times 4 = 196.4 \text{kN} \cdot \text{m} \quad (3)$$

说明：

①根据力矩转动方向的判断方法可知，分力矩 $M_0(P_X)$ 是顺时针转动，故 $M_0(P_X)$ 应取负号；分力矩 $M_0(P_Y)$ 是逆时针转动，故 $M_0(P_Y)$ 应取正号；所以，(1)、(2) 式里的正号代表 P 力水平分力和竖直分力的指向，(3) 式中正、负号代表分力矩 $M_0(P_X)$、$M_0(P_Y)$ 以及合力矩 $M_0(P)$ 对 O 点的转动方向，它们正、负号的内涵是不一样的。

②第一种方法和第二种方法计算结果一致，且第二种方法明显简单。所以，今后求任意方向力产生的力矩时，一般按"先将任意方向的力分解为特殊方向力，然后再计算力矩"的原则进行。

③计算力矩时，特殊方向力（水平力或竖直力）的力臂很简单，水平力的力臂是转动中心到力作用线的竖直距离，竖直力的力臂是转动中心到力作用线的水平距离。简单地说是"竖直力的力臂是水平距离，水平力的距离是竖直距离"。由于不论是计算力学题目还是实际工程计算，一般地说，转动中心到力作用线的竖直距离和水平距离都是已知的，即特殊方向力的力臂通常可从力学题目或工程图纸上直接查出。

力偶

1. 力偶的概念

力偶是指同一个平面内两个大小相等，方向相反，作用线不在同一条直线上的力，如图 2-8a) 所示。力偶产生的运动效果是纯转动，与力矩产生的运动效果（同时发生移动和转动）是不一样的。

力偶产生的转动效应由以下三个要素确定：
①力偶作用平面；②力偶转动方向；③力偶矩的大小，这三个要素称为力偶三要素。力偶作用平面就是计算平面；与确定力矩转动方向一样，用正、负号来区别逆、顺时针转向；力偶矩是表示一个力偶转动

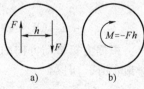

图 2-8

效应大小的物理量,力偶矩的大小与产生力偶的力 F 及力偶臂 h 成正比。综合上述概念,可用一个代数量来准确地描述力偶的转动效应:

$$M = \pm F \times h \qquad (2\text{-}10)$$

式中:M——力偶矩;

    F——产生力偶的力;

    h——力偶臂,力偶臂指产生力偶的两个力之间的距离。

力偶方向的判别方法:右手四个手指沿力偶方向转动,大拇指方向为力偶方向。

2. 力偶的性质

力偶具有如下性质(这些性质体现了力偶与力矩的区别):

①力偶不能与一个力等效。这是因为力偶的运动效应与力矩的运动效应不相同,这个性质描述了力偶只能使物体产生纯转动,不会使物体移动的特点。如果能用一个力来等效,则说明必定会产生移动。这条性质还可表述为力偶无合力,或者说力偶在任何坐标轴上均无投影(投影为零)。

②只要保持力偶的转向和力偶矩大小不变,则不会改变力偶的运动效应。故在平面内表示力偶只要表示转向和力偶矩的大小即可。所以,图 2-8a)、b)两种表示方法是一致的。同理,同一平面内两个力偶如果它们的转向和力偶矩的大小相同,则此两个力偶为等效。

③力偶无转动中心。这条性质是力偶与力矩的主要区别之一。力矩产生的转动一定要绕固定点(转动中心)转动,同一个力对不同转动中心产生的力矩,因力臂变化,其产生的力矩是不同的。力偶只表示使物体产生纯转动效应的大小,因力偶无转动中心,故力偶无转动中心如何变化的问题,不论以物体中任何一点为中心转动,其力偶效果均保持不变。

④合力偶矩等于各分力偶的代数和。当一个物体受到力偶系 m_1、$m_2 \cdots m_n$ 作用时,各个分力偶的作用最终可合成为一个合力偶矩 m,即多个力偶作用在同一个物体上,只会使物体产生一个转动效应,也就是合力偶的效应。合力偶与各分力偶的关系为:

$$m = m_1 + m_2 + \cdots + m_n = \sum_{i=1}^{n} m_i \qquad (2\text{-}11)$$

式中: m——力偶系的合力偶矩;

m_1、m_2、$\cdots$、m_n——力偶系中的第 1 个、第 2 个$\cdots$第 n 个分力偶矩。

【例 2-4】 物体受力如图 2-9a)所示,求物体的合力偶矩。

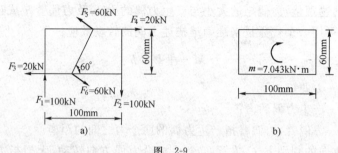

a)   b)

图 2-9

解：由题图及力偶概念可知：F_1 和 F_2，F_3 和 F_4，F_5 和 F_6 三组力构成三个力偶，所以物体是受力偶系作用。根据公式(2-11)知道，合力偶矩为：

$$M = m_1 + m_2 + m_3$$

$$= -100 \times 0.1 - 20 \times 0.06 + 60 \times \frac{0.06}{\sin 60°}$$

$$= -7.043 \text{kN} \cdot \text{m}$$

此结果表示，该物体尽管受到了三个力偶的共同作用，但其最后的结果与一个顺时针力偶(大小为 7.043kN · m)的作用效果一致。如图 2-9b)所示。

46

三 力的平移定理

设在物体上的 A 点作用一个力 F，如图 2-10a)所示，要将此力平行地移到刚体上的另一点 O 处。为此，在 O 点上加两个共线、等值、反向的力 F'、F''(即加一个运动效果为 O 的平衡力系)，且 F'、F'' 与 F 平行、等值，如图 2-10b)所示，显然根据加减平衡力系公理，该物体的运动效应不会改变。由于力 F 与 F'' 构成一个力偶，其力偶矩 $m = +F \times h$，故该情形可以表示成图 2-10c)，根据力偶性质 2，图 2-10b)F 与 F'' 构成的力偶与 2-10c)力偶是等效的。比较图 2-10a)、c)两种等效的情形[因为从图 2-10a)情形变换到图 2-10c)情形都是在等效前提下进行的]，可看出，力 F 已等效地从 A 点平行移到了 O 点，但不是简单的平移，而是需加上一个附加力偶。

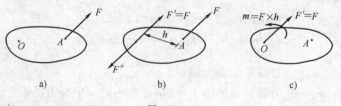

a)   b)   c)

图 2-10

综上所述,力的平移定理为:作用在刚体上的力 F,可以平行地移到同一刚体上的任一点 O,但必须同时附加一个力偶,其力偶矩等于原来的力 F 对新作用点 O 的矩 $m_0(F)$。

运用力的平移定理,很容易理解均布力等效计算的概念。均布力表示在杆轴线上任意一点均受到同样大小的力作用,如图 2-11a)所示。对于轴线中点 C 点来说整个杆件的力都是对称出现的。以 A、B 两个对称力为例,A 点作用力为 P_A,B 点作用力为 P_B,由均布力性质可知,$P_A = P_B = P$,如图 2-11b)所示。现将 P_A、P_B 等效地平移到杆中心 C 点,如图 2-11c)所示,注意平移时产生的附加力偶 m_1、m_2 的合力偶 $M = m_1 + m_2 = 0$,所以,力 P_A、P_B 平行移到中心点 C 后的受力,如图 2-11d)所示。同理,当杆轴线上所有对称点上的力均平行地移至杆轴线中心 C 点时,其等效的受力情况如图 2-11e)所示。

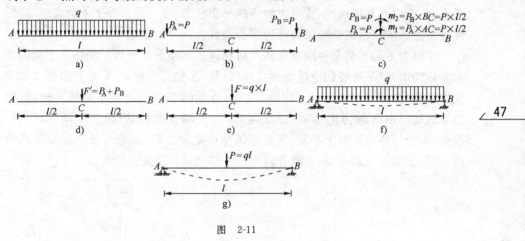

图 2-11

需要强调的是:

①均布力的运动效果可以用集中力来等效。该等效集中力的作用点为均布力作用区间的中点,其方向与均布力一致,其大小等于均布力的总量 $F = q \times l$。

②均布力的效果包括运动效果和变形效果。图 2-11a)和图 2-11e),仅仅表示两者在运动效果上是等效的,所以在图 2-11e)中集中力 P 用虚线表示。两者在变形效果上是不同的,由图 2-11f)和图 2-11g)就可看出。

因此,均布力在受力图中只能表示为图 2-11a)的形式,决不能表示成图 2-11e)的形式。一句话,均布力不能简单地等效为集中力,只有在满足了"讨论物体的运动效应"这个前提,才可以按集中力来等效均布力。例如在建筑力学中运用平衡条件列平衡方程时,实际上是在讨论物体的运动效应(平衡是一种特殊

的运动状态),因此在列平衡方程计算时,图 2-11a)情形可按图 2-11e)情形对待。

第三节　力系的平衡条件

一　力系平衡条件的概念

所有建筑构件都处在静止(或称平衡)状态。而物体受到一个力作用时,必定会产生运动。如空中的物体受到重力作用,必定会产生自由落体运动。只有物体受到力系(两个以上的力)的作用才能处于平衡状态,如物体落地后,在重力和地面支承力的共同作用下处于平衡状态。

物体在力系作用下处于平衡状态,说明该力系(也称平衡力系)和一般的力系不同,必定有其特殊性,或者说物体的平衡状态,在一定条件下才会发生,这时候平衡力系应满足的特殊条件称为平衡条件。

了解力系的平衡条件应首先从了解物体的运动形式开始。物体在平面内的独立运动形式(不可替代的运动形式)有三种:X 轴方向移动、Y 轴方向移动以及发生转动,如图 2-12a)所示。如图 2-12b)所示的 S 方向运动不是独立运动,因为该运动可由 X 轴方向移动(独立运动)和 Y 轴方向移动(独立运动)所代替。因此,一个物体在平面上平衡,就是指该物体是静止的,不能有任何运动形式存在,X 轴方向不发生移动;Y 轴方向不发生移动以及不发生转动。

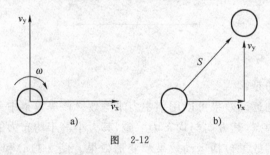

图　2-12

二　力系平衡条件的基本形式

怎样才能使受到力系作用的物体静止呢? 前面讲到,一个力系最终都将可以简化成一个合力 F,若受到力系作用的物体不发生移动,则表示力系的合力 $F=0$,因为力系的合力 $F=\sqrt{F_X^2+F_Y^2}$,故要求力系的合力 $F=0$,这也就是要求力系的合力分量 $F_X=0$ 和 $F_Y=0$,而据公式(2-7)、(2-8)知道,$F_X=\sum X_i$ 和 $F_Y=\sum Y_i$,即有 $F_X=\sum X_i=0$ 和 $F_Y=\sum Y_i=0$。所以,一个受到力系作用的物体在平面内不发生移动的条件是 $\sum X_i = 0$ 和 $\sum Y_i = 0$，简单记为 $\sum X$ 和 $\sum Y = 0$。同时，物体在平面内静止，意味着物体不仅不能移动，而且也不能转动，也就是要求力系对平面内任意一点求力矩或力偶计算的结果均为 0，即 $\sum M_0(F) = 0$ 或 $\sum m_i = 0$，可简单地写成 $\sum M_0 = 0$。

综上所述，要求物体在平面内受力系作用后，即不移动又不转动（即处于平衡状态），则该力系必须满足的条件——平衡力系的平衡条件为：

$$\sum X = 0 \tag{2-12}$$

$$\sum Y = 0 \tag{2-13}$$

$$\sum M_0 = 0 \tag{2-14}$$

式（2-14）中的 O 点，可以是物体上的任何一点。

应该强调的是：

1. 力系平衡要求这三个平衡条件必须同时成立。有任何一个条件不满足都意味着受力系作用的物体会发生运动，处于不平衡状态。

2. 三个平衡条件是平衡力系的充分必要条件。

3. 由于建筑构件都是受平衡力系作用，所以每个建筑构件的受力均必须满足这三个平衡条件。实际上这三个平衡条件是计算建筑构件未知力的主要依据。

【例 2-5】 结构受力如图 2-13a)所示，求该结构的支座反力。

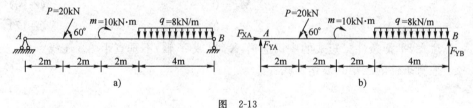

图 2-13

解： 结构受力图如 2-13b)所示。由于所有的结构都处在平衡状态，故受力图所示力系是平衡力系，该力系中所有的力均应满足平衡力系的平衡条件，即有：

$$\sum X = 0$$

$$F_{XA} - 20 \times \cos 60° = 0 \tag{1}$$

$$F_{XA} = +20 \times \cos 60° = +10 \text{kN}$$

计算结果中 F_{XA} 的正号，说明该力的真实指向与受力图中 F_{XA} 的指向（假设指向）相同。

$$\sum Y = 0$$

$$F_{YA}-20\times\sin60°-8\times4+F_{YB}=0 \qquad (2)$$

$$\sum M_A=0$$

$$-20\times\sin60°\times2-10-8\times4\times8+F_{YB}\times10=0 \qquad (3)$$

解(2)、(3)联立方程得：$F_{YA}=+19.26kN$，$F_{YB}=+30.06kN$。

计算结果中 F_{YA}、F_{YB} 的正号，说明这些力的真实指向与受力图中 F_{YA}、F_{YB} 的指向(假设指向)相同。

计算完毕。

三 力学平衡条件的其他表现形式

作用在物体上的平面力系满足 $\sum X=0$、$\sum Y=0$、$\sum M_0=0$ 条件,则该物体必定处在平衡状态,该力系必定为平衡力系。我们把平衡条件[即公式(2-12)、(2-13)、(2-14)]的表现形式称为平衡条件的一矩式表现形式,也是平衡条件的基本表达形式。

力系的平衡条件除了基本表达形式外,还有二矩式表达形式和三矩式表达形式。

平衡条件中的二矩式表达形式：

$$\sum X=0(或\sum Y=0) \qquad (2-15)$$

$$\sum M_A=0 \qquad (2-16)$$

$$\sum M_B=0 \qquad (2-17)$$

注意,平衡条件二矩式的应用前提：X 轴(或 Y 轴)不垂直于 AB 连线。

平衡条件的三矩式表达形式：

$$\sum M_A=0 \qquad (2-18)$$

$$\sum M_B=0 \qquad (2-19)$$

$$\sum M_C=0 \qquad (2-20)$$

注意,平衡条件三矩式的应用前提：A、B、C 三点不共线。

平衡条件的一矩式,二矩式,三矩式表达形式,尽管它们的表现形式不同,但实质上都是从不同侧面反映了平衡力系的性质。也就是说,任何一个平衡力系,我们都可用一矩式平衡条件列平衡力系的平衡方程。也可按二矩式或者三矩式平衡条件列平衡力系的平衡方程。可是同一个平衡力系,我们按一矩式还是按二矩式、三矩式平衡条件列平衡方程的计算复杂程度是不一样的。

【例 2-6】 结构受力如图 2-14a)所示,求 A、B 支座反力。

解：结构受力图如图 2-14b)所示。

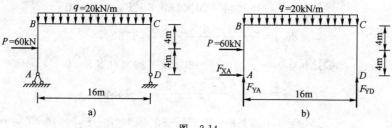

图 2-14

按一矩式计算：

$$\sum X = 0$$
$$F_{XA} + 60 = 0 \tag{1}$$
$$F_{XA} = -60\text{kN}$$

计算结果中 F_{XA} 的负号说明 F_{XA} 的真实指向与受力图中 F_{XA} 的指向（假设指向）相反。

$$\sum Y = 0$$
$$F_{YA} - 20 \times 16 + F_{YD} = 0 \tag{2}$$
$$\sum M_A = 0$$
$$-60 \times 4 - 20 \times 16 \times 8 + F_{YD} \times 16 = 0 \tag{3}$$

可看出(2)式含两个未知力，不能直接从(2)中解出未知力，须解联立方程(2)、(3)，才能求出两个未知力，解得：

$$F_{YA} = +145\text{kN}, F_{YD} = +175\text{kN}$$

按二矩式计算：

$$\sum X = 0$$
$$F_{XA} + 60 = 0 \tag{1}$$
$$F_{XA} = -60\text{kN}$$
$$\sum M_A = 0$$
$$-60 \times 4 - 20 \times 16 \times 8 + F_{YD} \times 16 = 0 \tag{2}$$
$$F_{YD} = \frac{60 \times 4 + 20 \times 16 \times 8}{16} = 175\text{kN}$$
$$\sum M_D = 0$$
$$-F_{YA} \times 16 - 60 \times 4 + 20 \times 16 \times 8 = 0 \tag{3}$$
$$F_{YA} = \frac{-60 \times 4 + 20 \times 16 \times 8}{16} = 145\text{kN}$$

这种形式的平衡条件列平衡方程的计算程度最简单，一个平衡方程解一个未知力。按三矩式计算：

$$\sum M_A = 0, \quad -60 \times 4 - 20 \times 16 \times 8 + F_{YD} \times 16 = 0 \tag{1}$$

$$F_{YD} = \frac{60 \times 4 + 20 \times 16 \times 8}{16} = 175 \text{kN}$$

$$\sum M_D = 0, \quad -F_{YA} \times 16 - 60 \times 4 + 20 \times 16 \times 8 = 0 \tag{2}$$

$$F_{YA} = \frac{-60 \times 4 + 20 \times 16 \times 8}{16} = 145 \text{kN}$$

$$\sum M_B = 0, \quad F_{XA} \times 8 + 60 \times 4 - 20 \times 16 \times 8 + F_{YD} \times 16 = 0 \tag{3}$$

可看出(3)式含两个未知力,只有将前面(1)式中求出的 F_{YD} 值代入(3)后,才能解得 F_{XA} 值,$F_{XA} = \dfrac{-60 \times 4 + 20 \times 16 \times 8 - F_{YD} \times 16}{8} = -60 \text{kN}$。

由以上解题过程可看出,如果选择合适的平衡条件表达形式,可使计算简单。

正确的平衡条件表达式选择原则:

①计算的力系中有几个未知力作用线汇交点,取几矩式。

②力矩表达式中的转动中心应取未知力的汇交点。

根据上述原则,马上可判断出图 2-14b)受力图中三个未知力 F_{XA}、F_{YA}、F_{YD} 的作用线有 A、D 两个汇交点,所以,此题应该取二矩式平衡条件计算,且转动中心应分别取 A、D 两点。因此例题 2-6 按二矩式平衡条件计算最简单。

【例 2-7】 悬臂梁受力如图 2-15a)所示,求 A 端支座反力。

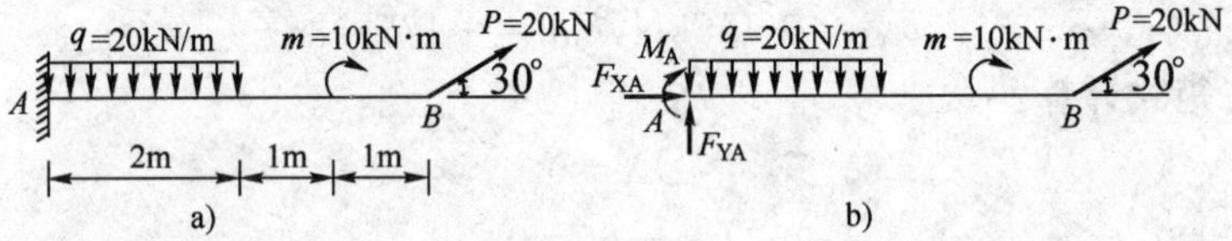

图 2-15

解:受力图如图 2-15b)所示。

从受力图可看出三个未知力 F_{XA}、F_{YA}、M_A 只有一个汇交点 A,故此题应该取一矩式平衡条件计算,且转动中心应取 A 点。

$$\sum X = 0, \quad F_{XA} + 20\cos 30° = 0 \tag{1}$$

$$F_{XA} = -20\cos 30° = -17.3 \text{kN}$$

$$\sum Y = 0, \quad F_{YA} - 20 \times 2 + 20\sin 30° = 0 \tag{2}$$

$$F_{YA} = 20 \times 2 - 20\sin 30° = 30 \text{kN}$$

$$\sum M_A = 0, \quad -20 \times 2 \times 1 - 10 + 20\sin 30° \times 4 - M_A = 0 \tag{3}$$

$$M_A = -20 \times 2 - 10 + 20\sin 30° \times 4 = -10 \text{kN} \cdot \text{m}$$

【例 2-8】 桁架受力如图 2-16a)所示,求链杆约束反力。

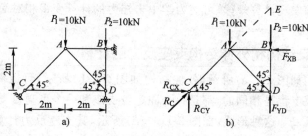

图 2-16

解:受力图如图 2-16b)所示。

从受力图可看出三个未知力 F_{XB}、F_{YD}、R_C 的作用线(或作用线的延长线)有三个汇交点 A、B、E 点,且 A、B、E 三点不共线,故此题应该取三矩式平衡条件计算,且转动中心应分别取 A、B、E 三点。

$$\sum M_A=0, \quad F_{YD}\times 2-P_2\times 2=0 \tag{1}$$

$$F_{YD}\times 2-10\times 2=0$$

$$F_{YD}=\frac{10\times 2}{2}=10\text{kN}$$

$$\sum M_B=0, \quad -R_{CY}\times 4+R_{CX}\times 2+P_1\times 2=0 \tag{2}$$

$$-R_{CY}\times 4+R_{CX}\times 2+10\times 2=0$$

$$-R_C\sin 45°\times 4+R_C\cos 45°\times 2+10\times 2=0$$

$$R_C=\frac{-10\times 2}{-\sin 45°\times 4+\cos 45°\times 2}=14.14\text{kN}$$

$$\sum M_E=0, \quad P_1\times 2-F_{XB}\times BE=0 \tag{3}$$

$$10\times 2-F_{XB}\times BE=0$$

因为 $\angle EAB=\angle ACD=45°$,且 $\angle EBA=\angle BDC=90°$,所以 $\triangle ABE$ 是等边直角三角形,$BE=AB=2$m。

$$10\times 2-F_{XB}\times 2=0$$

$$F_{XB}=\frac{10\times 2}{2}=10\text{kN}$$

第四节 力系的计算

一般情况下,力系的计算主要包含两个方面的内容。一是画受力图;二是依据受力图,按平衡条件列出平衡方程,从而求出力系中的未知力。在建筑工程力学计算中,如果我们注意按前面介绍的知识,合理地选择适当的平衡条件形式,

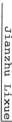

并注重寻找和发现计算规律,可使力学中未知力的计算变得相对简单。

一 简支结构和外伸结构支座反力的计算

简支结构如图 2-17a)所示,外伸结构如图 2-17b)所示,可以看出这两种结构在支座约束上都是相同的,都是一个固定铰支座和一个可动铰支座,支座反力都是 F_{XA}、F_{YA}、F_{YB} 这种形式,如图 2-17c)、d)所示,其支座反力计算一般均采用二矩式平衡条件列方程,因此可归纳出其计算规律是:

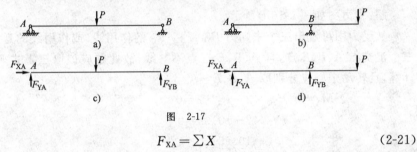

图 2-17

$$F_{XA} = \sum X \qquad (2-21)$$

或:

$$F_{YA} = \sum Y \qquad (2-21a)$$

[当平衡力系 X 轴方向只有一个未知力 F_{XA} 则采用公式(2-21)计算,当平衡力系在 Y 轴方向只有一个未知力 F_{YA},则采用公式(2-21a)计算。]

$$F_{YA} = \frac{\sum M_B}{l} \left(\text{或 } F_{YB} = \frac{\sum M_A}{l} \right) \qquad (2-22)$$

式中： A、B——简支结构或外伸结构的两个支座点或者说三个支座反力(未知力)作用线的汇交点；

F_{XA}、F_{YA}、F_{YB}——简支结构或外伸结构的三个支座反力(或力系中的未知力)；

$\sum X(\sum Y)$——力系中所有已知力在 X(或 Y)轴投影的代数和,已知力在 X(或 Y)轴分力的指向与公式(2-21)[或(2-21a)]中的未知力 F_{XA}(或 F_{YA})的指向相反取正号,相同取负号；

注意:运用公式(2-21)[或(2-21a)]时,X(或 Y)轴不得垂直于与 AB 两点的连线。

l——A、B 两支座点(或未知力汇交点)在 X(或 Y)轴方向上的距离；

$\sum M_B(\sum M_A)$——力系中所有已知力对 B(或者 A)支座点(或未知力汇交点)求力矩的代数和,所计算的力矩或力偶的转动方向与未知力 F_{YA}(或 F_{YB})对 B(或者 A)点产生力矩的转向相反取正,相同取负号。

【例 2-9】 结构受力如图 2-18 所示,求 B、C 支座反力。

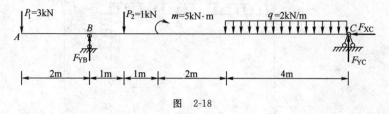

图 2-18

解: 直接在题图上画出支座反力,得计算外伸梁 AC 支座反力的受力图。因为此结构为外伸结构,所以可以应用公式(2-21)和公式(2-22)计算支座反力。

由公式(2-21)得:

$$F_{XC} = \sum X = 0$$

因为所有已知力均与 X 轴垂直,故它们在 X 轴投影均为 0。

由公式(2-22)得:

$$F_{YB} = \frac{\sum M_C}{l} = \frac{P_1 \times 10 + P_2 \times 7 - m + q \times 4 \times 2}{8} = \frac{3 \times 10 + 1 \times 7 - 5 + 2 \times 4 \times 2}{8} = 6kN$$

求 B 支座的支座反力,以另一支座点 C 为转动中心。因未知力 F_{YB} 对 C 点产生的力矩是顺时针转,所以,顺时针已知力偶 m 对 C 点力偶取负号;而 P_1、P_2、q 等力对 C 点产生的力矩是逆时针转向,与未知力 F_{YB} 对 C 点产生的力矩转向相反,故 P_1、P_2、q 等力产生的力矩取正号。

同理:

$$F_{YC} = \frac{\sum M_B}{l} = \frac{-P_1 \times 2 + P_2 \times 1 + m + q \times 4 \times 6}{8} = \frac{-3 \times 2 + 1 \times 1 + 5 + 2 \times 4 \times 6}{8} = 6kN$$

校核:

$$\sum Y = 6 + 6 - 3 - 1 - 2 \times 4 = 0$$

计算正确。

可以看出,应用给出的计算规律[公式(2-21)和公式(2-22)],可根据已知条件,不需列平衡方程,而直接写出未知力的计算表达式,很方便地就可以完成未知力的计算。

【例 2-10】 结构受力如图 2-19 所示,求 A、D 支座反力。

解: 简支结构受力图如图 2-19 所示。注意本题中,三个未知力作用线的汇交点,一个是支座点 A,另一个是非支座点 E。

由公式(2-21)得:

$$F_{XA} = \sum X = -q_2 \times 2 = -10 \times 2 = -20kN$$

因为已知力中力偶 M 无投影,P、q_1 与 X 轴垂直,其投影为 0,只有 q_2 与 X

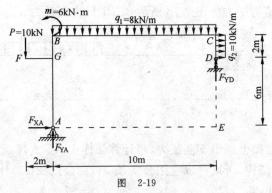

图 2-19

轴不垂直,故只有 q_2 在 X 轴有投影。因 q_2 的指向与未知力 F_{XA} 方向相同,所以 q_2 投影取负号。最后结果中 $F_{XA}=-20kN$ 的负号,表示 F_{XA} 的真实方向与受力图中 F_{XA} 的假设指向相反。

由公式(2-22)得:

$$F_{YA}=\frac{\sum M_E}{l}=\frac{P\times 12+m+q_1\times 10\times 5-q_2\times 2\times 7}{10}$$

$$=\frac{10\times 12+6+8\times 10\times 5-10\times 2\times 7}{10}=38.6kN$$

$$F_{YD}=\frac{\sum M_A}{l}=\frac{-P\times 2-m+q_1\times 10\times 5+q_2\times 2\times 7}{10}$$

$$=\frac{-10\times 2-6+8\times 10\times 5+10\times 2\times 7}{10}=+51.4kN$$

校核:

$$\sum Y=38.6+51.4-10-8\times 10=0$$

计算正确。

二 悬臂结构支座反力(杆件截面内力)计算

悬臂结构的支座均为固定端支座,如图 2-20a)所示,支座反力都是 F_{XA}、F_{YA}、M_A,如图 2-20b)所示,其支座反力计算一般均采用一矩式平衡条件列方程,因此可归纳出其计算规律如下:

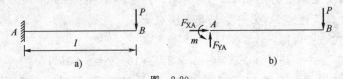

a)   b)

图 2-20

$$F_{XA} = \sum X \qquad (2\text{-}23)$$

$$F_{YA} = \sum Y \qquad (2\text{-}24)$$

$$M_A = \sum M_A \qquad (2\text{-}25)$$

式中:$F_{XA}(F_{YA})$——固定端支座的 X(或 Y)轴方向支座反力;

$\qquad M_A$——固定端支座的未知偶;

$\qquad \sum X(\sum Y)$——力系中所有已知力在 X(或 Y)轴上投影的代数和,若已知
力投影的指向与公式(2-23)、公式(2-24)中的未知力 F_{XA}
(或 F_{YA})指向相反取正号,相同取负号;

$\qquad \sum M_A$——所有已知力对悬臂梁支座点 A 求力矩的代数和,若已知力
对 A 点产生力矩的转动方向与公式(2-25)中的未知力 M_A
的转动方向相反取正号,相同取负号。

【例 2-11】 悬臂结构受力如图 2-21 所示,求 A 端支座反力。

解:悬臂结构受力图如图 2-21 所示。

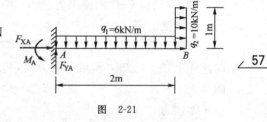

$$F_{XA} = \sum X = -q_2 \times 1 = -10 \times 1 = -10\text{kN}$$

$$F_{YA} = \sum Y = q_1 \times 2 = 6 \times 2 = 12\text{kN}$$

$$M_A = \sum M_A = q_1 \times 2 \times 1 + q_2 \times 1 \times 0.5$$

$$= 6 \times 2 \times 1 + 10 \times 1 \times 0.5 = 17\text{kN} \cdot \text{m}$$

图 2-21

由于求杆件截面内力所作的受力图与悬臂结构受力图相似,所以,公式
(2-23)、公式(2-24)和公式(2-25)也可用于计算杆件截面内力。

【例 2-12】 计算图 2-22a)所示结构 I-I 剖面和 II-II 剖面内力。

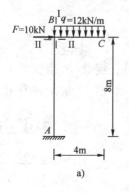

a)

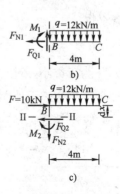

b)

c)

图 2-22

解:(1)求结构 I-I 剖面内力

①画受力图

用假想截面沿距 B 点 $\mathrm{d}x$ 的位置将 BC 杆件截断,得到 BC 杆段脱离体,如图 2-22b)所示。在脱离体上加上已知力 q,最后在杆件截面上加轴力 F_{N1}、剪力 F_{Q1} 和弯矩 M_1,得到结构 I-I 剖面计算内力受力图,如图 2-22b)所示。

可以清楚看到,计算截面内力的受力图与悬臂结构受力图相似。

②内力计算

由公式(2-23)得:

$$F_{\mathrm{N1}} = \sum X = 0 \mathrm{kN}$$

由公式(2-24)得:

$$F_{\mathrm{Q1}} = \sum Y = 12 \times 4 = 48 \mathrm{kN}$$

由公式(2-25)得:

$$M_1 = \sum M_1 = -q \times 4 \times 2 = -12 \times 4 \times 2 = -96 \mathrm{kN \cdot m}$$

(2)求结构 II-II 剖面内力

①画受力图

用假想截面过 B 结点 $\mathrm{d}x$ 的位置将 BA 杆件截断,得到 BC 杆段脱离体。在脱离体上加上已知力和相应内力后,得到结构 II-II 剖面计算内力的受力图,如图 2-22c)所示。

②内力计算

由公式(2-24)得:

$$F_{\mathrm{N2}} = \sum Y = -q \times 4 = -12 \times 4 = -48 \mathrm{kN}$$

由公式(2-23)得:

$$F_{\mathrm{Q2}} = \sum X = F = 10 \mathrm{kN}$$

由公式(2-25)得:

$$M_2 = \sum M_2 = -\frac{1}{2}ql^2 - F\mathrm{d}x = -\frac{1}{2}ql^2 = -\frac{1}{2} \times 12 \times 4^2 = -96 \mathrm{kN \cdot m}$$

注意,因为 $\mathrm{d}x$ 为无穷小,所以在计算杆件长度 $\mathrm{d}x$ 其值忽略不计。

【例 2-13】 简支结构受力如图 2-23a)所示,求 I-I 剖面和 II-II 剖面内力。

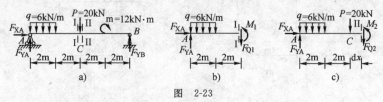

图 2-23

解:(1)求支座反力

计算杆件截面内力,除悬臂结构外,一般情况均需先求出支座反力后,再计算截面内力。

受力图如图 2-23a)所示。

由公式(2-21)得:

$$F_{XA} = \sum X = 0kN$$

由公式(2-22)得:

$$F_{YA} = \frac{\sum M_B}{l} = \frac{6 \times 2 \times 7 + 20 \times 4 - 12}{8} = 19kN$$

$$F_{YB} = \frac{\sum M_A}{l} = \frac{6 \times 2 \times 1 + 20 \times 4 + 12}{8} = 13kN$$

(2)求 I-I 剖面内力

①画受力图

用假想平面沿距 C 点差 dx 的位置将 AB 杆件截断,并解除 A 点固定铰支座约束,得到 A-I 杆段脱离体。在脱离体上加上已知力和相应内力(由于该结构是弯曲变形,故截面内力只有剪力 F_{Q1} 和弯矩 M_1)后,得到结构 I-I 剖面计算内力受力图,如图 2-23b)所示。

②内力计算

由公式(2-24)得:

$$F_{Q1} = \sum Y = + F_{YA} - q \times 2 = 19 - 6 \times 2 = 7kN$$

由公式(2-25)得:

$$M_1 = \sum M_1 = F_{YA} \times 4 - q \times 2 \times 3 = 19 \times 4 - 6 \times 2 \times 3 = 40kN \cdot m$$

(3)求 II-II 剖面内力

①画受力图

受力图如图 2-23c)所示。

②内力计算

由公式(2-24)得:

$$F_{Q2} = \sum Y = + F_{YA} - q \times 2 - P = 19 - 6 \times 2 - 20 = -13kN$$

由公式(2-25)得:

$$
\begin{aligned}
M_2 &= \sum M_2 = + F_{YA} \times (4 + dx) - q \times 2 \times (3 + dx) - Pdx \\
&= F_{YA} \times 4 - q \times 2 \times 3 \\
&= 19 \times 4 - 6 \times 2 \times 3 = 40kN \cdot m
\end{aligned}
$$

◀ 小　结 ▶

1. 任意方向的力 P 与其分力 P_X、P_Y 之间的关系有：

$$P = \sqrt{P_X^2 + P_Y^2}$$

$$\theta = \text{arctg}\frac{P_Y}{P_X}$$

$$P_X = P\cos\theta$$

$$P_Y = P\sin\theta$$

2. 力系合力 F 的大小为：

$$F = \sqrt{F_X^2 + F_Y^2}$$

该力系合力 F 与 X 轴的夹角 θ 为：

$$\theta = \text{arctg}\frac{F_Y}{F_X}$$

其中：

$$F_X = \sum X_i \ ; \ F_Y = \sum Y_i$$

3. 一个力 F 对点 O 的力矩为：

$$M_0(F) = F \times h$$

4. 力偶具有如下性质

①力偶不能与一个力等效；这条性质还可以表述为力偶无合力，或者说力偶在任何坐标轴上均无投影（投影为零）；

②只要保持力偶的转向和力偶矩的大小不变，就不会改变力偶的运动效应；同一平面内两个力偶如果它们的转向和大小相同，则此两个力偶为等效；

③力偶无转动中心；

④合力偶矩等于各分力偶矩的代数和。当一个物体受到力偶系 m_1、m_2、$\cdots$、m_n 作用时，各个分力偶的作用最终可合成为一个合力偶矩 M。合力偶与各分力偶的关系为：

$$M = m_1 + m_2 + \cdots + m_n = \sum_{i=1}^{n} m_i$$

5. 平衡力系的平衡条件为：

$$\left.\begin{array}{l} \sum X = 0 \\ \sum Y = 0 \\ \sum M_0 = 0 \end{array}\right\} \text{一矩式}$$

$$\left.\begin{array}{l} \sum X=0(\text{或}\sum Y=0) \\ \sum M_A=0 \\ \sum M_B=0 \end{array}\right\} \text{二矩式}$$

应用前提:X 轴不垂直于 AB 连线。

$$\left.\begin{array}{l} \sum M_A=0 \\ \sum M_B=0 \\ \sum M_C=0 \end{array}\right\} \text{三矩式}$$

应用前提:A、B、C 三点不共线。

6.平衡条件表达式选择原则:①计算的力系中有几个未知力作用线汇交点,取几矩式;②力矩表达式中的转动中心应取未知力的汇交点。

7.简支结构或外伸结构支座反力计算规律是:

$$F_{XA}=\sum X$$

$$F_{YA}=\frac{\sum M_B}{l}$$

8.固定端支座的支座反力及杆件内力计算规律是:

$$F_{XA}=\sum X$$

$$F_{YA}=\sum Y$$

$$M_A=\sum M_A$$

◄ **思考题** ►

2-1 琢磨一下,你一只手怎样在用力时,可以使门不发生转动?为什么当力 $F\neq0$ 时,门仍不发生转动?

2-2 杆件上的均布力 q 与其等效集中力 F 之间有什么联系和区别?如果均布力的简化点不在中点 C 处,则均布力的简代结果会有什么变化?

2-3 平衡条件中的二矩式表达式中,如果 x 轴垂直于 AB 连线,则可能会出现什么不平衡情况?

2-4 平衡条件的三矩式表达式中,如果 A、B、C 三点共线,则可能会出现什么不平衡的情况?

2-5 由数学知识可知,列一个方程就可以解一个未知力。一个杆件受力图既可用一矩式列三个平衡方程,又可用二矩式列三个平衡方程,还可用三矩式列三个平衡方程。这样一个杆件受力图可列出九个平衡方程,故可以解出九个未知量。这种说法对吗?

2-6 为什么公式(2-21)~公式(2-25)中,等号右边求已知力代数和的表达式时,都采用"已知力方向与未知力方向相反取正号,已知力方向与未知力方向相同取负号"的规定?

习 题

2-1 试分别求出题图中各力在 x 轴和 y 轴的投影,已知 $F_1 = F_2 = 100\text{kN}$, $F_3 = 150\text{kN}$,$F_4 = F_5 = 200\text{kN}$,每个力的作用方向如题图所示。

2-2 已知 $F_1 = 1500\text{N}$,$F_2 = 500\text{N}$,$F_3 = 250\text{N}$,$F_4 = 1000\text{N}$。四力汇交于 A 点。试用解析法求四力的合力。

2-3 一固定环受到三根绳的拉力,设 $T_1 = 1.5\text{kN}$,$T_2 = 2.1\text{kN}$,$T_3 = 1.0\text{kN}$,各拉力的方向如图所示。用解析法求这三个力的合力。

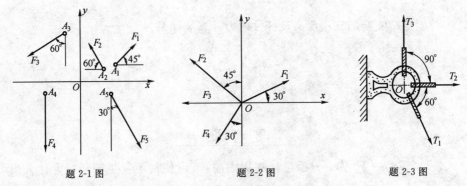

题 2-1 图　　　　　　　　题 2-2 图　　　　　　　　题 2-3 图

2-4 试计算下列各图中 P 力对 O 点的矩。

2-5 已知挡土墙重 $G_1 = 70\text{kN}$,垂直土压力 $G_2 = 115\text{kN}$,水平土压力 $P = 85\text{kN}$,试分别求此三力对前趾 A 点的矩,并判断哪些力矩令墙有绕 A 点倾覆的趋势,哪些力矩使墙趋于稳定。

2-6 如图所示,试求:

(1)各力偶分别对 A、B 点的矩;

(2)各力偶在 x、y 轴上的投影。

2-7 图示三铰刚架,试求:

(1)图 a)中 A、B 支座反力 R_A、R_B 的方向;

(2)图 b)中 A、B 支座反力 R_A、R_B 的方向;

(3)比较(1)和(2)的结果,说明力偶在其作用面内移转时应注意什么?

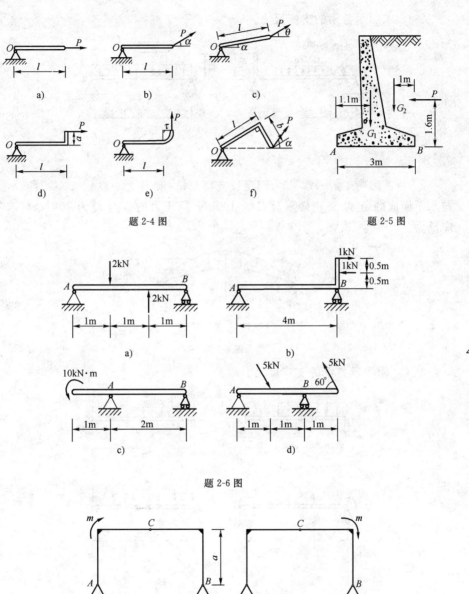

题 2-4 图

题 2-5 图

题 2-6 图

题 2-7 图

2-8 求图示各梁的支座反力。

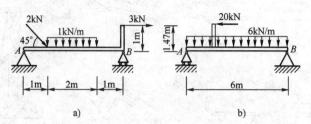

题 2-8 图

2-9 拱形桁架的一端 A 为固定铰支座；另一端 B 为可动铰支座，其支承面与水平面成倾角 30°。桁架重量 G 为 100kN,风压力的合力 Q 为 20kN,试求支座反力。

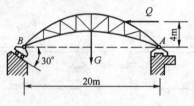

题 2-9 图

2-10 求图示各梁的支座反力。

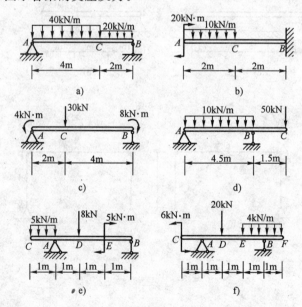

题 2-10 图

2-11 求下列各梁的支座反力。

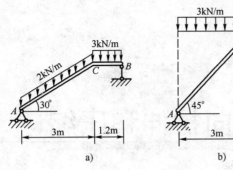

题 2-11 图

2-12 如图所示,起重工人为了把高 10 米、宽 1.2 米,重量 $G=200kN$ 的塔架立起来,首先用垫块将其一端垫高1.56米,而在其另一端用木桩顶住塔架,然后再用卷扬机拉起塔架。求当钢丝绳处于水平位置时,钢丝绳的拉力需要多大才能把塔架拉起?

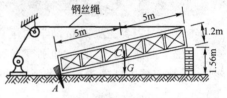

题 2-12 图

2-13 求下列各个刚架的支座反力。

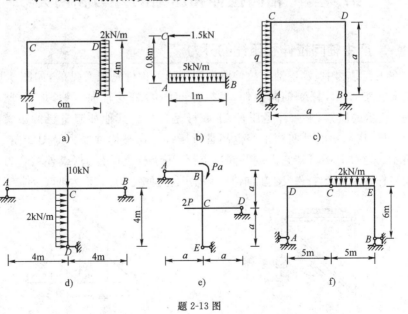

题 2-13 图

第三章
轴向拉伸和压缩

【能力目标、知识目标与学习要求】

本章学习内容主要是帮助学生建立内力图、强度和刚度、容许应力等概念，要求学生掌握强度计算方法和刚度计算方法，重点是培养学生运用强度条件的能力，对轴向拉压杆件进行三类强度计算。

第一节　轴向拉伸和压缩的外力和内力

一　产生轴向拉伸和压缩的外力

在工程结构中，发生轴向拉伸或压缩变形的构件是很常见的，如图 3-1 所示三角形支架的 AC 杆受轴向拉伸，是拉杆；而 BC 杆受轴向压缩，是压杆。又如图 3-2 所示的屋架，上弦杆是压杆，下弦杆是拉杆。其他如起重机的吊索、油缸的活塞杆、房屋中的某些柱子等也都是拉压杆。这类构件受力简图如图 3-3a)、b)所示。通过分析可知它们的共同特点：作用于杆上的外力（或外力合力）的作用线与杆轴线重合，杆件发生轴向伸长或缩短。这种变形形式称为轴向拉伸或压缩变

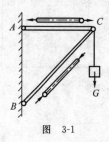

图　3-1

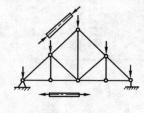

图　3-2

形。这类构件称为轴向拉(压)杆。

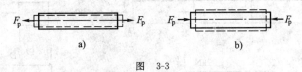

图 3-3

(二) 轴向拉伸(或压缩)杆件的内力

图 3-4a)所示拉杆为例,用截面法确定杆件任一横截面 $m\text{-}m$ 截面上的内力。假想用一平面在 $m\text{-}m$ 截面处将杆截开,取左半部分为研究对象如图 3-4b)所示。由于直杆原来处于平衡状态,切开后各部分仍应保持平衡。由平衡条件 $\sum F_x = 0$ 可知,$m\text{-}m$ 截面上必有一个作用线与杆轴线重合的内力 F_N,并且 $F_N = F_p$;如果以右半部分为研究对象如图 3-4c),可得出相同的结果。

我们把与杆件轴线相重合的内力,称为轴力,用符号 F_N 来表示。并且规定当杆件受拉,轴力为拉力,其指向背离截面时为正号;反之,当杆件受压,轴力为压力,其方向指向截面时为负号。这样无论以截面哪一侧为研究对象,求得的轴力符号都相同。轴力的单位为 kN 或 N。

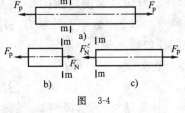

图 3-4

第二节　内力计算和轴力图

(一) 内力计算

采用截面法计算轴力时包括以下三个步骤:

(1)截断　用假想平面在需计算内力处将杆件截成两部分。

(2)代替　取出任一部分为研究对象(即脱离体),并在截面上用相应的内力种类(即不同的基本变形加相应内力种类)代替舍弃部分对该部分的作用,画出受力图。

(3)平衡　列出研究对象的静力平衡方程,求解未知内力。

为避免判定轴力正、负值时出现错误,用截面法计算轴力时通常先假设轴力为拉力,这样计算结果为正则表示轴力为拉力,计算结果为负则为压力,同时,负号说明轴力实际方向与假设方向相反。如果杆件沿轴线不同位置受多个力的作用,其不同位置的轴力就不尽相同,必须分段采用截面法求各段轴力。

【例 3-1】　杆件受力如图 3-5a)所示,试求 1-1、2-2、3-3 截面上的轴力。

解:(1)求 1-1 截面上的轴力。用假想的截面将杆从 1-1 处截开,取左段为

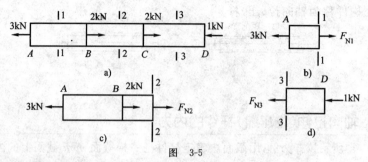

图　3-5

研究对象[如图 3-5b)]。

由公式(2-23)得：

$$F_{N1}=\sum X=3kN(拉力)$$

计算结果为正,说明 1-1 截面上的轴力与图 3-5b)假设的方向一致,为拉力。

(2)求 2-2 截面上的轴力。用假想的截面将杆从 2-2 处截开,取左段为研究对象[如图 3-5c)]。

由公式(2-23)得：

$$F_{N2}=\sum X=+3-2=1kN(拉力)$$

计算结果为正,说明 2-2 截面上的轴力,实际方向同样与图 3-5c)假设的方向相同,为拉力。

(3)求 3-3 截面上的轴力。用假想的截面将杆从 3-3 处截开,取右段为研究对象[如图 3-5d)]。

由公式(2-23)得：

$$F_{N3}=\sum x=-1kN$$

计算结果为负,说明 3-3 截面上的轴力,实际方向与图 3-5d)假设的方向相反,为压力。

【例 3-2】　杆件受力如图 3-6a)所示。试求杆件各段横截面上的轴力。

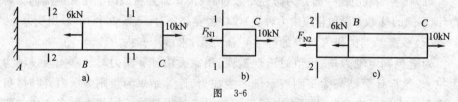

图　3-6

解:为了求杆件各段上的轴力,首先从外力变化点分段,然后在每一段上各取一个截面计算,计算出的轴力即分别代表该截面所在杆段的轴力。

(1)分段

杆件 AC 可以分为 AB、BC 两段。

(2)求轴力

在 AB 段上取截面 2-2,BC 段上取截面 1-1,并分别取截开位置的右侧为研究对象。

BC 段:

1-1 截面右侧的受力图如图 3-6b)所示。

由公式(2-23)得:

$$F_{N1} = \sum X = 10\text{kN}(\text{拉力})$$

AB 段:

2-2 截面右侧的受力图如图 3-6c)所示。

由公式(2-23)得:

$$F_{N2} = \sum X = -6 + 10 = 4\text{kN}(\text{拉力})$$

若想取左侧为研究对象,本例需先取整体杆件为研究对象,求出 A 处的支座反力。

截面法是求杆件内力的一般方法,与前两章对物体作受力分析时取脱离体的方法是相同的。但是必须指出:在计算杆件内力时,将杆截开之前,不能用合力来代替力系的作用,也不能任意使用力的可传性原理以及力偶的可移性原理。因为使用这些方法会改变杆件各部分的内力及变形。例如:图 3-7a)所示的杆件,在 A、B 两点受 F_1、F_2 的作用,杆件将伸长,为拉杆,其轴力为拉力。但若按力的可传性原理将 F_1、F_2 沿其作用

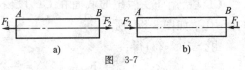

图 3-7

线分别移到 B、A 点,如图 3-7b)所示,则杆件将变成受压而缩短,轴力也变成压力。可见外力使物体产生内力与变形,是与外力的作用位置和作用方式有关的。

二 轴力图

为了更直观地表示出轴力随截面位置的变化,应画出轴力沿杆轴线方向变化规律的图形,即轴力图。通常以平行于杆轴线的坐标(即 x 坐标)表示横截面的位置,以垂直于杆轴线的坐标(即 F_N 坐标)表示横截面上的轴力,按适当比例将轴力随横截面位置变化的情况画成图形。习惯上将正轴力画在 x 轴上侧,负轴力画在下侧。轴力图反映了轴力随横截面位置的变化规律。从轴力图上可以很明显地找到最大轴力所在位置及数值。

【例 3-3】 试画出图 3-8a)所示等截面直杆的轴力图。

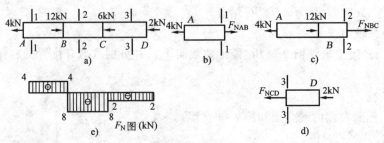

图 3-8

解:(1)用截面法计算杆件各段的轴力

按作用在杆件上的外力情况,将杆分为 AB、BC、CD 三段。

AB 段:用任一假想的截面在 AB 段内将杆截开,取左侧研究,画出杆左侧的受力图,如图 3-8b)所示。

由公式(2-23)得:

$$F_{NAB} = \sum X = 4kN(拉力)$$

BC 段:用任一假想的截面在 BC 段内将杆截开,取左侧研究,画出杆左侧的受力图,如图 3-8c)所示。

由公式(2-23)得:

$$F_{NBC} = \sum X = +4 - 12 = -8kN(压力)$$

CD 段:用任一假想的截面在 CD 段内将杆截开,取右侧研究,画出杆右侧的受力图,如图 3-8d)所示。

由公式(2-23)得:

$$F_{NCD} = \sum X = -2kN(压力)$$

(2)画轴力图如图 3-8e)所示

为了方便起见,通常在画轴力图时,可以不画坐标轴,将轴力图画成图 3-8e)所示的形式,不过此时一定要写出图名(F_N 图),标清楚大小、单位和正负。

由图 3-8e)可以看出:该杆的最大轴力发生在 BC 段,数值为 8kN,并且为压力。

【例 3-4】 如图 3-9a)所示的砖柱,柱高 $H = 3.5m$,横截面面积 $A = 370 \times 370mm^2$,砖砌体的重度 $\gamma = 18kN/mm^3$,柱顶受轴向压力 $F = 50kN$,试作此砖柱的轴力图。

解:本题需要考虑砖的自重,对于等截面柱,

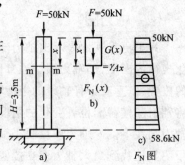

图 3-9

由于自重可以看成沿柱高分布的均布荷载,因此杆件各截面上的轴力是不同的,越向下的截面,其轴向压力越大。应该先运用截面法求出任意截面上的轴力,然后再根据轴力沿柱轴线的变化规律画出轴力图。

由截面法,在距柱顶 x 的位置处取截面 m—m 将柱截开,取 m—m 截面的上侧研究,画出受力图,如图 3-9b)所示。

由公式(2-23)得:
$$F_N(x) = -F - \gamma A x = -50 - 18 \times 0.37^2 x \qquad (0 \leqslant x \leqslant 3.5)$$
$$= -50 - 2.46x(\text{kN})$$

可见:柱各横截面上的轴力随 x 而变化,轴力随位置坐标 x 变化的函数称为轴力方程。

作出该柱的轴力图,如图 3-9c)所示。

三 桁架的内力计算

桁架是由若干根直杆在其两端用铰连接而成的结构。如图 3-10 所示。由于各杆只受轴力,用料较省,自重较轻,在大跨度结构中应用较为广泛。如跨江大桥、民用房屋和工业厂房的屋架、以及起重机塔架等常采用桁架结构。

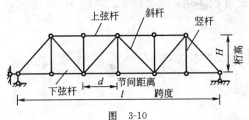

上弦杆　斜杆　竖杆　桁高 H　下弦杆　d 节间距离　l 跨度

图　3-10

实际桁架的受力情况非常复杂,为了简化计算,在分析桁架时必须选取既能反映桁架的本质又能便于计算的计算简图。通常对平面桁架的计算简图作下述三点假设:

(1)各杆的两端都用光滑无摩擦的理想铰连接。

(2)各杆轴线均为直线,在同一平面内且通过铰的几何中心。

(3)荷载和支座反力都作用在结点上并位于桁架平面内。

通常我们把符合上述假设条件的桁架称为理想桁架。理想桁架的受力特点是:各杆只受轴向力的作用,即各杆均为二力杆。

计算桁架的内力常用结点法和截面法。

1.结点法

结点法就是取桁架的结点为脱离体,利用结点的静力平衡条件来计算桁架

杆件内力的一种计算方法。

由于桁架每个结点脱离体上的荷载和内力构成一平衡的平面汇交力系,只能列出两个独立的平衡方程。所以在被截开结点上,未知内力不得多于两个。因此用结点法求桁架内力时,应选择从未知力不多于两个的结点开始,按此原则依次对各结点进行计算,直至把所有的内力都算出来。在具体计算中,我们规定:对于方向未知的内力,一律假设为拉力。如果计算结果为负值,则说明此内力为压力。

在有些荷载作用下,桁架中某些杆件内力等于零,称为零杆,计算时可先判断出零杆,使计算得以简化。

常见的零杆有:

（1）T形结点　T形结点是有两杆共线的三杆结点。如图 3-11a）所示,当结点上无荷载作用时,则不共线的第三杆内力必为零,共线的两杆内力相等,符号相同。

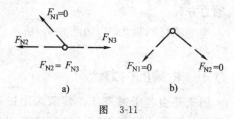

图　3-11

（2）L形结点　又称不共线的两杆结点。如图 3-11b）所示,当结点上无荷载作用时,则两杆内力全为零。

利用以上规律可以判断出图 3-12 所示桁架中,虚线所示各杆均为零杆,这样可以使计算工作大为简化。

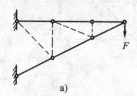 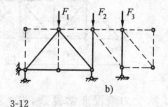

图　3-12

【例 3-5】　试用结点法求图 3-13a）所示桁架各杆的内力。

解:（1）判断零杆。

$$F_{CF} = F_{DG} = F_{EH} = 0$$

（2）计算支座反力。由于结构和荷载均对称,故由公式（2-22）得:

$$F_{Ay} = F_B = \frac{20 \times 12 + 10 \times 8 + 20 \times 4}{16} = 25\text{kN}$$

$$F_{Ax} = 0$$

（3）计算各杆的内力。根据对称性,只需计算半边桁架各杆内力即可。

结点 A:受力图如图 3-13b）,由于此受力图既不是简支受力形式,也不是悬臂受力形式,故不能用第二章第四节"力系的计算"中介绍的公式计算,因此,只

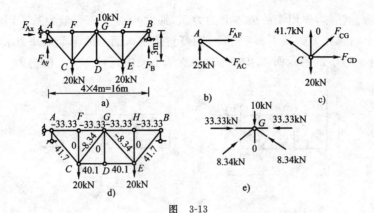

图 3-13

能用第三章第三节"力系的平衡条件"介绍的方法求未知力。

由 $\sum Y=0$，

$$-F_{AC}\times\frac{3}{5}+25=0$$

得：

$$F_{AC}=41.7\text{kN（拉力）}$$

由 $\sum X=0$，

$$F_{AF}+41.7\times\frac{4}{5}=0$$

得：

$$F_{AF}=-33.33\text{kN（压力）}$$

结点 C:受力图如图 3-13c)

由 $\sum Y=0$，

$$F_{CG}\times\frac{3}{5}-20+41.7\times\frac{3}{5}=0$$

得：

$$F_{CG}=-8.34\text{kN（压力）}$$

由 $\sum X=0$，

$$-8.34\times\frac{4}{5}-41.7\times\frac{3}{5}+F_{CD}=0$$

得：

$$F_{CD}=40.1\text{kN（拉力）}$$

各杆的轴力示意图如图 3-13d)。

计算结束后，可取结点 G 进行校核，如图 3-13e)。若能使该结点平衡，则所求结果正确。

2.截面法

桁架内力的另一种计算方法是截面法。所谓截面法是用一个假想的截面把桁架分成两部分，并任取其中一部分作为脱离体，根据平衡条件求出所截杆件内力的方法。显然,作用于脱离体上的力系,通常为一平面一般力系。因此,只要脱离体上的未知力数目不多于三个,则可直接把截面上的全部未知力求出。

【例3-6】 试用截面法求图3-14a)所示桁架中杆件1、2、3的内力。

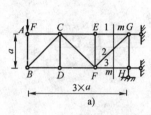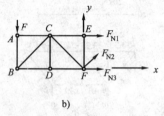

图 3-14

解:该题可以不求支座反力。用截面m-m将杆件沿1、2、3处截断,取左半部分为研究对象,其受力图如图3-14b)所示。列平衡方程:

由$\sum M_F = 0$,　　　　　　　$-F_{N1} \times a + F \times 2a = 0$

得:

$$F_{N1} = 2F(拉力)$$

由$\sum Y = 0$,　　　　　　　$F_{N2} \times \dfrac{\sqrt{2}}{2} - F = 0$

得:

$$F_{N2} = \sqrt{2}F(拉力)$$

由$\sum X = 0$,　　　　　　　$F_{N1} + F_{N2} \times \dfrac{\sqrt{2}}{2} + F_{N3} = 0$

得:

$$F_{N3} = -3F(压力)$$

3. 结点法和截面法的联合使用

结点法和截面法是计算桁架内力的两种常用方法,但在某些桁架的计算中,若只需求解某几根指定杆件的内力,而单独应用结点法或截面法又不能一次求出结果时,则联合应用结点法和截面法,常可获得较好的效果。

例如,在图3-15所示的桁架中求F_{Na},单独使用结点法或截面法都不能一次求出结果。这时,可先采用结点法,取结点1为脱离体,由结点1的水平投影方程$\sum F_x = 0$,可写出F_{Na}与F_{Nb}的第一个关系式;然后采用截面

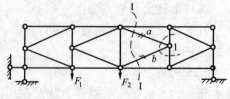

图 3-15

法,取 1-1 截面的右侧为脱离体,则采用竖向投影方程 $\sum F_y = 0$ 就可写出 F_{Na} 与 F_{Nb} 的第二个关系式,从而可联立求解出 F_{Na}。

【例 3-7】 如图 3-16 所示桁架,试求出 a、b 杆的内力。

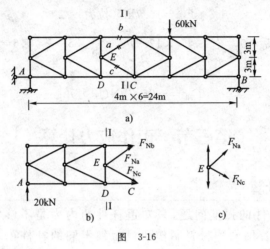

图 3-16

解: (1)计算支座反力

由公式(2-22):

$$F_A = \frac{60 \times 8}{24} = 20 \text{kN} \quad (\uparrow)$$

$$F_B = \frac{60 \times 16}{24} = 40 \text{kN} \quad (\uparrow)$$

(2)求杆 a、b 的内力

用截面 I-I 截取桁架左半部为脱离体,受力图如图 3-16b)所示。此时脱离体上共有四个未知力,而平衡方程只有三个,不能求解。为此再取结点 E 为脱离体,画受力图,如图 3-16c)所示。

由 $\sum X = 0$, $\qquad F_{Na} \times \dfrac{4}{5} + F_{Nc} \times \dfrac{4}{5} = 0$

得:

$$F_{Na} = -F_{Nc}$$

返回到图 3-16b):

由 $\sum Y = 0$, $\qquad 20 - F_{Nc} \times \dfrac{3}{5} + F_{Na} \times \dfrac{3}{5} = 0$

得：

$$F_{Na} = -16.7\text{kN（压力）}$$

则：

$$F_{Nc} = 16.7\text{kN（拉力）}$$

然后，由 $\sum M_C = 0$，　$-F_A \times 12 - F_{Na} \times \dfrac{4}{5} \times 6 - F_{Nb} \times 6 = 0$

得：

$$F_{Nb} = -26.7\text{kN（压力）}$$

第三节　工作应力计算

一　应力计算

为了解决杆件的强度问题，只知道杆件的内力是不够的。因为，根据经验我们知道：若用同种材料制作两根粗细不同的杆件，并使这两根杆件承受相同的轴向拉力，当拉力达到某一值时，则细杆必将首先被拉断（发生了破坏）。这一事实说明：杆件的强度不仅和杆件横截面上的内力有关，而且还与横截面的面积有关，所以必须研究横截面上的应力。我们已经知道，应力是内力在横截面上的分布集度。它反映了该点内力分布的密集程度。

由于轴向拉(压)杆横截面只有一种内力，即轴力，它的方向与横截面垂直，因此，由内力与应力的关系很容易推断出：在轴向拉(压)杆横截面上与轴力相应的应力只能是垂直于截面的正应力。但正应力在横截面上的变化规律不能由主观推断。通常采用的方法是根据实验观察，并作出适当的简化和假设，然后据此推出应力的计算公式。

1. 实验过程

取一等截面直杆，在杆的表面均匀地画一些与轴线相平行的纵向线和与轴线相垂直的横向线，如图 3-17a)所示。然后在杆的两端加一对与轴线相重合的外力，使杆产生轴向拉伸变形，如图 3-17b)所示。可以观察到：

(1)所有的纵向线都伸长了，而且伸长量都相等，仍然都与轴线平行。

(2)所有的横向线仍然保持与纵向线垂直，而且仍为直线，只是它们之间的相对距离增大了。

若在杆件两端施加轴向压力，观察到的现象与拉伸时类似，不同的只是纵向线都缩短了,任意两横截面间相对距离缩小了。

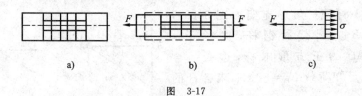

图　3-17

根据上述现象,可得出下列假设和推论:

(1)平面假设若将各条横线看作是一个横截面,则杆件横截面变形前为平面,变形后仍为平面,且仍垂直于杆轴。

(2)横截面只沿杆轴线平行移动,说明任意两个横截面之间所有纵向纤维的伸长量(或缩短量)均相等,横截面上只有正应力 σ,而且横截面上各点处的正应力 σ 都相同,如图 3-17c)所示。

2.轴向拉(压)杆横截面上的正应力

通过上述分析,已经知道:轴向拉(压)杆横截面上只有一种应力——正应力,并且正应力在横截面上是均匀分布的,所以横截面上的平均应力就是任一点的应力。即轴向拉(压)杆横截面上正应力的计算公式为:

$$\sigma = \frac{F_N}{A} \tag{3-3a}$$

式中:A——拉(压)杆横截面的面积;

F_N——轴力。

同时,当轴力为拉力时,正应力为拉应力,取正号;当轴力为压力时,正应力为压应力,取负号。

对于等截面直杆,最大正应力一定发生在轴力最大的截面上,其计算公式为:

$$\sigma_{max} = \frac{F_{Nmax}}{A} \tag{3-3b}$$

而对于不等截面直杆,其最大正应力则应同时考虑 F_{Nmax} 和 A 的共同影响。

习惯上把杆件在荷载作用下产生的应力,称为工作应力。并且通常把产生最大工作应力的截面称为危险截面、产生最大工作应力的点称为危险点。可见:

对于产生轴向拉(压)变形的等直杆,轴力最大的截面就是危险截面,该截面上任一点都是危险点。

【例3-8】 三角形支架如图3-18a)所示,AB 为圆截面钢杆,直径 $d=30\text{mm}$,AC 为正方形木杆,边长 $a=100\text{mm}$,已知荷载 $F_P=50\text{kN}$,求各杆的工作应力。

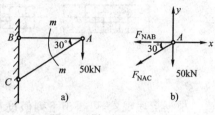

图 3-18

解:在不考虑杆件自重的情况下,图3-18a)中的 AC、AB 杆均为二力杆,即轴向拉(压)杆。

(1)求轴力

用假想的截面 $m\text{-}m$ 将 AB、AC 杆截开,并取右侧研究,画出受力图,如图3-18b)所示。列平衡方程。

$$\sum Y=0, \qquad -F_{NAC}\sin30°-F_P=0$$

$$F_{NAC}=-\frac{F_P}{\sin30°}=-\frac{50}{0.5}\text{kN}=-100\text{kN}(压力)$$

$$\sum X=0, \qquad -F_{NAB}-F_{NAC}\cos30°=0$$

$$F_{NAB}=86.6\text{kN}(拉力)$$

(2)计算工作应力

AB 杆:横截面面积

$$A_1=\frac{\pi d^2}{4}=\frac{3.14\times30^2}{4}\text{mm}^2=706.5\text{mm}^2$$

$$\sigma_{AB}=\frac{F_{NAB}}{A_1}=\frac{86.6\times10^3}{706.5}\text{MPa}=122.6\text{MPa}(拉应力)$$

AC 杆:横截面面积

$$A_2=a^2=100\times100\text{mm}^2=10^4\text{mm}^2$$

$$\sigma_{AC}=\frac{F_{NAC}}{A_2}=\frac{-100\times10^3}{10^4}\text{MPa}=-10\text{MPa}(压应力)$$

二　应力分布图

　　我们把应力沿截面高度的分布规律用图形表示，即可得到应力分布图。轴向拉(压)杆横截面上只有一种应力——正应力，并且正应力在横截面上是均匀分布的，因此它的应力分布图如图 3-19 所示。

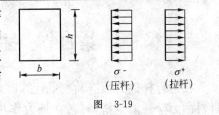

图　3-19

三　应力集中的概念

　　从前面的讨论知道：等截面直杆受到轴向拉力或压力作用时，横截面上的应力是均匀分布的。但是，在实际工程中，由于结构、工艺、使用等方面的要求，有时要在杆件上开槽、钻孔等，使杆的截面尺寸发生突然变化。实验结果表明：在杆件截面尺寸突然发生变化处，截面上的应力不再像原来一样均匀分布了，而是出现了在孔、槽附近的局部区域内应力数值显著增大的现象，而在离开这一区域稍远的位置处，应力又迅速降低而渐趋均匀。如图 3-20a)所示为一钻有圆孔的轴向受拉杆件，图 3-20b)为截面 m-m 上的应力分布情况。图 3-20c)为截面 n-n 上的应力分布情况。从图 3-20b)、c)可以看出：在 m-m 截面上靠近圆孔处应力很大，在离圆孔较远处应力就逐渐变小，且趋于均匀状态；在离圆孔稍远的截面 n-n 上，应力仍然是均匀分布的。这种因杆件截面尺寸的突然变化而引起的局部应力急剧增大的现象，称为应力集中。

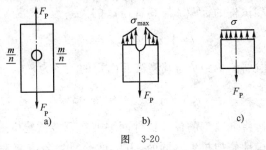

图　3-20

　　实验表明：截面尺寸改变的越急剧，应力集中的现象越明显。在常温静载下，通常用发生应力集中的截面上最大局部应力 $\sigma_{\max}$ 与该截面上按削弱后的净面积计算的平均应力 σ_m 的比值来表示截面上应力集中的程度。即：

$$\frac{\sigma_{\max}}{\sigma_m}=k \tag{3-3c}$$

通常将 k 称为理论应力集中系数,是一个大于 1 的系数。它反映了应力集中的程度。

第四节　材料的力学性能

在进行杆件的强度和变形计算时,必须了解并掌握材料的力学性能。所谓材料的力学性能是指:材料在外力作用下所表现出的强度和变形方面的性能。材料的力学性能必须通过材料实验来确定。本节只讨论材料在常温、静荷载情况下,通过轴向拉伸或压缩试验测得的一些力学性能。

材料的力学性能

工程中使用的材料种类很多,通常根据其断裂时发生变形的大小分为脆性材料和塑性材料两大类。脆性材料如铸铁、混凝土和石料等,在拉断时的塑性变形很小;而塑性材料如低碳钢、铝、合金钢等在拉断时会产生较大的塑性变形。这两种材料的力学性能具有明显的差别,通常以低碳钢和铸铁作为这两类材料的代表,分别介绍它们在拉伸和压缩时的力学性能。

1. 低碳钢的力学性能

(1)低碳钢拉伸时的力学性能

试验时采用国家规定的标准试件。常用的试件有圆截面和矩形截面两种,如图 3-21 所示。试件的中间部分是工作长度,称为标距(见图 3-21 中的 l)。通常规定:圆截面标准试件的标距 l 与其直径 d 的关系为:

$$l=10d \quad 或 \quad l=5d$$

矩形截面标准试件,标距 l 与其横截面面积的关系为:

$$l=11.3\sqrt{A} \quad 或 \quad l=5.65\sqrt{A}$$

做拉伸试验时,将低碳钢的标准试件两端夹在万能试验机上,然后开动试验机,给试件由零缓慢地施加拉力。同时,万能试验机上备有自动绘图设备,在试件拉伸过程中,能自动绘出试件所受拉力 F_P 与标距 l 段相应的伸长量 Δl 的关系曲线,该曲线以伸长量 Δl 为横坐标,拉力 F_P 为纵坐标,通常称它为拉伸图。图 3-22 为低碳钢的拉伸图。

拉伸图中拉力 F_P 与伸长量 Δl 的对应关系与试件的尺寸有关。尺寸不同的试件,发生的伸长量 Δl 也将不同。为了消除试件尺寸对试验结果的影响,使

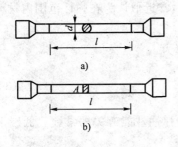

图 3-21

a)圆截面试件;b)矩形截面试件

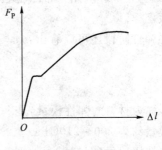

图 3-22

图形反映材料本身的性质,通常把横坐标 Δl 除以标距 l 得:$\dfrac{\Delta l}{l}=\varepsilon$,称为应变,把

纵坐标 F_P 除以杆件横截面的面积 A 得:$\dfrac{F_P}{A}=\sigma$,画出以 ε 为横坐标,σ 为纵坐标

的曲线,这种曲线与试件的尺寸无关,只反映材料本身的一些力学性质,该曲线
称为应力—应变图,也称 $\sigma\text{-}\varepsilon$ 曲线。低碳钢的应力—应变图如图 3-23 所示,其形
状与拉伸图类似。

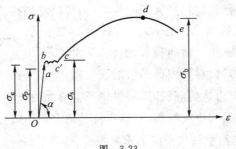

图 3-23

根据低碳钢应力—应变图的特点,可以将其拉伸过程分成四个阶段。

1)弹性阶段(图 3-23 中曲线的 ob 阶段)

实验表明:在 ob 范围内全部卸除荷载后,试件的变形能完全消失,试件能恢
复其原长,材料的变形是完全弹性的。弹性阶段的最高点 b 对应的应力值为弹
性极限,用符号 σ_e 表示。

在弹性阶段内,oa 段是直线,说明在 oa 范围内应力与应变成正比,材料服
从胡克定律(详见第六节)。通常把 oa 段的最高点 a 对应的应力值称为比例极
限,用符号 σ_p 表示。低碳钢的比例极限约为 200MPa。

弹性极限 σ_e 与比例极限 σ_p 两者的意义虽然不同,但是,它们的数值非常接

近。因此,在实际应用中常不把它们严格区分,常近似认为在弹性范围内材料服从胡克定律。

在弹性阶段还可以看出:oa 段直线的斜率为:

$$\tan\alpha=\frac{\sigma}{\varepsilon}=E \qquad (3\text{-}4a)$$

E 称为材料的弹性模量,是一个和材料的弹性性能有关的常数。低碳钢的弹性模量约为 200～210GPa。

2)屈服阶段(图 3-23 中曲线的 bc 阶段)

在应力超过弹性极限后,变形进入弹塑性阶段。应力—应变图中出现了一段接近水平的锯齿形线段 bc,在此阶段应力基本不变但应变显著增加,这表明材料此时暂时失去了抵抗变形的能力,这一现象称为"流动"或"屈服",此阶段称为屈服阶段。屈服阶段内的最低应力点 c' 对应的应力值称为屈服极限,用符号 σ_s 表示。低碳钢的屈服极限约为 240MPa。

材料在屈服阶段,其弹性变形基本不再增长,而塑性变形迅速增加,应力—应变关系已不再是线性关系,所以该阶段胡克定律已不能适用。

若试件表面光滑,则材料进入屈服阶段时,可以看到在试件表面出现了一些与杆轴线大约成 45°的斜线(如图 3-24),这种斜线称为滑移线。它是由于轴向拉伸时 45°斜面上产生了最大切应力,使材料内部晶格间发生相

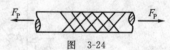

图 3-24

对滑移而引起的。应力达到屈服时,材料将产生很大的塑性变形,使杆件不能正常工作。因此,工程结构中的杆件,一般应将其最大工作应力限制在屈服极限 σ_s 以下,屈服极限 σ_s 是衡量材料强度的重要指标。

3)强化阶段(图 3-23 中的 cd 段)

经过屈服阶段后,材料的内部结构重新得到了调整,材料又恢复了抵抗变形的能力,应力—应变图中曲线又在继续上升。这表明要使试件继续变形,必须增加应力,这一阶段称为强化阶段。这一阶段的最高点 d 对应的应力称为强度极限,用符号 σ_b 表示。低碳钢的强度极限约为 400MPa。

在试验过程中,若将试件拉伸到强化阶段的某一点 k 时停止加载,并逐渐卸载到零,如图 3-25 所示。从图中可以看出:在卸载过程中应力与应变按直线规律变化,沿直线 ko_1 回到 o_1 点,直线 o_1k 近似平行于直线 oa,这说明在卸载过程中,卸去的应力与卸去的应变成正比,图中卸载后消失的应变 o_1k_1 为弹性应变,保留下的应变 oo_1 为塑性应变。若卸载后立刻再重新加载,则 σ—ε 曲线将基本

上沿着卸载时的同一直线 o_1k 上升到 k 点，到 k 点后的曲线与原来的 $\sigma\text{-}\varepsilon$ 曲线相同。这表明：在重新加载时，直到 k 点之前材料的变形都是弹性变形，k 点对应的应力为重新加载时材料的弹性极限，可见将材料拉伸到强化阶段卸载后再加载，材料的弹性极限提高了；另外重新加载时直到 k 点后才开始出现塑性变形，可见

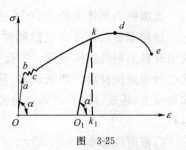

图 3-25

材料的屈服极限也提高了，试件破坏后总的塑性变形量比原来降低了。我们通常把这种将材料预拉到强化阶段，然后卸载，使材料的弹性极限、屈服极限都得到提高，而塑性变形有所降低的现象称为冷作硬化。工程中常利用冷作硬化来提高钢筋的屈服极限，来达到节约钢材、提高承载能力的目的。例如冷拉钢筋和冷拔钢丝。

但是利用冷作硬化对钢筋进行冷加工，在提高承载能力的同时也会降低钢材的塑性，使之变脆、变硬、容易断裂、再加工困难等，尤其对于承受冲击和振动荷载是非常不利的。所以，在工程实际中，凡是承受冲击和振动荷载作用的结构部位及结构的重要部位，不应使用冷拉钢筋。

4）颈缩阶段（图 3-23 中的 de 段）

在应力到达强度极限 σ_b 后，可以看到试件在不断伸长的同时，某一段内的横截面显著收缩，出现颈缩现象，如图 3-26 所示。这一阶段称为颈缩阶段。由于颈缩处截面面积迅速减少，试件继续变形所需的荷载下降，图 3-23 中的 $\sigma\text{-}\varepsilon$ 曲线开始下降，曲线出现了 de 段形状，最后达到曲

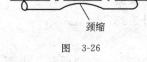

颈缩

图 3-26

线终点 e 点时，试件被拉断。

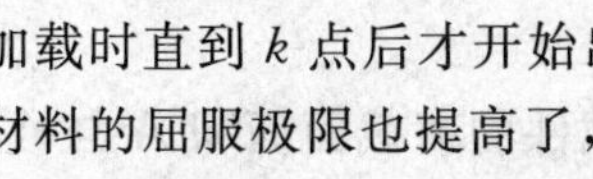

（2）延伸率和截面收缩率

试件拉断后，弹性变形全部消失，而塑性变形保留了下来，工程中常用试件拉断后保留下来的塑性变形大小来表示材料的塑性性能。塑性性能有延伸率和截面收缩率两个指标。

1）延伸率

将拉断的试件拼在一起，量出断裂后的标距长度 l_1，习惯上把断裂后的标距长度 l_1 与原标距长度 l 的差值除以原标距长度 l 的百分率称为材料的延伸率，用符号 δ 表示。

$$\delta = \frac{l_1 - l}{l} \times 100\% \tag{3-4b}$$

低碳钢的延伸率约为 $20\%\sim30\%$。

延伸率表示试件直到拉断时塑性变形所能达到的最大程度。δ 的值越大，说明材料的塑性性能越好。工程中常按延伸率的大小将材料分为两类：$\delta\geqslant5\%$ 的材料为塑性材料。如低碳钢、低合金钢、铝合金等；$\delta<5\%$ 的材料为脆性材料。如混凝土、铸铁、砖、石材等。拉伸试验证明：低碳钢是一种抗拉能力良好的塑性材料。

2）截面收缩率

测出断裂试件颈缩处的最小横截面面积 A_1，原试件的横截面面积 A 与 A_1 的差值除以原试件的横截面面积 A 的百分率称为截面收缩率。用称号 ψ 表示。

$$\psi=\frac{A-A_1}{A}\times100\% \tag{3-4c}$$

低碳钢的截面收缩率约为 $60\%\sim70\%$。

（3）低碳钢压缩时的力学性能

金属材料压缩试件，一般做成短圆柱体，如图 3-27 所示。试件高度约为直径的 $1.5\sim3$ 倍，高度不能太大，否则受压后容易发生弯曲变形。

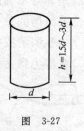

图 3-27

试验时将试件放在万能试验机的两压座间，然后施加轴向压力使其产生轴向压缩变形。与拉伸试验类似，自动绘图装置可以画出低碳钢在压缩时的应力—应变曲线，如图 3-28 所示。

为了便于比较，图中用虚线表示低碳钢在拉伸时的应力—应变曲线。由图可知，曲线的弹性阶段和屈服阶段的拉压试验是重合的。这表明：低碳钢压缩时的比例极限、屈服极限、弹性模量都与拉伸时相同。一般只需作拉伸试验即可测定这些力学指标。过了屈服阶段后，试件越压越扁平，如图 3-28 所示，其横截面面积增大，抗压能力提高，最后压成饼状但不破坏。因此无法测出低碳钢的强度极限。由于屈服阶段以前的力学性质基本相同，所以把低碳钢看作拉压性能相同的材料。其他塑性金属材料受压缩时也和低碳钢类似。

2.铸铁的力学性能

（1）拉伸性能

铸铁是一种典型的脆性材料。仿照低碳钢的拉伸试验，即可得到铸铁拉伸时的应力—应变曲线，如图 3-29 虚线所示。从图中可以看出：曲线没有明显的直线部分,没有屈服阶段。试验表明在较小的应力下铸铁就被突然拉断了,并且在拉断之前没有颈缩现象,拉断前的变形很小,断口平齐。拉断时的应力就是衡量它强度的唯一指标,称为强度极限,用符号 σ_b 表示。铸铁的抗拉强度很小,抗拉能力很差,不宜用于受拉杆件。工程中通常用规定某一应变时应力—应变曲线的割线来代替此曲线在开始部分的直线,从而确定其弹性模量,并称之为割线弹性模量(详见其他书籍)。

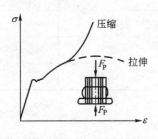

图 3-28

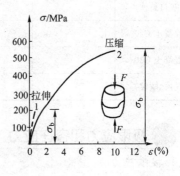

图 3-29

(2)压缩性能

如图 3-29 所示,图中实线表示铸铁压缩时的应力—应变图。不难看出,铸铁压缩时的应力—应变图线与拉伸时相似,也没有明显的直线部分及屈服阶段。压坏时的应力就是衡量它强度的唯一指标,也称为强度极限,用符号 σ_b 表示。但压缩时的强度极限比拉伸时大,大约为拉伸时的 4～5 倍,压缩时的变形量也比拉伸时大。可见,铸铁是一种抗压性能好而抗拉性能差的材料,工程中常用于受压杆件。

铸铁试件受压破坏时的断面与轴线大致成 45°角(如图 3-29 所示),是由于在 45°斜截面上产生了最大的剪应力,使材料晶体产生滑移所致。

3.其他材料的力学性能

工程中的其他塑性材料,如:锰钢、铝合金等的性质与低碳钢相似。在强度方面表现为:拉伸和压缩时的弹性极限、屈服极限基本相同,应力超过弹性极限后有屈服现象;在变形方面表现为:破坏前有明显预兆,延伸率和截面收缩率都较大等。

其他脆性材料,如:混凝土、石材等材料的性能与铸铁相似,在强度方面表现为:压缩强度大于拉伸强度;在变形方面表现为:破坏是突然的,延伸率较小等。

表 3-1 列出了几种常用材料的主要力学性能。

几种常用材料的主要力学性能 表 3-1

材料名称	屈服极限 σ_S/MPa	强度极限 σ_b/MPa		伸长率 δ/%
		受拉	受压	
Q235 钢	220～240	370～460		25～27
16Mn 钢	280～340	470～510		19～31
灰口铸铁		98～390	640～1300	<0.5
混凝土 C20		1.6	14.2	
混凝土 C30		2.1	21	
红松(顺纹)		96	32.2	

极限应力和容许应力

1. 极限应力

任何一种材料都存在一个能承受应力的固有极限,称为极限应力,常用符号 σ° 表示。当杆内的工作应力超过这一限度时,杆件就会破坏。

通过对材料力学性能的研究,我们知道,对于塑性材料,当构件的工作应力达到屈服极限时,就会产生很大的塑性变形而影响构件的正常工作。对于脆性材料,当构件的工作应力达到强度极限时,构件就会断裂而丧失了工作能力。显然,这两种情况在工程中都是绝对不允许的。所以,对于塑性材料取屈服极限为极限应力,即 $\sigma^\circ = \sigma_S$;对于脆性材料取强度极限为极限应力,即 $\sigma^\circ = \sigma_b$。

2. 容许应力

为了保证构件能安全正常地工作,必须保证构件在荷载作用下产生的工作应力低于极限应力。但是在实际工程中还有许多无法预计的因素对构件产生影响,如构件上的荷载、应力并非像理想中的那样准确,材料也并非假设的那样均匀等。这些因素都会造成构件偏于不安全的后果。因此,必须使构件有必要的安全储备。为此,规定将极限应力 σ° 除以一个大于 1 的系数后作为构件最大工作应力,称为容许应力,用 $[\sigma]$ 来表示。

容许应力与极限应力的关系可写为:

塑性材料:

$$[\sigma] = \frac{\sigma_S}{n_S} \tag{3-4d}$$

脆性材料:

$$[\sigma]=\frac{\sigma_{b}}{n_{b}} \tag{3-4e}$$

式中 n_s、n_b 称为安全系数。在静载作用下,由于脆性材料破坏没有显著的"预告",因此脆性材料的安全系数比塑性材料的大。实际工程中,一般取 $n_s=1.4\sim1.7$,$n_b=2.5\sim3.0$。

工程中常用材料的容许应力和安全系数,可从有关的设计规范中查到。

第五节 强 度 条 件

一 轴向拉压杆的强度条件

工程上对构件的基本要求之一,是其必须具有足够的强度。所谓强度,就是指构件抵抗破坏的能力。如果构件的强度不足,它在一定的荷载作用下就会发生破坏。例如,房屋中的楼板梁,当其强度不足时,在荷载作用下就可能折断。显然这在工程上是绝对不允许的。

为了保证轴向拉(压)杆在承受外力作用时能安全正常地使用,不发生破坏,必须使杆内的最大工作应力不超过材料的容许应力,即:

$$\sigma_{max}\leqslant[\sigma] \tag{3-5a}$$

由于塑性材料的抗拉、抗压能力相同,容许拉、压应力相等。所以对于塑性材料的等截面杆,其强度条件式为:

$$\sigma_{max}=\frac{F_{Nmax}}{A}\leqslant[\sigma] \tag{3-5b}$$

式中 σ_{max} 是杆件的最大工作应力,可能是拉应力,也可能是压应力。

由于脆性材料的抗压能力优于抗拉能力,材料的容许拉、压应力不相等。所以,对于脆性材料的等截面杆,其强度条件式为:

$$\begin{cases} \sigma_{tmax}\leqslant[\sigma_t] \\ \sigma_{cmax}\leqslant[\sigma_c] \end{cases} \tag{3-5c}$$

式中:σ_{tmax} 及 $[\sigma_t]$——最大工作拉应力和容许拉应力;

σ_{cmax} 及 $[\sigma_c]$——最大工作压应力和容许压应力。

轴向拉压杆的强度计算

1. 强度校核

根据强度条件可以解决实际工程中的三个问题,第一个实际问题就是强度校核。即已知杆件所用材料($[\sigma]$已知)、杆件的截面形状及尺寸(A已知)、杆件所受的外力(可以求出轴力),判断杆件在实际荷载作用下是否会破坏。若计算结果是 $\sigma_{max} \leqslant [\sigma]$,则杆件满足强度要求,就能安全正常地使用;若计算结果是 $\sigma_{max} > [\sigma]$,则杆件不满足强度要求。

【例 3-9】 图 3-30a)所示装置为一重物支架,已知:$F_P = 60kN$,AB 杆为横截面是正方形的木杆,边长 0.2m,容许应力$[\sigma] = 10MPa$,其他尺寸如图示。试校核 AB 杆的强度。

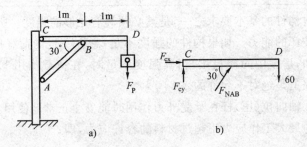

图 3-30

解:(1)求 AB 杆的轴力

由于 AB 杆为二力杆,所以它对支架的作用力即为它的轴力。

取杆 CD 为研究对象,画出受力图,如图 3-30b)所示。

$$\sum M_C = 0, \qquad F_{NAB} \sin 30° \times 1 - F_P \times 2 = 0$$

$$F_{NAB} = 240kN$$

(2)计算 AB 杆的工作应力,并与容许应力比较,进行强度校核。

$$\sigma_{max} = \frac{F_{NAB}}{A} = \frac{240 \times 10^3}{0.2 \times 0.2 \times 10^6} = 6MPa < [\sigma]$$

由此可知,AB 杆的强度满足要求。

【例 3-10】 如图 3-31a)所示为正方形截面阶梯形柱。

已知:材料的容许压应力$[\sigma_C] = 2MPa$,荷载 $F_1 = 100kN$,$F_2 = 150kN$,柱自重不计。试校核该柱的强度。

解:图 3-31a)所示柱产生轴向压缩变形。

(1)求轴力,画轴力图

砖柱的轴力图如图 3-31b)所示。

（2）计算最大工作应力

该柱为阶梯形变截面柱，需分段计算各段的应力，然后选最大值。

AB 段：

$$\sigma_{AB}=\frac{F_{NAB}}{A_{AB}}=-\frac{100\times10^3}{250\times250}\text{MPa}=-1.6\text{MPa}$$

BC 段：

$$\sigma_{BC}=\frac{F_{NBC}}{A_{BC}}=-\frac{250\times10^3}{500\times500}\text{MPa}=-1\text{MPa}$$

比较得：AB 段为危险截面，即：

$$|\sigma_{max}|=1.6\text{MPa}。$$

（3）校核强度

$$\sigma_{max}=1.6\text{MPa}<[\sigma_C]$$

所以该柱满足强度要求。

2. 设计截面

利用强度条件还可以对杆件进行截面尺寸的设计。当已知杆件所用材料（$[\sigma]$已知）、杆件所受的外荷载（轴力可以求出）、确定杆件不发生破坏（即满足强度要求）时、杆件应该选用的横截面面积应满足：$A\geq\dfrac{F_N}{[\sigma]}$，求出面积后可进一步根据截面形状求出有关尺寸。

必须注意，选用的截面面积一般应大于需要的面积，但也允许有 5% 的出入。

【例 3-11】 如图 3-32a)所示的简单桁架，受水平荷载 $F_P=160\text{kN}$ 的作用，已知各杆均为低碳钢杆，其弹性模量 $E=2\times10^5\text{MPa}$，比例极限 $\sigma_p=200\text{MPa}$，屈服极限 $\sigma_s=240\text{MPa}$，强度极限 $\sigma_b=400\text{MPa}$，拉杆的安全系数 $n_1=2,n_2=3$。

（1）试按强度条件确定 AB 杆和 BC 杆的横截面面积。

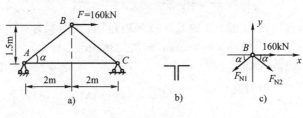

图 3-32

（2）若两杆均由两根等边角钢组成，横截面形状如图 3-32b）所示。试分别选择型钢号。

解：（1）计算轴力　令 AB 杆为 1 杆，BC 杆为 2 杆，取 B 节点为脱离体，如图 3-32c）所示：

由 $\sum Y = 0$，　　　　　　　　$-F_{N2}\sin\alpha - F_{N1}\sin\alpha = 0$

即：

$$F_{N1} = -F_{N2}$$

由 $\sum X = 0$，　　　　　$F + F_{N2}\cos\alpha - F_{N1}\cos\alpha = 0$

可求得：

$$F_{N1} = 100\text{kN} \qquad F_{N2} = -100\text{kN}$$

负值说明假设的作用方向与实际相反。

（2）计算容许应力

AB 杆：

$$[\sigma]_1 = \frac{\sigma_S}{n_1} = \frac{240}{2} = 120\text{MPa}$$

BC 杆：

$$[\sigma]_2 = \frac{\sigma_S}{n_2} = \frac{240}{3} = 80\text{MPa}$$

（3）选择截面面积并选择型钢号

AB 杆：

$$A_1 \geqslant \frac{F_{N1}}{[\sigma]_1} = \frac{100 \times 10^3}{120 \times 10^6} = 0.83 \times 10^{-3}\text{m} = 8.3\text{cm}^2$$

查附录型钢表，选用两根 56×4 的 5.6 号等边角钢，其面积为：

$$A = 2 \times 4.39\text{cm}^2 = 8.78\text{cm}^2 > A_1$$

所以，AB 杆符合强度要求。

BC 杆：

$$A_2 \geqslant \frac{F_{N2}}{[\sigma]_2} = \frac{100 \times 10^3}{80 \times 10^6} = 1.25 \times 10^{-3}\text{m}^2 = 12.5\text{cm}^2$$

查型钢表，选用两根 63×5 的 6.3 号等边角钢，其面积为：

$$A = 2 \times 6.143\text{cm}^2 = 12.286\text{cm}^2 < A_2$$

所以需验算杆的强度：

$$\sigma_{BC} = \frac{F_{N2}}{A} = \frac{100 \times 10^3}{12.286 \times 10^{-4}} = 81.4\text{MPa} > [\sigma]_2$$

$$\frac{\sigma_{BC} - [\sigma]_2}{[\sigma]_2} = \frac{81.4 - 80}{80} = 1.75\% < 5\%$$

所以 BC 杆也符合要求。

【**例 3-12**】 图 3-33a)所示为一钢筋混凝土组合屋架。已知：屋架受到竖直向下的均布荷载 $q=10\text{kN/m}$，水平拉杆为钢拉杆，材料的容许应力$[\sigma]=160\text{MPa}$，其他尺寸如图所示。试按强度要求设计拉杆 AB 的截面。

（1）拉杆选用实心圆截面时，确定拉杆的直径。

（2）拉杆选用两根等边角钢时，选择角钢的型号。

解：（1）设计拉杆的截面

先求支座反力：

$$F_{Ay}=F_{By}=0.5ql=0.5\times10\times8.4\text{kN}=42\text{kN}$$

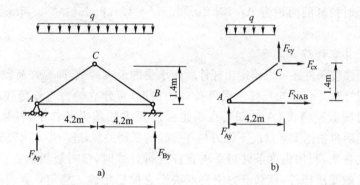

图 3-33

再求拉杆的轴力。

用截面法取左半个屋架为研究对象，如图 3-33b)所示。列平衡方程

由 $\sum M_C=0$，$\quad F_{NAB}\times1.4-F_{Ay}\times4.2+q\times4.2\times\dfrac{4.2}{2}=0$

得：

$$F_{NAB}=63\text{kN}$$

然后设计拉杆的截面。

由强度条件：

$$\sigma_{max}=\frac{F_{NAB}}{A}\leqslant[\sigma]$$

得：

$$A\geqslant\frac{F_{NAB}}{[\sigma]}=\frac{63\times10^3}{160}\text{mm}^2=393.8\text{mm}^2$$

当拉杆为实心圆截面时

$$A = \frac{\pi d^2}{4} \geqslant 393.8 \text{mm}^2$$

得：

$$d \geqslant \sqrt{\frac{4 \times 393.8}{3.14}} \text{mm} = 22.39 \text{mm}$$

取 $d = 25$mm。

（2）当拉杆用角钢时，查型钢表。每根角钢的最小面积应为：

$$A_1 = \frac{A}{2} = \frac{393.8}{2} \text{mm}^2 = 196.9 \text{mm}^2$$

选用两根 ∟36×3 的等边角钢，横截面积 $A_1 = 210.9 \text{mm}^2$。

故此时拉杆的面积为 $A = 2 \times 210.9 \text{mm}^2 = 421.8 \text{mm}^2 > 393.8 \text{mm}^2$，满足强度要求。

3.计算容许荷载

利用强度条件还可以确定出杆件所能承受的最大荷载，即容许荷载。若已知杆件所用材料（$[\sigma]$已知）、杆所受外荷载的情况（可建立轴力与外荷载之间的关系）、杆的横截面情况（A 已知），在满足强度要求的前提条件下，可算出：$F_N \leqslant A[\sigma]$。然后再根据实际情况下轴力与外荷载的平衡关系，进一步求出容许荷载。

特别指出：利用强度条件对受压直杆进行计算时，仅对短粗的直杆适用，而对于细长的受压杆件，承载能力主要取决于它的稳定性。稳定计算将在本书第十一章讨论。

【例 3-13】 图 3-34a)所示结构：

1 杆为钢杆：

$$A_1 = 1000 \text{mm}^2, [\sigma]_1 = 160 \text{MPa};$$

2 杆为木杆：

$$A_2 = 20000 \text{mm}^2, [\sigma]_2 = 7 \text{MPa}。$$

求结构的容许荷载 $[F]$。

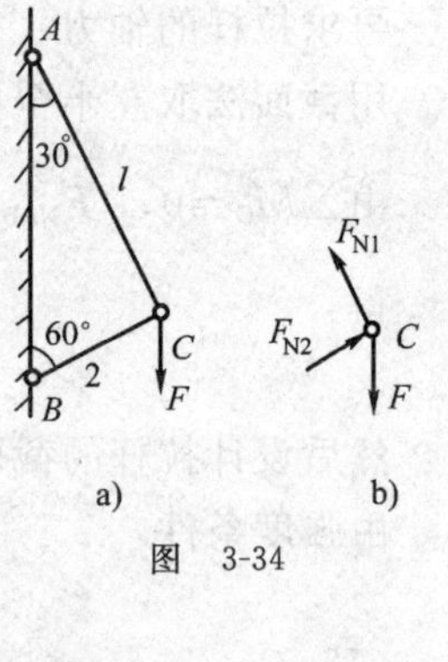

解：（1）建立轴力与荷载的关系

取结点 C 为脱离体，受力图如 3-34b)所示

由 $\sum Y = 0$，　$F_{N1} \cos 30° + F_{N2} \cos 60° - F = 0$

　$\sum X = 0$，　　$-F_{N1} \sin 30° + F_{N2} \sin 60° = 0$

解得：

$$F_{N1} = 0.886F \tag{a}$$

$$F_{N2} = 0.5F \tag{b}$$

图 3-34

(2)求各杆的容许轴力

$$[F_{N1}]=[\sigma]_1 A_1 = 160 \times 1000 = 160000N = 160kN$$
$$[F_{N2}]=[\sigma]_2 A_2 = 7 \times 20000 = 140000N = 140kN$$

(3)计算容许荷载

由式(a)得：

$$[F_1]=\frac{[F_{N1}]}{0.866}=184.7kN$$

由式(b)得：

$$[F_2]=\frac{[F_{N2}]}{0.5}=280kN$$

综合以上计算,容许荷载$[F]=184.7kN$

第六节　轴向拉伸(压缩)变形

我们已经知道:为了保证构件能安全正常地工作,构件必须具有足够的强度。但如果构件的变形过大,也会影响其正常使用。如厂房中的吊车梁,变形过大将会影响吊车的正常行驶;又如屋架檩条变形过大,会引起屋面漏水等。因此,这就要求构件在荷载作用下,产生的变形不能超过一定的范围,即构件还必须具有足够的刚度。所谓刚度,就是指构件抵抗变形的能力。

通过第三节研究轴向拉(压)杆横截面上工作应力时的试验,我们已经知道:杆件在受到轴向拉力或轴向压力作用时,其长度和横向尺寸都将发生改变,即杆件产生变形。杆的变形量与所受外力、杆所选用材料等因素有关。本节将讨论轴向拉(压)杆的变形及其计算。

杆件在受到轴向拉伸或压缩时,主要产生沿杆轴线方向(纵向)的伸长或缩短变形,这种沿纵向的变形习惯上称之为纵向变形。同时,与杆轴线相垂直的方向(横向)也随之产生缩小或增大的变形,习惯上将与杆轴线相垂直方向的变形称为横向变形。

（一）纵向变形和横向变形

图 3-35a)、b)所示正方形截面杆,受轴向力作用,产生轴向拉伸或压缩变形,设杆件变形前的长度为 l,其横截面边长为 a,变形后的长度变为 l_1,随之横截面边长变为 a_1。

杆的纵向变形量为:

$$\Delta l = l_1 - l \tag{3-6a}$$

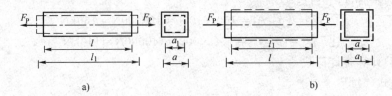

图 3-35

杆在轴向拉伸时纵向变形为正值,压缩时为负。

杆的横向变形量为:

$$\Delta a = a_1 - a \qquad (3\text{-}6b)$$

杆在轴向拉伸时的横向变形为负值,压缩时为正。Δl 和 Δa 的单位为 m 或 mm。

杆件的纵向变形量 Δl 或横向变形量 Δa,只能表示杆件在纵向或横向的总变形量,不能说明杆件的变形程度。为了消除原始尺寸对杆件变形量的影响,准确说明杆件的变形程度,将杆件的纵向变形量 Δl 除以杆的原长 l,得到杆件单位长度的纵向变形:

$$\varepsilon = \frac{\Delta l}{l} \qquad (3\text{-}6c)$$

ε 称为纵向线应变,简称线应变。ε 的正负号与 Δl 相同,拉伸时为正值,压缩时为负值。ε 是一个无单位的量。

同理:将杆件的横向变形量 Δa 除以杆的原截面边长 a,得到杆件单位长度的横向变形。

$$\varepsilon' = \frac{\Delta a}{a} \qquad (3\text{-}6d)$$

ε' 称横向线应变。ε' 的正负号与 Δa 相同,压缩时为正值,拉伸时为负值;ε' 也是一个无单位的量。

从上述分析我们可以知道:杆件在轴向拉(压)变形时,纵向线应变 ε 与横向线应变 ε' 总是正、负相反的。

通过实验表明:当轴向拉(压)杆的应力不超过材料的比例极限时,横向线应变 ε' 与纵向线应变 ε 的比值的绝对值为一常数,通常将这一常数称为泊松比或横向变形系数。用 μ 表示。

$$\mu = \left| \frac{\varepsilon'}{\varepsilon} \right| \qquad (3\text{-}6e)$$

泊松比 μ 是一个无量纲的量。它的值与材料有关,可由实验测出。常用材料的泊松比见表3-2。

材料名称	E 值(单位 GPa)	μ 值
低碳钢(Q235)	200～210	0.24～0.28
16 锰钢	200～220	0.25～0.33
铸铁	115～160	0.23～0.27
铝合金	70～72	0.26～0.33
混凝土	15～36	0.16～0.18
木材(顺纹)	9～12	
砖石料	2.7～3.5	0.12～0.20
花岗岩	49	0.16～0.34

泊松比建立了某种材料的横向线应变与纵向线应变之间的关系。在工程中计算变形时通常是先计算出杆的纵向变形,然后通过泊松比确定横向变形。

由于杆的横向线应变 ε' 与纵向线应变 ε 总是正、负号相反,所以:

$$\varepsilon' = -\mu\varepsilon \tag{3-6f}$$

 胡克定律

我们能够知道:对于相同材料制成的拉压杆,在杆长 l 和横截面面积 A 一定时,杆的轴力 F_N(或外力 F)越大,则杆的轴向变形 Δl 就越大;而在轴力 F_N 不变时,杆长 l 越长,则 Δl 就越大;在轴力 F_N 和杆长 l 一定时,杆越粗(即横截面面积 A 越大),则 Δl 就越小。当然,在 F_N、l 和 A 一定时,杆的材料不同,Δl 也不同。

实验表明:在弹性范围内,杆的纵向变形量 Δl 与杆所受的轴力 F_N 及杆的原长 l 成正比,而与杆的横截面面积 A 成反比,用式子表示为:

$$\Delta l \propto \frac{F_N l}{A}$$

引进比例常数 E,可得:

$$\Delta l = \frac{F_N l}{EA} \tag{3-6g}$$

这一关系式是英国科学家胡克首先提出的,所以称式(3-6g)为胡克定律。

式中的比例常数 E 称为弹性模量,它表示材料在拉伸(或压缩)时抵抗弹性变形的能力,E 的量纲与应力的量纲相同,常用的单位为 MPa。E 的数值随材料而异,由实验测得。

工程中常用材料的弹性模量 E 见表 3-2。

从式(3-6g)可以推断出:对于长度相同,轴力相同的杆件,分母 EA 越大,杆的纵向变形 Δl 就越小,可见 EA 反映了杆件抵抗拉(压)变形的能力,称为杆件的抗拉(压)刚度。

若将式(3-6g)的两边同时除以杆件的原长 l,并将 $\varepsilon = \dfrac{\Delta l}{l}$ 及 $\sigma = \dfrac{F_N}{A}$ 代入,于是得

$$\varepsilon = \frac{\sigma}{E} \quad \text{或} \quad \sigma = E\varepsilon \tag{3-6h}$$

式(3-6h)是胡克定律的另一表达形式。它表明:在弹性范围内,正应力与线应变成正比。

三 变形计算

胡克定律是材料力学中非常重要的一个定律,也是计算轴向拉压杆件变形的一个基本公式。

【例 3-14】 如图所示,AC 段的横截面积为 $A_1 = 500\text{mm}^2$,CD 段的横截面积为 $A_2 = 200\text{mm}^2$,弹性模量 $E = 200\text{GPa}$。求杆的总纵向变形。

解:杆的总纵向变形就是沿着杆的长度方向各段纵向变形之和。

(1)求轴力,画轴力图

该杆可分为两段计算轴力。

$$F_{NCD} = F_{NBC} = -10\text{kN}$$

$$F_{NAB} = 30 - 10 = 20\text{kN}$$

画出的轴力图如图 3-36b)所示。

(2)求变形

AB 段:

$$\Delta l_{AB} = \frac{F_{NAB} \cdot l_{AB}}{EA_1} = \frac{20 \times 10^3 \times 100}{200 \times 10^3 \times 500}\text{mm}$$

$$= 0.02\text{mm}$$

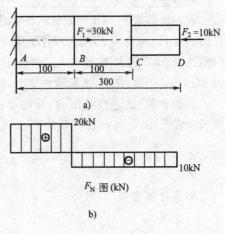

图 3-36

BC 段：

$$\Delta l_{BC} = \frac{F_{NBC} \cdot l_{BC}}{EA_1} = \frac{-10 \times 10^3 \times 100}{200 \times 10^3 \times 500} \text{mm} = -0.01\text{mm}$$

CD 段：

$$\Delta l_{CD} = \frac{F_{NCD} \cdot l_{CD}}{EA_2} = \frac{-10 \times 10^3 \times 100}{200 \times 10^3 \times 200} \text{mm} = -0.025\text{mm}$$

$$\Delta l = \Delta l_{AB} + \Delta l_{BC} + \Delta l_{CD} = (0.02 - 0.01 - 0.025)\text{mm} = -0.015\text{mm}$$

负值说明整个杆件是缩短的。

【例 3-15】 长 $l = 3.5\text{m}$，直径 $d = 32\text{mm}$ 的圆截面钢杆，在试验机上受到 $F = 135000\text{N}$ 的拉力，量得直径缩减 0.0062mm，在纵向 50mm 的长度内，杆伸长 了 0.04mm，试求：(1)该钢材的弹性模量；(2)泊松比。

解：(1)求弹性模量。要想通过上述实验测出的数值计算弹性模量，首先要 计算出正应力和纵向线应变。

求杆的正应力 σ：

$$\sigma = \frac{F}{A} = \frac{135000}{\frac{\pi d^2}{4}} = \frac{135000 \times 4}{3.14 \times 32^2} = 168\text{MPa}$$

求杆的纵向线应变 ε：

$$\varepsilon = \frac{\Delta l}{l} = \frac{0.04}{50} = 8 \times 10^{-4}$$

由胡克定律 $\sigma = E\varepsilon$，得：

$$E = \frac{\sigma}{\varepsilon} = \frac{168}{8 \times 10^{-4}} = 21 \times 10^4 \text{MPa} = 210\text{GPa}$$

(2)求泊松比 μ

求杆的横向线应变 ε'：

$$\varepsilon' = \frac{\Delta d}{d} = \frac{-0.0062}{32} = -1.94 \times 10^{-4}$$

$$\mu = \left| \frac{\varepsilon'}{\varepsilon} \right| = \left| \frac{-1.94 \times 10^{-4}}{8 \times 10^{-4}} \right| = 0.24$$

◁ **小　　结** ▷

轴向拉伸与压缩是杆件最简单的基本变形，也是建筑工程中常见的一种变 形。本章讨论了轴向拉压杆的内力、应力、强度和变形计算，介绍了材料在拉压

时的主要力学性能。

一、轴向拉压杆的外力

其外力特征是:外力的合力一定通过杆件的轴线,即和杆轴线重合。

二、轴向拉压杆的内力

轴向拉压杆在横截面上只有一种内力,即轴力 F_N。它通过截面形心,与横截面相垂直。规定:拉力为正,压力为负。

计算轴力的方法是截面法。用截面法求轴力分为三个步骤:截开、代替和平衡,且可以总结出:任一截面的轴力等于截面左侧或右侧所有外力沿杆轴方向的代数和。

轴力图是表示轴力沿杆轴方向变化的图形,也是本章重点之一。

桁架结构是指各杆两端都是用铰相连接的结构。在结点荷载作用下,桁架杆件只承受轴力。

桁架的计算方法是结点法和截面法。桁架的内力计算可先判断零杆。

三、轴向拉压杆的应力

截面上任一点处的分布内力集度称为该点的应力。与截面相垂直的分量 σ 称为正应力,与截面相切的分量 τ 称为切应力。轴向拉压杆横截面上只有正应力,正应力在整个横截面上均匀分布。任一截面的正应力计算公式:

$$\sigma = \frac{F_N}{A}$$

等直杆的最大应力计算公式:

$$\sigma_{max} = \frac{F_{Nmax}}{A}$$

应力集中是由于杆件截面的突然变化而引起局部应力急剧增大的现象。

四、材料的力学性能

材料的力学性能是指材料在外力作用下所表现出来的强度和变形方面的特性。它是通过实验来测定的。本章仅介绍了在常温、静荷载作用下两类代表性材料(塑性材料——低碳钢;脆性材料——铸铁)的性能。学习这部分内容时要从应力—应变图入手。材料的力学性能是解决强度、刚度问题的重要依据。学习重点是掌握低碳钢的应力—应变图,了解力学性能指标。

主要的力学性能指标有:

1.强度指标　表示材料抵抗破坏能力的指标:材料的屈服极限 σ_s、强度极限 σ_b。

2.刚度指标　表示材料抵弹性变形能力的指标:弹性模量 E 和泊松比 μ。

3.塑性指标　表示材料产生塑性性能的指标:延伸率 δ 和截面收缩率 ψ。

极限应力　材料固有的能承受应力的上限,用 σ° 表示。

容许应力与安全系数　材料正常工作时容许采用的最大应力,称为容许应力。极限应力与容许应力的比值称为安全系数。

五、轴向拉压杆的强度计算

1.强度条件

塑性材料:

$$\sigma_{max} \leqslant [\sigma]$$

脆性材料:

$$\sigma_{tmax} \leqslant [\sigma_t]$$

$$\sigma_{cmax} \leqslant [\sigma_c]$$

2.强度条件可解决工程中的三类实际问题

(1)强度校核　在已知材料、荷载、截面的情况下,判断 σ_{max} 是否不超过容许值 $[\sigma]$,杆件是否能安全工作。

(2)设计截面　在已知材料、荷载的情况下,求截面的面积或有关尺寸。

(3)计算容许荷载　在已知材料、截面、荷载作用方式的情况下,计算杆件满足强度要求时轴力 F_N 的最大值。再由 F_N 与外荷载 F_P 的关系求出 $[F_P]$。

强度计算是本章的学习重点。

六、轴向拉压杆的变形

胡克定律是材料力学中最基本的定律之一,它揭示了材料的应力与应变之间的关系,其计算式为:

$$\Delta l = \frac{F_N l}{EA} \quad 或 \quad \sigma = E\varepsilon$$

胡克定律的适用范围为弹性范围。

泊松比:

$$\mu = \left| \frac{\varepsilon'}{\varepsilon} \right|$$

E 和 μ 都是反映材料弹性性能的力学指标。

 建筑力学

◀ **思考题** ▶

3-1 试列举几个受拉杆件和受压杆件的实例。

3-2 简述轴向拉(压)杆的受力特点和变形特点;判断图示杆件中,哪些属于轴向拉伸? 哪些属于轴向压缩? 各杆自重均不计。

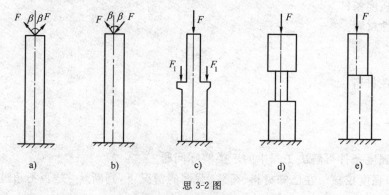

思 3-2 图

3-3 什么是轴力? 简述用截面法求轴力的步骤。

3-4 力的可传性原理在研究杆件的变形时是否适用? 为什么?

3-5 什么是理想桁架? 计算桁架的方法是什么?

3-6 桁架中若存在零杆,则表示该杆不受力,是否可以将其拆除?

3-7 如图示:同一桁架的两种受力状态,两图中对应杆件的内力是否完全相同?

3-8 两根拉杆有相同的轴力和截面面积,但截面形状和材料都不同,试问它们的正应力是否相同?

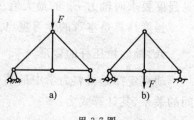

思 3-7 图

3-9 轴向拉压杆横截面上正应力的分布规律是怎样的? 它与轴力有什么关系?

3-10 内力和应力有何区别? 有何联系? 在拉压杆中轴力最大的截面一定是危险截面,这句话对吗? 为什么?

3-11 什么是杆件的抗拉刚度? 设两个受拉杆件的横截面面积、杆长和拉力均相等,而材料不同,试问两杆的应力是否相等? 变形是否相等?

3-12 低碳钢拉伸时的应力——应变图可分为哪四个阶段? 简述每个阶段

100

对应的特征应力极限值及其物理含义。

3-13 分析图示三种不同材料的应力——应变图,回答:哪种材料的强度高?哪种材料的刚度大?哪种材料的塑性好?

3-14 有一低碳钢试件,由实验测得其应变 $\varepsilon=0.002$,已知低碳钢的比例极限 $\sigma_p=200$MPa,弹性模量 $E=200$GPa,问能否由拉(压)胡克定律 $\sigma=E\varepsilon$ 计算其正应力?为什么?

3-15 塑性材料与脆性材料的主要区别是什么?什么是延伸率?塑性材料、脆性材料的延伸率各自在何范围内?延伸率是不是衡量材料塑性大小的唯一指标?

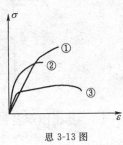

思 3-13 图

3-16 现有低碳钢和铸铁两种材料,在图示结构中,AB 杆选用铸铁,CD 杆选用低碳钢是否合理?为什么?如何选材才最合理?

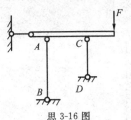

思 3-16 图

3-17 胡克定律有几种表达式?其应用条件是什么?

3-18 指出下列概念的区别:

(1)外力和内力;

(2)线应变和延伸率;

(3)工作应力、极限应力和容许应力;

(4)屈服极限和强度极限。

3-19 材料经过冷作硬化处理后,其力学性能有何变化?

3-20 什么是应力集中?

习 题

3-1 求图示各杆指定截面上的轴力。

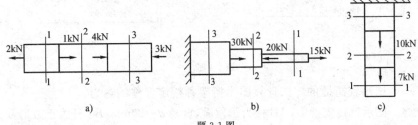

a)   b)   c)

题 3-1 图

3-2 画图示各杆的轴力图。(各杆均不考虑自重)

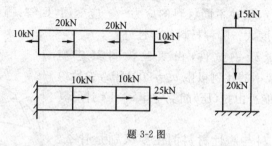

题 3-2 图

3-3 指出图示各桁架中的零杆。

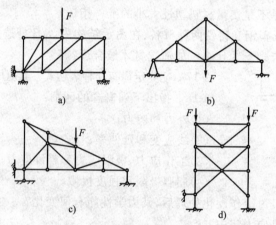

题 3-3 图

3-4 试用结点法计算图示桁架各杆的内力。

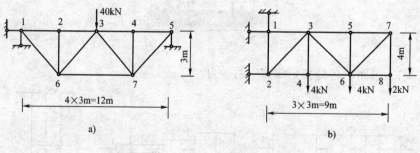

题 3-4 图

3-5 试用较简捷的方法计算图示桁架各指定杆件的内力。

3-6 图示三角支架中,AB 杆为圆截面,直径 $d=20$mm,BC 杆为正方形截面,边长 $a=100$mm,$F_P=40$kN,求在图示荷载作用下 AB 杆、BC 杆内的工作应力。

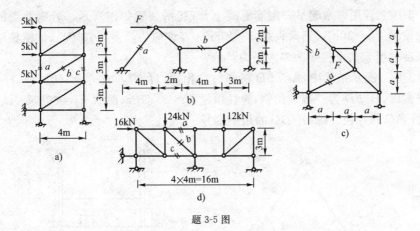

題 3-5 圖

3-7 石砌承重柱高 $h=8\text{m}$，橫截面面積為 $A=3\times4\text{m}^2$。若荷載 $F=1000\text{kN}$，材料的重度 $\gamma=23\text{kN/m}^3$。求石柱底部橫截面上的應力。

3-8 在圖示支架中，杆 1 和杆 2 均為鋼杆，容許應力 $[\sigma]=160\text{MPa}$。橫截面積 $A_1=500\text{mm}^2$，$A_2=400\text{mm}^2$，已知荷載 $F=110\text{kN}$，試校核兩杆的強度。

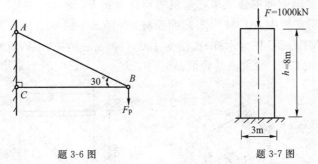

題 3-6 圖 題 3-7 圖

3-9 圖示為一起重支架，小車可在 AC 梁上移動，荷載 F 通過小車對 AC 梁的作用可簡化為一集中力，$F=15\text{kN}$，斜杆 AB 為直徑 $d=18\text{mm}$ 的圓截面杆，其容許應力為 $[\sigma]=170\text{MPa}$。試校核斜杆的強度。

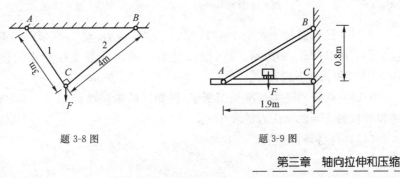

題 3-8 圖 題 3-9 圖

3-10 若用钢索起吊一钢筋混凝土管,起吊装置如图所示。若钢筋混凝土管的重量 $F_w=10$kN,钢索直径 $d=40$mm,容许应力 $[\sigma]=10$MPa。试校核钢索的强度。绳索的直径应为多大更为经济?

3-11 图示结构中,AC、BD 两杆材料相同,容许应力 $[\sigma]=160$MPa,杆 AC 为圆截面,杆 BD 为一等边角钢,弹性模量 $E=200$GPa,荷载 $F_P=60$kN。试求:
(1)杆 AC 的直径。(2)杆 BD 的角钢型号。

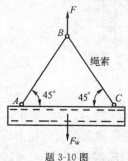

题 3-10 图

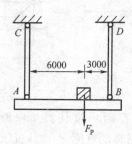

题 3-11 图

3-12 起重机钢丝绳的 AB 的横截面面积为 500mm²,容许应力 $[\sigma]=40$MPa。试根据钢丝绳的强度求起重机的容许重量 W。

3-13 图示支架中,AC 杆为圆截面钢杆,直径 $d=16$mm,材料的容许拉应力 $[\sigma]_{AC}=150$MPa;BC 杆为木杆,截面为 100×100mm 的正方形,材料的容许拉应力 $[\sigma]_{BC}=4.5$MPa。试求该结构的荷载 $[F_P]$。

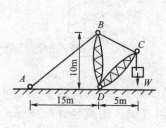

题 3-12 图

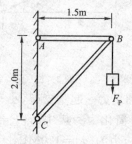

题 3-13 图

3-14 已知混凝土重度 $\gamma=22$kN/m³,容许应力 $[\sigma]_1=10$MPa。基础的容许应力 $[\sigma]_2=2$MPa。如图示。求:按强度条件确定混凝土柱所需的横截面面积 A_1(上段)和 A_2(下段)。

3-15 钢杆的受力情况如图所示,已知杆的横截面面积 $A=4000$mm²,材料的弹性模量 $E=200$GPa,试求:

(1)杆件各段的应力。

（2）杆的总纵向变形。

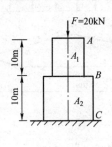

题 3-14 图

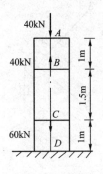

题 3-15 图

3-16　图示拉伸试件的横截面尺寸为 $a=4.1\text{mm}$，$b=29.8\text{mm}$，在拉伸试验中时，每增加 3kN 拉力，测定出沿轴力方向产生的应变 $\varepsilon=120\times10^{-6}$，横向应变 $\varepsilon'=-38\times10^{-6}$，求试件材料的弹性模量 E 和泊松比 μ。

3-17　正方形截面的钢杆上开有一切槽如图所示。已知 $F=15\text{kN}$，$a=20\text{mm}$，$l=0.4\text{m}$，$l_1=0.25\text{m}$，$E=2\times10^5\text{MPa}$，求杆内最大正应力和杆的总伸长量。

3-18　若低碳钢的弹性模量 $E_1=210\text{GPa}$，混凝土的弹性模量 $E_2=28\text{GPa}$。求：

（1）在正应力相同的情况下，低碳钢和混凝土的应变的比值。

（2）在线应变 ε 相同的情况下，低碳钢和混凝土的正应力的比值。

（3）当线应变 $\varepsilon=-0.00015$ 时，低碳钢和混凝土的正应力。

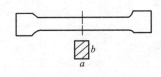

题 3-16 图

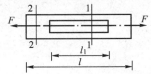

题 3-17 图

3-19　滑轮结构如图所示。AB 为钢杆，截面为圆形，直径 $d=20\text{mm}$，容许应力 $[\sigma]_1=160\text{MPa}$。BC 为木杆，截面为正方形，边长 $a=60\text{mm}$，容许应力 $[\sigma]_2=12\text{MPa}$。若不考虑滑轮与绳之间的摩擦，试求此结构的容许荷载 $[F_P]$。

3-20　图示为一组合结构屋架的计算简图。屋架的 AC、CB 杆用钢筋混凝土制作，其他杆均用两根 $\llcorner$ 80×8 的等边角钢，已知屋面承受的荷载 $q=24\text{kN/m}$，钢材的容许应力 $[\sigma]=120\text{MPa}$。

（1）校核杆 FG 的强度。

（2）按强度条件重新选择杆 FG 的角钢型号。

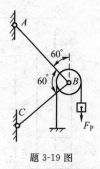

题 3-19 图

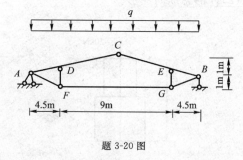

题 3-20 图

第四章
剪切与挤压

本章内容使学生了解剪切变形概念,重点是掌握拉(压)联接件的连接计算。

第一节　剪切与挤压的概念

　　在工程中,我们会遇到这样一类构件,构件受到一对大小相等、方向相反、作用线相互平行且相距很近的横向外力。在这样的外力的作用下,构件的主要变形是:这两个作用力之间的截面沿着力的方向产生相对错动,习惯上称这种变形为剪切变形。例如:图 4-1a)所示为用一个铆钉连接两块受拉钢板的情况。钢板受到轴向拉力 F_N 作用,产生轴向拉伸变形。而铆钉受到上、下钢板作用在它两个半圆柱表面上的力,每个半圆柱表面上力的合力都与外力 F 大小相等,且这两个力方向相反,都与铆钉的轴线相垂直。铆钉的受力图如图 4-1b)所示,从图 4-1b)可以看出:当外力足够大时,铆钉的上半部将沿力的方向向右移动,而下半部将沿力的方向向左移动,甚至将使铆钉沿两块钢块的接触面切线方向剪断。如图 4-1c)所示,通常把相对错动的截面称为剪切面。剪切面平行于力的作用线,位于方向相反的两横向外力作用线之间。剪切面上的内力 F_Q 与截面相切,称为剪力,仍可用截面法求得,如图 4-1d)所示。与剪力相对应的应力为剪应力。又如:图 4-2a)为某起重装置,用销钉连接了吊钩与上部拉杆,当起吊重物 F_W 时,销钉的受力如图 4-2b)所示,销钉产生的变形也是剪切变形。

　　比较图 4-1 与图 4-2 可以看出:图 4-1 中的铆钉产生剪切变形时只有一个剪切面。构件中只有一个剪切面的剪切称为单剪;图 4-2 中的销钉有两个剪切面,

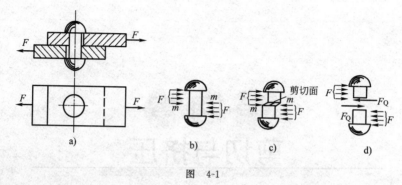

图　4-1

这样的剪切称为双剪。

　　工程中产生剪切变形的构件通常是一些起连接作用的部件。如：连接钢板的铆钉或螺栓(如图 4-1)，连接齿轮和转轴的键(如图 4-3)，木结构中的榫连接(如图 4-4)，焊接中的侧焊缝(如图 4-5)等。

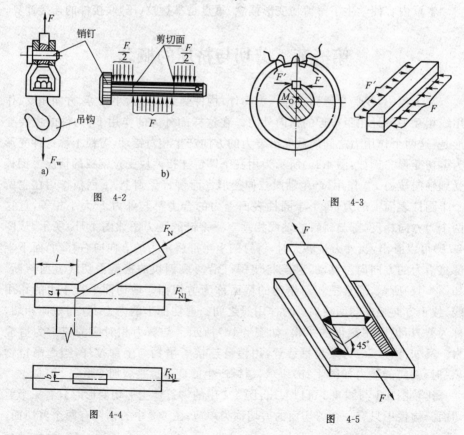

图　4-2　　　　　　　　　　　　　　　　　　　　图　4-3

图　4-4　　　　　　　　　　　　　图　4-5

构件在受剪切时,常伴随着挤压现象。相互接触的两个物体相互传递压力时,因接触面的面积较小,而传递的压力却比较大,致使接触表面产生局部的塑性变形,甚至产生被压皱的现象,称为挤压。图4-6为用普通螺栓连接两块钢板时,螺栓与钢板之间的挤压情况。两构件相互接触的局部受压面称为挤压面,挤压面上的压力称为挤压力,由于挤压引起的应力称为挤压应力。

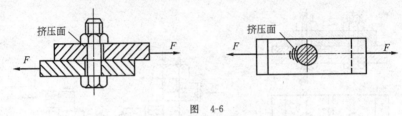

图 4-6

第二节 剪切的实用计算

通常情况下,连接件的受力和变形都比较复杂,在实际工程中常采用以试验及经验为基础的实用计算法。

在剪切的实用计算中,假定剪应力在剪切面上是均匀分布的。若用 F_Q 表示剪切面上的剪力,A_S 表示剪切面的面积,则剪应力的实用计算公式为:

$$\tau = \frac{F_Q}{A_S} \tag{4-1}$$

为了保证构件不发生剪切破坏,要求剪切面上的切应力不超过材料的容许剪应力。所以剪切强度条件为:

$$\tau = \frac{F_Q}{A_S} \leqslant [\tau] \tag{4-2}$$

式中[τ]为容许剪应力。

容许切应力是仿照连接件的实际受力情况进行剪切试验而测定的。实验表明:金属材料的容许剪应力[τ]与容许拉应力[σ_t]间有下列关系:

塑性材料:

$$[\tau] = (0.6 \sim 0.8)[\sigma_t]$$

脆性材料:

$$[\tau] = (0.8 \sim 1.0)[\sigma_t]$$

各种材料的容许剪应力可以按上述关系确定,也可以从有关设计手册中查得。

与轴向拉(压)强度条件在工程中的应用类似,剪切强度条件在工程中也能

解决三类问题,即强度校核、设计截面和确定容许荷载。

【例 4-1】 图 4-7a)连接件中,用两个螺栓通过一块盖板连接了两块钢板,这种连接称为单盖板对接。已知盖板和钢板的强度足够,螺栓的直径 $d = 20\text{mm}$,材料的容许剪应力 $[\tau] = 100\text{MPa}$,钢板受轴向拉力 $F_N = 30\text{kN}$ 作用。试校核螺栓的剪切强度。

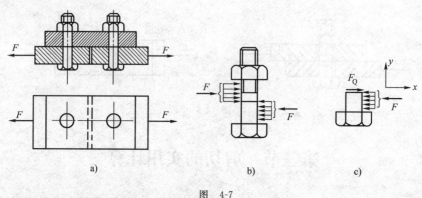

图　4-7

解: 螺栓产生了剪切变形,按照实用计算法求其工作切应力。

每块钢板上只有一个螺栓,所以每个螺栓承担的外力均为 F,两个螺栓的受力相同,直径和材料也都相同,所以只需任取一个螺栓计算。取左块钢板上的螺栓,其受力如图 4-7b)所示,螺栓产生单剪。用假想的截面将螺栓从剪切面处截开,取下侧研究,并确定剪力实际方向,如图 4-7c)所示。

列平衡方程

$$\sum X = 0, \qquad\qquad F_Q - F = 0$$

得螺栓的剪力为:

$$F_Q = F_N = F = 30\text{kN}$$

螺栓的工作剪应力为:

$$\tau = \frac{F_Q}{A_s} = \frac{4F_Q}{\pi d^2} = \left(\frac{4 \times 30 \times 10^3}{3.14 \times 20^2}\right)\text{MPa} = 95\text{MPa} < [\tau] = 100\text{MPa}$$

所以此连接中螺栓满足剪切强度条件。

第三节　挤压的实用计算

受剪的构件,往往同时还伴随着挤压的情况。因此,受剪构件的破坏形式除了剪切破坏外,还可能在构件表面引起挤压破坏。对于受剪构件来说,挤压与剪切是同时产生的。所以究竟哪个因素会使构件破坏,要根据具体情况而定。因此,在对受剪构件计算时除了应按第二节所述进行剪切计算外,还要进行挤压强度计算。

与剪切的实用计算类似,由于挤压的过程也很复杂,工程上也采用实用计算法对挤压进行强度计算。

在挤压的实用计算中,假定挤压应力均匀地分布在挤压面的计算面积上。若用 F_c 表示挤压面上的挤压力,A_c 表示挤压面的计算面积,则挤压应力的实用计算公式为:

$$\sigma_c = \frac{F_c}{A_c} \qquad (4\text{-}3)$$

式中 A_c 为挤压面的计算面积,它与实际挤压面积是有一定区别的。

当挤压面为平面时,挤压计算面积与挤压面积相等。例如图 4-2a)中,挤压面为一圆环形平面,则对该螺栓计算挤压应力时,挤压计算面积也为上述圆环面积。

当挤压面为半圆柱面时,挤压计算面积为挤压面在圆柱体的直径平面上的投影面积。例如图 4-8a)所示连接中,螺栓的挤压面[如图 4-8b)]为半圆柱面,则挤压计算面积为图 4-8c)中的平面。之所以这样取挤压计算面积,是因为这样求得的挤压应力与按精确理论分析得到的最大挤压应力十分接近,在工程中得到广泛应用。

为了保证构件不发生挤压破坏,要求挤压应力不超过材料的容许挤压应力。所以挤压强度条件为:

$$\sigma_c = \frac{F_c}{A_c} \leqslant [\sigma_c] \qquad (4\text{-}4)$$

式中 $[\sigma_c]$ 为材料的容许挤压应力,可查有关设计手册。

注意:若两个相互挤压构件的材料不同,应分别对两构件进行计算。挤压强度的计算往往和剪切强度计算同时进行。

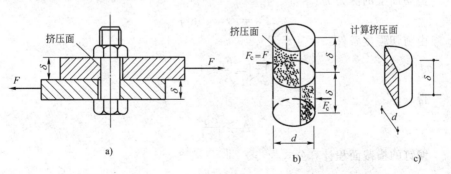

图 4-8

【例 4-2】 现有两块钢板,拟用材料和直径都相同的四个铆钉连接,如图 4-9a)所示。已知作用在钢板上的拉力 $F=160\text{kN}$,两块钢板的厚度均为 $t=10\text{mm}$,铆钉所用材料的容许应力为 $[\sigma_c]=320\text{MPa}$,$[\tau]=140\text{MPa}$。试按铆钉的强度条件选择铆钉的直径 d。

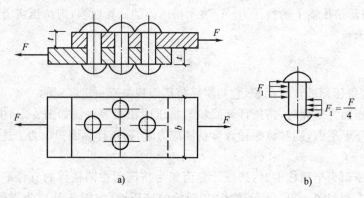

图 4-9

解:铆钉在此连接中同时产生了剪切和挤压变形,需从剪切和挤压两方面选择其直径 d。

工程上为了计算方便,当在一个连接中有 n 个连接件(如:铆钉、螺栓等)时,假定各连接件的受力相同。所以设此连接中,每个铆钉所受的力相同。每个铆钉所受的力为:

$$F_1=\frac{F}{4}=40\text{kN}$$

任取一个铆钉,受力图如图 4-9b)所示。

(1)按剪切强度计算铆钉的直径

剪切面上的剪力为:

$$F_Q=F_1=40\text{kN}$$

由剪切强度条件:

$$[\tau]=\frac{F_Q}{A_S}\leqslant[\tau]$$

得:

$$A_S\geqslant\frac{F_Q}{[\tau]}$$

铆钉的横截面积计算公式为:

$$A_S=\frac{\pi d^2}{4}$$

所以：

$$d \geqslant \sqrt{\frac{4F_Q}{\pi[\tau]}} = \sqrt{\frac{4 \times 40 \times 10^3}{3.14 \times 140}} \text{mm} = 19.1\text{mm}$$

取 $d = 20\text{mm}$ 即可满足剪切强度要求。

(2)按挤压强度设计铆钉的直径 d

每个铆钉均有两个挤压面,由于两个挤压面上的挤压力及挤压计算面积均相等。因此任选一个计算即可。挤压力 $F_c = F_1 = 40\text{kN}$

由挤压强度条件：

$$\sigma_C = \frac{F_c}{A_c} \leqslant [\sigma_c]$$

得：

$$A_c \geqslant \frac{F_c}{[\sigma_c]}$$

铆钉的挤压计算面积为：

$$A_c = td$$

所以：

$$d \geqslant \frac{F_c}{[\sigma_c]t} = \left(\frac{40 \times 10^3}{320 \times 10}\right)\text{mm} = 12.5\text{mm}$$

取 $d = 14\text{mm}$ 即可满足挤压强度要求。

综合考虑铆钉的剪切和挤压强度,选择直径为 $d = 20\text{mm}$。

【**例 4-3**】 宽度 $b = 300\text{mm}$ 的两块矩形木杆互相连接,如图 4-10a)所示。已知 $l = 200\text{mm}$,$a = 30\text{mm}$,木材的容许剪应力$[\tau] = 1.5\text{MPa}$,容许挤压应力$[\sigma_c] = 12\text{MPa}$。试求容许荷载$[F_P]$。

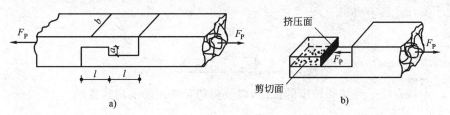

图 4-10

解：当木杆受到拉力作用时,挤压面及剪切面如图 4-10b)所示(若取左段杆则其挤压面面积及剪切面面积与取右段杆相同)。

(1)按剪切强度计算容许荷载

剪切面上的剪力：

$$F_Q = F_P$$

剪切面面积：

$$A_S = bl$$

根据剪切强度条件：

$$[\tau] = \frac{F_Q}{A_S} \leqslant [\tau]$$

得：

$$F_Q \leqslant A_S[\tau]$$

即：

$$F_P \leqslant A_S[\tau] = bl[\tau] = (300 \times 200 \times 1.5)N = 9 \times 10^4 N = 90kN$$

木杆不发生剪切破坏时容许荷载为$[F_P] = 90kN$。

(2)按挤压强度计算容许荷载

挤压面上的挤压力：

$$F_c = F_P$$

挤压面为平面,计算挤压面与挤压面相等,其面积为$A_c = ab$。

根据挤压强度条件：

$$\sigma_c = \frac{F_c}{A_c} \leqslant [\sigma_c]$$

得：

$$F_c \leqslant A_c[\sigma_c]$$

即：

$$F_c \leqslant A_c[\sigma_C] = ab[\sigma_c] = (30 \times 300 \times 12)N = 10.8 \times 10^4 N = 108kN$$

木杆不发生挤压破坏时的容许荷载为$[F_P] = 108kN$。

综合考虑剪切和挤压强度,该木杆的容许荷载取满足剪切和挤压强度时的较小值,即$[F_P] = 90kN$。

◀ 小　　结 ▶

本章介绍了剪切和挤压的概念,以及剪切和挤压的实用计算法。

一、基本要求

熟悉剪切变形和挤压变形的受力特点和变形特点;明确在产生剪切变形的同时往往还伴随着挤压变形这一规律;能正确判断工程中构件是否产生了剪切变形,并了解剪切面、挤压面的概念,在产生剪切变形的构件上能正确找到剪切面和挤压计算面。

114

了解实用计算法的概念及对连接件进行计算时采用实用计算法的原因。了解剪切、挤压实用计算时的两个假设。

掌握用实用计算法建立的剪切、挤压强度条件以及强度条件在工程中应用的三类问题。

二、基本公式

1.剪切计算时的剪应力

$$\tau = \frac{F_Q}{A_S}$$

2.挤压计算时的挤压应力

$$\sigma_c = \frac{F_c}{A_c}$$

3.剪切强度条件

$$\tau = \frac{F_Q}{A_S} \leqslant [\tau]$$

4.挤压强度条件

$$\sigma_c = \frac{F_c}{A_c} \leqslant [\sigma_c]$$

三、强度条件在工程中的三类应用

强度校核、设计截面、确定容许荷载。

◀ **思 考 题** ▶

4-1　什么是剪切变形？什么是挤压变形？

4-2　什么是剪切面？什么是挤压面？试分析图中各构件的挤压面和剪切面，写出剪切面积及挤压计算面积。

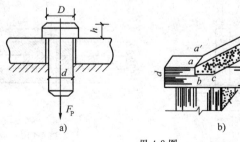

a)　　　　　　　　　　b)

思 4-2 图

4-3 什么是实用计算法？在剪切和挤压的实用计算中有哪些假定？

4-4 举例说明挤压面与挤压计算面之间的关系。

习　题

4-1 夹剪如图所示，用力 $F=0.3$kN 剪直径 $d=5$mm 的铁丝。已知 $a=30$mm，$b=100$mm，试求：(1)画出半个夹剪的受力图。(2)计算铁丝上的切应力。

4-2 现将两块厚度均为 $t=10$mm 的钢板，用三个铆钉连接，如图所示。若拉力 $F=60$kN，铆钉的直径 $d=16$mm，材料的容许剪应力 $[\tau]=100$MPa，容许挤压应力 $[\sigma_c]=280$MPa。试校核铆钉的强度。

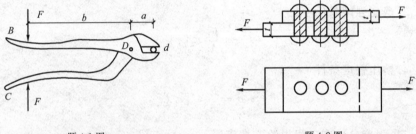

题 4-1 图　　　　　　　　　　　　题 4-2 图

4-3 正方形截面的混凝土柱，边长 $b=200$mm，该柱放置在边长为 $a=1$m 的正方形混凝土基础板上，该柱在柱顶受到轴向压力 $F=120$kN。假如地基对混凝土基础板的反力均匀分布，混凝土的容许剪应力 $[\tau]=1.5$MPa。求柱不将混凝土基础板穿透时，混凝土基础板的最小厚度 t。

4-4 某连接如图所示，在该连接中只用了一个铆钉，其直径 $d=20$mm，板厚度均为 $t=10$mm，铆钉的容许剪应力 $[\tau]=100$MPa，容许挤压应力 $[\sigma_c]=280$MPa，试求容许荷载 $[F_P]$（假定被连结的三块钢板强度足够）。

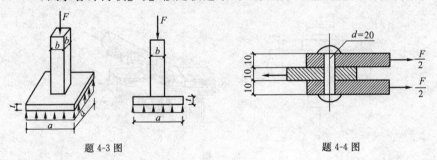

题 4-3 图　　　　　　　　　　　　题 4-4 图

第五章
平面图形的几何性质

【能力目标、知识目标与学习要求】

本章学习内容要求学生树立杆件截面的形式会影响杆件受力性能的概念，重点是掌握组合图形形心位置的计算方法及组合图形惯性矩的计算方法。

第一节 概 述

从前面几章介绍的应力和变形的计算公式中可以看出，应力和变形不仅与杆的内力有关，还与杆件截面的横截面积等一些几何量密切相关。这些与平面图形几何形状和尺寸有关的几何量统称为平面图形的几何性质。平面图形的几何性质是影响杆件承载能力的重要因素。本章将讨论这些平面图形几何性质的概念和计算方法。

平面图形的几何性质是纯粹的几何问题，与研究对象的力学性质无关，但它却是杆件强度、刚度计算中不可缺少的几何参数。

第二节 静 矩

 静矩的概念

如图 5-1 所示为一任意形状的平面图形，其面积为 A，在平面图形内选取坐标系 zoy。在坐标 (z,y) 处取微面积 dA，则微面积 dA 与坐标 y（或坐标 z）的乘积称为微面积 dA 对 z 轴（或 y 轴）的静矩，记作 dS_z（或 dS_y），即：

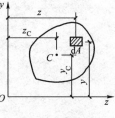

$$dS_z = y dA$$
$$dS_y = z dA$$

平面图形上所有微面积对 z 轴(或 y 轴)的静矩之和,称为该平面图形对 z 轴(或 y 轴)的静矩,用 S_z(或 S_y)表示。即:

$$\left. \begin{array}{l} S_z = \displaystyle\int_A dS_z = \int_A y dA \\ S_y = \displaystyle\int_A dS_y = \int_A z dA \end{array} \right\} \tag{5-1}$$

图 5-1

从上述定义可以看出,平面图形的静矩是对指定的坐标轴而言的。同一平面图形对不同的坐标轴,其静矩显然不同。静矩的数值可能为正,可能为负,也可能等于零。常用单位是 m^3 或 mm^3。

现设平面图形的形心 C 的坐标为 z_C、y_C,则:

$$\left. \begin{array}{l} S_z = A \cdot y_C \\ S_y = A \cdot z_C \end{array} \right\} \tag{5-2}$$

由式(5-2)可见,平面图形对 z 轴(或 y 轴)的静矩,等于该图形面积 A 与其形心坐标 y_C(或 z_C)的乘积。对于形心位置已知的截面图形,如矩形、圆形及三角形等截面,可直接用公式(5-2)来计算静矩。当坐标轴通过平面图形的形心时,其静矩为零;反之,若平面图形对某轴的静矩为零,则该轴必通过平面图形的形心。

如果平面图形具有对称轴,则平面图形的形心必然在对称轴上。所以,平面图形对其对称轴的静矩必为零。

二 组合图形的静矩

在工程实际中,经常遇到工字形、T 形、环形等横截面的构件,这些构件的截面图形是由几个简单的几何图形组合而成的,称为组合图形。根据平面图形静矩的定义,组合图形对 z 轴(或 y 轴)的静矩等于各简单图形对同一轴静矩的代数和,即:

$$\left. \begin{array}{l} S_z = A_1 y_{C1} + A_2 y_{C2} + \cdots\cdots + A_n y_{Cn} = \displaystyle\sum_{i=1}^{n} A_i y_{Ci} \\ S_y = A_1 z_{C1} + A_2 z_{C2} + \cdots\cdots + A_n z_{Cn} = \displaystyle\sum_{i=1}^{n} A_i z_{Ci} \end{array} \right\} \tag{5-3}$$

式中:y_{Ci}、z_{Ci} 及 A_i 分别为各简单图形的形心坐标和面积,n 为组成组合图形的简单图形的个数。

将公式(5-3)代入公式(5-2),可得组合图形形心的坐标计算公式,即:

$$
\left.\begin{array}{c}
z_C = \dfrac{\sum\limits_{i=1}^{n} A_i z_{Ci}}{\sum\limits_{i=1}^{n} A_i} \\[4ex]
y_C = \dfrac{\sum\limits_{i=1}^{n} A_i y_{Ci}}{\sum\limits_{i=1}^{n} A_i}
\end{array}\right\}
\tag{5-4}
$$

【例 5-1】 矩形截面尺寸如图 5-2 所示。试求该矩形对 z_1 轴的静矩 S_{z1} 和对形心轴 z 的静矩 S_z。

解:(1)计算矩形截面对 z_1 轴的静矩

由式(5-2)可得:

$$
S_{z_1} = A \cdot y_C = bh \cdot \frac{h}{2} = \frac{bh^2}{2}
$$

(2)计算矩形截面对形心轴的静矩

由于 z 轴为矩形截面的对称轴,通过截面形心,所以矩形截面对 z 轴的静矩为:

$$
S_z = 0
$$

【例 5-2】 试计算图 5-3 所示的平面图形对 z_1 和 y_1 的静矩,并求该图形的形心位置。

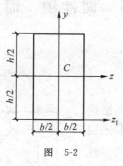

图 5-2

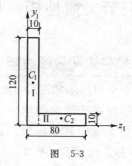

图 5-3

解:将平面图形看作由两个矩形Ⅰ和Ⅱ组成。其面积分别为:

$$
A_1 = 10 \times 120\,\text{mm}^2 = 1200\,\text{mm}^2
$$

$$
A_2 = 70 \times 10\,\text{mm}^2 = 700\,\text{mm}^2
$$

两个矩形的形心坐标分别为:

矩形Ⅰ

$$
z_{C1} = \frac{10}{2}\,\text{mm} = 5\,\text{mm},\ y_{C1} = \frac{120}{2}\,\text{mm} = 60\,\text{mm}
$$

矩形Ⅱ

$$
z_{C2} = \left(10 + \frac{70}{2}\right)\text{mm} = 45\,\text{mm},\ y_{C2} = \frac{10}{2}\,\text{mm} = 5\,\text{mm}
$$

由式(5-3)可得该平面图形对 z_1 轴和 y_1 轴的静矩分别为：

$$S_{z1} = \sum_{i=1}^{n} A_i y_{Ci} = A_1 y_{C1} + A_2 y_{C2}$$
$$= (1200 \times 60 + 700 \times 5) \text{mm}^3$$
$$= 7.55 \times 10^4 \text{mm}^3$$

$$S_{y1} = \sum_{i=1}^{n} A_i z_{Ci} = A_1 z_{C1} + A_2 z_{C2}$$
$$= (1200 \times 5 + 700 \times 45) \text{mm}^3$$
$$= 3.75 \times 10^4 \text{mm}^3$$

由式(5-4)可求得该平面图形的形心坐标为：

$$z_C = \frac{\sum_{i=1}^{n} A_i z_{Ci}}{\sum_{i=1}^{n} A_i} = \frac{3.75 \times 10^4}{1200 + 700} \text{mm} = 19.74 \text{mm}$$

$$y_C = \frac{\sum_{i=1}^{n} A_i y_{Ci}}{\sum_{i=1}^{n} A_i} = \frac{7.55 \times 10^4}{1200 + 700} \text{mm} = 39.74 \text{mm}$$

第三节 惯性矩 极惯性矩 惯性积 惯性半径

一 惯性矩和极惯性矩

设任意平面图形如图 5-4 所示，面积为 A，zoy 为平面图形所在平面内的坐标系。在平面图形内任取一微面积 dA，其坐标为 (z, y)。将乘积 $y^2 dA$（或 $z^2 dA$）称为微面积 dA 对 z 轴（或 y 轴）的惯性矩。整个平面图形上各微面积对 z 轴（或 y 轴）惯性矩的总和称为该平面图形对 z 轴（或 y 轴）的惯性矩，用 I_z（或 I_y）表示。即：

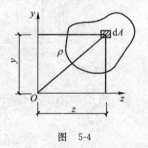

图 5-4

$$\left. \begin{array}{l} I_z = \displaystyle\int_A y^2 dA \\ I_y = \displaystyle\int_A z^2 dA \end{array} \right\} \tag{5-5}$$

平面图形上各微面积与其到坐标原点距离的平方乘积在整个面积上的总和，称为该平面图形对原点的极惯性矩，用 I_P 表示。即：

$$I_P = \int_A \rho^2 \,\mathrm{d}A \tag{5-6}$$

由图 5-4 可以看出：

$$\rho^2 = y^2 + z^2$$

将 $\rho^2 = y^2 + z^2$ 代入上式，得：

$$
\begin{aligned}
I_P &= \int_A \rho^2 \,\mathrm{d}A = \int_A (y^2 + z^2)\,\mathrm{d}A \\
&= \int_A y^2 \,\mathrm{d}A + \int_A z^2 \,\mathrm{d}A
\end{aligned}
$$

$$I_p = I_z + I_y \tag{5-7}$$

式(5-7)表明，平面图形对任一点的极惯性矩，等于图形对以该点为原点的任意两正交坐标轴的惯性矩之和。其值恒为正值。

从上述惯性矩的定义可以看出，惯性矩是对坐标轴而言的。同一图形对不同的坐标轴，其惯性矩不同。极惯性矩是对点来说的，同一图形对不同点的极惯性矩也不相同。式(5-5)中，y^2、z^2 恒为正值，故惯性矩也恒为正值。常用单位为 m^4 或 mm^4。

简单平面图形的惯性矩可直接由式(5-5)求得。常用的一些简单图形的惯性矩可在计算手册中查找，型钢截面的惯性矩可在型钢表中查找。

二 惯性积

在如图 5-4 所示的平面图形中，微面积 $\mathrm{d}A$ 与它的两个坐标 z、y 的乘积 $zy\mathrm{d}A$ 称为微面积 $\mathrm{d}A$ 对 z、y 两轴的惯性积。整个图形上所有微面积对 z、y 两轴惯性积的总和称为该图形对 z、y 两轴的惯性积，用 I_{zy} 表示。即：

$$I_{zy} = \int_A zy \,\mathrm{d}A \tag{5-8}$$

惯性积是平面图形对某两个正交坐标轴而言，同一图形对不同的正交坐标轴，其惯性积不同。由于坐标值 z、y 有正负，因此惯性积可能为正或负，也可能为零。它的单位为 m^4 或 mm^4。

如果坐标轴 z 或 y 中有一根是图形的对称轴，如图 5-5 所示中的 y 轴。在 y 轴两侧的对称位置处，各取一相同的微面积 $\mathrm{d}A$。显然，两者 y 坐标相同，而 z 坐标互为相反数。所以两个微面积的惯性积也互为相反数，它们之和为零。对于整个图形来说，它的惯性积必然为零。即：

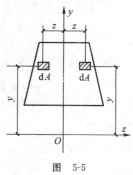

图 5-5

$$I_{zy} = \int_A zy\,dA = 0$$

由此可见,两个坐标轴中只要有一根轴为平面图形的对称轴,则该图形对包含这一对称轴的两坐标轴的惯性积一定为零。

三 惯性半径

在工程中因为某些计算的特殊需要,常将图形的惯性矩表示为图形面积 A 与某一长度平方的乘积。即:

$$I_z = i_z^2 A, \quad I_y = i_y^2 A, \quad I_P = i_P^2 A \tag{5-9}$$

或改写成:

$$i_z = \sqrt{\frac{I_z}{A}}, \quad i_y = \sqrt{\frac{I_y}{A}}, \quad i_P = \sqrt{\frac{I_P}{A}}, \tag{5-10}$$

式中: i_z、i_y、i_P 分别称为平面图形对 z 轴、y 轴、和极点的惯性半径,也叫回转半径。它的单位为 m 或 mm。

【例 5-3】 矩形截面的尺寸如图 5-6 所示。试计算矩形截面对其形心轴 z、y 的惯性矩、惯性半径及惯性积。

解:(1)计算矩形截面对 z 轴和 y 轴的惯性矩

取平行于 z 轴的微面积 dA,如图 5-6 所示,dA 到 z 轴的距离为 y,则:

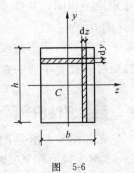

图 5-6

$$dA = b\,dy$$

由式(5-5),可得矩形截面对 z 轴的惯性矩为:

$$I_z = \int_A y^2\,dA = \int_{-\frac{h}{2}}^{\frac{h}{2}} y^2 \cdot b\,dy = \frac{bh^3}{12}$$

同理可得,矩形截面对 y 轴的惯性矩为:

$$I_y = \int_A z^2\,dA = \int_{-\frac{b}{2}}^{\frac{b}{2}} z^2 \cdot h\,dz = \frac{hb^3}{12}$$

(2)计算矩形截面对 z 轴、y 轴的惯性半径

由式(5-9),可得矩形截面对 z 轴和 y 轴的惯性半径分别为:

$$i_z = \sqrt{\frac{I_z}{A}} = \sqrt{\frac{bh^3/12}{bh}} = \frac{h}{\sqrt{12}}$$

$$i_y = \sqrt{\frac{I_y}{A}} = \sqrt{\frac{hb^3/12}{bh}} = \frac{b}{\sqrt{12}}$$

（3）计算矩形截面对 y、z 轴的惯性积

因为 z、y 轴为矩形截面的两根对称轴，故：

$$I_{zy} = \int_A yz\,dA = 0$$

【例 5-4】 直径为 D 的圆形截面如图 5-7 所示。试计算圆形对形心轴 z、y 的惯性矩和惯性半径。（已知圆形截面对 O 点的极惯性矩 $I_P = \int_A \rho^2 dA = \dfrac{\pi D^4}{32}$ ）

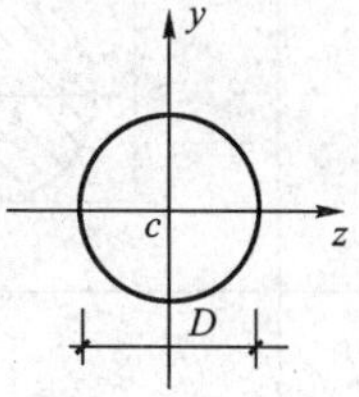

解：（1）计算圆形截面对形心轴 z、y 的惯性矩

由对称性可知：

$$I_y = I_z$$

由式(5-6)得：

$$I_y = I_z = \frac{I_P}{2} = \frac{\pi D^4}{64}$$

由于对称，圆形截面对任一根形心轴的惯性矩都等于 $\dfrac{\pi D^4}{64}$。

（2）计算圆形截面对其形心轴 z、y 的惯性半径

由于圆形截面对任一根形心轴的惯性矩都相等，故它对任一根形心轴的惯性半径也都相等，即：

$$i_y = i_z = i = \sqrt{\frac{I}{A}} = \sqrt{\frac{\pi D^4/64}{\pi D^2/4}} = \frac{D}{4}$$

为了便于查用，表 5-1 列出了几种常见平面图形的面积、形心和惯性矩。

几种常见截面图形的面积、形心和惯性矩　　　　　表 5-1

序号	图　形	面积 A	形心到边缘 （或顶点）距离 e	惯性矩 I
1	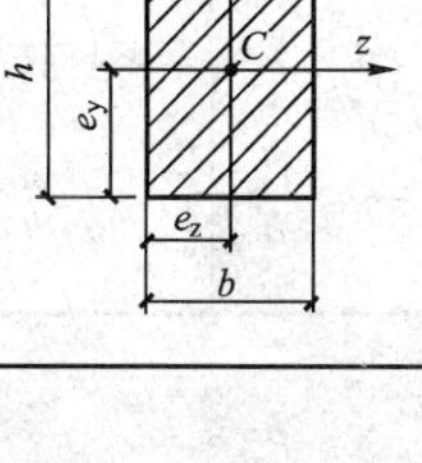	bh	$e_{zc} = \dfrac{b}{2}$ $e_{yc} = \dfrac{h}{2}$	$I_{zc} = \dfrac{bh^3}{12}$ $I_{yc} = \dfrac{hb^3}{12}$

续上表

序号	图　形	面积 A	形心到边缘 （或顶点）距离 e	惯性矩 I
2		$\dfrac{\pi}{4}d^2$	$e=\dfrac{d}{2}$	$I_{zc}=I_{yc}=\dfrac{\pi}{64}d^4$
3		$\dfrac{\pi}{4}(D^2-d^2)$	$e=\dfrac{D}{2}$	$I_{zc}=I_{yc}=\dfrac{\pi D^4}{64}(1-\alpha^4)$ $\alpha=d/D$
4		$\dfrac{bh}{2}$	$e_1=\dfrac{h}{3}$ $e_2=\dfrac{2h}{3}$	$I_{zc}=\dfrac{bh^3}{36}$
5		$\dfrac{h(a+b)}{2}$	$e_1=\dfrac{h(2a+b)}{3(a+b)}$ $e_2=\dfrac{h(a+2b)}{3(a+b)}$	$I_{zc}=\dfrac{h^3(a^2+4ab+b^2)}{36(a+b)}$
6		$\dfrac{\pi R^2}{2}$	$e_1=\dfrac{4R}{3\pi}$	$I_{zc}=\left(\dfrac{1}{8}-\dfrac{8}{9\pi^2}\right)\pi R^4$ $I_y=\dfrac{\pi R^4}{8}$

124

第四节　组合图形的惯性矩

一　平行移轴公式

　　如前所述,同一平面图形对互相平行的两对坐标轴,其惯性矩、惯性积并不相同,但它们之间存在着一定的关系。利用这一关系可求出复杂平面图形的惯性矩和惯性积。

　　如图 5-8 所示为一任意平面图形,图形面积为
A,设形心为 C,z、y 轴是通过图形形心的一对正交
坐标轴,z_1、y_1 轴是分别与 z 轴、y 轴平行的另一对
正交坐标轴,且距离分别为 a、b。若已知图形对形
心轴 z,y 的惯性矩和惯性积分别为 I_z、I_y 及 I_{zy}。
下面求该图形对 z_1、y_1 轴的惯性矩和惯性积。

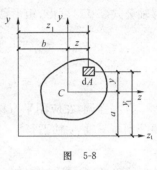

图　5-8

　　在平面图形上取微面积 dA,微面积 dA 在 $z-y$
和 z_1-y_1 坐标系中的坐标分别为 (z,y) 和 (z_1,y_1),
由图可见,微面积 dA 在两个坐标系中的坐标有如下关系:

$$z_1 = z+b, \quad y_1 = y+a$$

　　根据惯性矩定义,图形对 z_1 轴的惯性矩为:

$$I_{z_1} = \int_A y_1^2 \, dA = \int_A (y+a)^2 \, dA$$
$$= \int_A y^2 \, dA + 2a \int_A y \, dA + a^2 \int_A dA$$

其中:

$$\int_A y^2 \, dA = I_z$$

$$\int_A y \, dA = S_z = 0$$

$$\int_A dA = A$$

于是得到:

$$\left. \begin{aligned} I_{z_1} &= I_z + a^2 A \\ I_{y_1} &= I_y + b^2 A \end{aligned} \right\} \tag{5-11}$$

式(5-11)称为惯性矩计算的平行移轴公式。式中 I_z 与 I_y 必须是平面图形

对其形心轴的惯性矩。式(5-11)表明:图形对任一轴的惯性矩,等于图形对与该轴平行的形心轴的惯性矩,再加上图形面积与两平行轴间距离平方的乘积。由于 a^2(或 b^2)恒为正值,故在所有平行轴中,平面图形对形心轴的惯性矩最小。

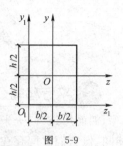

图 5-9

【例 5-5】 计算如图 5-9 所示的矩形截面对 z_1 轴和 y_1 轴的惯性矩。

解:z、y 轴是矩形截面的形心轴,它们分别与 z_1 轴和 y_1 轴平行,则由平行移轴公式(5-11)可得,矩形截面对 z_1 轴和 y_1 轴的惯性矩分别为:

$$I_{z_1} = I_z + \left(\frac{h}{2}\right)^2 A = \frac{bh^3}{12} + \left(\frac{h}{2}\right)^2 bh = \frac{bh^3}{3}$$

$$I_{y_1} = I_y + \left(\frac{h}{2}\right)^2 A = \frac{hb^3}{12} + \left(\frac{h}{2}\right)^2 bh = \frac{hb^3}{3}$$

再次强调:在应用平行移轴公式时,z 轴、y 轴必须是形心轴,z_1 轴、y_1 轴必须分别与 z 轴、y 轴平行。

二 组合图形惯性矩的计算

在工程实际中,常会遇到构件的截面是由矩形、圆形和三角形等几个简单图形组成,或由几个型钢组成,称为组合图形。由惯性矩定义可知,组合图形对任一轴的惯性矩,等于组成组合图形的各简单图形对同一轴惯性矩之和。即:

$$\left.\begin{array}{l} I_z = I_{1z} + I_{2z} + \cdots\cdots + I_{nz} = \sum I_{iz} \\ I_y = I_{1y} + I_{2y} + \cdots\cdots + I_{ny} = \sum I_{iy} \end{array}\right\} \tag{5-12}$$

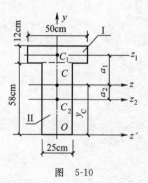

图 5-10

在计算组合图形的惯性矩时,首先应确定组合图形的形心位置,然后通过积分或查表求得各简单图形对自身形心轴的惯性矩,再利用平行移轴公式,就可计算出组合图形对其形心轴的惯性矩。

【例 5-6】 试计算图 5-10 所示的 T 形截面对其形心轴 z、y 的惯性矩。图中单位均为 cm。

解:(1)计算截面的形心位置

由于 T 形截面有一根对称轴,形心必在此轴上。即:

$$z_C = 0$$

选坐标系 yoz',见图 5-10a),以确定截面形心的位置 y_C。将 T 形分成如

图 5-10a)所示的两个矩形 I、II,这两个矩形的面积和形心坐标分别为:

$$A_1 = 50 \times 12\text{cm}^2 = 600\text{cm}^2, \quad y_{C1} = (58+6)\text{cm} = 64\text{cm}$$

$$A_2 = 25 \times 58\text{cm}^2 = 1450\text{cm}^2, \quad y_{C2} = \frac{58}{2}\text{cm} = 29\text{cm}$$

由式(5-4)可得,T 形截面的形心坐标为:

$$y_C = \frac{\sum A_i y_{Ci}}{\sum A_i} = \frac{600 \times 64 + 1450 \times 29}{600 + 1450}\text{cm} = 39.2\text{cm}$$

(2)计算组合图形对形心轴的惯性矩 I_z、I_y

首先分别求出矩形 I、II 对形心轴 z、y 的惯性矩。由平行移轴公式可得:

$$I_{1z} = I_{1z_1} + a_1^2 A_1 = \left(\frac{50 \times 12^3}{12} + 24.8^2 \times 600\right)\text{cm}^4 = 3.76 \times 10^5\text{cm}^4$$

$$I_{2z} = I_{2z_2} + a_2^2 A_2 = \left(\frac{25 \times 58^3}{12} + 10.2^2 \times 1450\right)\text{cm}^4 = 5.57 \times 10^5\text{cm}^4$$

整个图形对 z、y 轴的惯性矩分别为:

$$I_z = I_{1z} + I_{2z} = (3.76 + 5.57) \times 10^5\text{cm}^4 = 9.33 \times 10^5\text{cm}^4$$

$$I_y = I_{1y} + I_{2y} = \left(\frac{12 \times 50^3}{12} + \frac{58 \times 25^3}{12}\right)\text{cm}^4 = 2.01 \times 10^5\text{cm}^4$$

【例 5-7】 试计算图 5-11 所示的工字形截面对其形心轴 z、y 的惯性矩。图中单位均为 mm。

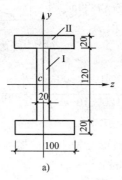
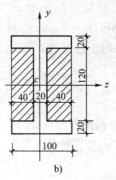

a)   b)

图 5-11

解:工字形截面的形心位置可由对称性确定,故不需再求。

(1)先求对 z 轴的惯性矩

$$I_{1z} = \left(\frac{20 \times 120^3}{12}\right)\text{mm}^4 = 2.88 \times 10^6\text{mm}^4$$

$$I_{2z} = I_{z_1} + a_1^2 A_1 = \left(\frac{100 \times 20^3}{12} + 70^2 \times 100 \times 20\right)\text{mm}^4 = 9.867 \times 10^6\text{mm}^4$$

$$I_z = I_{1z} + 2I_{2z} = (2.88 + 2 \times 9.867) \times 10^6 \, \text{mm}^4 = 22.61 \times 10^6 \, \text{mm}^4$$

(2)再求对 y 轴的惯性矩

$$I_y = I_{1y} + 2I_{2y} = \left(\frac{120 \times 20^3}{12} + 2 \times \frac{20 \times 100^3}{12} \right) \text{mm}^4 = 3.41 \times 10^6 \, \text{mm}^4$$

本例在求对 z 轴的惯性矩的时候,也可采用"负面积法"计算。即将工字形截面看成是由图 5-11b)中面积为 100×160 的矩形减去两个面积均为 40×120 的小矩形(图中的阴影部分)而得到的。

这样,就不存在移轴的问题了,比较简单。

$$I_z = I_{1z} - 2I_{2z} = \left(\frac{100 \times 160^3}{12} - 2 \times \frac{40 \times 120^2}{12} \right) \times 10^6 \, \text{mm}^4 = 22.61 \times 10^6 \, \text{mm}^4$$

两种计算方法所得结果相同,它表明:当把组合图形视为几个简单图形之和时,其惯性矩等于简单图形对同一轴惯性矩之和;当把组合图形视为几个简单图形之差时,其惯性矩等于简单图形对同一轴惯性矩之差。

【例 5-8】 试计算图 5-12 所示的由方钢和 20a 工字钢组成的组合图形对形心轴 z、y 的惯性矩。

解:(1)计算组合图形的形心位置

取 z' 轴作为参考轴,y 轴为组合图形的对称轴,组合图形的形心必在 y 轴上,故 $z_C = 0$。现只需计算组合图形的形心坐标 y_C。由型钢表查得 20a 工字钢 $b = 100 \, \text{mm}$,$h = 200 \, \text{mm}$,其截面面积 $A_1 = 35.578 \, \text{cm}^2$。由式(5-4)可得:

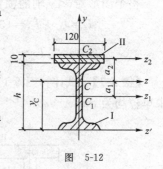

图 5-12

$$y_C = \frac{\sum A_i y_{Ci}}{\sum A_i} = \frac{35.578 \times 10^2 \times \frac{200}{2} + 120 \times 10 \times \left[200 + \frac{10}{2} \right]}{35.578 \times 10^2 + 120 \times 10} \text{mm} = 126.48 \, \text{mm}$$

(2)计算组合图形对形心轴 z、y 的惯性矩

首先计算 20a 工字钢和方钢截面对各自形心轴 z、y 的惯性矩。查表得:

$$I_{1z_1} = 2370 \, \text{cm}^4$$

$$I_{1y} = 158 \, \text{cm}^4$$

$$I_{2z_2} = \frac{bh^3}{12} = \frac{120 \times 10^3}{12} \text{mm}^4 = 1.0 \times 10^4 \, \text{mm}^4$$

$$I_{2y} = \frac{hb^3}{12} = \frac{10 \times 120^3}{12} \text{mm}^4 = 144 \times 10^4 \, \text{mm}^4$$

由平行移轴公式(5-11)可得工字钢和方钢截面分别对 z、y 轴的惯性矩为:

$$I_{1z} = I_{1z_1} + a_1^2 A_1 = [2370 \times 10^4 + (126.48 - 100)^2 \times 35.578 \times 10^2] \text{mm}^4$$

$$=26.19\times10^6\,\mathrm{mm}^4$$

$$I_{2z}=I_{2z_2}+a_2^2A_2=[1.0\times10^4+(205-126.48)^2\times120\times10]\,\mathrm{mm}^4$$

$$=7.41\times10^6\,\mathrm{mm}^4$$

整个组合图形对形心轴的惯性矩应等于工字钢和方钢截面对形心轴的惯性矩之和,故得:

$$I_z=I_{1z}+I_{2z}=(26.19+7.41)\times10^6\,\mathrm{mm}^4=3.36\times10^6\,\mathrm{mm}^4$$

$$I_y=I_{1y}+I_{2y}=(158+144)\times10^4\,\mathrm{mm}^4=3.02\times10^6\,\mathrm{mm}^4$$

◄ 小　　结 ►

本章主要内容是研究与杆件的平面图形形状和尺寸有关的一些几何量(如静矩、惯性矩、惯性积等)的定义和计算方法。这些几何量统称为平面图形的几何性质。它们对杆件的强度、刚度有着极为重要的影响,需清楚地理解它们的意义并熟练掌握其计算方法。

一、本章的主要计算公式

1.静矩

$$S_z=\int_A y\mathrm{d}A=A\cdot y_\mathrm{C},\quad S_y=\int_A z\mathrm{d}A=A\cdot z_\mathrm{C}$$

2.惯性矩

$$I_z=\int_A y^2\mathrm{d}A=A\cdot i_z^2,\quad I_y=\int_A z^2\mathrm{d}A=A\cdot i_y^2$$

3.惯性积

$$I_{zy}=\int_A yz\,\mathrm{d}A$$

4.惯性半径

$$i_z=\sqrt{\frac{I_z}{A}},\quad i_y=\sqrt{\frac{I_y}{A}}$$

5.平行移轴公式

$$I_{z1}=I_z+a^2A,\quad I_y=I_y+b^2A$$

平行移轴公式要求 z_1 与 z、y_1 与 y 两轴平行,并且 z、y 轴通过平面图形形心。

平面图形的几何性质都是对确定的坐标轴而言的;静矩、惯性矩和惯性半径是对一个坐标轴而言的;惯性积是对一对正交坐标轴而言的。对于不同的坐标系,它们的数值是不同的。惯性矩、惯性半径恒为正;静矩和惯性积可为正或负,也可为零。

二、组合图形

组合图形对某轴的静矩等于各简单图形对同一轴静矩的代数和;组合图形对某轴的惯性矩等于其各组成部分对于同一轴的惯性矩之和。

小实验:取一块组合形状硬纸,通过计算找出形心位置,然后过该点牵一条细线,通过该细线可将硬纸平行拉起来。

◀ 思 考 题 ▶

5-1 静矩和惯性矩有何异同点?

5-2 已知平面图形对其形心轴的静矩 $S_z = 0$,问该图形的惯性矩 I_z 是否也为零? 为什么?

5-3 试问图示两截面的惯性矩 I_z,可否按下式计算:

$$I_z = \frac{BH^3}{12} - \frac{bh^3}{12}$$

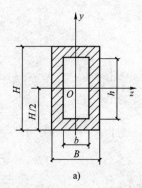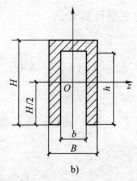

思 5-3 图

5-4 由两个 20 号槽钢组成两种形状的截面图形。试说明它们的形心主惯性矩 I_z、I_y 大小是否相等? 为什么?

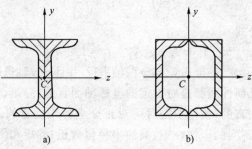

思 5-4 图

5-5 试指出图示平面图形中哪些轴是平面图形的主惯性轴？哪些轴是平面图形的形心主惯性轴？并指出平面图形对哪一根形心主轴的惯性矩最大。

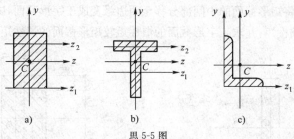

思 5-5 图

5-6 为什么平面图形对于包括对称轴在内的一对正交坐标轴的惯性积一定为零？下面各图形中 C 点是形心,平面图形对图示两个坐标轴的惯性积是否为零？

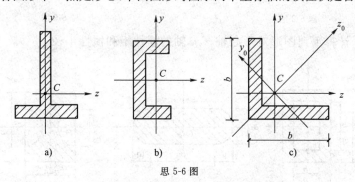

思 5-6 图

习 题

5-1 试求图示各图形对 z_1 轴的静矩。

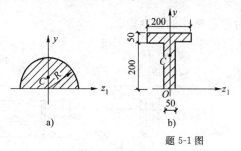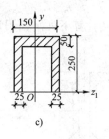

题 5-1 图

5-2 图示平面图形,求：

(1)形心 C 的位置。

（2）图中阴影部分对 z 轴的静矩。

5-3　计算矩形截面对其形心轴的惯性矩。已知 $b=150\text{mm}, h=300\text{mm}$。如按图中虚线所示，将矩形截面的中间部分移至两边缘变成工字形截面，试计算此工字形截面对 z 轴的惯性矩，并求工字形截面的惯性矩较矩形截面的惯性矩增大的百分比。

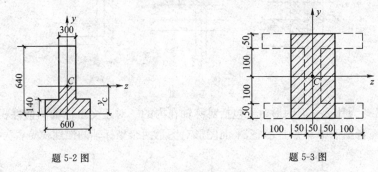

题 5-2 图　　　　　　　　　　　　　题 5-3 图

5-4　计算下列图形对形心轴 z、y 轴的惯性矩和惯性半径。

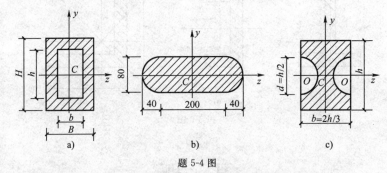

题 5-4 图

5-5　试计算题 5-1 中各平面图形对形心轴的惯性矩和惯性积。

5-6　图示由两个 20a 号槽钢组成的平面图形，若要使 $I_z=I_y$。试求间距 a 的大小。

5-7　计算下列平面图形对形心轴 z 的惯性矩。

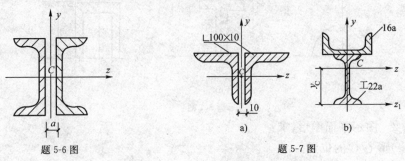

题 5-6 图　　　　　　　　　　　题 5-7 图

第六章 扭转

本章学习内容主要是要求学生了解扭转变形概念,以及了解扭转的强度和刚度计算条件。

第一节 扭转变形的外力和内力

扭转变形也是杆件的基本变形之一。在实际工程中,经常会遇到承受扭转变形的杆件,例如汽车方向盘的操纵杆[如图 6-1a)]汽车底盘的传动轴[如图 6-1b)]、房屋建筑大门上方的雨篷梁(如图 6-2)以及地质勘探中使用的钻探机的钻杆(如图 6-3)等。

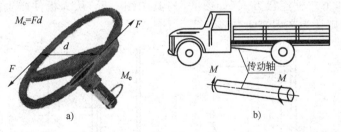

图 6-1

这些杆件的受力特点是:外力是一对大小相等、转向相反的力偶,作用在垂直于杆轴线的平面内;其变形的特点是各个横截面绕轴线相对转动(如图 6-4)。一般情况下杆件的这种变形形式称为扭转变形,以扭转变形为主的杆件通常称为轴。其中杆件任意两截面间相对转动的角度称为扭转角,一般用字母 ϕ 来表

示。如图中 ϕ 角度就是截面 A 和截面 B 之间的相对扭转角。

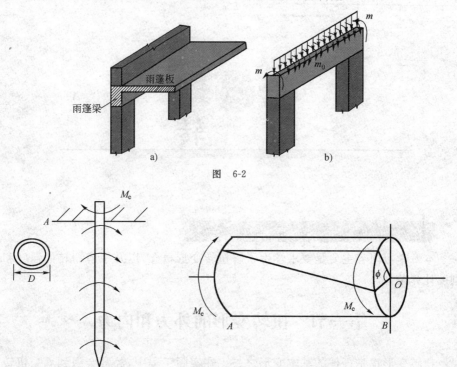

图 6-2

图 6-3   图 6-4

在判断实际工程构件的受力时,注意防止混淆弯曲变形和扭转变形,因为两者在实际的计算过程中是完全不一样的。例如在钢结构工程中牛腿的螺栓连接设计中有如下两种连接方式(如图 6-5),其中图 6-5a)认为板件产生扭转变形,而图 6-5b)则认为产生弯曲变形。

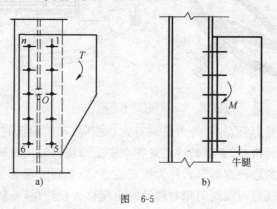

图 6-5

本章重点讨论实心圆轴受扭转变形时的强度和刚度计算，并介绍薄壁圆杆扭转问题的应力分析以及由此得出的两个重要定理：剪应力互等定理和剪切虎克定理。对于其他如矩形截面的扭转问题因为比较复杂在本书中暂不讨论。其他如齿轮轴、汽轮机轴及车床主轴等工程构件除承受扭转变形外，还有弯曲等变形，这类组合变形问题将在后面章节中讨论。

同研究其他受力变形形式一样，我们首先要研究扭转变形的外力，然后是扭转的内力和应力，最后是扭转变形的强度计算和刚度验算。因为只有知道了外力才能由平衡条件求出任一截面的内力，而只有知道了任一截面的内力，才能根据应力公式求出该截面任一点的应力，然后才能判断该点的强度是否达到极限。所以本节的内容首先来介绍扭转变形的外力和内力。

一 外力偶矩的计算

扭转变形的外力一般是作用在轴两端的外力偶，计算外力偶矩有两种方法，即直接计算法和公式计算法。其中后一种应用的比较多。下面分别介绍这两种方法：

（一）直接计算法

如图 6-1a)所示，汽车方向盘在两边受到两个平行的力 F 的作用，两个力之间的距离为 d（即方向盘的直径），两个力 F 构成一力偶。由于该力属于外力，所以称为外力偶，大小记为：

$$M_e = Fd \qquad\qquad (6-1)$$

式中：M_e——外力偶矩，即为使方向盘操纵杆产生扭转的外力偶的大小，N·m
或 kN·m；

$\quad$ F——组成力偶的力，N 或 kN；

$\quad$ d——力臂，m。

（二）公式计算法

通常情况下作用在轴上的外力偶矩往往不直接给出，而是给出轴所传送的功率和轴的转速。例如，在图 6-6 中，由电动机的转速和功率，可以求出传动轴 AB 的转速及电动机输入的功率。功率输入到 AB 轴上，再经右端的连接装置输送出去，其中 AB 杆件受到扭转作用。

设电动机输入 AB 轴的功率为 P（单位为 kW），则由于 1kW= 1000N·m/s，

所以输入功率 P，就相当于在每秒钟内输入
$P×1000$ 的功。电动机是通过齿轮以力偶
矩 M_e 作用于 AB 轴上的，如果轴的转速为
n（单位为 r/min），则 M_e 在每秒钟内完成的
功应为 $2π×\dfrac{n}{60}×M_e$。因为 M_e 所完成的功
也就是给 AB 轴输入的功，即：

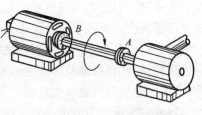

图 6-6

$$2π×\frac{n}{60}×M_e = P×1000$$

由此求出计算外力偶矩 M_e 的公式为：

$$M_e = 9549\frac{P}{n} \qquad (6-2)$$

式中：P——轴传递的功率，kW；

$\quad n$——轴的转速，r/min；

$\quad M_e$——轴上的的外力偶矩，N·m。

 内力（扭矩）**的计算**

在作用于轴上的所有外力偶矩都求出后，即可用截面法研究横截面上的内
力。现以图 6-7a)所示圆轴为例，假想地将圆轴沿 $m\text{-}m$。截面分成两部分，并取
部分 I 作为研究对象[如图 6-7b)]。由于整个轴是平衡的，所以部分 I 也处于平
衡状态下，根据力偶平衡的性质，这就要求截面 $m\text{-}m$ 上的内力系必须合成为一
个内力偶矩，我们把这个内力偶矩称为扭矩，一般用字母 T 来表示，单位是
N·m 或 kN·m。

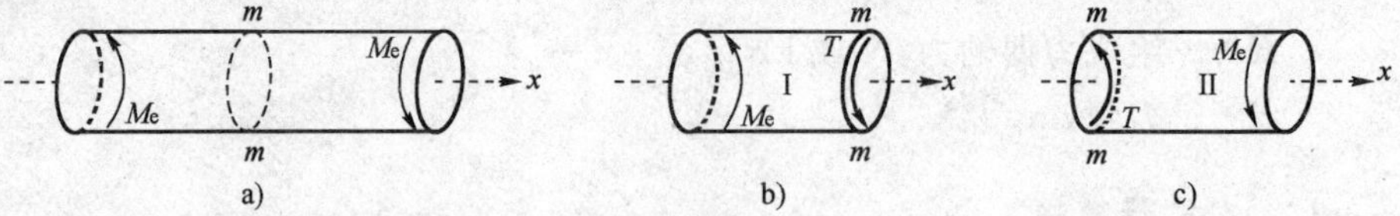

| a) | b) | c) |

图 6-7

由平衡方程 $\sum M_x = 0$ 得出：

$$T - M_e = 0$$
$$T = M_e$$

如图 6-7c)，如果以 II 作为研究对象同样可以得出：

$$T = M_e$$

结果与I部分相同。原因是它们是作用力与反作用力的关系,即大小相等、方向相反、但符号相同。(这个可以结合杆件轴心受拉时,同一截面上的左右两部分的轴力是一对大小相等、方向相反,但正负号相同的量来考虑)。通常我们可以用右手螺旋法则来判定扭矩 T 的正负号。即以右手的四指表示扭矩的转向,若大拇指指向与截面的外法线方向 n 指向一致,则扭矩为正,如图 6-8a);反之为负,如图 6-8b)。实际在计算中如果未知扭矩的方向,可以首先假设扭矩转向为正,如果求得的结果为正,则表明假设正确,即假设的方向与实际的扭矩方向相同;如果求得的结果为负,表明扭矩的实际方向与假设的方向相反。

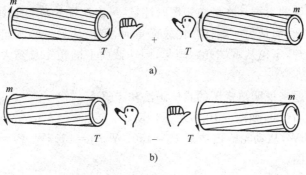

图 6-8

【例 6-1】 一水轮发电机的功率 $P = 27.5$kW,连结水轮机与发电机的竖轴是直径 $d = 650$mm、长度 $l = 6000$mm 的等截面实心钢轴。求当水轮机转速 $n = 960$r/min 扭转时横截面上的扭矩。

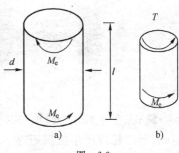

图 6-9

解:连接水轮机和发电机的竖轴的计算简图如图 6-9a)所示,为求得横截面上的扭矩 T,先计算外力偶矩 M_e,由公式(6-2)得:

$$M_e = 9549 \frac{P}{n} = 9549 \times \frac{27.5}{960} = 274 \text{N} \cdot \text{m}$$

利用截面法可以求得圆轴内部任何一个横截面的扭矩 T,根据扭转平衡条件:

$$T + M_e = 0$$

得出:

$$T = -M_e = -274 \text{N} \cdot \text{m}$$

得到的结果为负表明扭矩的实际方向与假设的方向相反。

 扭矩图

以上我们用截面法可以求出任何一个截面的扭矩 T,但是如果某轴上作用有多个外力偶时,横截面上的扭矩会随着截面位置的变化而发生变化,如果完全用数值来表示每个截面的扭矩的大小不太现实也不直观,所以我们可以用图形的形式来反映扭矩随着截面的变化情况,这种图形称为扭矩图。利用扭矩图可以确定轴上的最大扭矩和其所在的位置,这是验算圆周扭转强度的非常关键的一步。

扭矩图的画法同轴力图类似,需要首先以轴线作为 x 轴,扭矩 T 作为纵轴,然后将各个截面上的扭矩标在该坐标系中,一般情况下正的扭矩画在轴的上方,负的扭矩画在轴的下方。在画扭矩图时注意:可以从轴的两端画图,当从一端计算扭矩比较复杂,而从另一端计算比较简单时,可以从另一端画起,因为按照作用与反作用定理,不论从哪端开始画起,同一截面上的扭矩总是大小相等、正负号相同的。

下面以例题来说明扭矩图的具体画法和步骤。

【例 6-2】 已知:如图 6-10 所示一传动轴,转速 $n=300\text{r/min}$,主动轮输入功率 $P_1=500\text{kW}$,从动轮输出功率 $P_2=150\text{kW}$,$P_3=150\text{kW}$,$P_4=200\text{kW}$,试绘制该轴的扭矩图。

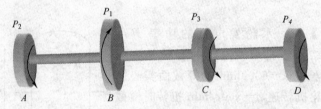

图　6-10

解:在图 6-10 中,圆轴一共被分成了三段,每段转速相同,但是输入的功率不同,所以每段产生的扭矩亦不同,所以应该分段求出扭矩,并做出扭矩图。

我们把圆轴分为 AB、BC、CD 三段,分别计算它们的扭矩。

AB 段,如图 6-11a):

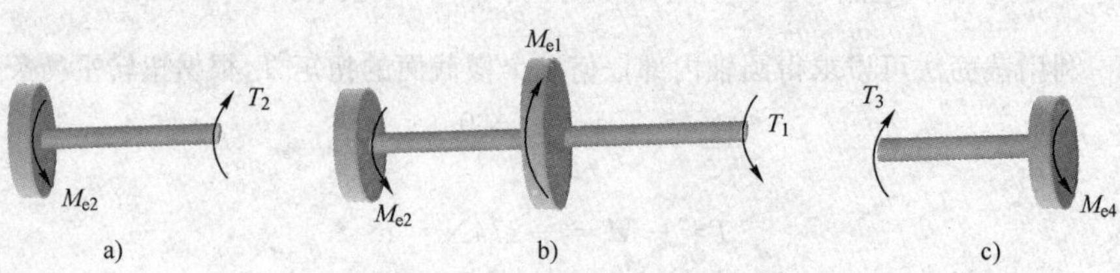

a)　　　　　　　　　b)　　　　　　　　　c)

图　6-11

从左端分析,功率 $P=P_2$ 由公式(6-2)得到外力偶矩

$$M_{e2} = 9549\frac{P}{n} = 9549\frac{150}{300} = 4774\text{N} \cdot \text{m} = 4.74\text{kN} \cdot \text{m}$$

由于该段之间没有其他外力作用,所以利用截面法可以求得该段任何一个截面的内力 T,如图 6-11a)所示,利用右手法则可以直接判断扭矩为负。所以:

$$T = -4.74\text{kN} \cdot \text{m}$$

BC 段,如图 6-11b):

从左端分析,有一个输出功率 P_2,产生的外力偶 M_{e2} 已经求出。另外还有一个输入功率 P_1,产生的外力偶矩:

$$M_{e1} = 9549\frac{P}{n} = 9549\frac{500}{300} = 15915\text{N} \cdot \text{m} = 15.92\text{kN} \cdot \text{m}$$

两个外力偶的转动方向相反,用截面法把 BC 段切开,受力如图 6-11b)所示。(如果不能直接确定扭矩的方向,可以首先假设为正,在该题中假设扭矩的正方向是逆时针)

根据扭转的平衡可以列出:

$$M_{e1} = M_{e2} + T_1 \text{ 所以}$$
$$T_1 = M_{e1} - M_{e2} = 15.92 - 4.74 = 11.18\text{kN} \cdot \text{m}$$

CD 段,如图 6-11c):

这一段要注意不要继续从左边开始求解,因为这会显得非常复杂,可以从右边求解,结果是相同的。具体的过程同 AB 段类似,受力分析如图 6-11c)所示,得到的结果为:

$$M_{e4} = 9549\frac{200}{300} = 6366\text{N} \cdot \text{m} = 6.36\text{kN} \cdot \text{m}$$

$$T_3 = M_{e4} = 6.36\text{kN} \cdot \text{m}$$

根据以上求出的结果,画出扭矩图,正号画在轴的上方,负号画在轴的下方。如图 6-12 所示。

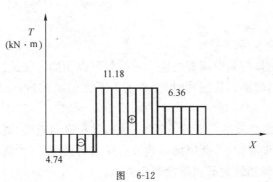

图 6-12

第二节　薄壁圆管的扭转

扭转应力分析是一个非常复杂的问题,本节研究扭转中的一个非常简单的特例,即薄壁圆管的扭转,并且通过研究,介绍出杆件在纯剪切时的一些相关的概念和定理。所谓的薄壁圆管一般指壁厚 t 远小于其平均半径 $r\left(t\leqslant\dfrac{R_0}{10}\right)$ 的圆管。

薄壁圆管扭转时横截面上的剪应力

取一薄壁圆管,为了研究横截面上的应力分布规律和应力的大小,首先在其表面等间距地画上纵线与圆周线,如图 6-13a),形成一些矩形网格,然后在圆管两端施加外力偶矩 M_e。从试验中观察到,如图 6-13b):

各圆周线的形状不变,仅绕轴线作相对转动;而当转动很小时,各圆周线的大小与间距亦不改变。各纵线倾斜同一角度,所有矩形网格均变为同样大小的平行四边形。

以上所述为圆管的表面变形情况。由于管壁很薄,也可近似认为管内变形与管表面变形相同。于是,如果用相距无限近的两个横截面以及夹角无限小的两个径向纵截面,从圆管中切取一微体 $abcd$(图 6-14),则上述现象表明:微体既无轴向正应变,也无横向正应变,只是相邻横截面 ab 与 cd 之间发生相对错动,即仅产生剪切变形;而且,沿圆周方向所有微体的剪切变形均相同。

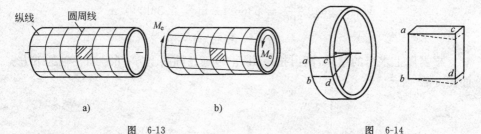

纵线　圆周线

a)　　　　　　b)

图 6-13　　　　　　　　　　　　　图 6-14

综上所述,在推导薄壁圆管的应力的时候可以作如下假设:

1)平面假设:薄壁圆管扭转时,变形前为平面的横截面,变形后仍然保持为横截面。

2)由于圆周线之间的间距没有改变,说明没有纵向应变,也就没有纵向正应力。因为圆周线没有伸长,所以圆周线没有横向的正应变,也就没有横向的正应力。总之横向截面和纵向截面都没有正应力。

3）由于个圆周线仅仅绕着轴线转动，使得所有的纵线都有相同的倾角，说明横截面上必有切应力（剪应力），方向垂直于半径（如果不垂直就会有横向正应变），大小沿圆周保持不变（圆轴杆件截面的对称性）。

由于管壁很薄，可以认为剪应力沿着壁厚也是均匀分布的，如图 6-15 所示：

根据以上的假设，下面开始推导薄壁圆管横截面上的剪应力 τ 的大小。如图 6-16 所示，设圆管的平均半径为 R_0，壁厚为 δ，则作用在微面积 $dA = \delta R_0 d\theta$ 上的微剪力 dF_Q 为：

$$dF_Q = \tau dA$$

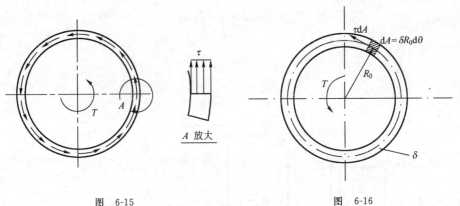

图 6-15　　　　　　　　　　　图 6-16

dF_Q 对轴线 O 的微力矩 dM 为：

$$dM = \tau dA R_0$$

由静力学可知，横截面上所有微力矩之和，应等于该截面的扭矩 T，即：

$$T = \int_A \tau dA R_0 = \tau R_0 \int_A dA = \tau R_0 A$$

由此可以得出：

$$\tau = \frac{T}{R_0 A}$$

其中 A 是薄壁圆管的横截面面积，$A = 2\pi R_0 \delta$，带入上式之后可以得到：

$$\tau = \frac{T}{2\pi R_0^2 \delta} \tag{6-3}$$

此即薄壁圆管扭转剪应力公式。精确分析表明，当 $\delta \leqslant R_0/10$ 时，该公式足

够精确,最大误差不超过 4.5%。

剪应力互等定理

现在进一步研究图 6-17 所示微元体的应力情况,假设该微元体的边长分别为 dx、dy 与 δ,则由以上分析可知,在微体的左、右侧面上,分别作用有由剪应力 τ 构成的剪力 $\tau\delta dy$,它们的方向相反,因而构成一矩为 $\tau\delta dydx$ 的力偶。然而,由于微元体处于平衡状态,因此,在微体的顶面与底面,也必然同时存在切应力 τ',并构成矩为 $\tau'\delta dxdy$ 的反向力偶,以与上述力偶平衡,即:

$$\tau\delta dydx = \tau'\delta dxdy$$

由此得:

$$\tau = \tau' \tag{6-4}$$

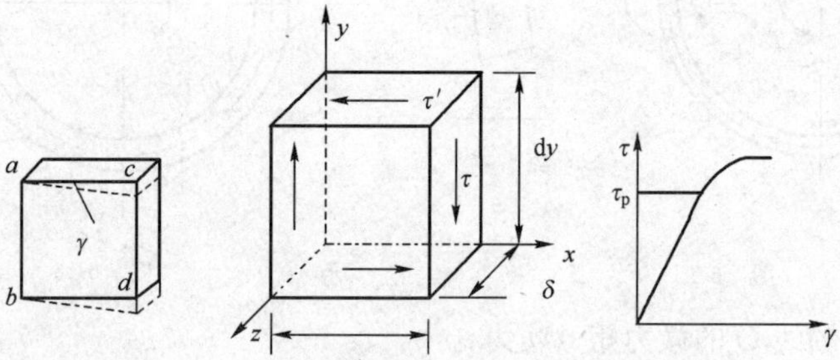

图 6-17

上式表明:在相互垂直的两个平面上的剪应力必然成对存在,并且大小相等,方向或同时离开两平面的交线,或同时指向两平面的交线。这种关系称为剪应力互等定理。这个定理是材料力学中一个非常重要的定理。

由以上分析还可以看出,在上述微元体的四个侧面上,仅存在剪应力而无正应力,此种应力状态称为纯剪切应力状态。

剪切胡克定律

在纯剪切应力状态下,只有 τ 和 τ' 的作用,单元体的两个侧面将发生相对错动,使得原来的长方六面微体变成了平行六面微体,单元体的直角发生微小的改变,这个直角的改变量 γ 称为剪应变。从图 6-18 中可以看出剪应变 γ 就是纵向线变形以后的倾角,单位是 rad。

薄壁圆管的扭转试验图 6-19 表明：当切应力不超过材料的剪切比例极限 τ_p 时，切应力与切应变成正比，即：

$$\tau \propto \gamma$$

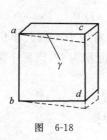

图 6-18

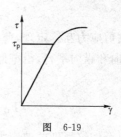

图 6-19

引进比例系数 G，则：

$$\tau = G\gamma \qquad (6-5)$$

上式称为剪切胡克定律。比例系数 G 称为切变模量，其值随材料而异，并由实验测定。例如，钢的切变模量 $G=75\sim80\mathrm{GPa}$，铝与铝合金的切变模量 $G=26\sim30\mathrm{GPa}$。

还应指出，理论与试验研究均表明，对于各向同性材料，弹性模量 E、泊松比 μ 与切变模量 G 之间存在如下关系：

$$G = \frac{E}{2(1+\mu)} \qquad (6-6)$$

因此，当已知任意两个弹性常数后，由上述关系可以确定第三个弹性常数。由此可见，各向同性材料只有两个独立的弹性常数。

【例 6-3】 如图 6-20 所示一个平均直径为 D、壁厚为 δ、长为 l 的薄壁圆筒，用一排铆钉固定，并在其两端受到力偶矩为 m 的外力偶作用。已知铆钉的横截面积 A，铆钉的个数为 n，并假设铆钉均匀受力，试求每个铆钉横截面受到的应力。

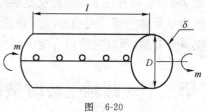

图 6-20

解： 根据题意首先分析铆钉的受力，由于薄壁圆管受到两个外力偶的作用产生扭转，所以这是个薄壁圆管的扭转问题。但是题目没有要求横截面的剪应力，而是求铆钉的受力。根据剪应力互等定理，在圆管的横截面有均匀分布的剪应力，相对应的必然在相互垂直的截面上也有剪应力。这个相互垂直的面就是圆管纵向截面。所以纵向截面上有剪应力的分布，而这些剪应力就是由铆钉来承受，所以铆钉的受力是受到纯剪切的作用。

解题步骤如下:

根据公式(6-3)薄壁圆筒横截面上的剪应力为:

$$\tau = \frac{T}{2\pi r_0^2 \delta} = \frac{T}{2\pi (D/2)^2 \delta} = \frac{2m}{\pi D^2 \delta}$$

根据剪应力互等定理,薄壁圆筒的纵截面上的剪应力 τ 的大小仍如上式所示,其方向和纵向平行,沿壁厚均匀分布,纵截面的面积为 $l\delta$,则每个铆钉所受的剪力为:

$$F_Q = \frac{\tau l \delta}{n} = \frac{2lT}{n\pi D^2} = \frac{2lm}{n\pi D^2}$$

则每个铆钉受到的剪应力为:

$$\tau' = \frac{F_Q}{A} = \frac{2lm}{n\pi D^2 A}$$

通过这个题目可以看出在学习过程中仅仅掌握了基本公式和基本的定理还是不够的,还需要灵活运用这些定理。在这个题目中如果把薄管的连接方式改为用焊缝连接,要求求出焊缝内部的剪应力,读者可以自己考虑。(相关知识可以参考建筑钢结构的内容)

【例 6-4】 如图 6-21 所示两个单元体发生的变形,试问它们的剪应变分别是多少?

解:解决该题目一定要注意严格按照剪应变的定义求解。所谓剪应变即单元体中直角的改变量 γ。在 a)中,剪应变 $\gamma = 2\alpha$。而在在 b)中,剪应变 $\gamma = 0$,是因为单元体只是发生了转动,并没有发生剪切变形,所以它的剪应变为零。

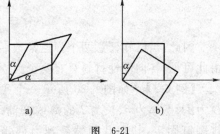

a)   b)

图 6-21

第三节　圆轴扭转时横截面上的应力和强度刚度计算

上节内容我们研究了薄壁圆管的应力分布和大小,由于本章只研究圆形截面杆件,这节内容将研究实心圆杆的应力分布和大小。我们已经知道利用截面法可以求得某个截面上的扭矩,但是这个扭矩是整个截面上的各个点的应力的合力,所以现在仍然不确定该截面上的各个点的应力的分布规律和大小,本节的内容就是为了解决这个问题。我们将从几何关系、物理关系和静力学关系三个方面来分析圆轴受扭时的截面应力。

一 横截面上的剪应力

(一)几何方面

现取一圆轴进行扭转试验,试验步骤同薄壁圆管的试验步骤相似,试验结果表明,圆轴扭转时的表面变形与薄壁圆管的情况相似,即各圆周线的形状不变,仅绕轴线作相对转动;而当变形很小时,各圆周线的大小与间距均不改变。

根据上述现象,对轴内变形作如下假设:

变形后,横截面仍保持平面,其形状、大小与间距均不改变,而且,半径仍为直线。换言之,圆轴扭转时,各横截面如同刚性圆片,仅绕轴线作相对转动。此假设称为圆轴扭转平面假设。

按照上述假设和上节的薄壁圆管的内容,我们可以认为整个圆轴是由无数个非常薄的同轴圆筒构成,这些薄壁圆筒都处于纯剪切应力状态。

在受扭的构件的表面任意选择一点 A,过 A 点作一横截面 1-1,圆心为 O_1,同时在距离 A 点为 $\mathrm{d}x$ 的另一点 B 作另一横截面 2-2,截面的圆心为 O_2,如图 6-22 所示。以 $\mathrm{d}x$ 这一微段作为研究的对象,考察 A 点所在截面的应力分布情况。根据平截面假设,我们假设 2-2 截面相对于 1-1 截面旋转了一个微小的角度 $\mathrm{d}\phi$,原来

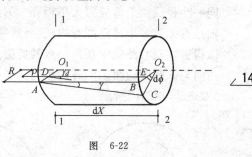

图 6-22

半径 O_2B 变成了 O_2C,也就是原来的矩形变成了平行四边形。其中直角的改变量大小是 γ,而根据剪应变的概念,γ 即为圆轴上 A 点的剪应变。

根据图形的几何关系可以得出 γ 的大小为(γ 是一个非常微小的量):

$$\gamma = \tan\gamma = \frac{BC}{AB} = \frac{R\mathrm{d}\phi}{\mathrm{d}x}$$

同理,我们在 1-1 截面内任取一点 D,它在 2-2 截面上的对应的点为 E。它的半径为 ρ,则 D 点的剪应变 γ_{D} 为:

$$\gamma_{\mathrm{D}} = \tan\gamma_{\mathrm{D}} = \frac{EF}{DE} = \frac{\rho\mathrm{d}\phi}{\mathrm{d}x} \tag{a}$$

以上两公式中都有 $\dfrac{\mathrm{d}\phi}{\mathrm{d}x}$,因为它反映的是单位长度的扭转角度的变化量,所以称为单位长度扭转角(理解这个概念对于后面我们要验算轴的刚度是非常必要的)。因为对于任何一个横截面它的扭转变形发生以后截面上的任何一个点

(只要是在同一截面上),转角 $\mathrm{d}\phi$ 都是相同的。所以在同一个截面上 $\dfrac{\mathrm{d}\phi}{\mathrm{d}x}$ 是一个常数。因此通过上面两个式子可以看出横截面上任意一点的剪应变 γ_D 与该点到截面的中心的距离 ρ 成正比。在同一圆周上,各点的剪应变相同,而在同一半径上面的点的剪应变不同,半径 ρ 越大,则剪应变越大,二者成线性规律变化。

(二)物理方面

由剪切胡克定律可知,在剪切比例极限内,剪应力与剪应变成正比,所以,横截面上距离圆心 ρ 处的切应力为:

$$\tau_\rho = G\gamma_\rho = G\rho\,\frac{\mathrm{d}\phi}{\mathrm{d}x} \tag{b}$$

而其方向则垂直于该点处的半径,如图 6-23。上式表明:扭转切应力沿截面径向线性变化,在截面的中心处剪应力为零,而在截面的边缘处剪应力最大,同一半径截面上剪应力大小相等。另外按照前面的叙述,我们可以认为实心圆轴是有无数多个薄壁圆管构成,而薄壁圆管的剪应力的方向与半径垂直,所以可以得到在实心圆轴中任何一点的剪应力的方向也与该点的半径方向垂直。它的指向与该截面的扭矩的转向相同。实心与空心圆轴的扭转切应力分布分别如图 6-23a)与 6-23b)所示。

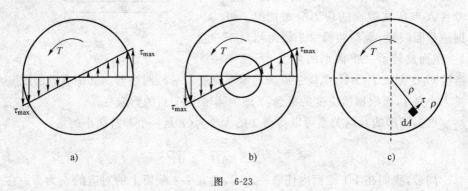

图 6-23

(三)静力学方面

通过上面的分析我们已经得出了横截面上剪应力的分布情况,但是我们仍然不能确定任何一点剪应力的大小,这是因为公式 $\tau_\rho = G\rho\,\dfrac{\mathrm{d}\phi}{\mathrm{d}x}$ 中的 $\dfrac{\mathrm{d}\phi}{\mathrm{d}x}$ 仍然是个未知数。所以下一步我们将通过截面的静力平衡来求解这个未知数,以便求出

任何一点的剪应力 τ_ρ。

如图 6-23c)所示，在距圆心 ρ 处的微面积 $\mathrm{d}A$ 上，作用有微剪力 $\tau_\rho\mathrm{d}A$，它对圆心 O 的力矩为 $\rho\tau_\rho\mathrm{d}A$。在整个横截面上，所有微力矩之和应等于该截面的扭矩，即：

$$\int_A \rho\tau_\rho\mathrm{d}A = T$$

将式(a)$\tau_\rho = G\rho\dfrac{\mathrm{d}\phi}{\mathrm{d}x}$代入上式，得：

$$G\frac{\mathrm{d}\phi}{\mathrm{d}x}\int_A \rho^2\mathrm{d}A = T \qquad\qquad (c)$$

上式中的积分 $\displaystyle\int_A \rho^2\mathrm{d}A$ 仅与截面尺寸有关，称为截面的极惯性矩，并用 I_p 表示，即：

$$I_p = \int_A \rho^2\mathrm{d}A$$

它的单位为 m^4 或者是 mm^4。

将上式代入应力表达公式(c)中可以得到：

$$G\frac{\mathrm{d}\phi}{\mathrm{d}x}I_P = T \qquad\qquad (6\text{-}7)$$

所以：

$$\frac{\mathrm{d}\phi}{\mathrm{d}x} = \frac{T}{GI_P} \qquad\qquad (6\text{-}8)$$

这个公式称为圆轴单位长度扭转角的计算公式。

从式(6-8)可以看出单位长度扭转角仅仅与扭矩的大小、杆件的材料、及截面的性质有关，而与杆件的长度无关。比如两根截面相同但长度不同的圆截面杆件，由同种材料制成，在杆件的两端受到相同的外力偶的作用产生扭转变形，则杆件两端的相对转角很明显不同。但是单位长度的转角却是相同的。

将上式代入式子之后可以得到圆轴受扭构件横截面的剪应力计算公式：

$$\tau_\rho = \frac{T_\rho}{I_p} \qquad\qquad (6\text{-}9)$$

式中：T——横截面上的扭矩；

ρ——所求点到圆心的距离；

I_p——该截面对圆心的极惯性矩。

根据以上公式可以求出当距离 $\rho = R$ 时，剪应力取得最大值。即横截面边缘上点的剪应力最大，其值为：

$$\tau_{\max} = \frac{TR}{I_p} \tag{6-10}$$

因为半径 R 以及极惯性矩 I_p 都只于截面的性质有关，所以可以令：

$$W_p = \frac{I_p}{R} \tag{6-11}$$

则有：

$$\tau_{\max} = \frac{T}{W_p} \tag{6-12}$$

W_p 也只与截面的几何尺寸和形状有关，称为抗扭截面系数。抗扭截面系数是圆轴杆件一个非常重要的系数，它反映了杆件抵抗扭转变形的能力。W_p 越大，杆件抵抗扭转变形的能力越强。

尤其要注意的是，上面所有的公式都是在弹性范围之内的，即 $\tau_{\max} \leqslant \tau_p$，$\tau_p$ 是剪切比例极限。如果 $\tau_{\max} > \tau_p$，则表明应力状态处于弹塑性或者是塑性阶段，上面的应力计算公式已经不再适用，需要用塑性力学知识解决。

 极惯性矩和抗扭截面系数

因为 W_p 是截面的性质，为了以后的计算方便，现在研究圆截面的极惯性矩与抗扭截面系数的计算公式，以后在应用的时候可以直接应用其结果。

(一)实心圆截面

如图 6-24a)所示，对于直径为 D 的圆截面，若以径向尺寸为 $\mathrm{d}\rho$ 的圆环形面积为微面积，取：

$$\mathrm{d}A = 2\pi\rho\mathrm{d}\rho$$

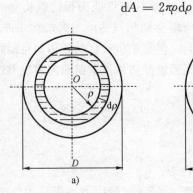
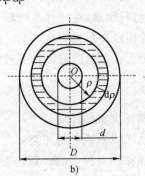

a)   b)

图 6-24

则由上式与式(6-7)可以得到实心圆截面的极惯性矩为：

$$I_p = \int_0^{D/2} \rho^2 2\pi\rho d\rho = \frac{\pi D^4}{32} \tag{6-13}$$

抗扭截面系数为：

$$W_p = \frac{I_p}{R} = \frac{I_p}{D/2} = \frac{\pi D^3}{16} \tag{6-14}$$

单位是 m³ 或者 mm³。

(二)空心圆截面

如图 6-24b)所示，同推导实心圆截面一样，可以推导出空心圆截面的极惯性矩为：

$$I_p = \int_{d/2}^{D/2} \rho^2 2\pi\rho d\rho = \frac{\pi(D-d)^4}{32} \tag{6-15}$$

抗扭截面系数为：

$$W_p = \frac{I_p}{R} = \frac{I_p}{D/2} = \frac{\pi D^3}{16}(1-\alpha^4) \tag{6-16}$$

其中 D、d 分别为空心圆截面的外径和内径。$\alpha = d/D$。

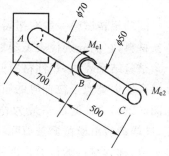

图 6-25

【**例 6-5**】 某变截面轴受力如图 6-25 所示，图中尺寸单位为 mm。若已知 $M_{e1} = 1765$N·m，$M_{e2} = 1171$N·m，材料的切变模量 $G = 80.4$GPa，求：轴内最大剪应力，并指出其作用位置。

本题分析过程如下：

根据剪应力公式(6-12)：

$$\tau_{max} = \frac{T}{W_p}$$

要使得 τ 取得最大值，仅仅使得 T 取得最大值是不正确的，因为该轴是一个变截面轴，每段轴的扭矩和抗扭截面系数都不同，所以应该分段分别计算 τ，经过比较确定 τ_{max}。

解：在轴 BC 段扭矩为：

$$T = -M_{e2} = -1171\text{N·m}$$

根据公式(6-12)：

$$\tau = \frac{T}{W_p} = \frac{-1171 \times 10^3}{\dfrac{\pi \times 50^3}{16}} = -47.7\text{MPa}$$

在轴 AB 段扭矩为:

$$T = -M_{e2} - M_{e1} = -1171 - 1765 = -2936\text{N} \cdot \text{m}$$

根据公式(6-12):

$$\tau = \frac{T}{W_p} = \frac{-2936 \times 10^3}{\dfrac{\pi \times 70^3}{16}} = -43.59\text{MPa}$$

所以最大剪应力出现在 BC 段上每个截面的最边缘位置,大小是 47.71MPa。

三 圆轴扭转的强度计算

对圆轴进行强度计算之前,首先应该了解不同材料构件的受扭破坏情况。一般情况下我们可通过扭转试验来确定其破坏形式和相应的极限应力。

(一)扭转破坏试验和极限应力

圆轴扭转试验一般在扭转试验机上进行,试件一般选用 Q235 的低碳钢和铸铁材料,它们分别代表了塑性材料和脆性材料的扭转破坏情况。

试验结果表明,塑性材料低碳钢受扭破坏时,当剪应力达到一定的数值时,杆件会发生类似于拉伸时的屈服现象,即在试样表面的横向与纵向出现滑移线,如图 6-26a)。此时的剪应力称为屈服应力,用 τ_s 表示。如果继续增大扭力偶矩,试样最后沿横截面被剪断,断口比较光滑,如图 6-26b)。此时的剪应力达到最大值,称为材料的抗剪强度极限,用 τ_b 表示。

低碳钢会产生如此的破坏形式是因为 Q235 钢材的抗剪强度低于其抗拉强度,所以会在横截面上出现剪断破坏。

脆性材料铸铁发生破坏时,扭转变形很小,没有屈服现象出现。破坏面是与轴线成 45°螺旋面,如图 6-26c)所示。此时的横截面上的最大剪应力的值称为抗剪强度极限,用 τ_b 表示。脆性材料发生破坏的原因是由于铸铁的抗拉强度高于抗剪强度,铸铁发生

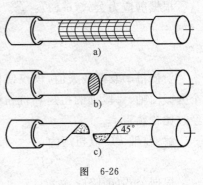

图 6-26

了拉断破坏而致。

上述情况表明，对于受扭轴，破坏的标志仍为屈服或断裂。当材料为塑性材料时破坏为屈服破坏，因为材料在屈服之后会产生过大的变形，所以在实际工程中，把屈服极限 τ_s 作为剪切的极限应力 τ_u。当材料为脆性材料发生扭转破坏时，只有一个强度指标即 τ_b，所以 τ_b 作为脆性材料剪切极限应力 τ_u。

(二)圆轴扭转强度条件

实际工程在进行强度设计或者验算时，为了保证工程构件具有一定的安全度，材料也必须要有一定的安全储备。所以在计算时需要把极限应力除以大于1的安全系数 n，得到的结果称为容许剪应力 $[\tau]$，即：

$$[\tau] = \frac{\tau_u}{n} \qquad (6\text{-}17)$$

各种材料的容许剪切应力可以从相关的手册中查取。另外理论与实验研究均表明，材料纯剪切时的容许切应力 $[\tau]$ 与容许应力 $[\sigma]$ 之间存在下述关系：

对于塑性材料 $[\tau] = (0.5 \sim 0.6)[\sigma]$；

对于脆性材料 $[\tau] = (0.8 \sim 1.0)[\sigma_t]$。

式中，$[\sigma_t]$ 代表容许拉应力。

为保证轴工作时不致因强度不够而破坏，最大扭转切应力 τ_{max} 不得超过材料的扭转容许剪应力 $[\tau]$，即要求：

$$\tau_{max} = \frac{T}{W_p} \leqslant [\tau] \qquad (6\text{-}18)$$

该式称为圆轴扭转时的强度条件。

利用这个公式可以解决三类问题：扭转强度校核、圆轴截面尺寸的设计和确定圆轴的容许荷载。以下将用例题来分别说明公式的三种应用。

【例 6-6】 某汽车传动轴为焊接钢管，如图 6-27 所示。钢管的外径 $D = 90mm$，壁厚 $t = 2.5mm$，工作时产生的最大扭矩 $T = 2kN \cdot m$，材料的容许剪应力 $[\tau] = 70MPa$。试校核传动轴的强度。

解：经过分析这属于空心圆管受扭产生扭转变形，要求验算其强度的问题。解题步骤如下：

(1)计算抗扭截面系数

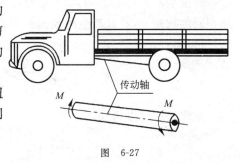

图 6-27

$$\alpha = \frac{d}{D} = \frac{D - 2t}{D} = \frac{90 - 2 \times 2.5}{90} = 0.944$$

由式(6-16)计算可得：

$$W_p = \frac{\pi D^3}{16}(1 - \alpha^4) = \frac{\pi 90^3}{16}(1 - 0.944^4) = 29500 mm^3（注意单位）$$

(2)强度校核

由强度条件公式(6-12)得到：

$$\tau_{max} = \frac{T_{max}}{W_p} = \frac{2 \times 10^3}{29500 \times 10^{-9}} = 67.8 \times 10^6 Pa = 67.8 MPa < [\tau] = 70 MPa$$

所以强度得到满足。

在这个题目中尤其要注意单位的选择，这是很多读者刚接触力学时容易犯的错误。请读者务必记住：

$$\frac{N}{m^2} = Pa$$

$$\frac{N}{mm^2} = MPa$$

因为我们实际工程中应用最多的是 MPa，所以实际在计算中没有必要把 mm 的单位转化成 m，以保证求解的方便和准确性。例如上题中最后一步可以写成：

$$\tau_{max} = \frac{T_{max}}{W_p} = \frac{2 \times 10^3}{29500} = 67.8 MPa < [\tau] = 70 MPa$$

【例 6-7】 一空心圆轴和一实心圆轴，其材料相同，要按照传递相同的扭矩 T 和具有相同的最大剪应力进行设计。如果空心轴的内外半径之比为 $\alpha = 0.8$。试求：

(1)空心轴的重量与实心轴的重量之比。

(2)空心轴的外径与实心轴的直径之比。

解：这是一个扭转圆轴截面设计的问题。解题步骤如下：

若设空心轴外径为 D，实心轴直径为 d。根据已知的条件，因为它们能够传递相同的扭矩 T，并且产生的最大剪应力相等，由公式(6-12)和公式(6-14)、(6-16)可以得到：

$$\frac{T}{\frac{\pi D^3}{16}(1 - \alpha^4)} = \frac{T}{\frac{\pi d^3}{16}}$$

变化之后可以得到：

$$\left(\frac{D}{d}\right)^3 = 1.69$$

(1)重量比

因为它们是材料相同、长度相同的两根轴，所以其重量之比等于其横截面之比，即：

空心圆轴重量 / 实心圆轴重量＝空心圆轴面积 / 实心圆轴面积

$$= \frac{\frac{\pi D^2}{4}(1 - \alpha^2)}{\frac{\pi d^2}{4}}$$

$$= 1.69^{2/3} \times (1 - 0.8^2) = 0.51$$

(2)直径比

$$\frac{D}{d} = 1.69^{1/3} = 1.19$$

通过这个题目可以看出，在扭转强度相同的情况下，空心轴的重量比实心轴轻很多，采用空心轴比较合理，既可以节省材料，又能减轻轴的自重。在这里讲一下圆轴的合理截面问题。实心圆截面轴的扭转剪应力分布如图 6-23a)所示，当截面边缘的最大剪应力达到容许剪应力时，圆心附近各点处的剪应力仍很小，远小于材料的容许剪应力。所以，为了合理利用材料，宜将材料放置在远离圆心的部位，即做成空心的，如图 6-23b)。显然，平均半径 R_0 愈大、壁厚 δ 愈小，即比值 R_0/δ 愈大，切应力分布愈均匀(薄壁圆管横截面的剪应力是均匀分布的)，材料的利用率愈高。因此，一些大型轴或对于减轻重量有较高要求的轴(例如航空、航天结构中的轴)，通常均做成空心的。但也应注意到，如果比值 R_0/δ 过大，管在受扭时将产生皱折现象(即局部失稳)，从而降低其抗扭能力。

【例 6-8】 已知某钻机的空心圆轴钻杆的简图如图 6-28 所示，钻机工作时土对钻杆的摩擦力偶为均匀分布的力偶，钻机的功率 $P = 40\text{kW}$，转速 $n = 150\text{r/min}$，钻杆材料的容许剪应力为 $[\tau] = 32\text{MPa}$。假设钻杆的内外径之比为 $\alpha = 0.85$，试求圆轴截面的尺寸。

解：该题目属于受扭构件截面设计型题目。以截面的尺寸作为未知数，利用强度条件建立方程，求解得到未知数。具体的解题过程如下：

(1)作扭矩图。

根据公式(6-2)，作用在钻杆 A 截面上的外力偶为：

$$M_e = 9549\frac{P}{n} = 9549\frac{40}{150} = 2546.4\text{N} \cdot \text{m}$$

底部产生的外力偶矩为 0，中间成线性变化。作扭矩图如图 6-29 所示。

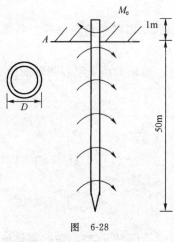

图 6-28

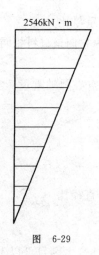

图 6-29

（2）利用强度条件建立方程。

假设圆管的外径为 D，钻杆的抗扭截面系数为：

$$W_p = \frac{\pi D^3}{16}(1 - \alpha^4) = \frac{\pi D^3}{16}(1 - 0.85^4) = 0.0938D^3 \, \text{mm}^3$$

钻杆的扭矩的最大值 T_{max} 发生在 A 截面，大小为 2546.4N·m。钻杆截面上的最大剪应力发生在 A 截面的最边缘。由强度条件：

$$\tau_{max} = \frac{T_{max}}{W_p} = \frac{2546.4 \times 10^3}{0.0938D^3} \leqslant [\tau] = 32\text{MPa}$$

得出 $D \geqslant 94.7$mm。

工程中为了制作方便，可以设计成 $D = 100$mm，而内径 $d = 100 \times 0.85 = 85$mm，圆管壁厚 $t = 15$mm。

以上仅仅是从强度方面进行设计，实际中还要考虑圆轴的刚度，即变形不能过大，这是我们下部分要讲述的内容。

四 圆轴扭转变形与刚度条件

（一）圆轴扭转变形

如前所述，轴的扭转变形，用两个横截面间绕轴线的相对角位移即扭转角 ϕ 表示。由式

$$\frac{\mathrm{d}\phi}{\mathrm{d}x} = \frac{T}{GI_p}$$

得到：

$$d\phi = \frac{T}{GI_p} = dx \qquad (6-19)$$

$d\phi$ 即微段 dx 的扭转角。

对于等截面圆杆,由于 GI_p 不随杆件的长度发生变化,所以长度为 l 的一段杆的两端截面的相对扭转角为:

$$\phi = \int_0^l \frac{T}{GI_p}dx = \frac{Tl}{GI_p} \qquad (6-20)$$

此式即为圆轴扭转角的 ϕ 的计算公式,单位为 rad。正负号与扭矩的正负号相同。上式表明,扭转角 ϕ 与扭矩 T、轴长 l 成正比,与 GI_p 成反比。乘积 GI_p 称为圆轴截面的抗扭刚度,或简称为抗扭刚度。

对于扭矩、横截面面积或切变模量沿杆轴逐段变化的圆截面轴,应该分段计算截面间的相对扭转角,然后求和。所以整个轴的扭转变形为:

$$\phi = \sum_{i=1}^{n} \frac{T_i l_i}{G_i I_{pi}} \qquad (6-21)$$

式中:T——轴段 i 的扭矩;

$\quad l_i$——轴段 i 的长度;

$\quad G_i$——轴段 i 的切变模量;

$\quad I_{pi}$——轴段 i 的极惯性矩;

$\quad n$——为杆件的总段数。

(二)圆轴扭转刚度计算

实际在设计受扭圆轴时,除应考虑强度问题外,对于许多轴,还常常对其变形有一定限制,即应满足刚度要求。在工程实际中,通常是限制单位长度内的扭转角,使其不超过某一规定的容许值 $[\theta]$。

$$\theta_{max} \leqslant [\theta] \qquad (6-22)$$

其中 θ_{max} 为整个轴上的最大单位长度扭转角。

由公式:

$$\phi = \int_0^l \frac{T}{GI_p}dx = \frac{Tl}{GI_p} \qquad (6-23)$$

当 l 取单位长度时得到单位长度的扭转角:

$$\theta = \frac{T}{GI_p} \qquad (6-24)$$

对于等截面圆轴的最大单位扭转角,则有:

$$\theta_{max} = \frac{T_{max}}{GI_p} \qquad (6-25)$$

所以由公式(6-22),圆轴扭转的刚度条件为:

$$\frac{T_{\max}}{GI_p} \leqslant [\theta] \qquad (6-26)$$

单位长度扭转角 θ 和容许扭转角 $[\theta]$ 的单位都是 rad/m,但是工程中经常用角度来表示扭转角即(°/m),所以需要考虑单位换算,得到:

$$\theta_{max} = \frac{T_{\max}}{GI_p} \times \frac{180°}{\pi} \leqslant [\theta] \qquad (6-27)$$

不同材料和用途的轴的单位容许扭转角 $[\theta]$ 不一致,一般可以从相关的手册和规范中查到。

刚度条件同强度条件一样可以解决三类问题:圆轴扭转刚度的校核、圆轴截面的设计和根据刚度条件确定容许荷载。

注意的是通常进行圆轴截面的设计时,基本上是首先由强度条件确定截面尺寸,然后再根据刚度条件进行验算。如果刚度不满足,再根据刚度条件选择截面。

【例 6-9】 同题 6-5,请问轴内最大相对扭转角 $\phi_{\max}$ 是多少。

解: 很明显可以看出,由于 A 端是固定于墙面,所以 A 端没有转动,截面 C 相对于 A 发生相对的转动,又由于这段轴是变截面轴,所以应该分为两段求解,首先求出 B 截面相对于 A 截面的转角,然后求出 C 截面相对于 B 截面的转角,两者相加即得到 C 相对于 A 截面的转角。

$$\varphi_{BC} = \frac{T_{BC} \times L_{BC}}{GI_{PBC}} = \frac{-1171 \times 10^3 \times 500}{80.4 \times 10^3 \times \frac{\pi 50^4}{32}} = 0.012\text{rad}$$

$$\varphi_{AB} = \frac{T_{AB} \times L_{AB}}{GI_{PAB}} = +\frac{-2936 \times 10^3 \times 700}{80.4 \times 10^3 \times \frac{\pi 70^4}{32}} = 0.011\text{rad}$$

所以:

$$\varphi_{\max} = \varphi_{BC} + \varphi_{AB} = 0.023\text{rad}$$

最大的转角发生在 C 截面。

【例 6-10】 如图 6-30 所示某传动轴的转速为 $n=500\text{r/min}$,主动轮 1 输入功率 $P_1=368\text{kW}$,从动轮 2、3 分别输出功率 $P_2=147\text{kW}$,$P_3=221\text{kW}$。已知 $[\tau]=70\text{MPa}$,$[\theta]=1°/\text{m}$,$G=80\text{GPa}$。

(1)试确定 AB 段的直径 d_1 和 BC

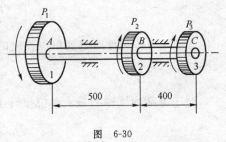

图　6-30

段的直径 d_2。

(2)若 AB 和 BC 两段选用同一直径，试确定直径 d。

(3)主动轮和从动轮应如何安排才比较合理？

解：(1)先计算作用在各轮上的外力偶矩：

$$M_{e1} = 9549P_1/n = 9549 \times 368\text{kW}/500\text{r/min} \approx 7028.1\text{N} \cdot \text{m}$$

$$M_{e2} = 9549P_2/n = 9549 \times 147\text{kW}/500\text{r/min} \approx 2807.4\text{N} \cdot \text{m}$$

$$M_{e3} = 9549P_3/n = 9549 \times 221\text{kW}/500\text{r/min} \approx 4220.7\text{N} \cdot \text{m}$$

由此确定 AB 和 BC 段上的扭矩：

$$T_{AB} = -M_{e1} = -7028.1\text{N} \cdot \text{m}$$

$$T_{BC} = -M_{e3} = -4220.7\text{N} \cdot \text{m}$$

作扭矩图如图 6-31 所示。

然后定 AB 段的直径 d_1。

由强度条件公式(6-18)得：

$$\tau_{AB} = \frac{T_{AB}}{W_P} = \frac{T_{AB}}{\pi d_1^3/16} \leqslant [\tau]$$

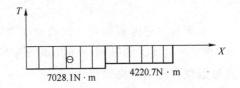

经过变换之后得到：

$$d_1 \geqslant \sqrt[3]{\frac{16T_{AB}}{\pi[\tau]}} = \sqrt[3]{\frac{16 \times 7028.1 \times 10^3}{\pi \times 70}}$$

图 6-31

$$= 79.97\text{mm}$$

由刚度条件公式(6-26)：

$$\theta_{AB} = \frac{T_{AB}}{GI_p} \times \frac{180°}{\pi} = \frac{T_{AB}}{G\pi d_1^4/32} \times \frac{180°}{\pi} \leqslant [\theta]$$

变换之后得到：

$$d_1 \geqslant \sqrt[4]{\frac{32T_{AB} \times 180°}{G\pi^2[\theta]}} = \sqrt[4]{\frac{32 \times 7028.1 \times 10^3 \times 108°}{80 \times 10^3 \times \pi^2 \times 1 \times 10^{-3}}} = 84.6\text{mm}$$

(注意单位制的统一，本例中都是以 N、mm 作为基本单位进行计算)

综合考虑以上两个条件，取 $d_1 = 85\text{mm}$；

同理可以确定 BC 段的直径 d_2。

由强度条件公式(6-18)：

$$d_2 \geqslant \sqrt[3]{\frac{16T_{BC}}{\pi[\tau]}} = \sqrt[3]{\frac{16 \times 4220.7 \times 10^3}{\pi \times 70}} = 67.47\text{mm}$$

由刚度条件公式(6-26)：

$$d_2 \geqslant \sqrt[4]{\frac{32T_{BC} \times 180°}{G\pi^2[\theta]}} = \sqrt[4]{\frac{32 \times 4220.7 \times 10^3 \times 180°}{80 \times 10^3 \times \pi^2 \times 1 \times 10^{-3}}} = 74.49\text{mm}$$

取 $d_2 = 75\text{mm}$。

(2)如果 AB 和 BC 两段选用同一直径,应取直径 $d = 85\text{mm}$。

(3)主动轮应该放在两个从动轮之间,此时 $T_{max} = M_{e3}$,通过上面的计算可以看出,杆件的直径同 T_{max} 成正比,所以说 T_{max} 的降低能够明显减小杆件的直径。

◀ 小　　结 ▶

本章的主要内容是研究圆截面在产生扭转变形时的应力分布情况和变形情况,并着重讲述了圆轴扭转强度和刚度的计算。介绍了两个重要的定理:剪应力互等定理和剪切胡克定律。

一、外力偶矩、扭矩、扭矩图

首先要学会判断扭转变形,即力偶的作用面垂直于轴线。通常情况下,计算外力偶矩有两种方法:直接计算法和公式法。其中公式法的计算公式为:

$$M_e = 9549\frac{P}{n}$$

扭转的内力为扭矩,可以由截面法求得。通常情况下我们用扭矩图来表示轴上各个截面的扭矩的大小和方向。

二、圆周扭转的应力

圆周扭转时,横截面上只有剪应力,方向垂直于该点的半径方向并且与扭矩的方向相同。大小沿着半径成线性变化。圆心处为零,剪应力的最大值出现在圆周的边缘。剪应力的公式为:

$$\tau_\rho = \frac{T\rho}{I_p}$$

$$\tau_{max} = \frac{TR}{I_p}$$

$$\tau_{max} = \frac{T}{W_p}$$

在这里介绍了两个非常重要的截面系数,横截面的极惯性矩和抗扭截面系数。它们只是与截面的形状和尺寸相关的系数,而与截面的材料无关。同学们记住以下几个常用的计算公式:

实心圆截面极惯性矩:

$$I_P = \int_0^{D/2} \rho^2 2\pi\rho d\rho = \frac{\pi D^4}{32}$$

实心圆截面抗扭截面系数:

$$W_P = \frac{I_p}{R} = \frac{I_p}{D/2} = \frac{\pi D^3}{16}$$

空心圆截面极惯性矩:

$$I_P = \int_{d/2}^{D/2} \rho^2 2\pi\rho d\rho = \frac{\pi(D-d)^4}{32}$$

实心圆截面抗扭截面系数:

$$W_P = \frac{I_p}{R} = \frac{I_p}{D/2} = \frac{\pi D^3}{16}(1-\alpha^4)$$

三、圆周扭转强度的计算

1. 圆周扭转的强度条件是:

$$\tau_{max} = \frac{T}{W_p} \leqslant [\tau]$$

2. 利用扭转强度公式可以三个方面的工程应用:强度的校核、圆形截面的设计、确定容许载荷。

四、圆轴扭转时的变形和刚度条件

圆轴扭转时两个截面发生相对转动的角度称为扭转角,计算公式为:

$$\phi = \int_0^l \frac{T}{GI_p} dx = \frac{Tl}{GI_p}$$

圆轴扭转的刚度条件为:

$$\theta_{max} = \frac{T_{max}}{GI_p} \times \frac{180°}{\pi} \leqslant [\theta]$$

五、两个重要定理

通过对薄壁圆管的扭转试验研究,得出两个重要的定理:

1.剪应力互等定理

$$\tau = \tau'$$

2.剪切胡克定律

$$\tau = G\gamma$$

这两个定理是建筑力学中非常重要的定理。

◀ **思 考 题** ▶

6-1 扭转的受力与变形各有何特点? 与弯曲变形的区别是什么? 试举一扭转和弯曲的实例。

6-2 圆轴扭转的剪应力公式是通过哪些条件建立起来的? 假设是什么? 该公式的应用范围是什么?

6-3 薄壁圆筒扭转时,为什么在其横截面上不能存在有正应力?

6-4 当单元体上同时存在剪应力和正应力时,剪应力互等定理是否仍然成立? 为什么?

6-5 长为 a、直径为 d 的两根由不同材料制成的圆轴,在其两端作用相同的扭转力偶矩 m,试问:①最大剪应力 τ_{max} 是否相同? 为什么? ②相对扭转角是否相同? 为什么?

6-6 长为 a、直径为 d 的两根由同种材料制成的圆轴,在其两端作用相同的扭转力偶矩 m,试问:①最大剪应力 τ_{max} 是否相同? 为什么? ②相对扭转角是否相同? 为什么? ③单位扭转角是否相同?

6-7 简述一下为什么大多数受扭的圆轴采用空心圆截面? 是否壁厚越薄越好? 为什么?

习 题

6-1 某直杆受扭转力偶如图所示,试画出直杆的扭矩图。并指出最大的扭矩值是多少?

6-2 阶梯圆轴 AB 如图所示。已知扭转力偶 $m = 1\text{kN} \cdot \text{m}$,直径 $d_1 = 50\text{mm}$,$d_2 = 100\text{mm}$,长 $a = 150\text{mm}$,材料的剪切模量 $G = 80\text{GPa}$。试求此轴的

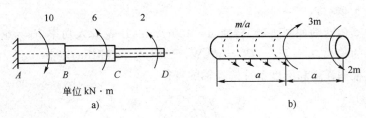

单位 kN·m

a)   b)

题 6-1 图

1)τ_{max};

2)两端面相对扭角 ϕ_{BA}。

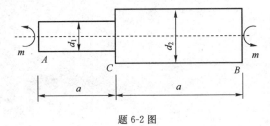

题 6-2 图

6-3 下列图中所示的剪应力分布图是否正确？其中 T 为该截面上的扭矩。

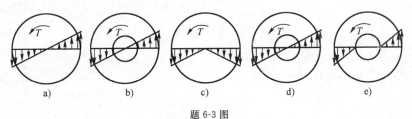

a)   b)   c)   d)   e)

题 6-3 图

6-4 一实心圆轴的直径 $d=10$cm，极惯性矩 $I_p=1000$cm^4，扭矩 $T=100$kN·m，试求距圆心 $d/8,d/4$ 及 $d/2$ 处的剪应力，并绘出横截面上的剪应力分布图。

6-5 已知钻探机钻杆的外径 $D=60$mm，内径 $d=50$mm，功率 $P=7.355$kW，转速 $n=180$r/min，钻杆入土深度 $l=40$m，钻杆材料的 $G=80$Gpa，容许剪应力$[\tau]=40$MPa。假设土壤对钻杆的阻力是沿长度均匀分布的，试求：

(1)单位长度上土壤对钻杆的阻力矩集度；(2)作钻杆扭矩图，并进行强度校核；(3)求两端截面的相对转角 ϕ。

6-6 一水轮发电机功率为 15000kW，水轮机主轴的正常转速 $n=250$r/min，材料的容许剪应力$[\tau]=50$MPa，$D=550$mm，$d=300$mm。试校核该

水轮机主轴的强度。

6-7 某传动轴如图所示,转速 $n = 400\text{r/min}$,B 轮输入功率 $P_B = 60\text{kW}$,A 轮和 C 轮的输出功率 $P_A = P_B = 30\text{kW}$,已知 $[\tau] = 40\text{MPa}$,$[\theta] = 0.5°/\text{m}$,$G = 80\text{GPa}$,试根据强度和刚度条件选择轴的直径。

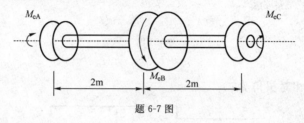

题 6-7 图

第七章
平面弯曲变形

本章学习内容要求学生熟练掌握受弯构件指定截面内力的计算方法,以及熟悉 $F_Q(x)$、$M(x)$ 与荷载间的微、积分关系。熟练掌握剪力图和弯矩图的画法。

第一节　平面弯曲变形的外力和内力

一　产生平面弯曲的外力

1. 平面弯曲

杆件受到垂直于杆轴的外力作用(通常称为横向力)或在纵向对称平面内受到力偶的作用时,杆件的轴线由直线变成曲线,这种变形称为弯曲。以弯曲变形为主要变形的杆件称为梁。

弯曲变形是工程实际和日常生活中最常见的一种变形。例如房屋建筑楼面梁,受到楼面荷载、梁的自重和柱(或墙)的作用力,将发生弯曲变形,如图 7-1a)、b),其他如阳台的挑梁,如图 7-2a)、b)也是以弯曲变形为主。

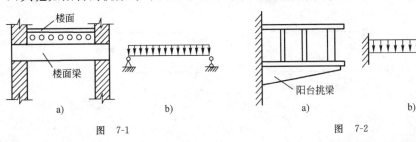

图　7-1　　　　　　　　图　7-2

工程中大多数梁的横截面都具有对称轴,例如图 7-3 为具有对称轴的各种截面形状。截面的某一对称轴与梁轴线所组成的平面称为纵向对称面,如图 7-4。如果梁上的外力和外力偶都作用在梁的纵向对称面内,梁变形后,轴线将在此纵向对称面内弯曲。我们把这种力的作用平面与梁的变形平面相重合的弯曲称为平面弯曲。图 7-4 中的梁就产生了平面弯曲。

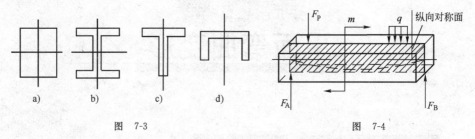

图　7-3　　　　　　　　　　　　　　图　7-4

平面弯曲是弯曲变形中最简单、最常见的。本章主要讨论等截面直梁的平面弯曲问题。

2.平面弯曲杆件的外力

我们知道,对于所研究的物体受到其他物体给予的作用力称之为外力。而平面弯曲杆件受到的外力主要来自三方面:集中力、分布载荷和集中力偶。

1)集中力　作用在梁上微小局部上的横向力(如图 7- 4 中的力 F_P)。

2)分布荷载　沿梁长连续分布的横向力(如图 7-4 中的分布荷载 q)。

3)集中力偶　作用在通过梁轴线的平面(或与该平面平行的平面)内的力偶(如图 7-4 中的力偶 m)。

3.梁的分类

工程中常根据梁的支座反力能否用静力平衡方程全部求出,将梁分为静定梁和超静定梁两类。凡是通过静力平衡方程就能够求出全部反力和内力的梁,统称为静定梁。而静定梁又根据其跨数分为单跨静定梁和多跨静定梁两类。单跨静定梁是本章的研究对象,通常又根据支座情况将单跨静定梁分为三种基本形式。

1)悬臂梁　一端为固定端支座,另一端为自由端的梁,如图 7-5a)。

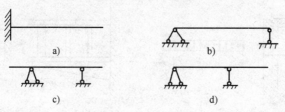

图　7-5

2)简支梁　一端为固定铰支座,另一端为可动铰支座的梁,如图 7-5b)。

3)外伸梁　梁身的一端或两端伸出支座的简支梁,如图 7-5c)、d)。

二 平面弯曲杆件内力

1. 梁的内力——剪力和弯矩

我们仍然用截面法来分析梁在外力作用下各横截面上的内力。

如图 7-6 所示为一简支梁。设荷载 F_P 和支座反力 F_A、F_B 均作用在同一纵向对称面内,组成了平衡力系使梁处于平衡状态,现求距 A 端 x 处 m-m 横截面上的内力。

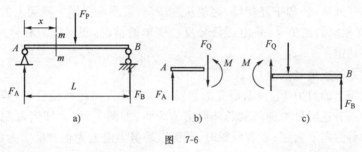

图　7-6

假想将该梁从 m-m 处截开,使梁分成左右两段,由于原来梁处于平衡状态,所以被截开后它的左段或右段也处于平衡状态。现取左段为研究对象。已知该段梁受到已知力 F_A 的作用,要使梁平衡必然有一个和力 F_A 大小相等、方向相反的内力 F_Q 存在。这个内力 F_Q,称为剪力。同时反力 F_A 对 m-m 截面形心有一个顺时针方向的力矩 $F_A x$,这个力矩使该段有顺时针方向转动的趋势。为保证该段梁平衡,在截开的 m-m 截面上还必定存在一个与力矩 $F_A x$ 大小相等、转向相反的内力偶矩 M,如图 7-6b)。这个内力偶矩,称为弯矩。这样在 m-m 截面上同时有了 F_Q 和 M 才使梁段处于平衡状态。由此可见,梁发生平面弯曲时,其横截面上同时存在两个内力:剪力和弯矩。

剪力的常用单位为 N 或 kN,弯矩的常用单位为 N·m 或 kN·m。

剪力和弯矩的大小,可由左段梁的静力平衡方程求得,即:

由 $\sum Y = 0, -F_Q + F_A = 0$

得:

$$F_Q = F_A$$

将力矩方程的矩心选在截面 m-m 的形心 C 点处,剪力 F_Q 将通过矩心。

由 $\sum M_C = 0, M - F_A x = 0$

得：

$$M = F_A x$$

如果取梁的右半部为研究对象，如图 7-6c)，用同样方法亦可求得截面上的剪力和弯矩。但必须注意，分别以左半部和右半部为研究对象求出的剪力 F_Q 和弯矩 M 数值是相等的，而方向和转向则是相反的，因为它们是作用力和反作用力的关系。

2. 剪力和弯矩正负号规定

由上述分析可知：分别取左、右梁段所求出的同一截面上的内力数值虽然相等，但方向（或转向）却正好相反，为使从左段、右段梁求得同一截面上的内力 F_Q 和 M 具有相同的正负号，并由正负号反映变形的情况，现对剪力和弯矩的正负号作如下规定：

1) 剪力的正负号规定

当截面上的剪力 F_Q 使所研究的梁段有顺时针方向转动趋势时，剪力为正，如图 7-7a)；有逆时针方向转动趋势时剪力为负，如图 7-7b)。即当取左段梁时，截面上的剪力向下为正；取右段梁时，截面上的剪力向上为正。反之为负。

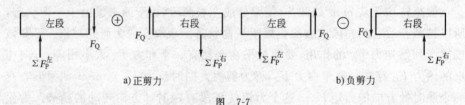

a)正剪力　　　　　　　　　　b)负剪力

图　7-7

2) 弯矩的正负号规定

当截面上的弯矩 M 使所研究的梁段产生向下凸的变形时（即该梁段的下部受拉，上部受压），弯矩为正，如图 7-8a)；产生向上凸的变形时（即该梁段的上部受拉，下部受压），弯矩为负，如图 7-8b)。即当取左段梁时，截面上逆时针转向的弯矩为正。当取右段梁时，截面上顺时针转向的弯矩为正。反之为负。

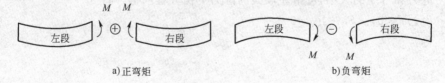

a)正弯矩　　　　　　　　　　b)负弯矩

图　7-8

三 平面弯曲杆件指定截面的内力计算

1. 用截面法求指定截面上的剪力和弯矩。

其步骤如下:

(1)求支座反力。

(2)用假想的截面将梁从需求剪力和弯矩处截成两段,取其中的任一段为研究对象。

(3)画出研究对象的受力图(截面上的剪力和弯矩都先假设为正号)。

(4)列平衡方程,求出剪力和弯矩。

由于未知的剪力和弯矩均按正向假设,所以计算出的内力值可能为正值或负值。当内力值为正值时,说明内力的实际方向与假设方向一致;当内力值为负值时,说明内力的实际方向与假设的方向相反。

下面举例说明如何用截面法求梁指定截面上的内力——剪力和弯矩。

【例 7-1】 简支梁如图 7-9a)所示。已知:$F_{p1}=30kN$,$F_{p2}=30kN$。试求1-1截面上的剪力和弯矩。

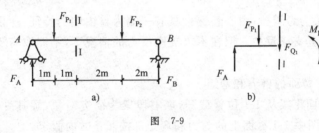

图 7-9

解:(1)求支座反力

由公式(2-22)得:

$$F_B=\frac{F_{p1}\times1+F_{p2}\times4}{6}=\frac{30\times1+30\times4}{6}=25kN（\uparrow）$$

$$F_A=\frac{F_{p1}\times5+F_{p2}\times2}{6}=\frac{30\times5+30\times2}{6}=35kN（\uparrow）$$

(2)求 I-I 截面上的剪力和弯矩

用假想截面将梁从 I-I 位置截开,取左段梁为研究对象,画其受力图,如图 7-9b)所示。图中 I-I 截面上的剪力和弯矩都按照正方向假定。

由公式(2-24)得:

$$F_{Q1}=F_A-F_{p1}=35-30=5kN$$

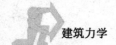

计算结果为正,说明 I-I 截面上剪力的实际方向与图中假定的方向一致,即 I-I 截面上的剪力为正值。

由公式(2-25)得:

$$M_1 = F_A \times 2 - F_{p1} \times 1 = 35 \times 2 - 30 \times 1 = 40\text{kN} \cdot \text{m}$$

计算结果为正,说明 I-I 截面上弯矩的实际方向与图中假定的方向一致,即 I-I 截面上的弯矩为正值。

【例 7-2】   试用截面法求图 7-10a)所示悬臂梁 1-1、2-2 截面上的剪力和弯矩。已知: $q = 15\text{kN/m}$, $F_p = 30\text{kN}$。图中截面 1-1 无限接近于截面 A,但在 A 的右侧,通常称为 A 偏右截面。

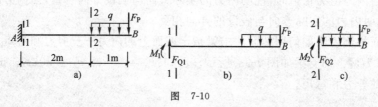

图　7-10

解:图示梁为悬臂梁,由于悬臂梁具有一端为自由端的特征,所以在计算内力时可以不求其支座反力。但在不求支座反力的情况下,不能取有支座的梁段计算。

(1)求 1-1 截面的剪力和弯矩

用假想截面将梁从 1-1 位置截开,取右段梁为研究对象,画其受力图,如图 7-10b)所示。图中 1-1 截面上的剪力和弯矩都按照正方向假定。

由公式(2-24)得:

$$\begin{aligned} F_{Q1} &= F_P + q \times 1 \\ &= 30 + 15 \times 1 = 45\text{kN} \end{aligned}$$

计算结果为正,说明 1-1 截面上剪力的实际方向与图中假定的方向一致,即 1-1 截面上的剪力为正值。

由公式(2-25)得:

$$\begin{aligned} M_1 &= -q \times 1 \times 2.5 - F_P \times 3 = -15 \times 1 \times 2.5 - 30 \times 3 \\ &= -127.5\text{kN} \cdot \text{m} \end{aligned}$$

计算结果为负,说明 1-1 截面上弯矩的实际方向与图中假定的方向相反,即 1-1 截面上的弯矩为负值。

(2)求 2-2 截面上的剪力和弯矩

用假想的截面将梁从 2-2 位置截开,取右段梁为研究对象,画其受力图,如图 7-10c)所示。

由公式(2-24)得:

$$F_{Q2} = F_P + q \times 1 = 30 + 15 \times 1 = 45 \text{kN}（正剪力）$$

由公式(2-25)得:

$$M_2 = -q \times 1 \times 0.5 - F_P \times 1 = -15 \times 1 \times 0.5 - 30 \times 1$$
$$= -37.5 \text{kN} \cdot \text{m}（负弯矩）$$

【例 7-3】 外伸梁受力如图 7-11a)所示,已知 $F_P = 8 \text{kN}$,$q = 2 \text{kN/m}$,求 1-1、2-2 截面上的剪力和弯矩。

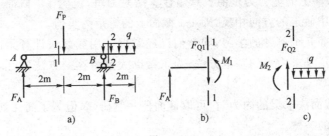

图 7-11

解:(1)求支座反力

由公式(2-22)得:

$$F_B = \frac{F_P \times 2 + q \times 2 \times 5}{4} = \frac{8 \times 2 + 2 \times 2 \times 5}{4} = 9 \text{kN}$$

$$F_A = \frac{F_P \times 2 - q \times 2 \times 1}{4} = \frac{8 \times 2 - 2 \times 2 \times 1}{4} = 3 \text{kN}$$

(2)求 1-1 截面上的剪力和弯矩

用假想截面将梁从 1-1 位置截开,取左段梁为研究对象,画其受力图,如图 7-11b)所示。图中 1-1 截面上的剪力和弯矩都按照正方向假定。

由公式(2-24)得:

$$F_{Q1} = F_A = 3 \text{kN}$$

由公式(2-25)得:

$$M_1 = 2 F_A = 6 \text{kN} \cdot \text{m}$$

计算结果为正,说明 1-1 截面上剪力和弯矩的实际方向与图中假定的方向一致,即 1-1 截面上的剪力和弯矩为正值。

(3)求 2-2 截面上的剪力和弯矩

用假想截面将梁从 2-2 位置截开,取右段梁为研究对象,画其受力图,如图 7-11c)所示。图中 2-2 截面上的剪力和弯矩都按照正方向假定。

由公式(2-24)得:

$$F_{Q2} = q \times 2 = 2 \times 2 = 4 \text{kN}$$

由公式(2-25)得:

$$M_2 = -q \times 2 \times 1 = -2 \times 2 \times 1 = -4 \text{kN} \cdot \text{m}$$

剪力计算结果为正,说明 1-1 截面上剪力的实际方向与图中假定的方向一致,即 1-1 截面上的剪力为正值。弯矩计算结果为负,说明 1-1 截面上弯矩的实际方向与图中假定的方向相反,即 1-1 截面上的弯矩为负值。

通过上面几个例题的学习,同学们已经掌握了用截面法计算梁内力的基本过程。截面法是求内力的基本方法,为了帮助大家将这一方法学好现作如下几点总结:

(1)用截面法求梁的内力时,可取截面任一侧研究,但为了简化计算,通常取外力比较少的一侧。

(2)作所取隔离体的受力图时,在切开的截面上,未知的剪力和弯矩通常均按正方向假定。这样能够把计算结果的正、负号和剪力、弯矩的正负号相统一,即计算结果的正负号就表示内力的正负号。

(3)在列梁段的静力平衡方程时,要把剪力、弯矩当作隔离体上的外力来看待,因此,平衡方程中剪力、弯矩的正负号应按静力计算的习惯而定,不要与剪力、弯矩本身的正、负号相混淆。

2.用直接法计算截面上的剪力和弯矩

从截面法计算内力中可归纳出计算剪力和弯矩的规律。用外力直接求截面上内力的规律如下:

(1)求剪力的规律

梁内任一截面上的剪力 F_Q,在数值上等于该截面一侧(左侧或右侧)梁段上所有外力在垂直于轴线方向投影的代数和(由 $\sum Y = 0$ 的平衡方程移项而来),其计算表达式可用公式(2-24)表示。

根据对剪力正负号的规定可知:在左侧梁段上所有向上的外力会在截面上产生正剪力,而所有向下的外力会在截面上产生负剪力;在右侧梁段上所有向下的外力会在截面上产生正剪力,而所有向上的外力会在该截面上产生负剪力。即:左上右下剪力正,反之负。由于力偶在任何坐标轴上的投影都等于零,因此作用在梁上的力偶对剪力没有影响。

(2)求弯矩的规律

梁内任一截面上的弯矩 M,等于该截面一侧(左侧或右侧)所有外力对该截面形心的力矩的代数和(由 $\sum M_c = 0$ 的平衡方程移项而来),其计算表达式可用公式(2-25)表示。

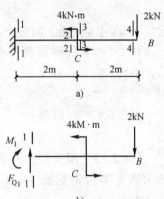

根据对弯矩正负号的规定可知:在左侧梁段上的外力(包括外力偶)对截面形心的力矩为顺时针时,在截面上产生正弯矩,为逆时针时在截面上产生负弯矩;在右侧梁段上的外力(包括外力偶)对截面形心的力矩为逆时针时,在截面上产生正弯矩,为顺时针时在截面上产生负弯矩。即:左顺右逆弯矩正,反之负。

【例 7-4】 用直接法计算图 7-12a)所示悬臂梁指定截面 1-1、2-2、3-3、4-4 上的剪力和弯矩(2-2、3-3 截面都无限接近于 C 点,1-1 截面无限接近于 A 点,4-4 截面无限接近于 B 点)。

解:(1)求支座反力

图示梁为悬臂梁,由于悬臂梁具有一端为自由端的特征,所以在计算内力时可以不求其支座反力。

(2)求 1-1 截面上的剪力和弯矩

从 1-1 位置处将梁截开后,取右段梁为研究对象。受力图如图 7-12b)所示。由公式(2-24)可知:

$$F_{Q1} = 2kN$$

由公式(2-25)可知:

$$M_1 = 4 - 2 \times 4 = -4kN \cdot m$$

(3)求 2-2 截面上的剪力和弯矩

从 2-2 位置处将梁截开后,取右段梁为研究对象。受力图如图 7-12c)所示。由公式(2-24)可知:

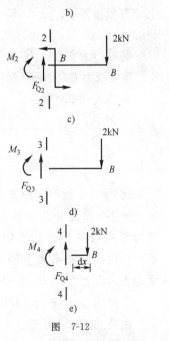

图 7-12

$$F_{Q2} = 2\text{kN}$$

由公式(2-25)可知：

$$M_2 = 4 - 2 \times 2 = 0\text{kN} \cdot \text{m}$$

（4）求 3-3 截面上的剪力和弯矩

从 3-3 位置处将梁截开后，取右段梁为研究对象。受力图如图 7-12d)所示。由公式(2-24)可知：

$$F_{Q3} = 2\text{kN}$$

由公式(2-25)可知：

$$M_3 = -2 \times 2 = -4\text{kN} \cdot \text{m}$$

（5）求 4-4 截面上的剪力和弯矩

从 4-4 位置处将梁截开后，取右段梁为研究对象。受力图如图 7-12e)所示。由公式(2-24)可知：

$$F_{Q4} = 2\text{kN}$$

由公式(2-25)可知：

$$M_4 = 0$$

【例 7-5】 用直接法计算图 7-13a)所示简支梁指定截面 1-1、2-2、3-3、4-4 上的剪力和弯矩。已知：$F_P = 20\text{kN}$，$m = 40\text{kN} \cdot \text{m}$，$q = 10\text{kN/m}$。

解：（1）求支座反力

支座反力方向如图所示；

由公式(2-22)得：

$$F_B = \frac{20 \times 2 - 40 + 10 \times 4 \times 6}{8} = 30\text{kN}$$

$$F_A = \frac{20 \times 6 + 40 + 10 \times 4 \times 2}{8} = 30\text{kN}$$

（2）求 1-1 截面上的剪力和弯矩

从 1-1 位置处将梁截开，取左段梁为研究对象。受力图如图 7-13b)所示。作用在左侧梁段上的外力有：支座反力 F_A，由公式(2-24)可知：

$$F_{Q1} = F_A = 30\text{kN}$$

由公式(2-25)可知：

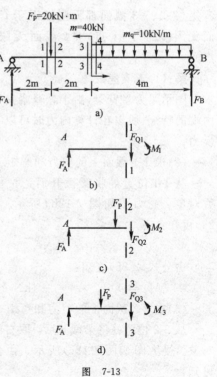

图 7-13

$$M_1 = F_A \times 2 = 60 \text{kN} \cdot \text{m}$$

(3)求 2-2 截面上的剪力和弯矩

从 2-2 位置处将梁截开后,取左段梁为研究对象。受力图如图 7-13c)所示。作用在左侧梁段上的外力有:支座反力 F_A、力 F_P,由公式(2-24)可知:

$$F_{Q2} = F_A - F = 30 - 20 = 10 \text{kN}$$

由公式(2-25)可知:

$$M_2 = F_A \times 2 = 60 \text{kN} \cdot \text{m}$$

(4)求 3-3 截面上的剪力和弯矩

从 3-3 位置处将梁截开后,取左段梁为研究对象。受力图如图 7-13d)所示。作用在左侧梁段上的外力有:支座反力 F_A、力 F_P,由公式(2-24)可知:

$$F_{Q3} = F_A - F_P = 30 - 20 = 10 \text{kN}$$

由公式(2-25)可知:

$$M_3 = F_A \times 4 - F_P \times 2 = 80 \text{kN} \cdot \text{m}$$

(5)求 4-4 截面上的剪力和弯矩

从 4-4 位置处将梁截开后,取右段梁为研究对象。作用在右侧梁段上的外力有:均布荷载 q、支座反力 F_B,由公式(2-24)可知:

$$F_{Q4} = q \times 4 - F_B = 10 \text{kN}$$

由公式(2-25)可知:

$$M_4 = F_B \times 4 - q \times 4 \times 2 = 40 \text{kN} \cdot \text{m}$$

当然在计算 1-1、2-2、3-3 截面的剪力和弯矩时也可以取该截面右侧计算,在求 4-4 截面的剪力和弯矩时也可以取该截面左侧计算,请读者自己练习。

【例 7-6】 直接用规律求图 7-14a)所示简支梁指定截面上的剪力和弯矩。已知:$M = 8 \text{kN} \cdot \text{m}$,$q = 2 \text{kN/m}$。

解:(1)求支座反力

支座反力方向如图所示,

$$F_B = \frac{8 + 2 \times 2 \times 3}{4} = 5 \text{kN}(\uparrow)$$

$$F_A = \frac{8 - 2 \times 2 \times 1}{4} = 1 \text{kN}(\downarrow)$$

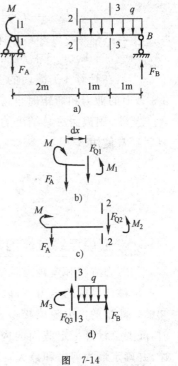

图 7-14

第七章 平面弯曲变形

（2）求 1-1 截面上的剪力和弯矩

从 1-1 截面处将梁截开后，取左段梁为研究对象。受力图如图 7-14b)所示。作用在左段梁上的外力有：力偶 M、支座反力 F_A，由公式（2-24）可知：

$$F_{Q1} = -F_A = -1kN$$

由公式（2-25）可知：

$$M_1 = 8kN \cdot m$$

（3）求 2-2 截面上的剪力和弯矩

从 2-2 截面处将梁截开后，取右段梁为研究对象。受力图如图 7-14c)所示。作用在右段梁上的外力有：均布荷载 q、支座反力 F_B，由公式（2-24）可知：

$$F_{Q2} = q \times 2 - F_B = 2 \times 2 - 5 = -1kN$$

由公式（2-25）可知：

$$M_2 = -q \times 2 \times 1 + F_B \times 2 = -2 \times 2 \times 1 + 5 \times 2 \cdot m = 6kN \cdot m$$

（4）求 3-3 截面上的剪力和弯矩

从 3-3 截面处将梁截开后，取右段梁为研究对象。受力图如图 7-14d)所示。作用在右段梁上的外力有：均布力 q、支座反力 F_B，由公式（2-24）可知：

$$F_{Q3} = q \times 1 - F_B = (2 \times 1 - 5)kN = -3kN$$

由公式（2-25）可知：

$$M_3 = -q \times 1 \times 0.5 + F_B \times 1 = (-2 \times 1 \times 0.5 + 5 \times 1)kN \cdot m = 4kN \cdot m$$

当然在计算 1-1 截面的剪力和弯矩时也可以取该截面右侧计算，在求 2-2、3-3 截面的剪力和弯矩时也可以取该截面左侧计算，请读者自己练习。

显然，用截面法总结出的规律直接计算剪力和弯矩比较简捷，所以，实际计算时经常使用。

第二节 内 力 图

一 描点连线法作内力图

用剪力方程和弯矩方程绘图的方法称为描点连线法。

通过计算梁的内力，可以看到，梁在不同位置的横截面上的内力值一般是不同的。即梁的内力随梁横截面位置的变化而变化。进行梁的强度和刚度计算时，除要会计算指定截面的内力外，还必须知道剪力和弯矩沿梁轴线的变化规律，并确定最大剪力和最大弯矩的值以及它们所在的位置。现讨论这个问题。

1. 剪力方程和弯矩方程

梁横截面上的剪力和弯矩一般是随横截面的位置而变化的。若横截面的位置用沿梁轴线的横坐标 x 表示,则梁内各横截面上的剪力和弯矩就都可以表示为坐标 x 的函数,即:

$$F_Q = F_Q(x) \text{ 和 } M = M(x)$$

以上两函数式表示梁的剪力和弯矩沿梁轴线的变化规律。分别称为梁的剪力方程和弯矩方程。

在建立剪力方程、弯矩方程时,剪力、弯矩仍然可使用截面法或直接法由外力计算。例如图 7-15a)所示的悬臂梁,当将坐标原点假定在左端点 A 上时,如图 7-15b),在距离原点为 x 的位置处取一截面,并取该截面的左侧研究,直接用外力的规律可写出方程。

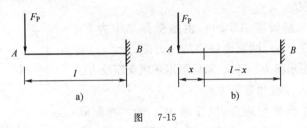

图　7-15

剪力方程为:

$$F_Q(x) = -F_P \qquad (0 < x < l)$$

弯矩方程为:

$$M(x) = -F_{Px} \qquad (0 \leqslant x < l)$$

式中括号内表示 x 值的取值范围,即方程的适用范围。

可见,此时该悬臂梁当 $x=0$ 时表示 A 偏右截面上的剪力 $F_{QA} = -F_P$ 及 A 截面上的弯矩 $M_A = 0$;当 $x=l$ 时表示 B 截面上的剪力 $F_{QB} = -F_P$、弯矩 $M_B = -F_P l$。

2. 剪力图和弯矩图

为了形象地表明沿梁轴线各横截面上剪力和弯矩的变化情况,可以根据剪力方程和弯矩方程分别绘出剪力图和弯矩图,如图 7-16。它的画法和轴力图、扭矩图的画法相似,以沿梁轴的横坐标 x 表示梁横截面的位置,以纵坐标表示相应截面的剪力和弯矩。作图时,一般把正的剪力画在 x 轴的上方,负的剪力画在 x 轴的下方,并标明正负号;正弯矩画在 x 轴下方,负弯矩画在 x 轴的上方,即将弯矩图画在梁的受拉侧,而不必标明正负号。

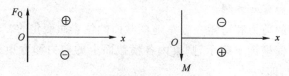

图 7-16

3.画剪力图和弯矩图的步骤

1)根据梁的支承情况和梁上作用的荷载,求出支座反力(对于悬臂梁,若选自由端一侧为研究对象,可以不必求出支座反力)。

2)分段列出剪力方程和弯矩方程。根据梁所受荷载及支座反力,在集中力(包括支座反力)和集中力偶作用处,以及分布荷载的分布规律发生变化处将梁分段,分别列出每一段的剪力方程和弯矩方程。

3)由剪力方程和弯矩方程求出特征点的值,画出剪力图和弯矩图,且标明最大剪力和弯矩值。

【例 7-7】 悬臂梁 AB 的自由端受到集中力 F_P 的作用,如图 7-17a),试画出该梁的内力图。

解: 因为图示梁为悬臂梁,所以可以不求支座反力。

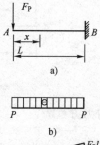

(1)列剪力方程和弯矩方程

以左端 A 为坐标原点,以梁轴为 x 轴。在距原点为 x 的截面处将梁截开,取左段梁为研究对象,列剪力方程和弯矩方程:

剪力方程为:

$$F_Q(x) = -F_P \qquad (0 < x < l)$$

弯矩方程为:

$$M(x) = -F_P x \qquad (0 \leqslant x < l)$$

图 7-17

(2)画剪力图和弯矩图

由剪力方程可知,$F_Q(x)$ 是一常数,表明各截面的剪力都相同,不随梁内横截面位置的变化而变化,所以剪力图是一条平行于 x 轴的直线,且位于 x 轴的下方,如图 7-17b)。

由弯矩方程可知,$M(x)$ 是 x 的一次函数,弯矩沿梁轴按直线规律变化,弯矩图是一条斜直线,因此,需确定梁内任意两截面的弯矩,便可画出弯矩图。由于不论 x 取何值弯矩均为负值,所以弯矩图应作在 x 轴的上侧。

当 $x=0$ 时 $\qquad\qquad\qquad\qquad M_A = 0$

当 $x=l$ 时 $\qquad\qquad\qquad M_B = -F_P l$

弯矩图如图 7-17c)所示。

与作杆件的轴力图、扭矩图类似,在作出的剪力图上要标出控制截面的内力值、剪力的正负号,作出垂直于 x 轴的竖标线;而弯矩图比较特殊,由于弯矩图总是作在梁受拉的一侧,因此可以不标正负号,其他要求同剪力图。

【例 7-8】 简支梁受集中力 F_P 的作用,如图 7-18a),试画出梁的剪力图和弯矩图。

解:(1)求支座反力

以整体为研究对象,列平衡方程:

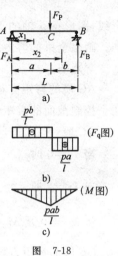

图 7-18

$$\sum M_A = 0 \qquad F_B l - F_P a = 0$$

$$F_B = \frac{F_P a}{l}(\uparrow)$$

$$\sum Y = 0 \qquad F_A - F_P + F_B = 0$$

$$F_A = F_P - \frac{F_P a}{l} = \frac{F_P b}{l}(\uparrow)$$

(2)列剪力方程和弯矩方程

梁在 C 截面上有集中力作用,使 AC 段和 CB 段的剪力方程和弯矩方程不同,故 AC 段和 CB 段内力方程要分段列出。

AC 段:在 AC 段上距 A 端为 x_1 的截面处将梁截开,取左段研究,根据左段上的外力直接列方程:

$$F_{Q1} = F_A = \frac{F_P b}{l} \qquad (0 < x_1 < a)$$

$$M_1 = F_A x_1 = \frac{F_P b}{l} x_1 \qquad (0 \leqslant x_1 < a)$$

CB 段:在 CB 段上距 A 端为 x_2 的任意截面处将梁截开,取左段研究,根据左段上的外力直接列方程:

$$F_{Q2} = F_A - F_P = \frac{F_P a}{l} \qquad (a < x_2 < l)$$

$$M_2 = F_A x_2 - F_P(x_2 - a) = \frac{F_P a}{l}(l - x_2) \qquad (a \leqslant x_2 \leqslant l)$$

(3)作剪力图和弯矩图

根据方程的情况判断剪力图和弯矩图的形状,确定控制截面的个数及内力值,作图。

剪力图:

AC 段：剪力方程为常数，剪力值为 $\dfrac{F_p b}{l}$，剪力图是一条平行于 x 轴的直线，在 x 轴的上方。

CB 段：剪力方程也为常数，剪力值为 $-\dfrac{F_p a}{l}$，剪力图也是一条平行于 x 轴的直线，图形在 x 轴的下方。

画出全梁的剪力图，如图 7-18b)。

弯矩图：

AC 段的弯矩方程是 x_1 的一次函数，所以弯矩图是一条斜直线，需要计算两个控制截面的弯矩值，就可画出弯矩图。

AC 段：

当 $x_1 = 0$ 时　　　　　　　　　　$M_A = 0$

当 $x_1 = a$ 时　　　　　　　　$M_C = \dfrac{F_p ab}{l}$

将 $M_A = 0$ 及 $M_C = \dfrac{F_p ab}{l}$ 两点连线即可以作出 AC 段的弯矩图。

CB 段的弯矩方程也是 x_2 一次函数，所以弯矩图仍是一条斜直线。

CB 段：

当 $x_2 = a$ 时　　　　　　　　$M_C = \dfrac{F_p ab}{l}$

当 $x_2 = l$ 时　　　　　　　　　　$M_B = 0$

将 $M_B = 0$ 及 $M_C = \dfrac{F_p ab}{l}$ 两点连线即可以作出 CB 段的弯矩图。

全梁弯矩图如图 7-18c)所示。

注意：作图时应将内力图与梁的计算简图对齐，并写出图名（F_Q 图、M 图）、控制截面内力值。标明内力的正、负号的情况下，可以不作出坐标轴。本例就采用了这种方法。习惯上作图时常用这种方法。

由弯矩图可知：简支梁上只有一个集中力作用时，在集中力作用处弯矩出现最大值。$M_{max} = \dfrac{F_p ab}{l}$，若集中力正好作用在梁的跨中，即 $a = b = \dfrac{l}{2}$ 时，弯矩的最大值为：$M_{max} = \dfrac{F_p l}{4}$。

这个结论在今后学习叠加法时经常用到，要特别注意。

由【例 7-7】和【例 7-8】可以看出：在梁上无荷载作用的区段，其剪力图都是

平行于 x 轴的直线。在集中力作用处,左右截面的剪力图发生突变,突变的绝对值等于集中力的大小。而弯矩图在无荷载作用的区段,是斜直线,在集中力作用处,弯矩图发生转折,出现尖角现象。

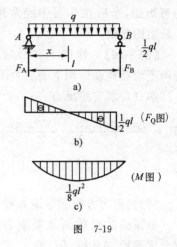

图 7-19

【例 7-9】 简支梁受均布线荷载 q 的作用,如图 7-19a),试画出该梁的剪力图和弯矩图。

解:(1)求支座反力

由对称关系可知:

$$F_B = F_A = \frac{q \times l \times \dfrac{l}{2}}{l} = \frac{ql}{2}(\uparrow)$$

(2)列剪力方程和弯矩方程

在距左端点 A 为 x 的截面处将梁截开,取左段梁为研究对象,列剪力方程和弯矩方程:

$$F_Q(x) = F_A - q_x = \frac{ql}{2} - q_x \qquad (0 < x < l)$$

$$M(x) = F_A x - \frac{qx^2}{2} = \frac{ql}{2}x - \frac{qx^2}{2} \qquad (0 \leqslant x \leqslant l)$$

(3)作剪力图和弯矩图

由剪力方程可知:剪力方程为 x 的一次函数,剪力图为一条斜直线,需要确定两个控制截面的值。

当 $x=0$ 时　　　　　　　　　$F_{QA} = \dfrac{ql}{2}$

当 $x=l$ 时　　　　　　　　　$F_{QB} = -\dfrac{ql}{2}$

将 $F_{QA} = \dfrac{ql}{2}$ 与 $F_{QB} = -\dfrac{ql}{2}$ 连线得梁的剪力图。如图 7-19b)所示。

由弯矩方程可知:弯矩方程为 x 的二次函数,弯矩图为一条二次抛物线,至少需要确定三个控制截面的数值。

当 $x=0$ 时　　　　　　　　$M_A = 0$

当 $x=l$ 时　　　　　　　　$M_B = 0$

当 $x=l/2$ 时　　　　　　　$M_C = \dfrac{ql^2}{8}$

将 $M_A = 0$ 与 $M_C = \dfrac{ql^2}{8}$、$M_B = 0$ 三点连线得梁的弯矩图。如图 7-19c)所示。

对于简支梁在满跨向下均布荷载作用下的弯矩图,今后在学习中经常用到,希望将这个弯矩图熟记。

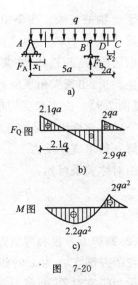

图 7-20

【例 7-10】 作图 7-20a)所示外伸梁在满跨向下均布荷载作用下的剪力图和弯矩图。

解:(1)求支座反力

$$F_A = \frac{q \times 5a \times 2.5a - q \times 2a \times a}{5a} = 2.1qa(\uparrow)$$

$$F_B = \frac{q \times 7a \times 3.5a}{5a} = 4.9qa(\uparrow)$$

(2)列剪力方程和弯矩方程

根据梁的端截面及集中力的作用截面将梁分成两段:AB 段、BC 段。

在 AB 段上距左端点 A 为 x_1 的截面处将梁截开,取左段梁为研究对象,列剪力方程和弯矩方程:

$$F_Q(x_1) = F_A - qx_1 = 2.1qa - qx_1 \qquad (0 < x_1 < 5a)$$

$$M(x_1) = F_A x_1 - qx_1 \cdot \frac{x_1}{2} = 2.1qa \cdot x_1 - \frac{qx_1^2}{2} \qquad (0 \leqslant x_1 \leqslant 5a)$$

在 BC 段上距右端点为 x_2 的截面处将梁截开,取右段梁为研究对象,列剪力方程和弯矩方程:

$$F_Q(x_2) = qx_2 \qquad (0 \leqslant x_2 < 2a)$$

$$M(x_2) = -\frac{qx_2^2}{2} \qquad (0 \leqslant x_2 \leqslant 2a)$$

(3)作剪力图和弯矩图

由剪力方程可知:剪力为 x 的一次函数,剪力图为斜直线,各段上分别需要确定两个控制截面的数值。

AB 段:当 $x_1 = 0$ 时 $F_{QA} = 2.1qa$

当 $x_1 = 5a$ 时 $F_{QB}^{左} = -2.9qa$

BC 段:当 $x_2 = 0$ 时 $F_{QC} = 0$

当 $x_2 = 2a$ 时 $F_{QB}^{右} = 2qa$

将 $F_{QA} = 2.1qa$ 与 $F_{QB}^{L} = -2.9qa$ 连线,将 $F_{QB}^{R} = 2qa$ 与 $F_{QC} = 0$ 连线得梁的剪力图。如图 7-20b)所示。

由弯矩方程可知:弯矩为 x 的二次函数,弯矩图为二次抛物线,各段上分别需要确定三个控制截面的数值。

AB 段:当 $x_1 = 0$ 时 $M_A = 0$

   当 $x_1 = 5a$ 时 $M_B = -2qa^2$

   当 $x_1 = 2.1a$ 时,剪力等于零;弯矩取得该段上的极值 $M_{max} = 2.2qa^2$

BC 段:当 $x_2 = 0$ 时 $M_C = 0$

   当 $x_2 = 2a$ 时 $M_B = -2qa^2$

   当 $x_2 = a$ 时 $M_D = -\dfrac{qa^2}{2}$

将 $M_A = 0$ 与 $M_{max} = 2.2qa^2$ 和 $M_B = -2qa^2$ 三点连线得 AB 段梁的弯矩图;

将 $M_B = -2qa^2$ 与 $M_D = -\dfrac{qa^2}{2}$ 和 $M_C = 0$ 三点连线得 BC 段梁的弯矩图。

从本例看出,在列内力方程时,可选左段梁为研究对象,也可选右段梁。但是所列的方程要以右端点为起点。

同时还可以看出:在水平梁上有向下均布荷载作用的区段,剪力图为从左向右的下斜直线,弯矩图为下凸的二次抛物线;在剪力为零的截面处,弯矩存在极值。

【例 7-11】 简支梁 AB,在 C 截面处作用有力偶 m,如图 7-21a)。试画出梁的剪力图和弯矩图。

解: (1)求支座反力

$$F_A = -\frac{m}{l}(\downarrow)$$

$$F_B = \frac{m}{l}(\uparrow)$$

(2)列剪力方程和弯矩方程

梁在 C 截面上有集中力偶作用,使 AC 段和 CB 段的剪力方程和弯矩方程不同,故 AC 段和 CB 段内力方程要分段列出。

AC 段:在 AC 段上距 A 端为 x_1 的截面处将梁截开,取左段研究,根据左段上的外力直接列方程:

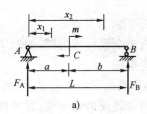

a)

b)

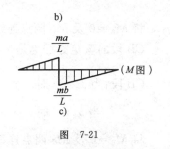

c)

图 7-21

$$F_Q(x_1) = F_A = -\frac{m}{l} \qquad (0 < x_1 \leqslant a)$$

$$M(x_1) = F_A x_1 = -\frac{m}{l} x_1 \qquad (0 \leqslant x_1 < a)$$

CB 段：在 CB 段上距 A 端为 x_2 的任意截面处将梁截开，取左段研究，根据左段上的外力直接列方程：

$$F_Q(x_2) = F_A = -\frac{m}{l} \qquad (a < x_2 < l)$$

$$M(x_2) = F_A x_2 + m = -\frac{m}{l} x_2 + m = \frac{m}{l}(l - x_2) \qquad (a \leqslant x_2 \leqslant l)$$

(3)作剪力图和弯矩图

根据方程的情况判断剪力图和弯矩图的形状，确定控制截面的个数及内力值，作图。

剪力图：

AC 段剪力方程为常数，剪力值为 $-\frac{m}{l}$，剪力图是一条平行于 x 轴的直线，在 x 轴的下方。

CB 段：剪力方程也为常数，剪力值为 $-\frac{m}{l}$，剪力图是条平行于 x 轴的直线，图形在 x 轴的下方。

画出全梁的剪力图，如图 7-21b)。

弯矩图：

AC 段的弯矩方程是 x_1 的一次函数，所以弯矩图是一条斜直线，需要计算两个控制截面的弯矩值，就可画出弯矩图。

AC 段：当 $x_1 = 0$ 时 $\qquad\qquad M_A = 0$

当 $x_1 = a$ 时 $\qquad\qquad M_C^L = -\frac{m}{l} a$

将 $M_A = 0$ 及 M_C 两点连线即可以作出 AC 段的弯矩图。

CB 段的弯矩方程也是 x_2 一次函数，所以弯矩图仍是一条斜直线。

CB 段：当 $x_2 = a$ 时 $\qquad\qquad M_C^R = \frac{m}{l}(l - a)$

当 $x_2 = l$ 时 $\qquad\qquad M_B = 0$

将 $M_B = 0$ 及 M_C 两点连线即可以作出 CB 段的弯矩图。

全梁弯矩图如图 7-21c)所示。

由【例 7-11】可以看出:在集中力偶作用处,弯矩图有突变,突变的大小等于该集中力偶的力偶矩值;而剪力图无变化。

以上分别讨论了梁在集中力、集中力偶、均布荷载作用下的内力图,通过讨论发现,内力图与荷载之间存在一定的规律。这些规律对今后快速作图、检查剪力图和弯矩图的正确性都非常有用,应该重点掌握。

二 荷载与剪力、弯矩间的微、积分关系

通过上节学习,已经简单归纳了剪力图、弯矩图的一些规律,说明作用在梁上的荷载与剪力、弯矩间存在着一定的关系。下面进一步讨论分布荷载集度 $q(x)$ 与弯矩 $M(x)$、剪力 $F_Q(x)$ 之间的微、积分关系。

如图 7-22a)所示,梁上作用有任意分布荷载 $q(x)$,取 A 为坐标原点,x 轴以向右为正向,y 轴以向上为正向。现取分布荷载作用下一微段 dx 来分析,如图 7-22b)。

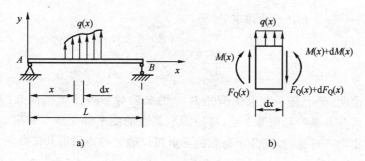

图　7-22

(1)微分关系

由于微段的长度 dx 很小,因此,在微段上作用的分布荷载 $q(x)$ 可以看成是均匀分布的。设左侧横截面上的剪力和弯矩分别为 $F_Q(x)$ 和 $M(x)$;右侧横截面上的剪力和弯矩分别为 $F_Q(x)+dF_Q(x)$ 和 $M(x)+dM(x)$,并设两个截面上的剪力和弯矩都是正值。因为微段处于平衡状态,所以由方程 $\sum Y = 0$,得:

$$F_Q(x)+q(x)dx-\left[F_Q(x)+dF_Q(x)\right] = 0$$

即:

$$\frac{dF_Q(x)}{dx} = q(x) \qquad (7\text{-}1)$$

上式说明：梁上任一横截面的剪力对 x 的一阶导数等于作用在梁上该截面处的分布荷载集度。这一微分关系的几何意义是：剪力图上某点切线的斜率等于该点对应截面处的分布荷载集度。

再由 $\sum M_c = 0$（C 点为微段右侧截面的形心），得：

$$-M(x) - F_Q(x)dx - q(x)dx \cdot \frac{dx}{2} + [M(x) + dM(x)] = 0$$

略去高阶微量 $q(x) \cdot \dfrac{dx^2}{2}$，并对上式进行整理后即为：

$$\frac{dM(x)}{dx} = F_Q(x) \qquad (7\text{-}2)$$

上式说明：梁上任一横截面的弯矩对 x 的一阶导数等于该截面上的剪力。这一微分关系的几何意义是：弯矩图上某点切线的斜率等于该点对应横截面上的剪力。

再将 $\dfrac{dM(x)}{dx} = F_Q(x)$ 两边求导，得：

$$\frac{d^2 M(x)}{dx^2} = q(x) \qquad (7\text{-}3)$$

上式说明：梁上任一截面的弯矩对 x 的二阶导数等于该截面处的荷载集度。这一微分关系的几何意义是：弯矩图上某点的曲率等于该点对应截面处的分布荷载集度。可见，根据分布荷载的正负可以确定弯矩图的开口方向。

（2）积分关系

将式（7-1）两端在 AB 梁段上积分，得：

$$\int_A^B F_Q(x)dx = \int_A^B q(x)dx$$

即：

$$F_Q(B) - F_Q(A) = \int_A^B q(x)dx$$

上式表明，若 AB 梁段上无集中力作用时，梁段两端横截面上剪力之差等于该梁段上分布荷载图形的面积。

同理，若 AB 梁段上无集中力偶作用时，对式（7-2）两端在 AB 梁段上积分，得：

$$\int_A^B M(x)\,\mathrm{d}x = \int_A^B F_Q(x)\,\mathrm{d}x$$

即：

$$M(B) - M(A) = \int_A^B F_Q(x)\,\mathrm{d}x$$

上式表明,若 AB 梁段上无集中力偶作用时,梁段两端横截面上弯矩之差等于该梁段上剪力图的面积。

三 利用微、积分关系作剪力图、弯矩图

应用 $M(x)$、$F_Q(x)$、$q(x)$ 三者之间的微、积分关系及几何意义,可以总结出梁在均布荷载作用时的规律和特点。利用这些规律和特点可以校核或绘制梁的剪力图和弯矩图。

1. 在无均布荷载作用的区段

由于 $q(x)=0$,即 $\dfrac{\mathrm{d}F_Q(x)}{\mathrm{d}x}=0$,$F_Q(x)$ 是常数,所以剪力图是一条平行于是 x 轴的直线。又因 $\dfrac{\mathrm{d}F_Q(x)}{\mathrm{d}x}=F_Q(x)=$ 常数,所以,该段梁的弯矩图中各点切线的斜率为一常数,弯矩图为一条斜直线。至于该直线向哪个方向倾斜,可能出现三种情况：

当 $F_Q(x)>0$ 时,弯矩图为一条下斜直线(\)；

当 $F_Q(x)<0$ 时,弯矩图为一条上斜直线(/)；

当 $F_Q(x)=0$ 时,弯矩图为一条水平直线(—)。

2. 在有均布荷载作用的区段

由于 $q(x)=$ 常数,即 $\dfrac{\mathrm{d}F_Q(x)}{\mathrm{d}x}=q(x)=$ 常数,所以剪力图上各点切线的斜率均相等,剪力图为一条斜直线,又因 $\dfrac{\mathrm{d}^2 M(x)}{\mathrm{d}x^2}=q(x)=$ 常数,所以弯矩图为二次抛物线；可能出现两种情况：

$q(x)>0$ 时,即 $\dfrac{\mathrm{d}F_Q(x)}{\mathrm{d}x}>0$,$\dfrac{\mathrm{d}^2 M(x)}{\mathrm{d}x^2}>0$,则剪力图为上斜直线(/),弯矩图为上凸曲线(∩)；

$q(x)<0$ 时,即 $\dfrac{\mathrm{d}F_Q(x)}{\mathrm{d}x}<0$,$\dfrac{\mathrm{d}^2 M(x)}{\mathrm{d}x^2}<0$,则剪力图为下斜直线(\),弯矩图为下凸曲线(∪)。

3. 在集中力作用处

剪力图有突变,突变的数值等于集中力的大小,突变方向与集中力的方向一

致。弯矩图在相应位置上有转折。

4.在集中力偶作用处

剪力图无变化,弯矩图有突变,突变的数值等于集中力偶矩的大小。

5.弯矩的极值

由于 $F_Q(x)=0$,即 $\dfrac{\mathrm{d}M(x)}{\mathrm{d}x}=0$,所以弯矩图在剪力等于零的截面上有极值。反之,弯矩具有极值的截面上,剪力一定等于零。

将荷载、剪力图、弯矩图之间的关系列于表 7-1,以便应用。以上总结的规律,除了可以帮助检查作图的正确性外,利用它还可避免列方程的麻烦,而直接作出内力图,应很好地理解和熟练掌握。

不同荷载作用下剪力图和弯矩图的特征　　　　　　　　　表 7-1

梁上荷载情况		剪 力 图	弯 矩 图
无荷载区域 $q(x)=0$		F_Q 图为水平直线 $F_Q=0$	M 图为斜直线 $M<0$ $M=0$ $M>0$
		$F_Q>0$	下斜直线
		$F_Q<0$	
$q(x)=$ 常数	$q(x)>0$	上斜直线	上凸曲线
	$q(x)<0$	下斜直线	下凸曲线
		$F_Q=0$ 的截面处	M 有极值
	F_P		p
	m	集中力偶作用处 剪力图无变化	m

利用梁的剪力图、弯矩图与荷载之间的规律可以更简捷地作梁的内力图,其步骤如下:

(1)求支座反力。

对于悬臂梁由于其一端为自由端,所以可以不求支座反力。

(2)将梁进行分段。

梁的端截面、集中力、集中力偶的作用截面、分布荷载的起止截面都是梁分段时的界线截面。

(3)由各梁段上的荷载情况,根据规律确定其对应的剪力图和弯矩图的形状。

(4)确定控制截面,求控制截面的剪力值,绘出梁的剪力图。

(5)求控制截面的弯矩值,绘出梁的弯矩图。一般是从左往右画。

控制截面是指对内力图形能起控制作用的截面。比如当图形为平行直线时,只要确定一个截面的内力数值就能作出图来;当图形为斜直线时就需要确定两个截面的内力数值才能作出图来;而当图形为抛物线时就需要至少确定三个截面的内力数值才能作出图来;一般情况下,选梁段的界线截面、剪力等于零的截面、跨中截面为控制截面。

【例 7-12】 试利用微积分关系画图 7-23a)所示简支梁的剪力图和弯矩图。

解:(1)求支座反力。

$$F_B=\frac{20\times2+50}{6}=15\text{kN}(\uparrow)$$

$$F_A=\frac{20\times4-50}{6}=5\text{kN}(\uparrow)$$

(2)将梁进行分段。

将梁按荷载分布情况分为 AC、CD、DB 三段,分别画每一段的剪力图。

(3)由各梁段上的荷载情况,根据规律确定其对应的剪力图和弯矩图的形状。

AC 段、CD 段、DB 段都是无均布荷载区段,则剪力图为一条水平直线,弯矩图为斜直线。

(4)确定控制截面,求控制截面的剪力值、绘出梁的剪力图。如图 7-23b)所示。

AC 段:
$$F_{QAC}=F_A=5\text{kN}$$

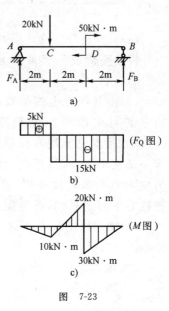

图 7-23

CD 段： $F_{QCD} = -15\text{kN}$

DB 段： $F_{DB} = -15\text{kN}$

(5)求控制截面的弯矩值,绘出梁的弯矩图。如图 7-23c)所示。

AC 段： $M_A = 0 \qquad M_C = 10\text{kN} \cdot \text{m}$

CD 段： $M_C = 10\text{kN} \cdot \text{m}$

$M_D^L = 5 \times 4 - 20 \times 2 = -20\text{kN} \cdot \text{m}$

DB 段： $M_D^R = 15 \times 2 = 30\text{kN} \cdot \text{m} \qquad M_B = 0$

说明:在有集中力作用的地方,因为剪力有突变,则要计算其左右截面的剪力。在有集中力偶作用的地方,因弯矩有突变,则要计算其左右截面的弯矩。

【例 7-13】 作图 7-24a)所示外伸梁的剪力图和弯矩图。

解:(1)求支座反力。

$$F_B = \frac{-8 \times 1 + 10 \times 1 \times 4.5}{4} = 9.25\text{kN}(\uparrow)$$

$$F_A = \frac{8 \times 5 - 10 \times 1 \times 0.5}{4} = 8.75\text{kN}(\uparrow)$$

(2)将梁进行分段。

将梁按荷载分布情况分为 CA 段、AB 段、BD 三段。

(3)由各梁段上的荷载情况,根据规律确定其对应的剪力图和弯矩图的形状。CA、AB 段都是无均布荷载区段,则剪力图为一条水平直线,弯矩图为斜直线。BD 段为向下的均布荷载作用,所以剪力图是一条往右下斜的直线,弯矩图为向下凸的抛物线。

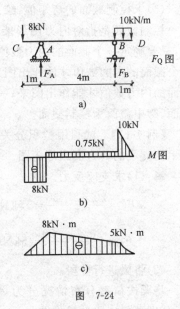

图 7-24

(4)确定控制截面,求控制截面的剪力值,绘出梁的剪力图。如图 7-24b)所示。

CA 段： $F_{QCA} = -8\text{kN}$

AB 段： $F_{QAB} = 0.75\text{kN}$

BD 段： $F_{QB}^R = 10\text{kN} \qquad F_{QD} = 0$

(5)求控制截面的弯矩值,绘出梁的弯矩图如图 7-24c)所示。

CA 段： $M_C = 0 \qquad M_A = -8\text{kN} \cdot \text{m}$

AB 段：$\qquad M_A = -8\text{kN} \cdot \text{m}$

$\qquad\qquad M_B = -8 \times 5 + 8.75 \times 4 = -5\text{kN} \cdot \text{m}$

BD 段：$\qquad M_B = -5\text{kN} \cdot \text{m} \qquad M_D = 0$

$\qquad\qquad M_{\text{中}} = -1.25\text{kN} \cdot \text{m}$

【例 7-14】 用微积分关系作图 7-25a)所示简支梁的剪力图和弯矩图。

解：（1）求支座反力。

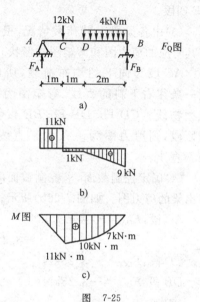

a)

b)

c)

图 7-25

$$F_B = \frac{12 \times 1 + 4 \times 2 \times 3}{4} = 9\text{kN}（\uparrow）$$

$$F_A = \frac{12 \times 3 + 4 \times 2 \times 1}{4} = 11\text{kN}（\uparrow）$$

（2）将梁分段。

将梁按荷载分布情况分为 AC 段、CD 段、DB 三段。由各梁段上的荷载情况，根据规律确定其对应的剪力图和弯矩图的形状。AC 段、CD 段都是无均布荷载区段，则剪力图为一条水平直线，弯矩图为斜直线。DB 段为向下的均布荷载作用，所以剪力图是一条往右下斜的直线，弯矩图为向下凸的抛物线。

（3）确定控制截面，求控制截面的剪力值、绘出梁的剪力图。如图 7-25b)所示。

AC 段：$\qquad F_{QAC} = 11\text{kN}$

CD 段：$\qquad F_{QCD=} -1\text{kN}$

DB 段：$\qquad F_{QD} = -1\text{kN} \qquad F_{QB} = -9\text{kN}$

（4）求控制截面的弯矩值，绘出梁的弯矩图。如图 7-25c)所示。

AC 段：$\qquad M_A = 0 \qquad\qquad M_C = 11\text{kN} \cdot \text{m}$

CD 段：$\qquad M_C = 11\text{kN} \cdot \text{m} \qquad M_D = 10\text{kN} \cdot \text{m}$

DB 段：$\qquad M_D = 10\text{kN} \cdot \text{m} \qquad M_B = 0$

$\qquad\qquad M_{DB\text{中}} = 7\text{kN} \cdot \text{m}$

【例 7-15】 绘制图 7-26a)所示外伸梁的内力图。

解：（1）求支座反力

$$F_B = \frac{2 \times 4 \times 2 - b + 8 \times 10}{8} = 11.25 \text{ kN}（\uparrow）$$

$$F_A = \frac{2 \times 4 \times 6 + b - 8 \times 2}{8} = 4.75 \text{kN} (\uparrow)$$

（2）将梁分段

将梁按荷载分布情况分为 AC、CD、DB、BE 四段。

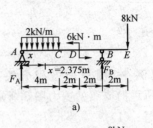

a)

（3）由各梁段上的荷载情况，根据规律确定其对应的剪力图和弯矩图的形状。

AC 段为向下的均布荷载，所以剪力图是一条往右下斜的直线、弯矩图为下凸的二次抛物线。CD 段、DB 段、BE 段都是无荷载区段，则剪力图为一条水平直线，弯矩图为斜直线。

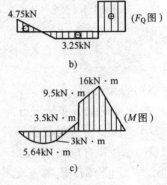

b)

c)

图 7-26

（4）确定控制截面，求控制截面的剪力值、绘出梁的剪力图。如图 7-26b)所示。

AC 段：$F_{QA} = F_A = 4.75 \text{kN}$

$\quad\quad\quad F_{QC} = F_A - 4 \times 2 = -3.25 \text{ kN}$

CD 段：$F_{QCD} = -3.25 \text{kN}$

DB 段：$F_{QDB} = -3.25 \text{kN}$

BE 段：$F_{QBE} = 8 \text{kN}$

（5）求控制截面的弯矩值，绘出梁的弯矩图。如图 7-26c)所示。

AC 段：$\quad\quad\quad\quad M_A = 0 \quad\quad M_C = 3 \text{kN} \cdot \text{m}$

由剪力图可知：此段弯矩图存在极值，应该求出极值所在截面位置及其大小。设弯矩有极值的截面距 A 点为 x，有该截面剪力等于零可得：

$$F_Q(x) = F_A - 2x = 4.75 - 2x = 0$$

$$x = 2.375 \text{m}$$

弯矩的极值为：

$$M_{max} = F_A x - \frac{qx^2}{2} = 4.75 \times 2.375 - 2 \times \frac{2.375^2}{2} = 5.64 \text{kN} \cdot \text{m}$$

CD 段：$\quad\quad\quad\quad M_C = 3 \text{kN} \cdot \text{m}$

$\quad\quad\quad\quad\quad\quad\quad M_D^L = 4.75 \times 6 - 2 \times 4 \times 4 = -3.5 \text{kN} \cdot \text{m}$

DB 段：$\quad\quad\quad\quad M_D^R = 14.25 \times 2 - 8 \times 4 = 9.5 \text{kN} \cdot \text{m}$

$\quad\quad\quad\quad\quad\quad M_B = -16 \text{kN} \cdot \text{m}$

BE 段：$\quad\quad\quad\quad M_B = -16 \text{kN} \cdot \text{m} \quad\quad M_E = 0$

【例 7-16】 用微积分关系作图 7-27a)所示简支梁的剪力图和弯矩图。已知：$q=40kN/m$，$F_P=80kN$，$M=160kN \cdot m$。

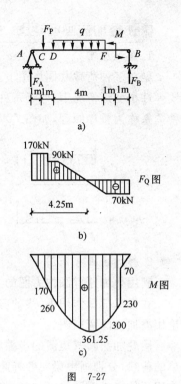

解：(1)求支座反力。

$$F_B=\frac{80\times1+40\times4\times4-160}{8}=70kN（↑）$$

$$F_A=\frac{80\times7+40\times4\times4+160}{8}=170kN（↑）$$

(2)将梁分段。

将梁按荷载分布情况分为 AC、CD、DF、FG、GB 五段。

(3)根据规律确定其对应的剪力图和弯矩图的形状。

AC 段、CD 段都是无均布荷载区段，则剪力图为一条水平直线，弯矩图为斜直线。DF 段为向下的均布荷载作用，所以剪力图是一条往右下斜的直线，弯矩图为向下凸的抛物线。FG 段、GB 段是无均布荷载区段，则剪力图为一条水平直线，弯矩图为斜直线。

图 7-27

(4)确定控制截面，求控制截面的剪力值、绘出梁的剪力图。如图 7-27b)所示。

AC 段： $F_{QAC}=F_A=170kN$

CD 段： $F_{QD}=90kN$ $F_{QF}=-70kN$

DF 段： $F_D=90kN$

FG 段： $F_{QFG}=-70kN$

GB 段： $F_{QGB}=-70kN$

(5)求控制截面的弯矩值，绘出梁的弯矩图。如图 7-27c)所示。

AC 段： $M_A=0$ $M_C=170kN \cdot m$

CD 段： $M_C=170kN \cdot m$ $M_D=260kN \cdot m$

DF 段： $M_D=260kN \cdot m$ $M_F=300kN \cdot m$ $M_E=361.25kN \cdot m$

FG 段： $M_F=300kN \cdot m$ $M_G^L=230kN$

GB 段： $M_G^R=70kN \cdot m$ $M_B=0$

说明：表中 M_E 表示 DF 段上剪力等于零的 E 点对应截面上的弯矩。

（四）叠加法画弯矩图

1.叠加原理

梁在多种荷载共同作用下,所引起的某一参数(反力、内力、应力或变形),在线弹性小变形情况下,等于每种荷载单独作用时所引起的该参数值的代数和,这种关系称为叠加原理,如图7-28。

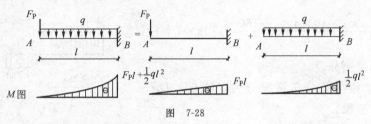

图 7-28

2.叠加法画弯矩图

利用叠加原理画内力图的方法称为叠加法。

在常见荷载作用下,梁的剪力图比较简单,一般不用叠加法绘制。下面只讨论用叠加法画弯矩图。

用叠加法画弯矩图的步骤和方法:①把作用在梁上的复杂荷载分成几种简单的荷载,分别画出梁在各种简单荷载单独作用下的弯矩图。②将各简单荷载作用下的弯矩图叠加(即在对应点处的纵坐标代数相加),就得到梁在复杂荷载作用下的弯矩图。③叠加时先画直线或折线的弯矩图线,后画曲线,且第一条图线用虚线画出,在此基础上叠加第二条弯矩图线,且最后一条弯矩图线用实线画出。

【例7-17】 用叠加法画图7-29a)所示悬臂梁的弯矩图。

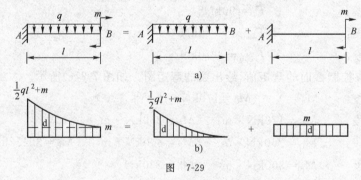

图 7-29

解:(1)将梁上的复杂荷载分解为两种简单荷载,即均布线荷载q和集中力偶m,并分别画出梁在q和m单独作用下的弯矩图,如图7-29a)。

（2）将两个弯矩图相应的纵坐标叠加起来，如图 7-29b），符号相同的画在坐标轴的同侧相加，符号相反的纵坐标相互抵消，即得到悬臂梁在复杂荷载作用下的弯矩图。

说明：

①直线和直线叠加后为直线，直线与曲线或曲线和曲线叠加后仍为曲线。

②叠加是指将两个弯矩图相应的纵坐标叠加起来，而不是弯矩图的简单拼合。

③叠加时先画直线或折线的弯矩图线，后画曲线，且第一条图线用虚线画出，在此基础上叠加第二条弯矩图线，且最后一条弯矩图线用实线画出。

④用叠加法画图一般不能求出最大弯矩的精确值，若需要确定最大弯矩的精确值，应找出剪力 $F_Q=0$ 的截面位置，求出该截面的弯矩，即得到最大弯矩的精确值。

【例 7-18】 用叠加法画图 7-30a）所示简支梁的内力图。

解：（1）将梁上的复杂荷载分解为均布线荷载 q 和集中力 F_P，如图 7-30a），并分别画出梁在 q 和 F_P 单独作用下的弯矩图。

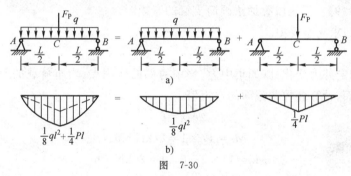

图　7-30

（2）将两个弯矩图相应的纵坐标叠加起来，即得梁在两种简单荷载共同作用下的弯矩图，如图 7-30b）。

3. 区段叠加法画弯矩图

上面介绍了利用叠加法画全梁的弯矩图。现在进一步把叠加法推广到画某一段梁的弯矩图。这对画复杂荷载作用下的弯矩图和今后画刚架、超静定梁的弯矩图是十分有用的。

将梁进行分段，再在每一个区段上利用叠加原理画出弯矩图，这种方法称为区段叠加法。如图 7-31a）所示的梁受 F_P、q 作用，在梁内取一段 AB，如果已求出 A 截面和 B 截面上的弯矩 M_A、M_B，则可根据该段的平衡条件求出 A、B 截面上的剪力 F_{QA}、F_{QB}，如图 7-31b）。将此段梁的受力图与图 7-31c）所示的简支梁相比较，由于 AB 段梁的受力情况与简支梁的受力情况完全相同，所以内力图也相同，于是画梁内某段弯矩图的问题就归结成了画相应简支梁弯矩图的问题。

而对于图 7-31c)所示简支梁可以用上面讲的叠加法画出其弯矩图,如 7-31d)。

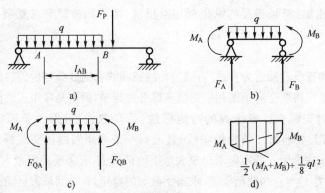

图 7-31

因此得出结论:任意段梁都可以当作简支梁,并可以利用叠加法做该段梁的弯矩图。这种利用叠加法做某一段梁弯矩图的方法,称为区段叠加法。

【例 7-19】 用区段叠加法画简支梁的弯矩图。

解:(1)求支座反力。

$$F_A = 17\text{kN} \qquad F_B = 7\text{kN}$$

(2)选定外力变化处(如集中力、集中力偶的作用点、均布荷载的起止点)作为控制截面,计算各控制截面的弯矩值:

$$M_A = 0$$
$$M_C = 17 \times 1 = 17\text{kN} \cdot \text{m}$$
$$M_D = 17 \times 2 - 8 \times 1 = 26\text{kN} \cdot \text{m}$$
$$M_E = 7 \times 2 + 16 = 30\text{kN} \cdot \text{m}$$
$$M_F^{\text{L}} = 7 \times 1 + 16 = 23\text{kN} \cdot \text{m}$$
$$M_F^{\text{R}} = 7 \times 1 = 7\text{kN} \cdot \text{m}$$
$$M_B = 0$$

设 DE 段内距 D 点 x 处弯矩有极值,该点所在截面的剪力等于零,则:

$$17 - 8 - 4x = 0$$
$$x = 2.25\text{m}$$

所以:

$$M_{\text{max}} = 17 \times (2 + 2.25) - 8 \times (1 + 2.25) - \frac{1}{2} \times 4 \times 2.25^2 = 45\text{kN} \cdot \text{m}$$

(3)绘弯矩图。

在坐标系中依次定出以上各控制点,因 AC、CD、EF、FB 各段无荷载作用,用直线连接各段两端点即得弯矩图。CE 段有均布荷载作用,先用虚线连接两端点,再叠加上相应简支梁在均布荷载作用下的弯矩图,就可以绘出该段的弯矩图。有极值时标出极值,如图 7-32。

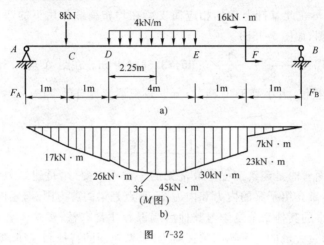

图 7-32

其中 DE 段中点的弯矩为:

$$M_{DE}^{中} = \frac{4 \times 4^2}{8} + \frac{26+30}{2} = 8 + 28 = 36 \text{kN} \cdot \text{m}$$

【例 7-20】 用区段叠加法画图 7-33a)所示的内力图。

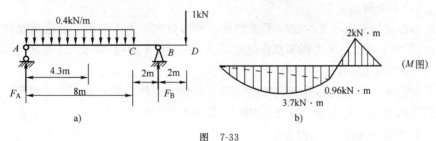

图 7-33

解:(1)求支座反力。

$$F_A = 1.72 \text{kN} \qquad F_B = 2.48 \text{kN}$$

(2)选定外力变化处(如集中力、集中力偶的作用点、均布荷载的起止点)作为控制截面,计算各控制截面的弯矩值:

$$M_A = 0$$
$$M_C = 0.96 \text{ kN} \cdot \text{m}$$
$$M_B = 2 \text{kN} \cdot \text{m}$$
$$M_D = 0$$

（3）用区段叠加法画弯矩图。

在坐标系中依次定出以上各控制点，因 CB、BD 段是无荷载区段，所以直接用直线连接 CB、BD 即得此两段的弯矩图。AC 段有均布荷载作用，所以先用虚线连接 AC，再在此基础上叠加相应简支梁在均布荷载作用下的弯矩图就可得该段的弯矩图，如图 7-33b）。

其中：$M_{AC}^{中}=\dfrac{0.4\times 8^2}{8}+\dfrac{1}{2}\times 0.96=3.68\text{kN}\cdot\text{m}$。在距 A 点 4.3m 处剪力等于 0，弯矩有极值，大小等于 3.7kN·m。过程请读者自己考虑。

◀ 小　　结 ▶

梁的平面弯曲是建筑工程中最常见的一种基本变形，是建筑力学中重要的内容之一，本章介绍了梁的内力和内力图，重点是梁的剪力图、弯矩图，学好这一章对学习本书的其他章节及学习其他后续课程非常有益，要求读者在理解概念的基础上，通过大量的练习熟练掌握剪力图、弯矩图的特征和规律，能迅速地、正确地作出剪力图、弯矩图。

一、平面弯曲变形的外力和内力

1.产生平面弯曲的外力

（1）平面弯曲概念

力的作用平面与梁的变形平面相重合的弯曲称为平面弯曲。在这里要特别注意：作用于梁上的外力必须都在梁的同一纵向对称平面内，梁才产生平面弯曲。

（2）平面弯曲杆件的外力

对于所研究的物体受到其他物体给予的作用力称之为外力。而平面弯曲杆件受到的外力主要来自三方面：集中力、分布载荷和集中力偶。

2.平面弯曲杆件内力

（1）梁的内力包括剪力和弯矩。

（2）内力的正负号规定。

剪力：当截面上的剪力使所研究的梁段有顺时针方向转动趋势时，剪力为正，有逆时针方向转动趋势时剪力为负。即当取左段梁时，截面上的剪力向下为正；取右段梁时，截面上的剪力向上为正。反之为负。

弯矩：当截面上的弯矩 M 使所研究的梁段产生向下凸的变形时（即该梁段的下部受拉，上部受压），弯矩为正。产生向上凸的变形时（即该梁段的上部受拉，下部受压），弯矩为负。即当取左段梁时，截面上逆时针转向的弯矩为正。当取右段梁时,截面上顺时针转向的弯矩为正。反之为负。

3.平面弯曲杆件指定截面的内力计算。

(1)用截面法求指定截面上的剪力和弯矩。

截面法是计算梁横截面上剪力和弯矩的基本方法。用截面法计算梁横截面上的剪力和弯矩时,要先用一个假想的截面将梁在指定截面处截开,作出截面任一侧的受力图(在图上剪力和弯矩通常均假定为正值),根据梁段的平衡条件,列平衡方程从而求解剪力和弯矩。

(2)直接用外力计算截面上的剪力和弯矩。

直接用外力计算截面上的剪力和弯矩的方法是以截面法为基础的一种计算内力的简捷方法。由于这种方法可以省去作梁段的受力图、省去列平衡方程,所以它是我们经常使用的方法。想用这种方法正确求出梁的剪力和弯矩,关键是要熟练记住外力和内力之间的关系(规律)。

求剪力的规律: $F_Q = \sum F_左$ 或 $F_Q = \sum F_右$

对外力取正、负号的方法是:左上右下剪力正,反之负。

求弯矩的规律: $M = \sum M_C(F_左)$ 或 $M = \sum M_C(F_右)$

对外力矩取正、负号的方法是:左顺右逆弯矩正,反之负。

二、内力图

梁的内力图是指梁的剪力图和弯矩图。它们分别表示梁的剪力和弯矩沿梁轴变化的规律。作梁内力图的方法有很多,本章学习了如下三种:

1.描点连线法作内力图(即用剪力方程和弯矩方程作内力图)

剪力方程和弯矩方程是表示剪力和弯矩沿梁的轴线方向变化规律的方程。列方程时首先要确定坐标原点,坐标原点的位置不同,方程的形式及自变量 x 的取值范围也会随着改变,但是作出的剪力图和弯矩图是相同的。根据方程作图是作内力图的基本方法。

2.利用微、积分关系作剪力图、弯矩图

用微、积分关系作图时,必须熟练地记住微积分关系及图形特征。梁上荷载、内力图的形状、图形特征之间的关系详见表 7-1。

用微积分关系(规律)作图的基本过程是:在求出支座反力后,以梁的起始截面、终止截面、集中力的作用截面、集中力偶的作用截面、分布荷载的起止截面为界限进行分段,根据微积分关系确定各段内力图的形状,求出控制截面的内力值,最后连线作图。

3.用叠加法画弯矩图

利用叠加原理画内力图的方法称为叠加法。

在常见荷载作用下，梁的剪力图比较简单，一般不用叠加法绘制。下面只讨论用叠加法画弯矩图。

用叠加法画弯矩图的步骤和方法：①把作用在梁上的复杂荷载分成几种简单的荷载，分别画出梁在各种简单荷载单独作用下的弯矩图。②将各简单荷载作用下的弯矩图叠加（即在对应点处的纵坐标代数相加），就得到梁在复杂荷载作用下的弯矩图。③叠加时先画直线或折线的弯矩图线，后画曲线，且第一条图线用虚线画出，在此基础上叠加第二条弯矩图线，且最后一条弯矩图线用实线画出。

◀ 思 考 题 ▶

7-1　什么是平面弯曲？平面弯曲杆件的外力主要有哪些？

7-2　什么是剪力？什么是弯矩？剪力和弯矩的正负号是怎样规定的？

7-3　简述截面法求梁横截面上剪力、弯矩的步骤。

7-4　用外力直接求剪力、弯矩的规律是什么？正、负号怎样确定？

7-5　列梁的剪力方程、弯矩方程时，在何处需要分段？

7-6　集中力、集中力偶作用处截面的剪力和弯矩各有什么特点？

7-7　写出 $M(x)$、$F_Q(x)$、$q(x)$ 三者之间的微分关系式，解释各式的几何意义，并回答用三者之间的微分关系作剪力图、弯矩图时的步骤。

7-8　如何确定弯矩的极值？弯矩图上的极值是否就是梁上的最大弯矩？弯矩图在何处有极值？

习　题

7-1　用截面法计算图示各梁指定截面上的剪力和弯矩。

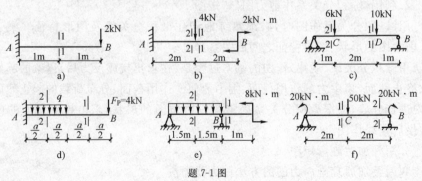

题 7-1 图

7-2 用直接法计算图示各梁指定截面上的剪力和弯矩。

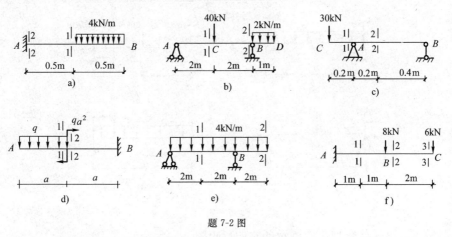

题 7-2 图

7-3 用描点连线法作图示各梁的剪力和弯矩图。

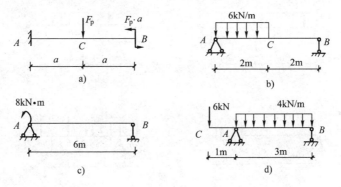

题 7-3 图

7-4 用微积分关系作图示各梁的剪力和弯矩图。

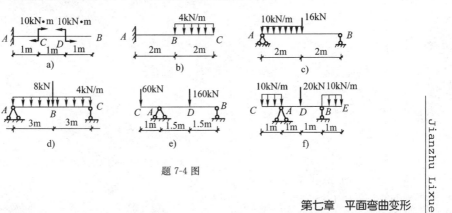

题 7-4 图

7-5 用叠加法作图示各梁的弯矩图。

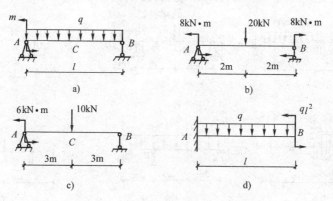

题 7-5 图

7-6 用区段叠加法作图示各梁的弯矩图。

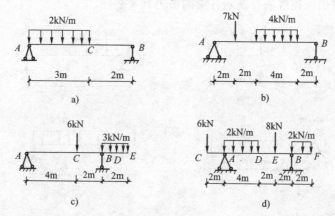

题 7-6 图

第八章
弯曲应力与弯曲变形

【能力目标、知识目标与学习要求】

　　本章学习目标,知识目标和学习要求:本章学习内容要求学生熟练掌握弯曲强度计算的方法以及强度条件的应用,熟悉简单荷载作用下,用叠加法计算弯曲变形。

第一节　弯曲应力

　　前面曾讨论了弯曲内力计算、内力图的绘制和平面几何性质,本章将解决弯曲的强度和刚度问题。

　　本节将在第七章的基础上,进一步研究梁的横截面上内力的分布情况,即研究横截面上各点的应力。通过研究,找出应力的分布规律,推导出应力的计算公式,从而解决梁的强度计算问题。本节将分别讨论正应力 σ 和剪应力 τ 在横截面上的分布规律及其计算。

一 弯曲应力的种类

　　由轴向拉伸与压缩和圆轴扭转可知,应力是与内力的形式相联系的,它们的关系是:应力为横截面上分布内力的集度。梁弯曲时,横截面上一般是产生两种内力——剪力 F_Q 和弯矩 M(如图 8-1),这些内力皆是该截面内力系合成的结果。由于剪力 F_Q 是和横截面

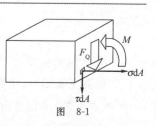

图　8-1

相切的内力,所以它是与横截面相切的剪应力的合力;而弯矩 M 则是作用面与横截面垂直的力偶矩,故它是由与横截面垂直的正应力合成的结果。总之,由于梁的横截面上一般同时存在弯矩 M 和剪力 F_Q,所以,梁的横截面上一般既有正应力 σ,又有剪应力 τ。

二 弯曲正应力计算

1.纯弯曲时梁横截面上的正应力

如图 8-2 所示的梁 AB、CD 段内只有弯矩而无剪力,这种情况称为纯弯曲。而 AC 和 DB 段内各横截面上既有剪力还有弯矩,这种情况称为横力弯曲(剪切弯曲)。

在推导梁的正应力公式时,为了便于研究,我们从纯弯曲的情况进行推导。

(1)实验观察与分析

为了便于观察,采用矩形截面的橡皮梁进行试验。实验前,在梁的侧面画上一些水平的纵向线 pp、ss 等和与纵向线相垂直的横向线 mm、nn 等,如图 8-3a),然后在对称位置上加集中荷载 F,如图 8-3b)。梁受力后产生对称变形,且可看到下列现象:

1)变形前互相平行的纵向直线(pp、ss 等),变形后均变为互相平行的圆弧线($p'p'$、$s's'$ 等),且靠上部的缩短,靠下部的伸长。

2)变形前垂直于纵向线的横向线(mm、nn 等),变形后仍为直线($m'm'$、$n'n'$),且仍与纵向曲线正交,但相对转过一个角度。

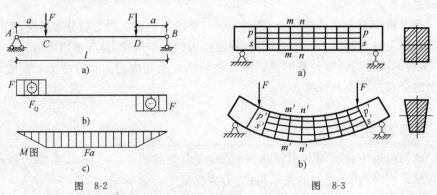

图 8-2   图 8-3

根据上述实验现象,我们可作如下分析:

①根据现象 2),可认为 mm、nn 等均代表梁的截面,mm、nn 等代表变形前的横截面,$m'm'$、$n'n'$ 等代表这些横截面变形后的位置。由于变形后 $m'm'$、$n'n'$ 等仍为直线,

且仍与纵向曲线 $p'p'$、$s's'$ 等正交。因而可推断:梁的横截面变形前为一平面,变形后仍为一平面,横截面于变形后仍与梁的轴线垂直。此推断称为平面假设。

②根据现象1),可将梁看成为由一层层的纵向纤维组成,由平面假设及横截面于变形后仍与梁的轴线垂直可推知:梁变形后,同一层的纵向纤维的长度相同,即同层各条纤维的伸长(或缩短)相同。可以认为梁各层纤维间没有挤压作用,各条纤维只受到轴向拉伸或压缩,处于单向受力状态,称为单向受力假设。

③由于上部各层纵向纤维缩短,下部各层纵向纤维伸长,而梁的变形又是连续的,因此中间必有一层既不缩短也不伸长,此层称为中性层,中性层与横截面的交线称为中性轴(如图8-4)。

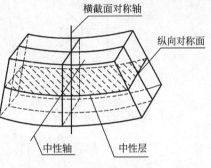

横截面对称轴

纵向对称面

中性轴

中性层

图8-4 中性层、中性轴

(2)正应力公式推导

公式的推导思路是:先找线应变 ε 的变化规律(因正应力的变化规律难以直接找到),通过胡克定律 $\sigma = E\varepsilon$ 把线应变与正应力联系起来,再通过静力平衡条件把应力与内力联系起来,从而导出正应力的计算公式。其过程与推导圆轴扭转的剪应力公式相似,即需综合考虑几何、物理和静力学三方面条件。

1)变形几何条件

我们从梁的纯弯曲段内截取长为 dx 的微段,如图8-5a)。根据上述各项分析,此微段梁变形后的情况如图8-5b)所示,即:左、右两侧面仍为平面,但相对转了一个角度;上部各层缩短,下部各层伸长,中间某处存在一不缩不伸的中性层。

为了研究上的方便,在横截面上选取一坐标系,取梁轴为 x 轴,竖向对称轴为 y 轴,中性轴为 z 轴。至于中性轴在横截面上的具体位置尚待确定。

我们将立体图形如图8-5b)转化为平面图形如图8-5c),设梁纯弯曲变形后 dx 梁段两相邻横截面 $a'a'$、$b'b'$ 延长交于点 O,O 即为中性层 O_1O_2 的曲率中心,ρ 为中性层 O_1O_2 的曲率半径,$d\theta$ 为两横截面夹角,研究距离中性层为 y 处的任一纤维层 $\overline{K_1K_2}$ 的变形。

变形前:

$$\overline{K_1K_2} = dx = \rho d\theta$$

变形后:

$$K_1K_2 = (\rho + y)d\theta$$

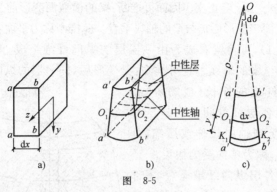

图 8-5

所以，$\overline{K_1 K_2}$ 的线应变为：

$$\varepsilon = \frac{(\rho + y)\mathrm{d}\theta - \mathrm{d}x}{\mathrm{d}x} = \frac{(\rho + y)\mathrm{d}\theta - \rho\mathrm{d}\theta}{\rho\mathrm{d}\theta}$$

即：

$$\varepsilon = \frac{y}{\rho} \tag{8-1}$$

对于一个给定截面来说 ρ 是常量。式(8-1)就是线应变 ε 的变化规律，表明纵向纤维的线应变 ε 与它到中性层的距离 y 成正比。

2)物理条件

如前所述，各纵向纤维间互不挤压，各条纤维均处于单向受力状态，所以横截面上只有正应力。当正应力不超过材料的比例极限时，由拉(压)胡克定律 $\sigma = E\varepsilon$ 得横截面上坐标为 y 处各点的正应力为：

$$\sigma = E\frac{y}{\rho} \tag{8-2}$$

对于指定截面，$\dfrac{E}{\rho}$ 为常数。

式(8-2)表明梁横截面上正应力分布规律：横截面上任一点的正应力与该点到中性轴的距离 y 成正比。分布规律如图8-6所示。横截面上的正应力沿截面高度按线性规律变化，在中性轴上正应力等于零，上、下边缘处最大，在距中性轴等距离的同一横线上各点处正应力相等。

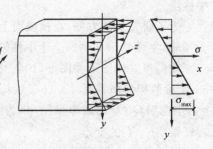

图 8-6 弯曲正应力分布

3)静力平衡条件

204

式(8-2)虽然说明正应力在横截面上的分布规律，但式中包含有未知的 $\dfrac{E}{\rho}$，同时中性轴的位置尚未确定，所以还不能用来计算正应力，从静力平衡条件来考虑问题的求解。

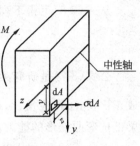

图 8-7

在横截面上坐标 (y,z) 处取微面积 dA（如图 8-7）。微面积上的法向内力可认为是均匀分布的，其集度为正应力 σ。因此，微面积上的法向内力为 σdA，整个横截面上的法向内力可组成下列三个内力分量：

$$F_N = \int_A \sigma dA$$

$$M_y = \int_A z\sigma dA$$

$$M_z = \int_A y\sigma dA$$

在纯弯曲时，横截面上轴力和绕 y 轴的弯矩都为零，而绕 z 轴的弯矩为横截面弯矩 M，因此：

$$F_N = \int_A \sigma dA = 0 \qquad (8-3)$$

$$M_y = \int_A z\sigma dA = 0 \qquad (8-4)$$

$$M_z = \int_A y\sigma dA = M \qquad (8-5)$$

将式(8-2)代入式(8-3)，并考虑到 E、ρ 均为常数得：

$$F_N = \int_A \sigma dA = \int_A \frac{E}{\rho} y dA = \frac{E}{\rho} \int_A y dA = \frac{E}{\rho} S_z = 0$$

故必须有 $S_A = \int_A y dA = 0$，即横截面对 z 轴的静矩必须等于零。所以中性轴 z 必须通过截面的形心，中性轴为截面形心轴。

将式(8-2)代入式(8-4)，得：

$$\int_A z\sigma dA = \frac{E}{\rho} \int_A yz dA = \frac{E}{\rho} I_{yz} = 0$$

因为 y 轴是横截面的对称轴，因此惯性积 I_{yz} 必等于零。所以式(8-4)自动满足。

将式(8-2)代入式(8-5)，得：

$$M = \int_A y\sigma dA = \frac{E}{\rho} \int_A y^2 dA = \frac{E}{\rho} I_z \qquad (8-6)$$

从式(8-6)可得下列计算中性层曲率的关系式:

$$\frac{1}{\rho} = \frac{M}{EI_z} \tag{8-7}$$

公式(8-7)是研究梁弯曲变形的一个基本公式,表明梁轴线的曲率 $\frac{1}{\rho}$ 与 M 成正比,与 EI_z 成反比,EI_z 值越大,曲率越小,则梁越不易弯曲。所以,EI_z 表示梁抵抗弯曲变形的能力,称为梁的抗弯刚度。

将公式(8-7)代入公式(8-2)得:

$$\sigma = \frac{M}{I_z} y \tag{8-8}$$

式中:M——横截面上的弯矩;

y——所求应力的点到中性轴的距离;

I_z——整个横截面对中性轴的惯性矩。

这就是梁纯弯曲时横截面上任一点正应力计算公式。

应用公式(8-8)时,M 和 y 均以绝对值代入公式,不必考虑其正负。至于所求应力为拉应力或压应力,可根据梁的变形直接判断。当截面上的弯矩为正时,梁下边受拉,上边受压,所以中性轴以下为拉应力,中性轴以上为压应力,在中性轴上($y=0$),正应力为零。当截面的弯矩为负时,则相反。

由公式(8-8)可知,横截面上距中性轴最远边缘处的弯曲正应力最大,即:

$$\sigma_{\max} = \frac{M}{I_z} y_{\max}$$

令 $W_z = \dfrac{I_z}{y_{\max}}$,则:

$$\sigma_{\max} = \frac{M}{W_z}$$

式中 W_z 称为抗弯截面模量(或抗弯截面系数),表示截面抵抗弯曲变形的能力。它与梁的截面形状和尺寸有关,也是衡量抗弯强度的一个几何量。显然,W_z 值越大,从强度角度看,就越有利。其常用单位为 mm^3 或 m^3。

对于矩形截面,见图 8-8a):

$$I_z = \frac{bh^3}{12},\ W_z = \frac{I_z}{y_{\max}} = \frac{\frac{1}{12}bh^3}{\frac{1}{2}h} = \frac{1}{6}bh^2$$

对于圆形截面,如图 8-8b):

$$I_z = \frac{\pi d^4}{64}$$

$$W_z = \frac{I_z}{y_{max}} = \frac{\frac{1}{64}\pi d^4}{\frac{1}{2}d} = \frac{1}{32}\pi d^3$$

各种型钢的抗弯截面模量均可在型钢表中查出。

若梁的横截面对中性轴不对称,则其截面上的最大拉应力和最大压应力并不相等。例如图 8-9 中的 T 形截面。这时,应把 y_1 和 y_2 分别代入式(8-8),计算截面上的最大正应力。

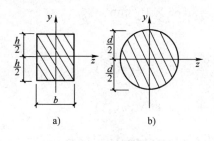

图 8-8

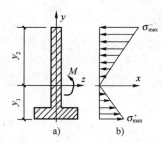

图 8-9 T 形截面弯曲正应力分布

最大拉应力为:

$$\sigma_{max}^+ = \frac{My_1}{I_z}$$

最大压应力为:

$$\sigma_{max}^- = \frac{My_2}{I_z}$$

2.横力弯曲时正应力计算

工程中的梁常发生横力弯曲,此时在梁的横截面上不仅有正应力,而且有剪应力。由于剪应力的存在,使梁的横截面在变形后不再保持为平面。此外,在横力弯曲下,还有由横向力引起的挤压应力,因此横力弯曲与纯弯曲存在着差异。但根据实验和进一步的弹性理论分析,对于细长梁(梁的跨度与横截面高度之比大于 5 的梁),剪力对正应力分布规律影响很小。故将纯弯曲正应力公式用于横力弯曲时的正应力计算,并不会引起很大的误差,能够满足工程问题所要求的精度。即:

$$\sigma = \frac{M}{I_z}y$$

计算梁中某截面上某点的正应力步骤:

(1)明确截面在梁上的位置,以便根据弯矩图确定截面的弯矩值 M;

(2)计算截面对中性轴的惯性矩 I_z(若中性轴 z 轴未知,先求形心位置);

(3)弄清点到中性轴距离 y;

(4)将 M、I_z、y 代入公式,正应力的正负号可根据 M 值及 y 的位置判断。

【例 8-1】 如图 8-10,求梁跨中截面上 a、b、c 三点处正应力。

解:求跨中截面弯矩:

$$M = \frac{1}{8}ql^2 = \frac{1}{8} \times 4 \times 3^2 = 4.5 \text{kN} \cdot \text{m}$$

计算跨中截面对中性轴 z 的惯性矩:

$$I_z = \frac{bh^3}{12} = \frac{120 \times 180^3}{12} = 5.83 \times 10^7 \text{mm}^4$$

计算 a、b、c 三点处正应力:

$$\sigma_a = \frac{My_a}{I_z} = \frac{4.5 \times 10^6 \times 90}{5.83 \times 10^7} = 6.95 \text{MPa}(拉)$$

$$\sigma_b = \frac{My_b}{I_z} = \frac{4.5 \times 10^6 \times 50}{5.83 \times 10^7} = 3.86 \text{MPa}(拉)$$

$$\sigma_c = \frac{My_c}{I_z} = \frac{4.5 \times 10^6 \times 90}{5.83 \times 10^7} = 6.95 \text{MPa}(压)$$

【例 8-2】 长为 l 的矩形截面梁(如图 8-11),在自由端作用一集中力 F,已知 $h=180\text{mm}$,$b=120\text{mm}$,$y=60\text{mm}$,$a=2\text{m}$,$F=1.5\text{kN}$,求 C 截面上 K 点的正应力。

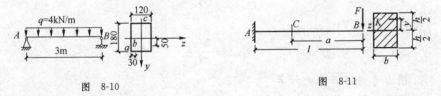

图 8-10   图 8-11

解:先算出 C 截面上的弯矩:

$$M_C = -F_a = -1.5 \times 2 = -3\text{kN} \cdot \text{m}$$

截面对中性轴的惯性矩为:

$$I_z = \frac{bh^3}{12} = \frac{120 \times 180^3}{12} = 5.83 \times 10^7 \text{mm}^4$$

$$\sigma_k = \frac{M_C y}{I_z} = \frac{3 \times 10^6 \times 60}{5.83 \times 10^7} = 3.09 \text{MPa}(拉)$$

横力弯曲时,弯矩随着截面的位置变化。一般情况下,梁横截面上的最大正应力发生在全梁最大弯矩所在横截面上最外边缘各点处。即:

$$\sigma_{\max} = \frac{M_{\max} y_{\max}}{I_z}$$

或：

$$\sigma_{\max} = \frac{M_{\max}}{W_z}$$

我们把产生最大正应力的截面称为危险截面。对于等直梁,最大弯矩所在截面就是危险截面。危险截面上的最大正应力点称为危险点,它发生在离中性轴距离最远的上、下边缘处。

【例 8-3】 图 8-12a)所示一简支梁,由 56a号工字钢制成,其简化后的截面尺寸如图 8-12b),集中荷载 $F = 150\text{kN}$。试求梁危险截面上的最大正应力和相同截面 C 点处的正应力 σ_c。

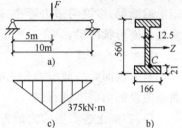

解:先作出梁的弯矩图,如图 8-12c),由图可知跨中截面为危险截面,最大弯矩值为:

图 8-12

$$M_{\max} = \frac{Fl}{4} = \frac{150 \times 10}{4} = 375\text{kN} \cdot \text{m}$$

从型钢表查得,56a 工字钢截面:

$$W_z = 2342\text{cm}^3, I_z = 65586\text{cm}^4$$

于是,最大正应力发生在跨中截面的上、下边缘处

$$\sigma_{\max} = \frac{M_{\max}}{W_z} = \frac{375 \times 10^6}{2342 \times 10^3} = 160\text{MPa}$$

$$\sigma_c = \frac{M_{\max} y_c}{I_z} = \frac{375 \times 10^6 \times \left(\frac{560}{2} - 21\right)}{65586 \times 10^4} = 148\text{MPa(拉)}$$

【例 8-4】 如图 8-13 所示,悬臂梁由 10 号槽钢组成,求梁的最大拉应力和最大压应力。

解:作梁的弯矩图如图所示,可知危险截面为固定端截面。

$$M_{\max} = 1\text{kN} \cdot \text{m}$$

图 8-13

查型钢表:$I_z = 25.6\text{cm}^4, z_0 = 1.52\text{cm}, b = 48\text{mm}$。

则最大拉应力发生在固定端截面上边缘各点:

$$\sigma_{t\max} = \frac{M_{\max}}{I_z} z_0 = \frac{1 \times 10^6 \times 1.52 \times 10}{25.6 \times 10^4} = 59.4\text{MPa}$$

最大压应力发生在固定端截面下边缘各点：

$$\sigma_{cmax} = \frac{M_{max}}{I_z}(b - z_0) = \frac{1 \times 10^6 \times (48 - 1.52 \times 10)}{25.6 \times 10^4} = 128.1 \text{MPa}$$

三 弯曲剪应力计算

梁在横力弯曲时，横截面上除了有弯曲正应力之外，还有弯曲剪应力。梁横截面上的剪应力分布比较复杂，截面的形状不同，分布方式也不同。现着重讨论矩形截面梁，以说明横力弯曲时剪应力的概念及研究剪应力的基本方法，对其他常见截面形状的梁，只介绍剪应力的分布规律及其最大值。

1. 矩形截面梁

矩形截面梁的剪应力公式的推导，是在讨论正应力的基础上并采用了下列两条假设的前提下进行的。

(1)截面上各点剪应力的方向都平行于截面上的剪力 F_Q。

(2)剪应力沿截面宽度均匀分布，即距中性轴等距离各点的剪应力相等。

由弹性力学进一步的研究可知，以上两条假设，对于高度大于宽度的矩形截面是足够准确的。有了这两条假设，使剪应力的研究大为简化，仅通过静力平衡条件，即可导出剪应力的计算公式。

图 8-14 所示为承受任意荷载的矩形截面梁，截面高为 h、宽为 b。在梁上任取一横截面 $a\text{-}a$，现研究该截面上距中性轴为 y 的水平线 cc' 处的剪应力。根据上述假设可知，cc' 线上各点的剪应力大小相等，方向都平行于 y 轴。

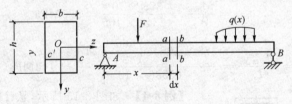

图 8-14

通过 $a\text{-}a$ 与 $b\text{-}b$ 两个横截面截取一微段梁，微段梁的长度为 dx。我们先分析一下该微段梁两侧面上的内力和应力情况。

两侧面上的内力如图 8-15a)所示：左侧 $a\text{-}a$ 截面上存在剪力 F_Q 和弯矩 M（假定内力均为正），右侧截面上的剪力和弯矩为 F_Q 和 $M+dM$。因微段梁上没有横向荷载，所以右侧截面上的剪力与左侧上的相同，仍为 F_Q。由于左、右两截面的位置相差 dx，因此右侧截面上的弯矩比左侧上多一增量 dM。

微段梁上的应力情况如图 8-15b)所示：两侧面都存在剪应力与正应力，剪

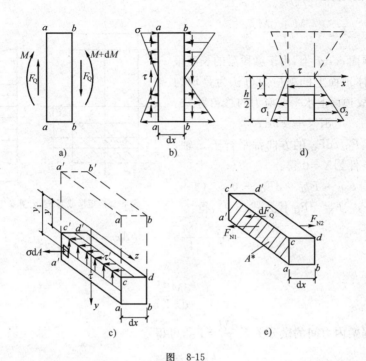

图 8-15

应力的方向与剪力 F_Q 一致；正应力中性轴以下为拉应力，以上为压应力。由于 bb 截面上的弯矩 $M+dM$ 大于 aa 截面上的弯矩 M，所以 bb 截面上的正应力大于 aa 截面上相应位置的正应力。

为了计算横截面 aa 上距中性轴为 y 的水平线 cc' 处的剪应力，在该处以平行于中性层的平面 $cc'dd'$ 从此微段内截取下面部分 $aa'bb'cc'dd'$，如图 8-15c)、d)、e)。

由于脱离体侧面上存在竖向剪应力 τ，根据剪应力互等定理可知，在脱离体的顶面 $cc'dd'$ 上一定存在剪应力 τ' 且 $\tau'=\tau$，如果能求得 τ'，也就求得了 τ。

剪应力 τ' 可通过脱离体的平衡条件求得。作用在脱离体上的力如图 8-15e)所示（脱离体上的竖向力未画，因只需列 $\sum F_x=0$）。

如图 8-15e)所示的脱离体中，左侧面上的正应力将合成一个向左的水平力 F_{N1}。

$$F_{N1} = \int_{A^*} \sigma_1 \, dA = \int_{A^*} \frac{My_1}{I_z} dA = \frac{M}{I_z} \int_{A^*} y_1 \, dA = \frac{M}{I_z} S_z^*$$

式中：$\sigma_1 dA$——脱离体左侧微面积 dA 上的法向合力；

A^*——横截面上距中性轴为 y 的水平线以下部分的面积；

S_z^*——A^* 的截面积对截面中性轴（z 轴）的静矩。如图 8-16 所示。

同理，可以求得右侧面上内力系的合力 F_{N2} 为：

$$F_{N2} = \frac{M + dM}{I_z} S_z^*$$

在顶面 $cc'dd'$ 上,由于微段梁的长度很小,脱离体顶面上的剪应力可认为是均匀分布的,故顶面上水平剪应力的总和为:

$$dF_Q = \tau' b dx$$

F_{N1}、F_{N2}、dF_Q 的方向都平行于 x 轴,由平衡条件 $\sum X = 0$ 得:

$$F_{N2} - F_{N1} - dF_Q = 0 \qquad (8\text{-}9)$$

将 F_{N1}、F_{N2}、dF_Q 代入式(8-9),得:

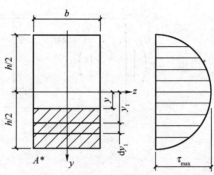

图 8-16　矩形截面 S_z^* 计算参考图

$$\frac{M + dM}{I_z} S_z^* - \frac{M}{I_z} S_z^* - \tau' b dx = 0$$

即:

$$\tau' = \frac{dM}{dx} \frac{S_z^*}{I_z b}$$

根据梁内力间的微分关系 $\dfrac{dM}{dx} = F_Q$,可得:

$$\tau' = \frac{F_Q S_z^*}{I_z b}$$

因 $\tau' = \tau$,所以:

$$\tau = \frac{F_Q S_z^*}{I_z b} \qquad (8\text{-}10)$$

式中:F_Q——横截面上的剪力;

　　　I_z——横截面对中性轴的惯性矩;

　　　b——所求点处的横截面宽度;

　　　S_z^*——所求点处水平线以下(或以上)部分截面面积 A^* 对中性轴的静矩。

式(8-10)就是矩形截面梁横截面上任一点的剪应力计算公式。

剪力 F_Q 和静矩 S_z^* 均为代数量,但在利用公式(8-10)计算剪应力时,F_Q 与 S_z^* 均以绝对值代入,剪应力 τ 的方向与截面上剪力 F_Q 的方向一致。

现在,根据式(8-10)进一步讨论剪应力在矩形截面上的分布规律。对某一截面来说,式(8-10)中的 F_Q、I_z、b 均为常量,只有静矩 S_z^* 随欲求应力的点到中性轴的距离 y 而变化。

在图 8-16 所示矩形截面上取微面积 $dA = b dy_1$,则距中性轴为 y 的水平线以下的面积 A^* 对中性轴 z 的静矩为:

$$S_z^* = \int_{A^*} y_1 dA = \int_y^{\frac{h}{2}} by_1 dy_1 = \frac{b}{2}\left(\frac{h^2}{4} - y^2\right)$$

将此式代入式(8-10),可得矩形截面剪应力计算式的具体表达式为:

$$\tau = \frac{F_Q}{2I_z}\left(\frac{h^2}{4} - y^2\right) \tag{8-11}$$

由式(8-11)知,剪应力 τ 沿截面高度按二次抛物线规律变化,在截面的上下边缘处$\left(y = \pm\frac{h}{2}\right)$,$\tau = 0$;在中性轴上的各点处($y=0$)剪应力取得最大值,其值为:

$$\tau_{max} = \frac{F_Q h^2}{8I_z} = \frac{3F_Q}{2bh} = \frac{3F_Q}{2A}$$

可见,矩形截面梁上的最大剪应力为该截面上平均剪应力的 1.5 倍。

【例 8-5】 矩形截面简支梁如图 8-17 所示。已知 $l = 3m$,$h = 160mm$,$b = 100mm$,$h_1 = 40mm$,$F = 3kN$,求 $m-m$ 截面上 K 点的剪应力。

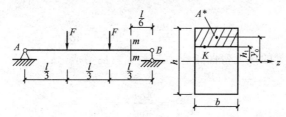

图 8-17

解:求得 $m-m$ 截面上的剪力为 3kN,截面的惯性矩及面积 A^* 对中性轴的静矩分别为:

$$I_z = \frac{bh^3}{12} = \frac{100 \times 160^3}{12} = 3.41 \times 10^7 \text{mm}^4$$

$$S_z^* = A^* y_0 = 100 \times 40 \times 60 = 2.4 \times 10^5 \text{mm}^3$$

K 点的剪应力为:

$$\tau = \frac{F_Q S_z^*}{I_z b} = \frac{3 \times 10^3 \times 2.4 \times 10^5}{3.41 \times 10^7 \times 100} = 0.21 \text{MPa}$$

【例 8-6】 试比较图 8-18 所示受均布载荷 q 作用的矩形截面梁的最大弯曲正应力和最大弯曲剪应力。

解:(1)计算梁的支反力并作内力图

根据 AB 梁的平衡,求得支反力为:

$$R_A = R_B = \frac{ql}{2}$$

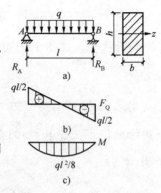

图 8-18 受均布载荷的矩形截面梁

作梁的剪力图和弯矩图如图 8-18b)、c)所示。从图中看到：

$$F_{Qmax} = \frac{ql}{2}, M_{max} = \frac{ql^2}{8}$$

（2）计算梁的最大应力

在梁的跨中截面上的上、下边缘处有最大弯曲正应力：

$$\sigma_{max} = \frac{M_{max}}{W_z} = \frac{\dfrac{ql^2}{8}}{\dfrac{bh^2}{6}} = \frac{3ql^2}{4bh^2}$$

在梁的两端截面的中性轴上，有最大弯曲剪应力：

$$\tau_{max} = \frac{3F_{Qmax}}{2bh} = \frac{3\,\dfrac{ql}{2}}{2bh} = \frac{3ql}{4bh}$$

（3）比较此梁的最大弯曲正应力与最大弯曲剪应力：

$$\frac{\sigma_{max}}{\tau_{max}} = \frac{\dfrac{3ql^2}{4bh^2}}{\dfrac{3ql}{4bh}} = \frac{l}{h}$$

【例 8-7】 中梁的最大弯曲正应力与最大弯曲剪应力之比等于梁的跨度 l 与高度 h 之比。这一结果对一般的非薄壁截面的细长梁来说，是基本符合的。由此可见，这类实心截的细长梁，弯曲正应力是主要应力，梁的强度主要取决于弯曲正应力强度条件。对于薄壁截面梁和剪力相对较大的梁，如短而粗的梁，或有集中载荷作用在支座附近的梁，则不仅应考虑弯曲正应力强度条件。还应考虑弯曲剪应力强度条件。

2. 工字形截面及其他形状截面的剪应力

（1）工字形截面梁的弯曲剪应力

工字形截面尺寸如图 8-19 所示。

工字形截面由上、下翼缘和中间的腹板组成。由于腹板是狭长矩形，所以它的剪应力可以按矩形截面的剪应力公式计算，即：

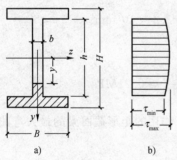

图 8-19 工字形截面尺寸及剪应力分布

$$\tau = \frac{F_Q S_z^*}{I_z b}$$

式中：F_Q——横截面上的剪力；

    I_z——工字形截面对中性轴的惯性矩；

    b——腹板的厚度；

    S_z^*——横截面上所求剪应力处的水平线以下（或以上）至边缘部分面积

        A^*对中性轴的静矩。

剪应力沿腹板高度的分布规律如图 8-19 中所示，仍是按抛物线规律分布，最大剪应力 τ_{max} 仍发生在截面的中性轴上。

$$\tau_{max} = \frac{F_Q S_{zmax}^*}{I_z b} = \frac{F_Q}{(I_z / S_{zmax}^*) b}$$

式中：S_{zmax}^*——工字形截面中性轴以下（或以上）面积对中性轴的静矩。

对于工字钢 I_z / S_{zmax}^* 可由型钢表中查得。

从图 8-19 可看到，腹板上的最大剪应力与最小剪应力相差不大，特别是当腹板的厚度比较小时，二者相差就更小，因此，当腹板的厚度很小时，可近似地认为腹板上的剪应力为均匀分布。

至于在工字钢的翼缘上，存在着平行于剪力 F_Q 的剪应力，但其值较小，通常并不计算。

由此可见，在工字形截面中，腹板主要承担截面上的剪力，而翼缘主要承担截面上的弯矩。

（2）圆形截面梁的弯曲剪应力

当梁的横截面为圆形截面时，根据剪应力互等定理，横截面边缘上各点的剪应力方向应与圆周相切（如图 8-20），即截面上各点的剪应力并不都和剪力 F_Q 平行。因此，对矩形截面剪应力所作的假设在圆截面中不再适用。在圆截面距中性轴均为 y 处的任意一根水平弦 AB 的两个端点处，其剪应力必与圆周相切，作用线相交于纵向对称轴 y 上的某点 P（图 8-20）。此外，由对

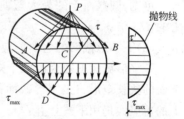

图 8-20　圆形截面梁弯曲剪应力方向

称性可知，AB 弦中点 C 的剪应力也必然通过 P 点。于是，对圆截面上的剪应力分布可作如下假设：圆截面上 y 坐标相等的任意一根弦上各点的剪应力都汇交于 y 轴上的一点，且该弦上各点的剪应力 τ 在 y 方向分量 τ_y 是相等的。因此，对圆截面上各点剪应力 τ 的分量 τ_y 来说，这就与对矩形截面梁的弯曲剪应力 τ

所作的假设完全相同,这样,就可以用式(8-10)来计算圆截面上各点的剪应力在与剪力 F_Q 平行的 y 方向上的分量:

$$\tau_y = \frac{F_Q S_z^*}{I_z b}$$

式中:b——圆截面距中性轴为 y 处(即所求应力之点处)截面的宽度,或 AB 弦的长度,$b = 2\sqrt{R^2 - y^2}$;

S_z^*——AB 弦一侧部分的面积 A^* 对中性轴 z 的静矩。

$$S_z^* \int_{A^*} y_1 \mathrm{d}A = \int_y^R 2\left(\sqrt{R^2 - y_1^2}\right) \mathrm{d}y_1 = \frac{2}{3}(R^2 - y^2)^{\frac{3}{2}}$$

将 b 及 S_z^* 的表达式代入式(8-10)便可得到圆形截面上弯曲剪应力分量 τ_y 的计算公式:

$$\tau_y = \frac{F_Q}{3I_z}(R^2 - y^2) \tag{8-12}$$

在求得圆截面上距中性轴为 y 处点的剪应力分量 τ_y 后,根据 AB 弦上每一点剪应力作用线都通过 P 点的特点,不难求出截面上任一点的总剪应力 τ。

从式(8-12)还可以看出,沿圆截面高度,剪应力分量 τ_y 按抛物线规律变化(图 8-20)。在中性轴上各点,剪应力分量 τ_y 达到最大值,并且中性轴上各点的 τ_y 也就是该点的总剪应力。将圆截面的惯性矩 $I_z = \frac{\pi d^4}{64}$ 代入式(8-12),令 $y = 0$,可得中性轴上圆截面的最大剪应力:

$$\tau_{max} = \frac{16F_Q}{3\pi d^2} = \frac{4}{3}\frac{F_Q}{A}$$

可见,圆截面上的最大弯曲剪应力是平均剪应力的 4/3 倍。

(3)T 字形截面的弯曲剪应力

T 字形截面可视为由两个矩形组成(图 8-21),下面的狭长矩形与工字形截面的腹板相似,该部分上的剪应力仍用下式计算:

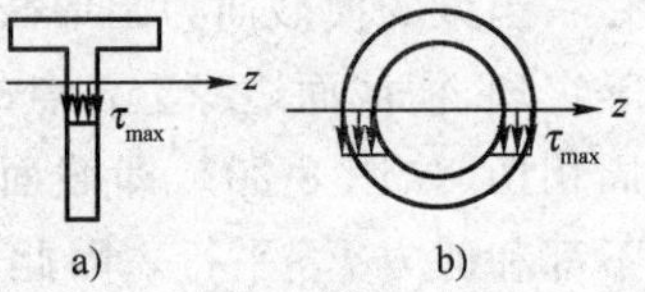

图 8-21

$$\tau = \frac{F_Q S_z^*}{I_z b}$$

最大剪应力仍发生在截面的中性轴上。

(4)薄壁环形截面的弯曲剪应力

薄壁环形截面(图 8-21)的最大剪应力发生在中性轴上,并沿中性轴均匀分布,其值为:$\tau_{max} = 2\frac{F_Q}{A}$,其中,$A = 2\pi r_0 \delta$。

第二节　强　度　条　件

一　强度条件

由于横力弯曲时在梁的截面上同时存在两种应力,即弯曲正应力和弯曲剪应力,并且它们的分布规律并不相同,因此,弯曲强度的计算是比较复杂的。

1. 梁的正应力强度条件

实践与分析表明,对一般细而长的梁,影响其强度的主要应力是弯曲正应力。为保证梁能安全地工作,必须使梁危险截面上的最大正应力不超过材料的容许正应力,故梁的正应力强度条件为:

$$\sigma_{max} \leqslant [\sigma]$$

式中,$[\sigma]$ 为弯曲时材料的容许正应力,其值随材料的不同而不同,在有关规范中均有具体规定。

对于低碳钢等这一类塑性材料,其抗拉和抗压能力相同,为了使截面上的最大拉应力和最大压应力同时达到容许应力,常将这种梁做成矩形、圆形和工字形等对称于中性轴的截面。因此,弯曲正应力的强度条件为:

$$\sigma_{max} = \frac{M_{max}}{W_z} \leqslant [\sigma]$$

对于铸铁等这一类脆性材料,则由于其抗拉和抗压的能力不同,工程上常将此种梁的横截面做成 T 形等对中性轴不对称的截面,其最大拉应力和最大压应力的强度条件分别为:

$$\sigma_{max}^{+} = \frac{M y_1}{I_z} \leqslant [\sigma]^{+}$$

$$\sigma_{max}^{-} = \frac{M y_2}{I_z} \leqslant [\sigma]^{-}$$

式中:y_1 和 y_2——分别表示梁上拉应力最大点和压应力最大点离中性轴的距离;

$[\sigma]^{+}$ 和 $[\sigma]^{-}$——分别为脆性材料的弯曲容许拉应力和容许压应力。

2. 梁的剪应力强度条件

为使梁安全可靠地工作,梁除了必须满足正应力强度条件外,还必须满足剪应力强度条件。梁的最大剪应力都发生在截面中性轴上各点处,梁的剪应力强度条件为:

$$\tau_{\max} \leqslant [\tau]$$

式中，$[\tau]$为弯曲时材料的容许剪应力，其值随材料的不同而不同，在有关规范中均有具体现定。

二 强度条件的应用

利用梁的强度条件，可解决工程中常见的下列三类问题。

1. 强度校核

当已知梁的截面形状和尺寸，梁所用的材料及梁上荷载时，可校核梁是否满足强度条件。即校核是否满足下列关系：

$$\sigma_{\max} = \frac{M_{\max}}{W_z} \leqslant [\sigma]$$

$$\tau_{\max} \leqslant [\tau]$$

在进行梁的强度计算时，必须同时满足正应力和剪应力强度条件。但二者有主有次，在一般情况下，梁的强度计算由正应力强度条件控制。

在以下几种情况下，梁的剪应力强度条件可能起控制作用，需校核梁的剪应力强度：

(1)当梁的跨度很小或在梁的支座附近有很大的集中力作用时，此时梁的最大弯矩比较小，而剪力却很大，因而梁的强度计算就可能由剪应力强度条件控制；

(2)在组合工字钢梁中，如果腹板的厚度很小，腹板上的剪应力就可能很大，这时剪应力强度条件也可能起控制作用；

(3)在木梁中，由于木材的顺纹抗剪能力很差，当截面上剪应力很大时，木梁可能沿中性层剪切破坏。

2. 设计截面

当已知梁所用的材料及梁上荷载时，可根据强度条件，选择梁的截面。在选择梁的截面时，一般先按正应力强度条件选择截面，然后再进行剪应力强度校核。工程中，按正应力强度条件设计的梁，剪应力强度条件大多可以满足。

根据正应力强度条件，先计算出所需的最小抗弯截面系数：

$$W_z \geqslant \frac{M_{\max}}{[\sigma]}$$

然后根据梁的截面形状，再由 W_z 值确定截面的具体尺寸或型钢号。

3. 确定容许荷载

当已知梁所用的材料、截面的形状和尺寸时，根据强度条件，先算出梁所能

承受的最大弯矩,即:

$$M_{max} \leqslant W_z[\sigma]$$

然后由 M_{max} 与荷载的关系,算出梁所能承受的最大荷载。

下面举例说明强度条件的具体应用。

【例 8-8】 矩形截面的简支梁,梁上作用有均布荷载(图 8-22),已知 $l=4$m,$b=140$mm,$h=210$mm,$q=2$kN/m,弯曲时木材的容许正应力 $[\sigma]=10$MPa,试校核该梁的强度。

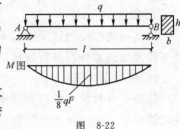

图 8-22

解:作梁的弯矩图如图所示,可知梁的最大正应力发生在跨中截面的上、下边缘处,最大弯矩为:

$$M_{max} = \frac{1}{8}ql^2 = \frac{1}{8} \times 2 \times 4^2 = 4\text{kN} \cdot \text{m}$$

抗弯截面系数:

$$W_z = \frac{bh^2}{6} = \frac{1}{6} \times 140 \times 210^2 = 1.03 \times 10^6 \text{mm}^3$$

最大正应力:

$$\sigma_{max} = \frac{M_{max}}{W_z} = \frac{4 \times 10^6}{1.03 \times 10^6} = 3.88\text{MPa} < [\sigma]$$

所以满足强度要求。

【例 8-9】 ⊥形截面的外伸梁如图 8-23 所示,已知:$l=600$mm,$a=40$mm,$b=30$mm,$c=80$mm,$F_1=24$kN,$F_2=9$kN,材料的容许拉应力 $[\sigma_t]=30$MPa,容许压应力 $[\sigma_c]=90$MPa,试校核梁的强度。

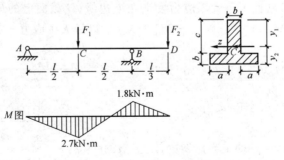

图 8-23

解:(1)先画出弯矩图,如图。

(2)截面为⊥字形,需算出形心 C 的位置及截面对中性轴的惯性矩。

$$y_2 = \frac{110 \times 30 \times 15 + 80 \times 30 \times (40 + 30)}{110 \times 30 + 80 \times 30} = 38\text{mm}$$

$$y_1 = 110 - y_2 = 110 - 38 = 72\text{mm}$$

$$I_z = \frac{30 \times 80^3}{12} + (40 + 30 - y_2)^2 \times 30 \times 80 + \frac{110 \times 30^3}{12} + (y_2 - 15)^2 \times 110 \times 30$$

$$= 5.73 \times 10^6 \text{mm}^4$$

因材料的抗拉与抗压性能不同,截面对中性轴又不对称.所以需对最大拉应力与最大压应力分别进行校核。

(3)校核最大拉应力

首先要分析最大拉应力发生在哪里。由于截面对中性轴不对称,而正、负弯矩又都存在,因此,最大拉应力不一定发生在弯矩绝对值最大的截面上。应该对最大正弯矩和最大负弯矩两个截面上的拉应力进行分析比较。

在最大正弯矩的 C 截面上,最大拉应力发生在截面的下边缘,其值为:

$$\sigma_{\max 1}^+ = \frac{M_C y_2}{I_z} = \frac{2.7 \times 10^6 \times 38}{5.73 \times 10^6} = 17.91\text{MPa} < [\sigma]^+$$

满足强度要求。

在最大负弯矩的 B 截面上,最大拉应力发生在截面的上边缘,其值为:

$$\sigma_{\max 2}^+ = \frac{M_B y_1}{I_z} = \frac{1.8 \times 10^6 \times 72}{5.73 \times 10^6} = 22.62\text{MPa} < [\sigma]^+$$

满足强度要求。

(4)校核最大压应力

也要首先确定最大压应力发生在哪里。与分析最大拉应力一样,要比较 C、B 两个截面。C 截面上最大压应力发生在上边缘,B 截面上的最大压应力发生在下边缘。因 M_C 与 y_1 分别大于 M_B 与 y_2,所以最大压应力一定发生在 C 截面上。即:

$$\sigma_{\max}^- = \frac{M_C y_1}{I_z} = \frac{2.7 \times 10^6 \times 72}{5.73 \times 10^6}$$

$$= 33.93\text{MPa} < [\sigma]^-$$

满足强度要求。

【例 8-10】 一外伸工字形钢梁,工字钢的型号为 22a,梁上荷载如图 8-24 所示。已知 $l = 6\text{m}$,$F = 30\text{kN}$,$q = 6\text{kN/m}$,材料的容许应力 $[\sigma] = 170\text{MPa}$,$[\tau] = 100\text{MPa}$,校核此梁是

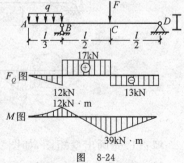

图 8-24

220

否安全。

解:分别校核正应力和剪应力。最大正应力与最大剪应力分别发生在最大弯矩与最大剪力的截面上,剪力图、弯矩图如图所示。

从型钢表中查得:
$$W_z = 309\text{cm}^3, I_z/S_{zmax}^* = 18.9\text{cm}, b = 7.5\text{mm}$$

最大正应力发生在 C 截面的上、下边缘处,为:
$$\sigma'_{max} = \frac{M_{max}}{W_z} = \frac{39 \times 10^6}{309 \times 10^3} = 126.21\text{MPa} < [\sigma]$$

满足强度要求。

最大剪应力发生在 BC 段截面的中性轴上,为:
$$\tau_{max} = \frac{F_{Qmax}}{I_z/S_{zmax}^* b} = \frac{17 \times 10^3}{18.9 \times 10 \times 7.5} = 11.99\text{MPa} < [\tau]$$

满足强度要求。

【例 8-11】 一热轧普通工字钢截面简支梁,如图 8-25a)所示,已知:$l = 6\text{m}, F_1 = 15\text{kN}$, $F_2 = 21\text{kN}$,钢材的 $[\sigma] = 170\text{MPa}, [\tau] = 100\text{MPa}$,试选择工字钢的型号。

解:(1)根据正应力强度条件选择截面。

作弯矩图(如图 8-25b)所示),确定最大弯矩 $M_{max} = 38\text{kN·m}$。

计算工字钢梁所需的抗弯截面系数为:

$$W_z \geq \frac{M_{max}}{[\sigma]} = \frac{38 \times 10^6}{170} = 2.24 \times 10^5 \text{mm}^3$$

$$= 224\text{cm}^3$$

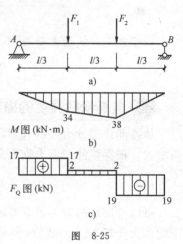

图 8-25

选择工字钢型号:查型钢表,选择 20a 工字钢,其 $W_z = 237\text{cm}^3 > 224\text{cm}^3$。

(2)校核剪应力强度。

作剪力图(如图 8-25c)所示),最大剪力为:
$$F_{Qmax} = 19\text{kN}$$

查型钢表 20a 工字钢:
$$I_z/S_{zmax}^* = 17.2\text{cm}, b = 7\text{mm}$$

最大剪应力为:
$$\tau_{max} = \frac{F_{Qmax}}{I_z/S_{zmax}^* b} = \frac{19 \times 10^3}{17.2 \times 10 \times 7} = 15.78\text{MPa} < [\tau]$$

满足强度要求。所以选择截面为 20a 工字钢。

【例 8-12】 就[例 8-7],求梁能承受的最大荷载(即求 q_{max})。

解:根据强度条件,梁能承受的最大弯矩为:

$$M_{max} \leqslant W_z[\sigma]$$

跨中最大弯矩与荷载 q 的关系为:

$$M_{max} = \frac{1}{8}ql^2$$

所以:

$$\frac{1}{8}ql^2 \leqslant W_z[\sigma]$$

从而得:

$$q \leqslant \frac{8W_z[\sigma]}{l^2} = \frac{8 \times 1.03 \times 10^6 \times 10}{4^2 \times 10^6} = 5.15\text{N/mm} = 5.15\text{kN/m}$$

即梁能承受的最大荷载为:

$$q_{max} = 5.15\text{kN/m}。$$

222

 提高弯曲强度的措施

从弯曲强度分析可以看到,弯曲正应力强度条件常常是控制梁的强度的主要因素。根据弯曲正应力强度条件:

$$\sigma_{max} = \frac{M_{max}}{W_z} \leqslant [\sigma]$$

可以考虑从两方面提高梁的强度,一方面是合理安排梁的受力情况,以降低梁的最大弯矩 M_{max} 的数值;另一方面是采用合理的截面形状,以提高其抗弯截面模量 W_z 的数值。下面给出从这两方面考虑提高梁的强度的一些措施。

1. 合理安排梁的支承及载荷

如图 8-26a)所示的梁,最大弯矩 $M_{max} = \frac{1}{8}ql^2 = 0.125ql^2$,若将两端支座向跨内移动 $0.2l$,如图 8-26b),最大弯矩减少为 $M_{max} = \frac{1}{40}ql^2 = 0.025ql^2$,仅是前者的 $\frac{1}{5}$,于是梁的截面尺寸可相应地减小。

改善梁的受力情况同样可以降低梁的最大弯矩。如图 8-27a)所示跨度中点承受集中力 F 的简支梁,最大弯矩 $M_{max} = \frac{Fl}{4}$,若把 F 作用在靠近支座的 $\frac{l}{6}$ 处,

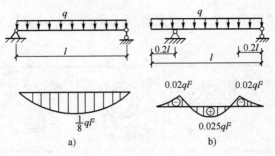

图 8-26

如图 8-27b），则最大弯矩为 $M_{max} = \dfrac{5Fl}{36}$，显然比前者小得多。

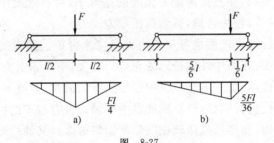

图 8-27

2. 选择合理的截面

根据弯曲正应力强度条件，最大正应力与抗弯截面模量 W_z 成反比，W_z 愈大，正应力愈小。而 W_z 值的大小是与截面的面积及形状有关，应当力求在不增加材料（用横截面面积 A 来衡量）的条件下，使截面的 W_z 值尽可能增大，所以截面形状的合理程度，可以用一个截面的面积与它所具有的抗弯截面模量 W_z 的比值来表示。应该使截面的 $\dfrac{W_z}{A}$ 比值尽可能地大。例如，一宽为 b，高为 h 的矩形截面，当竖向放置时比值 $\dfrac{W_z}{A} = \dfrac{\dfrac{bh^2}{6}}{bh} = \dfrac{h}{6} = 0.167h$，而横向放置时比值 $\dfrac{W_z}{A} = \dfrac{\dfrac{b^2h}{6}}{bh} = \dfrac{b}{6} = 0.167b$。若 $\dfrac{h}{b} = 2$，则后者是前有的一半，可见矩形截面竖向放置时要合理些。对于直径 $d = h$ 的圆截面，比值 $\dfrac{W_z}{A} = \dfrac{\dfrac{\pi d^3}{32}}{\dfrac{\pi d^2}{4}} = \dfrac{d}{8} = 0.125h$。可见截面的 $\dfrac{W_z}{A}$ 比值与截面的高度 h 成正比，可写为 $\dfrac{W_z}{A} = kh$。式中，k 是与截面形状有关的系数，

它的数值愈大,说明截面的形状愈合理,常见截面的 $\dfrac{W_z}{A}$ 比值列于表 8-1 中。

表 8-1

截面形状	矩形	圆形	圆形 内径 $d=0.8h$	槽钢	工字钢
$\dfrac{W_z}{A}$	$0.617h$	$0.125h$	$0.205h$	$(0.27\sim0.31)h$	$(0.27\sim0.31)h$

表中的数据表明,在截面高度 h 相等的条件下,材料远离中性轴的截面(如工字形、槽形截面等)较为合理,圆形截面较差。

梁的截面形状的合理性也可从应力的角度来分析。梁弯曲时,正应力沿截面高度成直线分布,在距中性轴最远处正应力最大,中性轴上为零。因此为了更好地发挥材料的作用,就应尽量减少中性轴附近的面积,而使更多的面积分布在离中性轴较远的位置。例如,圆形截面在中性轴附近有较多的材料,致使材料的潜力不能充分利用,而环形截面就比圆形截面好得多。又如矩形截面,如果将中性轴附近的面积挖掉一部分,并将此部分材料移置到上、下边缘处,形成个工字形截面,则可使截面上的大部分材料都能承受较大的正应力,因此工字形截面比矩形截面更为经济合理。

合理的截面形状还应使截面上的最大拉应力和最大压应力同时达到材料的容许应力。对于抗拉强度和抗压强度相等的材料,应选用对中性轴对称的截面。对于拉、压容许应力不相等的材料采用中性轴不对称的截面,如 T 字形截面。

3. 变截面梁

由于强度条件是根据危险截面上的最大弯矩值来确定截面的,所以当危险截面上的最大正应力达到材料的容许应力值时,其他截面上的最大正应力尚未达到这一数值。采用等截面梁,对于那些弯矩比较小的截面处材料就没有充分发挥作用。为了充分发挥材料的潜力,常将梁设计成变截面的,即截面的尺寸随弯矩的变化而变化。在弯矩较大处梁段采用较大的截面,在弯矩较小处梁段采用较小的截面,这就是变截面梁。最理想的变截面梁是各个横截面上的最大正应力同时达到材料的容许应力,即等强度梁。从强度及材料的利用上看,等强度梁是最理想的,但这种梁的制造,在工艺上有一定的困难。因此工程实际中,常代之以变截面梁。例如,工业厂房中的鱼腹梁等。

第三节　弯曲变形

　　梁在荷载作用下,既产生应力也发生变形,要保证梁的正常工作,除满足强度要求外,还需满足刚度要求。所谓刚度要求就是控制梁的变形,使梁在荷载作用下产生的变形不能过大,否则会影响工程上的正常使用。例如,桥梁的变形(如挠度)过大,在机车通道时将会引起很大的振动;楼板梁变形过大时,会使下面的灰层开裂、脱落;吊车梁的变形过大时,将影响吊车的正常运行等等。在工程中,根据不同的用途,对梁的变形给以一定的限制,使之不能超过一定的容许值。此外,在解超静定梁时,也需要借助梁的变形来建立补充方程。因此,本节讨论梁弯曲变形的计算和刚度校核问题。

　　梁的整体变形是用横截面形心的竖向位移挠度和横截面的转角这两种位移来表示。

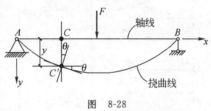

图　8-28

　　现以图 8-28 所示简支梁为例。取等直梁在变形前的轴线为 x 轴,梁的左端为坐标原点,y 轴向下为正,xy 面是梁的纵向对称面,当梁在 xy 面内发生平面弯曲时,梁变形后的轴线成为该平面内的一条平坦而光滑的平面曲线,这条曲线称为梁的挠曲线。

　　(1)挠度

　　梁的任一横截面形心在垂直于梁轴线方向所产生的竖向线位移 CC' 称为该截面的挠度。挠度常用 y 表示,单位 mm。显然,不同截面上的挠度值是不同的。规定挠度向下为正,各截面的挠度是截面位置 x 的函数,可写为:

$$y = f(x)$$

这种表示挠度沿梁长变化规律的表达式称为梁的挠曲线方程。

　　(2)转角

　　梁的任一横截面在弯曲变形时,相对其原来位置所转过的角度,称为该截面的转角,用 θ 表示,单位 rad(弧度)。规定顺时针转动为正。

一　常见荷载作用下的结构位移

　　为了实用上的方便,各种常见荷载作用下简单梁的转角和挠度计算公式及挠曲线的方程式均有表可查。表 8-2 中列举了一些常见的情况。

 建筑力学

支承和荷载情况	梁端转角	最大挠度	挠曲线方程式
	$\theta_B = \dfrac{Fl^2}{2EI_z}$	$y_{max} = \dfrac{Fl^3}{3EI_z}$	$y = \dfrac{Fx^2}{6EI_z}(3l-x)$
	$\theta_B = \dfrac{Fa^2}{2EI_z}$	$y_{max} = \dfrac{Fa^2}{6EI_z}(3l-a)$	$y = \dfrac{Fx^2}{6EI_z}(3a-x),0\leqslant x\leqslant a$ $y = \dfrac{Fa^2}{6EI_z}(3x-a),a\leqslant x\leqslant l$
	$\theta_B = \dfrac{ql^3}{6EI_z}$	$y_{max} = \dfrac{ql^4}{8EI_z}$	$y = \dfrac{qx^2}{24EI_z}(x^2+6l^2-4lx)$
	$\theta_B = \dfrac{M_e l}{EI_z}$	$y_{max} = \dfrac{M_e l^2}{2EI_z}$	$y = \dfrac{M_e x^2}{2EI_z}$
	$\theta_A = -\theta_B$ $= \dfrac{Fl^2}{16EI_z}$	$y_{max} = \dfrac{Fl^3}{48EI_z}$	$y = \dfrac{Fx}{48EI_z}(3l^2-4x^2),0\leqslant x\leqslant\dfrac{l}{2}$
	$\theta_A = -\theta_B$ $= \dfrac{ql^3}{24EI_z}$	$y_{max} = \dfrac{5ql^4}{384EI_z}$	$y = \dfrac{qx}{24EI_z}(l^3-2lx^2+x^3)$
	$\theta_A = \dfrac{Fab(l+b)}{6lEI_z}$ $\theta_B = \dfrac{-Fab(l+a)}{6lEI_z}$	$y_{max} = \dfrac{Fb}{9\sqrt{3}lEI_z}(l^2-b^2)^{\frac{3}{2}}$ 在 $x = \dfrac{\sqrt{l^2-b^2}}{3}$ 处	$y = \dfrac{Fbx}{6lEI_z}(l^2-b^2-x^2)x,0\leqslant x\leqslant a$ $y = \dfrac{F}{EI_z}\left[\dfrac{b}{6l}(l^2-b^2-x^2)x+\dfrac{1}{6}(x-a)^3\right],a\leqslant x\leqslant l$
	$\theta_A = \dfrac{M_e l}{6EI_z}$ $\theta_B = -\dfrac{M_e l}{3EI_z}$	$y_{max} = \dfrac{M_e l^2}{9\sqrt{3}EI_z}$ 在 $x = \dfrac{l}{\sqrt{3}}$ 处	$y = \dfrac{M_e x}{6lEI_z}(l^2-x^2)$

226

叠加法求梁的变形

从表 8-2 可知梁的变形与荷载成线性关系,所以,可以用叠加法计算梁的变形。即先分别计算每一种荷载单独作用时所引起梁的挠度或转角,然后再将它们代数相加,就得到梁在几种荷载共同作用下的挠度或转角。

下面举例说明叠加法的应用。

【例 8-13】 等直简支梁受荷载如图 8-29 所示。已知梁的抗弯刚度为 EI_z。试按叠加法求梁跨度中点 C 的挠度 y_C 与 A 截面的转角 θ_A。

解: 先分别计算 q 与 F 单独作用下[如图 8-29b)、c)]的跨中挠度 y_{c1} 和 y_{c2},由表 8-2 查得:

$$y_{c1} = \frac{5ql^4}{384EI_z}$$

$$y_{c2} = \frac{Fl^3}{48EI_z}$$

q、F 共同作用下的跨中挠度则为:

$$y_c = y_{c1} + y_{c2} = \frac{5ql^4}{384EI_z} + \frac{Fl^3}{48EI_z}$$

同样,也可求得 A 截面的转角为:

$$\theta_A = \theta_{A1} + \theta_{A2} = \frac{ql^3}{24EI_z} + \frac{Fl^2}{16EI_z}$$

【例 8-14】 试用叠加法求图 8-30 所示悬臂梁自由端 C 截面的挠度、y_c 与

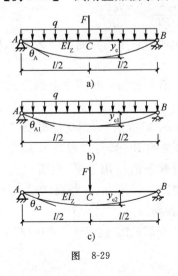

图 8-29

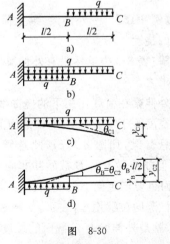

图 8-30

转角 θ_c。已知梁的抗弯刚度为 EI_z。

（1）为了应用叠加法，将均布荷载向左延长至 A 端，为与原梁的受力状况等效，在延长部分加上等值反向的均布荷载，如图 8-30b)所示。

（2）将梁分解为图 8-30c)，图 8-30d)所示两种简单受力情况。

由表 8-2 查得：

$$y_{c1} = \frac{ql^4}{8EI_z}, \theta_{c1} = \frac{ql^3}{6EI_z}$$

图 c)：

$$y_B = -\frac{q(l/2)^4}{8EI_z} = -\frac{ql^4}{128EI_z}$$

图 d：

$$\theta_B = -\frac{q(l/2)^3}{6EI_z} = -\frac{ql^3}{48EI_z}$$

由于：

$$\theta_{c2} = \theta_B = -\frac{ql^3}{48EI_z}$$

所以：

$$y_{c2} = y_B + \theta_B \times \frac{l}{2} = -\frac{7ql^4}{384EI_z}$$

（3）叠加求梁自由端 C 截面的挠度和转角。

截面的挠度：

$$y_c = y_{c1} + y_{c2} = \frac{ql^4}{8EI_z} - \frac{7ql^4}{381EI_z} = \frac{41ql^4}{384EI_z}$$

C 截面的转角：

$$\theta_c = \theta_{c1} + \theta_{c2} = \frac{ql^3}{6EI_z} - \frac{ql^3}{48EI_z} = \frac{7ql^3}{48EI_z}$$

【例 8-15】 一外伸梁，梁上荷载如图 8-31 所示。梁的弯曲刚度为 EI_z，求 C 截面的挠度。

解：表 8-2 中虽然没有外伸梁的计算公式，但此题仍可利用表中的公式以叠加法求之。

外伸梁在荷载作用下的挠曲线如图 8-31a)中虚线所示，两支座处只产生转角而挠度等于零。在计算 C 截面的挠度时，将梁的 BC 段可先看成 B 端为固定端的悬臂梁，如图 8-31c)，此悬臂梁在均布荷载 q 的作用下，C 截面的挠度为 y_{c1}。但外伸梁上的 B 截面并非固定不动，而要产生转角 θ_B，B 截面转动 θ_B 角使 C 截面也要产生向下的竖向位移（相当于刚体转动）。

该竖向位移用 y_{c2} 表示，如图 8-31e)。将图 8-31c)的 y_{c1} 与图 8-31e)的 y_{c2} 相叠加，就是外伸梁上 C 截面的挠度 y_c。即：

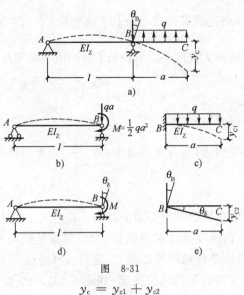

图 8-31

$$y_c = y_{c1} + y_{c2}$$

因 θ_B 很小，y_{c2} 可用 $a\theta_B$ 来表示。外伸梁上 B 截面的转角 θ_B，相当于图 8-31b)所示荷载作用下简支梁上 B 截面的转角。因集中力 qa 是作用在支座上，故不引起梁的变形，仅力矩 $M\left(M=\dfrac{1}{2}qa^2\right)$ 使梁变形。简支梁在 M 作用下 B 截面的转角可从表 8-2 中查得为：

$$\theta_B = \frac{Ml}{3EI_z} = \frac{\frac{1}{2}qa^2 l}{3EI_z} = \frac{qa^2 l}{6EI_z}$$

所以：

$$y_{c2} = a\theta_B = \frac{qa^3 l}{6EI_z}$$

从表 8-2 查得：

$$y_{c1} = \frac{qa^4}{8EI_z}$$

外伸梁上 C 截面的挠度则为：

$$y_c = y_{c1} + y_{c2} = \frac{qa^4}{8EI_z} + \frac{qa^3 l}{6EI_z} = \frac{qa^3}{24EI_z}(4l + 3a)$$

 梁的刚度条件

梁的刚度条件，是检查梁在荷载作用下产生的位移是否超过容许值。在机械工程中，一般对转角和挠度都进行校核；在建筑工程中，大多只校核挠度。校

核挠度时,通常是以挠度的容许值与跨长 l 的比值 $\left[\dfrac{f}{l}\right]$ 作为校核的标准。即梁

在荷载作用下产生的最大挠度 y_{max} 与跨长 l 的比值不能超过 $\left[\dfrac{f}{l}\right]$:

$$\frac{y_{max}}{l} \leqslant \left[\frac{f}{l}\right]$$

该式就是梁的刚度条件。

根据不同的工程用途,在有关规范中,对 $\left[\dfrac{f}{l}\right]$ 均有具体的规定,通常限制在

$\dfrac{1}{200} \sim \dfrac{1}{1000}$ 范围内。

强度条件和刚度条件都是梁必须满足的。在建筑工程中,一般情况下,强度条件常起控制作用,由强度条件选择的梁,大多能满足刚度要求。因此,在设计梁时,一般是先由强度条件选择梁的截面,选好后再校核一下刚度。

【例 8-16】 承受均布荷载的简支梁(如图 8-32)。已知

$l = 6\text{m}$, $q = 4\text{kN/m}$, $\left[\dfrac{f}{l}\right] = \dfrac{1}{400}$,梁采用 22a 工字钢,其弹性

模量 $E = 2 \times 10^5 \text{MPa}$,试校核梁的刚度。

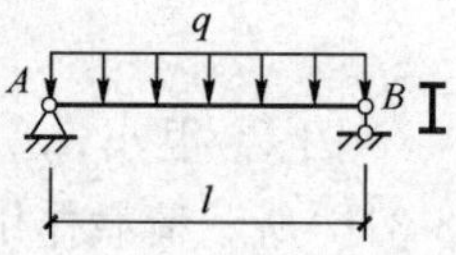

图 8-32

解: 查得工字钢的惯性矩为:

$$I_z = 3400\text{cm}^4$$

梁中的最大挠度为:

$$y_{max} = \frac{5ql^4}{384EI_z} = \frac{5 \times 4 \times 6^4 \times 10^{12}}{384 \times 2 \times 10^5 \times 3400 \times 10^4} = 9.93\text{mm}$$

$$\frac{y_{max}}{l} = \frac{9.93}{6 \times 10^3} = \frac{1}{604} < \left[\frac{f}{l}\right]$$

满足刚度要求。

◀ 小 结 ▶

本章讨论了平面弯曲的应力和强度条件,平面弯曲变形计算和刚度条件。

一、弯曲应力

1.弯曲正应力

$$\sigma = \frac{M}{I_z} y$$

适用于平面弯曲的梁,且在弹性范围内工作。

弯曲正应力沿截面高度按线性规律变化,在中性轴上正应力等于零,上、下边缘处最大,在距中性轴等距离的同一横线上各点处正应力相等。

2. 弯曲剪应力

$$\tau = \frac{F_Q S_z^*}{I_z b}$$

弯曲剪应力 τ 沿截面高度按二次抛物线规律变化,在截面的上下边缘处 $\left(y = \pm \dfrac{h}{2}\right)$,$\tau = 0$;在中性轴上的各点处($y = 0$)剪应力取得最大值。

二、强度条件

1. 正应力强度条件

$$\sigma_{max} = \frac{M_{max}}{W_z} \leqslant [\sigma]$$

2. 剪应力强度条件

$$\tau_{max} = \frac{F_{Qmax} S_{zmax}^*}{I_z b} \leqslant [\tau]$$

运用强度条件可以解决三类强度计算问题:
(1)强度校核;
(2)设计截面;
(3)确定容许荷载。

三、弯曲变形

应用叠加法计算挠度和转角。

刚度条件:

$$\frac{y_{max}}{l} \leqslant \left[\frac{f}{l}\right]$$

◄ **思 考 题** ►

8-1 何谓纯弯曲?为什么推导梁的弯曲正应力计算公式时,首先从纯弯曲梁开始进行研究?

8-2 下列一些概念:纯弯曲和横力弯曲;中性轴和形心轴;抗弯刚度和抗弯

截面模量有何区别?

8-3 试判断下列论述是否正确:

(1)梁内最大弯曲正应力一定发生在弯矩值最大的横截面上,距中性轴最远处。

(2)梁在纯弯曲时,横截面上的剪应力一定为 0。

(3)对于等截面直梁,横截面上最大的拉应力和最大压应力在数值上必定相等。

8-4 截面形状和尺寸完全相同的一根木梁和一根钢梁,如果所受外力相同,则这两根梁的内力图是否相同? 横截面上的正应力和剪应力的大小及分布规律是否相同?

8-1 简支梁如题 8-1 图所示。试求 I—I 截面上 A、B 两点处的正应力,并画出该截面上的正应力分布图。

8-2 一工字形钢梁,在跨中作用集中力 F,已知 $l=6\text{m}$,$F=20\text{kN}$,工字钢的型号为 20a,求梁中的最大正应力。

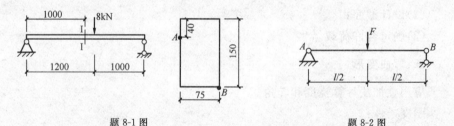

题 8-1 图   题 8-2 图

8-3 一 T 形截面的外伸梁,梁上作用均布荷载,梁的尺寸如图所示,已知 $l=1.5\text{m}$,$q=8\text{kN/m}$,求梁中横截面上的最大拉应力和最大压应力。

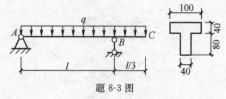

题 8-3 图

8-4 梁在外力作用下为平面弯曲,当截面为下列形状时,试分别画出 σ 应力沿横截面高度的分布规律。

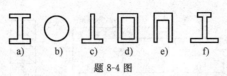

题 8-4 图

8-5 简支梁承受均布荷载如题 8-5 图所示。若分别采用截面面积相等的实心和空心圆截面,且 $D_1 = 40\text{mm}$,$\dfrac{d_2}{D_2} = \dfrac{3}{5}$,试分别计算它们的最大正应力,并求出空心截面比实心截面的最大正应力减小了百分之几?

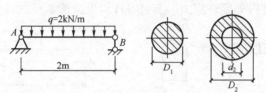

题 8-5 图

8-6 求题 8-2 中梁的横截面上的最大剪应力。

8-7 试计算在如题 8-7 图所示的均布荷载作用下,圆截面简支梁内的最大正应力和最大剪应力,并指出它们发生于何处?

8-8 一简支工字形钢梁,工字钢的型号为 28a,梁上荷载如图所示,已知 $l = 6\text{m}$,$F_1 = 60\text{kN}$,$F_2 = 40\text{kN}$,$q = 8\text{kN/m}$,钢材的容许应力 $[\sigma] = 170\text{MPa}$,$[\tau] = 100\text{MPa}$,试检查梁的强度。

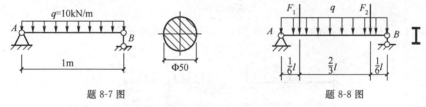

题 8-7 图   题 8-8 图

8-9 一简支工字形钢梁,梁上荷载如图所示,已知 $l = 6\text{m}$,$q = 6\text{kN/m}$,$F = 20\text{kN}$,钢材的容许应力 $[\sigma] = 170\text{MPa}$,$[\tau] = 100\text{MPa}$,试选择工字钢的型号。

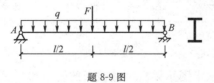

题 8-9 图

8-10 矩形截面外伸梁受力如题 8-10 图所示,材料的 $[\sigma] = 160\text{MPa}$。试确定截面尺寸 b。

8-11 一圆形截面木梁,梁上荷载如图所示,已知 $l = 3\text{m}$,$F = 3\text{kN}$,$q =$

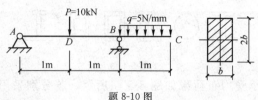

题 8-10 图

3kN/m,弯曲时木材的容许应力$[\sigma]=10$MPa,试选择圆木的直径 d。

8-12　一矩形截面简支梁,跨中作用集中力 F,已知 $l=4$m,$b=120$mm,$h=180$mm,弯曲时材料的容许应力$[\sigma]=10$MPa,求梁能承受的最大荷载 F_{max}。

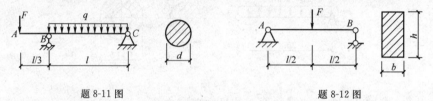

题 8-11 图　　　　　　　　　　　　　　　题 8-12 图

8-13　由两个 16a 号槽钢组成的外伸梁,梁上荷载如图所示,已知 $l=6$m,钢材的容许应力$[\sigma]=170$MPa。求梁能承受的最大荷载 F_{max}。

234

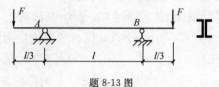

题 8-13 图

8-14　已知等直梁的 EI_z,用叠加法求题 8-14 图所示各梁的 y_c。

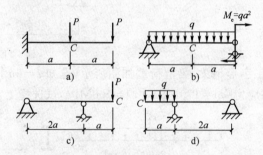

题 8-14 图

8-15　试用叠加法求图示梁自由端截面的转角和挠度。

8-16　在图示外伸梁中,$F=\dfrac{1}{6}ql$,梁的弯曲刚度为 EI_z,试用叠加法求自由端截面的转角和挠度。

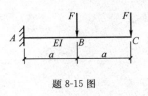

题 8-15 图

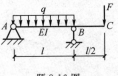

题 8-16 图

8-17 图示外伸梁中,$F_1=\dfrac{1}{4}ql$,$F_2=ql$,梁的弯曲刚度为 EI_z,试用叠加法求 A 截面的转角和挠度。

8-18 一工字形钢的简支梁,梁上荷载如图所示,已知 $l=6\mathrm{m}$,$F=10\mathrm{kN}$,$q=6\mathrm{kN/m}$,$\left[\dfrac{f}{l}\right]=\dfrac{1}{400}$,工字钢的型号为 20b,钢材的弹性模量 $E=2\times10^5\mathrm{MPa}$,试校核梁的刚度。

8-19 一工字形钢的简支梁,梁上荷载如图所示,已知 $l=6\mathrm{m}$,$q=8\mathrm{kN/m}$,$M_e=4\mathrm{kN\cdot m}$,材料的容许应力 $[\sigma]=170\mathrm{MPa}$,弹性模量 $E=2\times10^5\mathrm{MPa}$,梁的容许挠度 $\left[\dfrac{f}{l}\right]=\dfrac{1}{400}$,试选择工字钢的型号并校核梁的刚度。

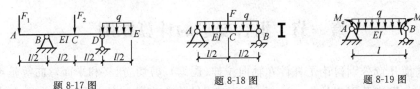

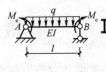

题 8-17 图   题 8-18 图   题 8-19 图

235

第九章
组合变形

本章学习内容要求学生掌握组合变形与基本变形间的关系,培养学生根据基本变形计算理论来分析复杂的实际问题的能力。

第一节　组合变形的计算原则

前面几章分别讨论了杆件在轴向拉伸(压缩)、剪切、扭转和平面弯曲等基本变形下的强度及刚度计算。然而,实际工程结构中有些杆件的受力情况是复杂的,构件往往会产生两种或两种以上的基本变形。

例如,烟囱[如图 9-1a)]的变形除自重 F_W 引起的轴向压缩外,还有水平方向的风力而引起的弯曲变形,即同时产生两种基本变形。又如图 9-1b)所示,设有吊车的厂房的柱子,作用在柱子上的荷载 F_{P1} 和 F_{P2},它们合力的作用线一般不与柱子轴线重合,此时,柱子既产生压缩变形又产生弯曲变形。再如图 9-1c)

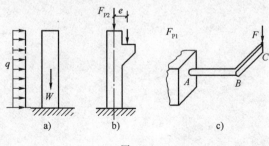

图　9-1

所示的曲拐轴,在力 F 作用下,AB 段既受弯又受扭,即同时产生弯曲和扭转变形。上述这些构件的变形,都是两种或两种以上的基本变形的组合,称为组合变形。

对组合变形问题进行强度计算的原则(步骤)如下:

(1)将所作用的荷载分解或简化为几个只引起一种基本变形的荷载分量;

(2)分别计算各个荷载分量所引起的应力;

(3)根据叠加原理,将所求得的应力相应叠加,即得到原来荷载共同作用下构件所产生的应力;

(4)判断危险点的位置,建立强度条件;

(5)必要时,对危险点处单元体的应力状态进行分析,选择适当的强度理论,进行强度计算。

试验证明,在小变形情况下,由上述方法计算的结果与实际情况基本符合。

本章主要研究斜弯曲、拉伸(压缩)与弯曲以及偏心压缩(拉伸)等组合变形构件的强度计算问题。

第二节 斜 弯 曲

第七、八两章曾讨论了梁的平面弯曲,例如图 9-2a)所示的横截面为矩形的悬臂梁,外力 F 作用在梁的对称平面内,此类弯曲称为平面弯曲。本节讨论的斜弯曲与平面弯曲不同,如图 9-2b)所示同样的矩形截面梁,但外力 F 的作用线只通过横截面的形心而不与截面的对称轴重合,此梁弯曲后的挠曲线不再位于梁的纵向对称面内,这类弯曲称为斜弯曲。斜弯曲是两个平面弯曲的组合,这里将讨论斜弯曲时的正应力及其强度计算。

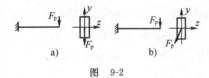

图　9-2

 正应力计算

斜弯曲时,梁的横截面上同时存在正应力和切应力,但因切应力值很小,一般不予考虑。下面结合图 9-3a)、b)所示的矩形截面梁说明斜弯曲时正应力的计算方法。

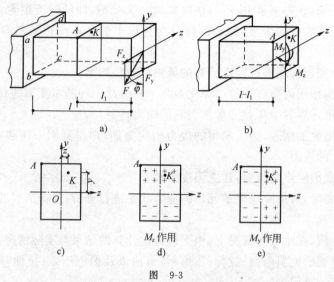

图　9-3

计算某横截面上（距右端面为 a）K 点的正应力时，先将外力 F 沿两个对称轴方向分解为 F_y 与 F_z，分别计算 F_y 与 F_z 单独作用下产生弯矩 M_z 和 M_y，以及两个弯矩各自产生的正应力，最后再进行同一点应力的叠加。具体计算过程如下：

1. 外力的分解

由图 9-3a)可知：

$$F_y = F\cos\varphi$$
$$F_z = F\sin\varphi$$

2. 内力的计算

距右端为 a 的横截面上由 F_y、F_z 引起的弯矩分别是［如图 9-3b)］：

$$M_z = F_y a = Fa\cos\varphi$$
$$M_y = F_z a = Fa\sin\varphi$$

3. 应力的计算

由 M_z 和 M_y（即 F_y 和 F_z）在该截面引起 K 点正应力分别为：

$$\sigma' = \pm\frac{M_z y}{I_z}, \sigma'' = \pm\frac{M_y z}{I_y}$$

F_y 和 F_z 共同作用下 K 点的正应力为：

$$\sigma = \sigma' + \sigma'' = \pm\frac{M_z y}{I_z} \pm \frac{M_y z}{I_y} \tag{9-1}$$

式(9-1)就是梁斜弯曲时横截面任一点的正应力计算公式。式中 I_z 和 I_y 分别为截面对 z 轴和 y 轴的惯性矩；y 和 z 分别为所求应力点到 z 轴和 y 轴的距离[如图 9-3c]。

用式(9-1)计算正应力时，仍将式中的 M_z、M_y、y、z 以绝对值代入。σ' 和 σ'' 的正负，根据梁的变形和所求应力点的位置直接判定（拉为正、压为负）。例如图 9-3b)中 A 点的应力，在 F_y（即 M_z）单独作用下梁向下弯曲，此时 A 点在受拉区，σ' 为正值。同时，在 F_z（即 M_y）单独作用下，A 点位于受压区，σ'' 为负值见图 9-3d)与 e)。

通过以上分析过程，我们可以将斜弯曲梁的正应力计算的思路归纳为"先分后合"，具体如下：

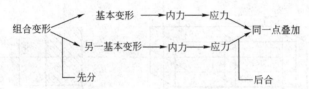

紧紧抓住这一要点，本章的其他组合变形问题都将迎刃而解。

 ## 正应力强度条件

同平面弯曲一样，斜弯曲梁的正应力强度条件仍为：

$$\sigma_{\max} \leqslant [\sigma]$$

即：危险截面上危险点的最大正应力不能超过材料的容许应力[σ]。

工程中常用的工字形、矩形等对称截面梁，斜弯曲时梁内最大正应力都发生在危险截面的角点处。例如图 9-3a)所示的矩形截面梁，其左侧固定端截面的弯矩最大，$M_{\max}=Fl$，该截面为危险截面。M_z 引起的最大拉应力（$\sigma'_{\max}$）位于该截面边缘 ad 线上各点，M_y 引起的最大拉应力（$\sigma''_{\max}$）位于 cd 上各点。叠加后，交点 d 处的拉应力即为最大正应力，其值可按式(9-1)求得：

$$\sigma_{\max} = \sigma'_{\max} + \sigma''_{\max} = \frac{M_{z\max} y_{\max}}{I_z} + \frac{M_{y\max} z_{\max}}{I_y}$$

即

$$\sigma_{\max} = \frac{M_{z\max}}{W_z} + \frac{M_{y\max}}{W_y} \tag{9-2}$$

则斜弯曲梁的强度条件为：

$$\sigma_{\max} = \frac{M_{z\max}}{W_z} + \frac{M_{y\max}}{W_y} \leqslant [\sigma] \tag{9-3}$$

根据这一强度条件,同样可以解决工程中常见的三类问题,即强度校核、截面设计和确定容许荷载。在选择截面(截面设计)时应注意:因式中存在两个未知量 W_z 和 W_y,所以,在选择截面时,需先设定一个 $\dfrac{W_z}{W_y}$ 的比值(对矩形截面 $W_z / W_y = \dfrac{1}{6}bh^2 / \dfrac{1}{6}hb^2 = h/b = 1.2 \sim 2$;对工字形截面取 $6 \sim 10$),然后再用式(9-2)计算所需的 W_z 值,确定截面的具体尺寸,最后再对所选截面进行校核,确保其满足强度条件。

【例 9-1】 矩形截面悬臂梁如图 9-4 所示,已知 $F_1 = 0.5\text{kN}$,$F_2 = 0.8\text{kN}$,$b = 100\text{mm}$,$h = 150\text{mm}$。试计算梁的最大拉应力及所在位置。

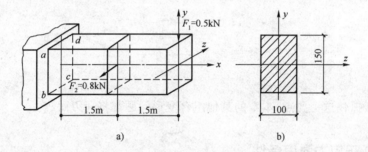

图 9-4

解:此梁受铅垂力 F_1 与水平力 F_2 共同作用,产生双向弯曲变形,其应力计算方法与前述斜弯曲相同。该梁危险截面为固定端截面。

(1)内力的计算

$$M_{z\max} = F_1 l = 0.5 \times 3\text{kN} \cdot \text{m} = 1.5\text{kN} \cdot \text{m}$$

$$M_{y\max} = F_2 \times \frac{l}{2} = 0.8 \times \frac{3}{2}\text{kN} \cdot \text{m} = 1.2\text{kN} \cdot \text{m}$$

(2)应力的计算

$$\sigma_{\max} = \frac{M_{z\max}}{W_z} + \frac{M_{y\max}}{W_y} = \frac{6M_{z\max}}{bh^2} + \frac{6M_{y\max}}{hb^2}$$

$$= \left(\frac{6 \times 1.5 \times 10^6}{100 \times 150^2} + \frac{6 \times 1.2 \times 10^6}{150 \times 100^2} \right)\text{MPa}$$

$$= 8.8\text{MPa}$$

(3)根据实际变形情况,F_1 单独作用,最大拉应力位于固定端截面上边缘 ad;F_2 单独作用,最大拉应力位于固定端截面后边缘 cd;叠加后角点 d 拉应力最大。

上述计算的 $\sigma_{max}=8.8\mathrm{MPa}$,也正是 d 点的应力。

【例 9-2】 如图 9-5 所示跨度为 4m 的简支梁,拟用工字钢制成,跨中作用集中力 $F=7\mathrm{kN}$,其与横截面铅垂对称轴的夹角 $\varphi=20°$,如图 9-5b),已知 $[\sigma]=160\mathrm{MPa}$,试选择工字钢的型号(提示:先假定 W_z / W_y 的比值,试选后再进行校核)。

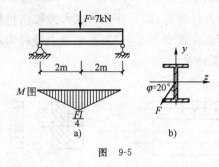

图 9-5

解:(1)外力的分解
$$F_y = F\cos20° = 7 \times 0.940\mathrm{kN} = 6.578\mathrm{kN}$$
$$F_z = F\sin20° = 7 \times 0.342\mathrm{kN} = 2.394\mathrm{kN}$$

(2)内力的计算
$$M_z = \frac{F_y l}{4} = \frac{6.578 \times 4}{4}\mathrm{kN \cdot m} = 6.578\mathrm{kN \cdot m}$$
$$M_y = \frac{F_z l}{4} = \frac{2.394 \times 4}{4}\mathrm{kN \cdot m} = 2.394\mathrm{kN \cdot m}$$

(3)强度计算

设 $W_z / W_y = 6$,代入:
$$\sigma_{max} = \frac{M_z}{W_z} + \frac{M_y}{W_y} = \frac{M_z}{W_z} + \frac{6M_y}{W_z} \leqslant [\sigma]$$

得:
$$W_z \geqslant \frac{M_z + 6M_y}{[\sigma]} = \frac{(6.578 + 6 \times 2.394) \times 10^6}{160}\mathrm{mm}^3$$
$$= 130.9 \times 10^3 \mathrm{mm}^3 = 130.9\mathrm{cm}^3$$

试选 16 号工字钢,查得 $W_z = 141\mathrm{cm}^3$,$W_y = 21.2\mathrm{cm}^3$。

再校核其强度:
$$\sigma_{max} = \frac{M_{zmax}}{W_z} + \frac{M_{ymax}}{W_y} = \left(\frac{6.578 \times 10^6}{141 \times 10^3} + \frac{2.394 \times 10^6}{21.2 \times 10^3}\right)\mathrm{MPa}$$
$$= 159.6\mathrm{MPa} < [\sigma] = 160\mathrm{MPa}$$

满足强度要求。于是,该梁选 16 号工字钢即可。

第三节　拉伸(压缩)与弯曲的组合变形

当杆件同时作用轴向力和横向力时[如图9-6a)],轴向力 F_N 使杆件伸长(或缩短),横向力 q 使杆件弯曲,因而杆件的变形为轴向拉伸(压缩)与弯曲的组合变形,简称拉(压)弯。下面以图9-6a)所示的受力杆件为例说明拉(压)弯组合变形时的正应力及强度计算。

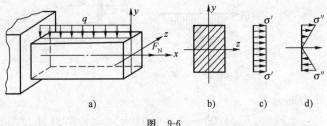

图　9-6

计算杆件在轴向拉伸(压缩)与弯曲组合变形的正应力时,与斜弯曲类似,仍采用叠加法,即分别计算杆件在轴向拉伸(压缩)和弯曲变形下的正应力,再将同一点应力叠加。轴向力 F_N 单独作用时,横截面上的正应力均匀分布,如图9-6c),横截面上任一点正应力为:

$$\sigma' = \frac{F_N}{A}$$

横向力 q 单独作用时,梁发生平面弯曲,正应力沿截面高度呈线性分布,如图9-6d),横截面上任一点的正应力为:

$$\sigma'' = \pm \frac{M_z y}{I_z}$$

F_N、q 共同作用下,横截面上任一点的正应力为:

$$\sigma = \sigma' + \sigma'' = \frac{F_N}{A} \pm \frac{M_z y}{I_z} \tag{9-4}$$

式(9-4)就是杆件在轴向拉伸(压缩)与弯曲组合变形时横截面上任一点的正应力计算公式。式中第一项 σ' 拉为正,压为负;第二项 σ'' 的正负仍根据点的位置和梁的变形直接判断(拉为正,压为负)。

有了正应力计算公式,很容易建立正应力强度条件。对图9-6a)所示的拉弯组合变形杆,最大正应力发生在弯矩最大截面的上下边缘处,其值为:

$$\sigma_{max} = \frac{F_N}{A} \pm \frac{M_{max}}{W_z}$$

242

正应力强度条件为：

$$\sigma_{\max} = \frac{F_N}{A} \pm \frac{M_{\max}}{W_z} \leqslant [\sigma] \tag{9-5}$$

当材料的容许拉、压应力不同时，拉弯组合杆中的最大拉、压应力应分别满足容许值。

【例 9-3】 承受横向均布荷载和轴向拉力的矩形截面简支梁如图 9-7a)所示。已知 $q = 2\mathrm{kN/m}$，$F_N = 8\mathrm{kN}$，$l = 4\mathrm{m}$，$b = 100\mathrm{mm}$，$h = 200\mathrm{mm}$，试求梁中的最大拉应力 $\sigma_{t\max}$ 与最大压应力 $\sigma_{c\max}$。

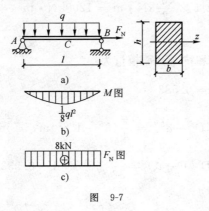

图 9-7

解：梁在 q 作用下的弯矩图如图 9-7b)所示；在 F_N 作用下，轴力图如图9-7c)所示。根据实际变形可知，最大拉应力和最大压应力分别发生在跨中 C 截面的下边缘与上边缘处。

(1)先计算

$$M_{\max} = \frac{ql^2}{8} = \frac{1}{8} \times 2 \times 4^2 \mathrm{kN \cdot m} = 4\mathrm{kN \cdot m}$$

(2)再计算最大拉应力为

$$\sigma_{t\max} = \frac{F_N}{A} + \frac{M_{\max}}{W_z} = \frac{F_N}{bh} + \frac{6M_{\max}}{bh^2}$$

$$= \left(\frac{8 \times 10^3}{100 \times 200} + \frac{6 \times 4 \times 10^6}{100 \times 200^2} \right) \mathrm{MPa}$$

$$= (0.4 + 6)\mathrm{MPa} = 6.4\mathrm{MPa}(C\ \text{截面下边缘})$$

最大压应力为：

$$\sigma_{c\max} = \frac{F_N}{A} - \frac{M_{\max}}{W_z}$$

$$= (0.4 - 6)\mathrm{MPa} = -5.6\mathrm{MPa}(C\ \text{截面上边缘})$$

【例 9-4】 图 9-8 所示,砖砌烟囱高 $h = 40\text{m}$,自重 $F_w = 3 \times 10^3 \text{kN}$,侧向风压 $q = 1.5\text{kN/m}$,底面外径 $D = 3\text{m}$,内径 $d = 1.6\text{m}$,砌体的 $[\sigma_c] = 1.3\text{MPa}$,试校核烟囱的强度。

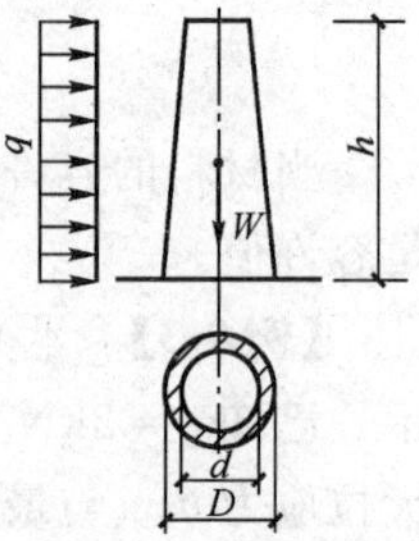

解: 烟囱在自重和侧向风压的共同作用下,产生压弯组合变形,其危险截面为底面,最大压应力点位于底面右边缘。

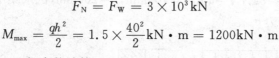

(1)内力的计算

$$F_N = F_w = 3 \times 10^3 \text{kN}$$

$$M_{max} = \frac{qh^2}{2} = 1.5 \times \frac{40^2}{2} \text{kN} \cdot \text{m} = 1200 \text{kN} \cdot \text{m}$$

图 9-8

(2)几何参数计算

内外径比、底面积和抗弯截面模量为:

$$\alpha = \frac{d}{D} = 0.533$$

$$A = \frac{\pi}{4}(D^2 - d^2) = \frac{\pi}{4}(3^2 - 1.6^2)\text{m}^2 = 5\text{m}^2$$

$$W_z = \frac{\pi}{32}D^3(1 - \alpha^4) = \frac{\pi}{32} \times 3^3 \times (1 - 0.533^4)\text{m}^3 = 2.4\text{m}^3$$

(3)强度计算

由强度条件,得最大压应力:

$$\sigma_{cmax} = \left| -\frac{F_N}{A} - \frac{M}{W_z} \right| = \left| -\frac{3 \times 10^3 \times 10^3}{5 \times 10^6} - \frac{1200 \times 10^6}{2.4 \times 10^9} \right| \text{MPa}$$

$$= |-0.6 - 0.5| \text{MPa} = 1.1\text{MPa} < [\sigma_c] = 1.3\text{MPa}$$

所以烟囱满足强度条件。

另外,底面左边缘 $\sigma_{cmin} = (-0.6 + 0.5)\text{MPa} = -0.1\text{MPa}$,未出现拉应力。

第四节　偏心压缩(拉伸)与截面核心

　　轴向拉伸(压缩)时外力 F 的作用线与杆件轴线重合。当外力 F 的作用线只平行于轴线而不与轴线重合时,则称为偏心拉伸(压缩)。偏心拉伸(压缩)可分解为轴向拉伸(压缩)和弯曲两种基本变形。

　　偏心拉伸(压缩)分为单向偏心拉伸(压缩)和双向偏心拉伸(压缩),本节将分别讨论这两种情况下的应力计算。

一 单向偏心拉伸（压缩）时的正应力计算

图 9-9a）所示为矩形截面偏心受压杆，平行于杆件轴线的压力 F 的作用点距形心 O 为 e，并且位于截面的一个对称轴上，e 称为偏心距，这类偏心压缩称为单向偏心压缩。当 F 为拉力时，则称为单向偏心拉伸。

计算应力时，将压力 F 平移到截面的形心处，使其作用线与杆轴线重合。由力的平移定理可知，平移后需附加一力偶，力偶矩为 $M_z = Fe$，如图 9-9b）所示。此时，平移后的力 F 使杆件发生轴向压缩，M_z 使杆件绕 z 轴发生平面弯曲（纯弯曲）。由此可知，单向偏心压缩就是上节讨论过的轴向压缩与平面弯曲的组合变形，所不同的是弯曲的弯矩不再是变量。所以横截面上任一点的正应力为：

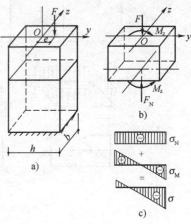

图 9-9

$$\sigma = \sigma_N + \sigma_M = -\frac{F_N}{A} \pm \frac{M_z y}{I_z} \quad (9\text{-}6)$$

单向偏心拉伸时，上式的第一项取正值。

单向偏心拉伸（压缩）时，最大正应力的位置很容易判断。例如，图 9-9c）所示的情况，最大的正应力显然发生在截面的左右边缘处，其值为：

$$\sigma_{\max} = \frac{F_N}{A} \pm \frac{M_z}{W_z} \quad （单向偏心拉伸）$$

或：

$$\sigma_{\max} = -\frac{F_N}{A} \pm \frac{M_z}{W_z} \quad （单向偏心压缩）$$

正应力强度条件为：

$$\sigma_{\max} = \pm \frac{F_N}{A} \pm \frac{M_z}{W_z} \leqslant [\sigma] \quad\quad (9\text{-}7)$$

即构件中的最大拉、压应力均不得超过允许的正应力。

二 双向偏心拉伸（压缩）

图 9-10a）所示的偏心受拉杆，平行于轴线的拉力的作用点不在截面的任何一个对称轴上，与 z、y 轴的距离分别为 e_y 和 e_z。这类偏心拉伸称为双向偏心拉伸，当 F 为压力时，称为双向偏心压缩。

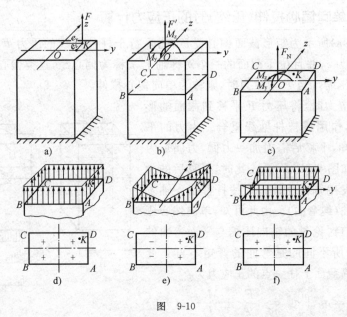

图 9-10

计算这类杆件任一点正应力的方法,与单向偏心拉伸(压缩)类似。仍是将外力 F 平移到截面的形心处,使其作用线与杆件的轴线重合,但平移后附加的力偶不是一个,而是两个。两个力偶的力偶矩分别是 F 对 z 轴的力矩 $M_z = Fe_y$ 和对 y 轴的力矩 $M_y = Fe_z$,如图 9-10b)所示。此时,平移后的力 F_N 使杆件发生轴向拉伸,M_z 使杆件绕 z 轴发生平面弯曲,M_y 使杆件在绕 y 发生平面弯曲。所以,双向偏心拉伸(压缩)实际上是轴向拉伸(压缩)与两个平面弯曲的组合变形。任一点的正应力由三部分组成。

轴向外力 F_N 作用下,横截面 $ABCD$ 上任一点 K 的正应力为:

$$\sigma' = \frac{F_N}{A} \quad \text{[分布情况如图 9-10d)]}$$

M_z 和 M_y 单独作用下,横截面 $ABCD$ 上任意点 K 的正应力分别为:

$$\sigma'' = \pm \frac{M_z y}{I_z} \quad \text{[分布情况如图 9-10e)]}$$

$$\sigma''' = \pm \frac{M_y z}{I_y} \quad \text{[分布情况如图 9-10f)]}$$

三者共同作用下,横截面上 $ABCD$ 上任意点 K 的总正应力为以上三部分叠加,即:

$$\sigma = \sigma' + \sigma'' + \sigma''' = \frac{F_N}{A} \pm \frac{M_z y}{I_z} \pm \frac{M_y z}{I_y} \tag{9-8}$$

式(9-8)也适用于双向偏心压缩。只是式中第一项为负。式中的第二项与第三项的正负,仍根据点的位置,由变形直接确定。例如,图 9-10d)、e)、f)所示,K 点的 σ'、σ''、σ''' 均为正;B 点的第一项为正,第二、三项都为负。

对于矩形、工字形等具有两个对称轴的横截面,最大拉应力或最大压应力都发生在横截面的角点处。其值为:

$$\sigma_{max} = \frac{F_N}{A} \pm \frac{M_z}{W_z} \pm \frac{M_y}{W_y} \quad (双向偏心拉伸)$$

或:

$$\sigma_{max} = -\frac{F_N}{A} \pm \frac{M_z}{W_z} \pm \frac{M_y}{W_y} \quad (双向偏心压缩)$$

正应力强度条件较式(9-7),只是多了一项平面弯曲部分,即:

$$\sigma_{max} = \pm \frac{F_N}{A} \pm \frac{M_z}{W_z} \pm \frac{M_y}{W_y} \leqslant [\sigma] \tag{9-9}$$

【例 9-5】 单向偏心受压杆,横截面为矩形 $b \times h$,如图 9-11a)所示,力 F 的作用点位于横截面的 y 轴上。试求杆的横截面不出现拉应力的最大偏心距 e_{max}。

解:将力 F 平移到截面的形心处并附加一力偶矩 $M_z = Fe_{max}$,如图 9-11b)。

F_N 单独作用下,横截面上各点的正应力:

$$\sigma' = -\frac{F_N}{A} = -\frac{F_N}{bh}$$

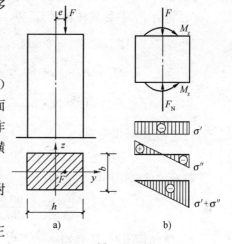

图 9-11

M_z 单独作用下截面上 z 轴的左侧受拉,最大拉应力发生在截面的左边缘处,其值为:

$$\sigma'' = \frac{M_z}{W} = \frac{6F_N e_{max}}{bh^2}$$

欲使横截面不出现拉应力,应使 F_N 和 M_z 共同作用下横截面左边缘处的正应力等于零,如图 9-11b),即:

$$\sigma = \sigma' + \sigma'' = -\frac{F_N}{A} + \frac{M_z}{W_z} = 0$$

即:

$$-\frac{F_N}{bh} + \frac{6F_N e_{\max}}{bh^2} = 0$$

解得：

$$e_{\max} = \frac{h}{6}$$

即最大偏心距为 $\frac{h}{6}$。

【例 9-6】 图 9-12 所示矩形截面柱高 $H=0.5\mathrm{m}$，$F_1 = 60\mathrm{kN}$，$F_2 = 10\mathrm{kN}$，$e = 0.03\mathrm{m}$，$b = 120\mathrm{mm}$，$h = 200\mathrm{mm}$。试计算底面上 A、B、C、D 四点的正应力。

解： 该构件为弯曲与单向偏压的组合变形。

(1)将力 F_1 平移到柱轴线处，得

$$F_N = F_1 = 60\mathrm{kN}$$

$$M_z = F_1 \cdot e = 60 \times 0.03\mathrm{kN \cdot m}$$

$$= 1.8\mathrm{kN \cdot m}$$

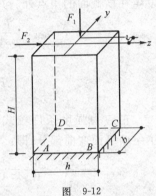

图 9-12

F_2 产生的底面弯矩：

$$M_y = F_2 \cdot H = 10 \times 0.5\mathrm{kN \cdot m} = 5\mathrm{kN \cdot m}$$

(2) F_N 单独作用时

$$\sigma_N = -\frac{F_N}{A} = -\frac{60 \times 10^3}{120 \times 200}\mathrm{MPa} = -2.5\mathrm{MPa}$$

M_z 单独作用时，横截面的最大正应力：

$$\sigma_{Mz} = \frac{M_z}{W_z} = \frac{6 \times 1.8 \times 10^6}{200 \times 120^2}\mathrm{MPa} = 3.75\mathrm{MPa}$$

M_y 单独作用时，底面的最大正应力：

$$\sigma_{My} = \frac{M_y}{W_y} = \frac{6 \times 5 \times 10^6}{120 \times 200^2}\mathrm{MPa} = 6.25\mathrm{MPa}$$

(3)根据各点位置，判断以上各项正负号，计算各点应力

$$\sigma_A = \sigma_N + \sigma_{Mz} + \sigma_{My} = (-2.5 + 3.75 + 6.25)\mathrm{MPa} = 7.5\mathrm{MPa}$$

$$\sigma_B = (-2.5 + 3.75 - 6.25)\mathrm{MPa} = -5\mathrm{MPa}$$

$$\sigma_C = (-2.5 - 3.75 - 6.25)\mathrm{MPa} = -12.5\mathrm{MPa}$$

$$\sigma_D = (-2.5 - 3.75 + 6.25)\mathrm{MPa} = 0$$

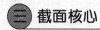

三 截面核心

从[例 9-5]可知,当偏心压力 F 的偏心距 e 小于某一值时,可使杆横截面上的正应力全部为压应力而不出现拉应力,而与压力 F 的大小无关。土建工程中大量使用的砖、石、混凝土等材料,其抗拉能力远远小于抗压能力,这类材料制成的杆件在偏心压力作用下,截面上最好不出现拉应力,以避免被拉裂。因此,要求偏心压力的作用点至截面形心的距离不可太大。当荷载作用在截面形心周围的一个区域内时,杆件整个横截面上只产生压应力而不出现拉应力,这个荷载作用的区域就称为截面核心。

常见的矩形、圆形和工字形截面核心如图 9-13 中阴影部分所示。

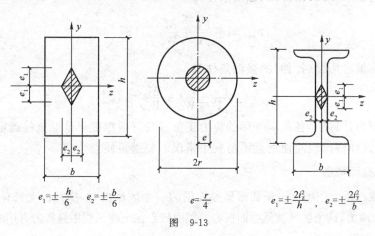

$$e_1 = \pm \frac{h}{6} \quad e_2 = \pm \frac{b}{6} \qquad e = \frac{r}{4} \qquad e_1 = \pm \frac{2i_z^2}{h} \ , \quad e_2 = \pm \frac{2i_y^2}{b}$$

图 9-13

◄ 小 结 ►

一、组合变形是由两种以上的基本变形组合而成的

解决组合变形强度问题的基本原理是叠加原理。即在材料服从胡克定律和小变形的前提下,将组合变形分解为几个基本变形的组合。

二、组合变形的计算步骤

1. 简化或分解外力。目的是使每一个外力分量只产生一种基本变形。通常是将横向力沿截面形心主轴分解,纵向力向截面形心平移。

2. 分析内力。按分解后的基本变形计算内力,明确危险截面位置及危险面上的内力方向。

3. 分析应力。按各基本变形计算应力,明确危险点的位置,用叠加法求出危

险点应力的大小,从而建立强度条件。

三、主要公式

1.斜弯曲是两个相互垂直平面内的平面弯曲组合。强度条件为

$$\sigma_{max} = \frac{M_{zmax}}{W_z} + \frac{M_{ymax}}{W_y} \leqslant [\sigma]$$

2.拉(压)与弯曲组合。强度条件为

$$\sigma_{max} = \frac{F_N}{A} \pm \frac{M_{max}}{W_z} \leqslant [\sigma]$$

3.偏心压缩(拉伸)是轴向压缩(拉伸)和平面弯曲的组合

单向偏心压缩(拉伸)的强度条件为:

$$\sigma_{max} = \pm \frac{F_N}{A} \pm \frac{M_z}{W_z} \leqslant [\sigma]$$

双向偏心压缩(拉伸)的强度条件为:

$$\sigma_{max} = \pm \frac{F_N}{A} \pm \frac{M_z}{W_z} \pm \frac{M_y}{W_y} \leqslant [\sigma]$$

在应力计算中,各基本变形的应力正负号最好根据变形情况直接确定,然后再叠加,这样做比较简便而且不易发生错误。要避免硬套公式。

四、截面核心

当偏心压力作用点位于截面形心周围的一个区域内时,横截面上只有压应力而没有拉应力,这个区域就是截面核心。截面核心在土建工程中是较为有用的概念。

◀ **思 考 题** ▶

9-1 图示各杆的 AB、BC、CD 各段截面上有哪些内力,各段产生什么组合变形?

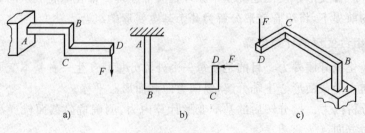

a)   b)   c)

思 9-1 图

9-2 图示各杆的组合变形是由哪些基本变形组合成的？并判定在各基本变形情况下 A、B、C、D 各点处正应力的正负号。

9-3 图示三根短柱受压力 F 作用,图 b)、c)的柱各挖去一部分。试判断在 a)、b)、c)三种情况下,短柱中的最大压应力的大小和位置。

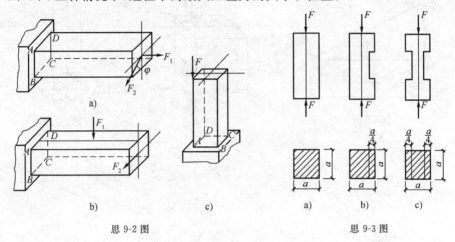

a)

b)

c)

思 9-2 图

a)   b)   c)

思 9-3 图

习　题

9-1 由 14 号工字钢制成的简支梁,受力如图所示。力 F 作用线过截面形心且与 y 轴成 $15°$ 角,已知:$F=6\text{kN}$,$l=4\text{m}$。试求梁的最大正应力。

9-2 矩形截面悬臂梁受力如图所示,力 F 过截面形心且与 y 轴成 $12°$ 角,已知:$F=1.2\text{kN}$,$l=2\text{m}$,材料的容许应力 $[\sigma]=10\text{MPa}$。试确定 b 和 h 的尺寸。(可设 $h/b=1.5$)

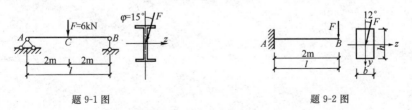

题 9-1 图   题 9-2 图

9-3 如图所示的桁架结构,杆 AB 为 18 号工字钢。已知:$l=2.8\text{m}$,跨中 $F=30\text{kN}$,$[\sigma]=170\text{MPa}$。试校核 AB 杆的强度。

9-4 正方形截面偏心受压柱,如图所示。已知:$a=400\text{mm}$,$e_y=e_z=100\text{mm}$,$F=160\text{kN}$。试求该柱的最大拉应力与最大压应力。

9-5 图示一矩形截面厂房柱受压力 $F_1 = 100\text{kN}$，$F_2 = 45\text{kN}$，F_2 与柱轴线偏心距 $e = 200\text{mm}$，截面宽 $b = 200\text{mm}$，如要求柱截面上不出现拉应力，截面高 h 应为多少？此时最大压应力为多大？

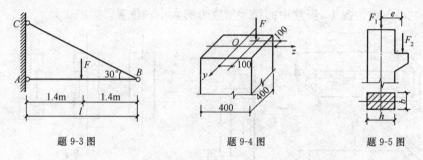

题 9-3 图　　　　　　题 9-4 图　　　　　　题 9-5 图

第十章
应力状态和强度理论

本章学习内容主要是帮助学生进一步理解、掌握应力状态和强度理论的概念,介绍应力状态的基本概念、平面应力状态、复杂应力状态以及强度理论的基本知识,重点是培养学生应用强度理论解决实际问题的能力,即作材料在复杂应力状态下的强度计算的能力。

第一节　应力状态的概念

前面已经知道,当求杆件内任意一点的应力时,若用不同方位的截面截取,其应力是不同的。例如欲求图 10-1a)所示受轴向拉伸的杆件内 A 点的应力,如果用横截面 m-m 过 A 点截取,如图 10-1b),则该截面上有正应力 σ,其值为:

$$\sigma = \frac{F}{A_1} \tag{a}$$

式中 A_1 为横截面面积。

若用斜截面 n-n 过 A 点截取,则该截面上既有正应力 σ_a,又有切应力 τ_a,如图 10-1c),其值为:

$$\sigma_a = \sigma\cos^2\alpha \tag{b}$$

$$\tau_a = \frac{\sigma}{2}\sin2\alpha \tag{c}$$

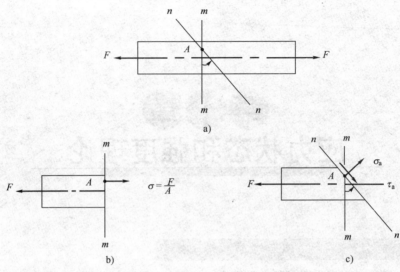

图　10-1

式中 α 为斜截面与横截面的夹角。又如对受扭转的圆轴，如图 10-2a)内任一点，若以横截面过该点截取一单元体，则该点在横截面上只有切应力，如图 10-2b)，其大小为 $\tau_a = \dfrac{T}{I_p}\rho$。但若以斜截面 m-m 过该点截取一单元体，则在斜截面上既有正应力 σ_a，又有切应力 τ_a，如图 10-2c)，它们的大小为：

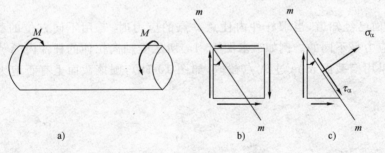

图　10-2

$$\sigma_a = -\,\tau\sin 2\alpha \qquad\qquad (d)$$

$$\tau_a = \tau\cos 2\alpha \qquad\qquad (e)$$

由以上可知，要了解一点的全部应力情况，必须研究该点在所有斜截面上的应力情况，找出它们的变化规律，从而求出最大应力值及其所在截面的方位，为强度计算提供依据。

实践也证明了这一工作的必要性。例如,图 10-3 所示的钢筋混凝土梁破坏时,除了在跨中底部会发生竖向裂缝外(该处横截面上由弯矩引起的水平正应力最大),在其他部位还会发生斜向裂缝。又如铸铁试样受压缩而破坏时(如图 10-4),裂缝的方向与杆轴成斜角。这些实例也说明,只有全面地研究了每一点的所有截面上的应力情况,才能知道构件在什么地方和什么方向应力最大,因而最危险。

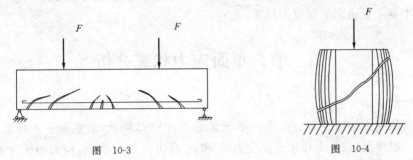

图 10-3　　　　　　　　　　　　　　图 10-4

通过一个点的所有截面上的应力情况的总体,称为该点的应力状态。

1. 单元体

研究一点的应力状态时,往往围绕该点取一个无限小的正六面体——单元体来研究。作用在单元体各面上的应力可认为是均匀分布的。

2. 主应力和主平面

根据弹性力学的研究,任何应力状态,总可找到三对互相垂直的面,在这些面上切应力等于零,而只有正应力,如图 10-5a)。这样的面称为主平面(简称主面),主平面上的正应力称为主应力。一般以 σ_1、σ_2、σ_3 表示(按代数值 $\sigma_1 > \sigma_2 > \sigma_3$)。

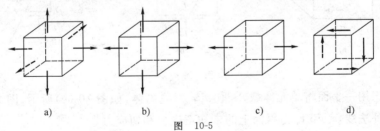

a)　　　　　　b)　　　　　　c)　　　　　　d)

图 10-5

3. 应力状态分类

根据一点的应力状态中各应力在空间的不同位置,可以将应力状态分为空间应力状态和平面应力状态。有一对面上总是没有应力者,称为平面应力状态;所有面上均有应力者,称为空间应力状态。

如果三个主应力都不等于零,称为三向应力状态,如图 10-5a),如果只有一

个主应力等于零,称为双向应力状态,如图 10-5b),如果有两个主应力等于零,称为单向应力状态,如图 10-5c)。

在应力状态里,有时会遇到一种特例,即单元体的四个侧面上只有切应力而无正应力,如图 10-5d),称为纯切应力状态。

三向应力状态属空间应力状态,双向、单向及纯切应力状态属平面应力状态。单向应力状态也称为简单应力状态,其他的称为复杂应力状态。

本章主要研究平面应力状态。

第二节　平面应力状态分析

1.解析法

设从受力构件中某一点取一单元体如图 10-6a)所示,放在 x-y 坐标系里。作为一般情况,设其上作用有正应力 σ_x 和 σ_y 及切应力 τ_x 和 τ_y,应力角标 x 和 y 表示其作用面的法线方向与 x 和 y 轴同向。现在来分析任意斜面上的应力情况,设斜面与 x 面(法线与 x 轴平行)成 α 角[图 10-6a)中阴影面]。图 10-6b)为该单元体的正投影图。

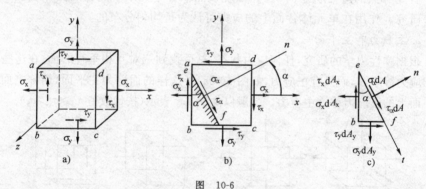

图　10-6

假想用一平面将单元体截开,取 ade 为脱离体,如图 10-6c)所示,图上 n 为斜面的外法线,σ_a 和 τ_a 为斜面上的未知正应力和切应力。

脱离体 ade 在已知应力 σ_x、σ_y 和 τ_x、τ_y 及未知应力 σ_a 和 τ_a 的作用下处于平衡。所以可利用平衡条件来求它们之间的关系。在列平衡方程时,取斜面的法线 n 和切线 t 为投影轴,并令斜面面积为 dA,于是 x 面和 y 面的面积 dA_x 和 dA_y 分别为:

$$\left.\begin{array}{l} dA_x = dA\cos\alpha \\ dA_y = dA\sin\alpha \end{array}\right\} \qquad (a)$$

根据：

$$\left.\begin{array}{l} \sum F_{n}=0 \\ \sum F_{t}=0 \end{array}\right\}$$ (b)

分别有：

$$\sigma_{\alpha} dA - \sigma_{x} dA_{x} \cos\alpha + \tau_{x} dA_{x} \sin\alpha - \sigma_{y} dA_{y} \sin\alpha + \tau_{y} dA_{y} \cos\alpha = 0$$ (c)

$$\tau_{\alpha} dA - \sigma_{x} dA_{x} \sin\alpha - \tau_{x} dA_{x} \cos\alpha + \sigma_{y} dA_{y} \cos\alpha + \tau_{y} dA_{y} \sin\alpha = 0$$ (d)

根据切应力互等定理有：

$$|\tau_{y}| = \tau_{x}$$ (e)

将关系式(a)和(e)分别代入式(c)和(d)，经整理后，有：

$$\sigma_{\alpha} = \sigma_{x} \cos^{2}\alpha + \sigma_{y} \sin^{2}\alpha - 2\tau_{x} \sin 2\alpha$$ (10-1)

$$\tau_{\alpha} = (\sigma_{x} - \sigma_{y}) \sin\alpha \cos\alpha + \tau_{x} (\cos^{2}\alpha - \sin^{2}\alpha)$$ (10-2)

利用三角关系：

$$\left.\begin{array}{l} \cos^{2}\alpha = \dfrac{1+\cos 2\alpha}{2} \\[2mm] \sin^{2}\alpha = \dfrac{1-\cos 2\alpha}{2} \\[2mm] 2\sin\alpha\cos\alpha = \sin 2\alpha \end{array}\right\}$$ (f)

可以得到：

$$\sigma_{\alpha} = \frac{\sigma_{x}+\sigma_{y}}{2} + \frac{\sigma_{x}-\sigma_{y}}{2} \cos 2\alpha - \tau_{x} \sin 2\alpha$$ (10-3)

$$\tau_{\alpha} = \frac{\sigma_{x}-\sigma_{y}}{2} \sin 2\alpha + \tau_{x} \cos 2\alpha$$ (10-4)

式(10-3)和(10-4)就是计算平面应力状态下任意斜面上应力的基本公式。

应用式(10-3)和(10-4)时，正负号的规定为：正应力符号与前面一样，即拉应力为正，压应力为负，切应力对单元体内任一点的力矩为顺时针转为正，逆时针转为负。斜面方位角 α 自正 x 轴起，转到斜面外法线 n 止，以反时针转为正，顺时针转为负。图 10-6c)上的 σ_{x}、σ_{y}、τ_{x}、σ_{α}、τ_{α}、α 均为正，τ_{y} 为负。

【例 10-1】 图 10-7a)示一平面应力情况，试求与 x 轴成 30°角的斜面上的应力。

解：应用式(10-3)和(10-4)，式中的各应力值和 α 角分别为：$\sigma_{x}=10\text{MPa}$，$\sigma_{y}=20\text{MPa}$，$\tau_{x}=20\text{MPa}$，$\alpha=30°$，将上述数值代入式(10-3)和(10-4)，有：

$$\sigma_{30°} = \left(\frac{10+20}{2} + \frac{10-20}{2}\cos 60° - 20\sin 60°\right)\text{MPa} = -4.82\text{MPa}$$

$$\tau_{30°} = \left(\frac{10-20}{2}\sin 60° + 20\cos 60°\right)\text{MPa} = 5.67\text{MPa}$$

$\sigma_{30°}$ 得负值，说明它与图 10-7b)上所设的方向相反，即为压应力。$\tau_{30°}$ 为正值，

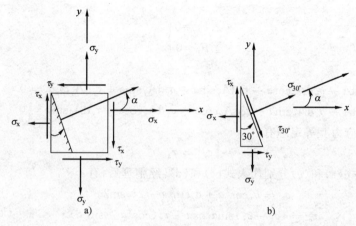

图 10-7

说明它与图 10-7b)上所设的方向相同,为正切应力。

【例 10-2】 图 10-8a)示一矩形截面简支梁,在跨中有集中力 F 作用。已知:$F=100\text{kN}$,$l=2\text{m}$,$b=200\text{mm}$,$\alpha=40°$,求离左支座 $\dfrac{l}{4}$ 处截面上 C 点在斜截面 $n\text{-}n$ 上的应力。

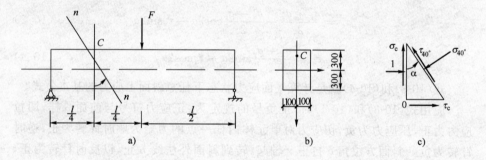

图 10-8

解:(1)先求出离左端 $\dfrac{1}{4}$ 处的剪力 $F_{s,l/4}$ 和弯矩 $M_{l/4}$。

$$F_{s,l/4} = \frac{F}{2} = \frac{1}{2} \times 100\text{kN} = 50\text{kN}$$

$$M_{l/4} = \frac{Fl}{8} = \frac{1}{8} \times 100\text{kN} \times 2\text{m} = 25\text{kN} \cdot \text{m}$$

(2)求 C 点所在横截面的应力 σ_c 和 τ_c。

$$\sigma_c = \frac{M}{I_x}y = \frac{25 \times 10^3 \, \text{N} \cdot \text{m} \times \left(-\frac{1}{4} \times 600\right) \times 10^{-3} \, \text{m}}{\dfrac{200 \times 600^3}{12} \times 10^{-12} \, \text{m}^4} = -1.04 \times 10^6 \, \text{MPa}$$

$$\tau_c = \frac{F_s \cdot S}{I_x b} = \frac{50 \times 10^3 \, \text{N} \times 200 \times 150 \times (150 + 75) \times 10^{-9} \, \text{m}^3}{\dfrac{1}{12} \times 200 \times 600^3 \times 10^{-12} \, \text{m}^4 \times 200 \times 10^{-3} \, \text{m}} = 0.469 \, \text{MPa}$$

(3)应用式(10-3)和(10-4)。以 σ_c 和 τ_c 分别代式中的 σ_x 和 τ_x，得：

$$\sigma_{40°} = \frac{\sigma_c}{2} + \frac{\sigma_c}{2}\cos2\alpha - \tau_c\sin2\alpha$$

$$= \left(-\frac{1.04}{2} + \frac{-1.04}{2}\cos80° - 0.469 \times \sin80°\right)\text{MPa} = -1.07 \, \text{MPa}$$

$$\tau_{40°} = \frac{\sigma_c}{2}\sin2\alpha + \tau_c\cos2\alpha$$

$$= \left(\frac{-1.04}{2}\sin80° - 0.469 \times \cos80°\right)\text{MPa} = -0.59 \, \text{MPa}$$

两个应力均是负值，说明正应力是压应力，切应力的方向对单元体是逆时针转向的。相应的应力情况绘于图10-8c)。

2. 应力圆法

在10.2用解析法导出了斜截面上的应力公式(10-3)和(10-4)：

$$\sigma_\alpha = \frac{\sigma_x + \sigma_y}{2} + \frac{\sigma_x - \sigma_y}{2}\cos2\alpha - \tau_x\sin2\alpha$$

$$\tau_\alpha = \frac{\sigma_x - \sigma_y}{2}\sin2\alpha + \tau_x\cos2\alpha$$

这是两个以 2α 为参变量的方程，现在设法消去 2α。为此，把式(10-3)改写成：

$$\sigma_\alpha - \frac{\sigma_x + \sigma_y}{2} = \frac{\sigma_x - \sigma_y}{2}\cos2\alpha - \tau_x\sin2\alpha \tag{a}$$

将式(a)和(10-4)的等号两边平方后相加，经整理后得：

$$\left(\sigma_\alpha - \frac{\sigma_x + \sigma_y}{2}\right)^2 + \tau_\alpha^2 = \left(\frac{\sigma_x - \sigma_y}{2}\right)^2 + \tau_x^2 \tag{b}$$

这是一个以正应力 σ 为横坐标，切应力 τ 为纵坐标的圆的方程，圆心在横坐标轴上，其坐标为 $\left(\dfrac{\sigma_x + \sigma_y}{2}, 0\right)$，半径为 $\sqrt{\left(\dfrac{\sigma_x - \sigma_y}{2}\right)^2 + \tau_x^2}$。

现把此圆的作法叙述如下。

设有一平面应力情况如图 10-9 所示,要求 α 斜面上的正应力 σ_α 和切应力 τ_α。为此,作一直角坐标系,如图 10-10a),以横坐标轴表示 σ,向右为正,以纵坐标轴表示 τ,向上为正。根据图 10-9 所示应力情况,按应力的比例尺,在横轴上量取 $\overline{OA}=\sigma_x$,$\overline{OA'}=\sigma_y$,正值向右,负值向左;以同样的比例尺由 A、A' 两点沿纵轴方向分别量取 $\overline{AC}=\tau_x$,$\overline{A'C'}=\tau_y$,正值向上,负值向下;以 AA' 的中点 D 为圆心 $\left(\text{因为}\ \overline{OD}=\frac{1}{2}(\overline{OA}+\overline{OA'})=\frac{1}{2}(\sigma_x+\sigma_y)\right)$;

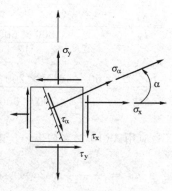

图 10-9

以 $\overline{CD}$ 为半径 $\left(\text{因为}\ \overline{CD^2}=\overline{AD^2}+\overline{AC^2}=\left[\frac{1}{2}(\sigma_x-\sigma_y)\right]^2+\tau_x^2\right)$ 作圆。圆上 C 点的两个坐标值即代表单元体上法线为 x 的平面上的正应力 σ_x 和切应力 τ_x;$\overline{CD}$ 线的位置即代表单元体上的 x 轴,以此起始量取 2α 角。此圆称为应力圆或莫尔圆。

容易证明,欲求 α 为任意角的斜截面上的应力 σ_α 和 τ_α,如图 10-9),只要在圆上自 $\overline{CD}$ 线起,如图 10-10b),与 α 角同向,转一圆心角 2α,得 $\overline{DE}$ 线,E 点的两个坐标 $\overline{OF}$ 和 $\overline{EF}$ 即代表 α 面上的两个应力 σ_α 和 τ_α。现证明如下。

令圆心角 $\angle CDA=2\alpha_0$,于是由图可有下列关系:

$$\overline{OF}=\overline{OD}+\overline{DF}=\overline{OD}+\overline{DE}\cos(2\alpha+2\alpha_0)$$
$$=\overline{OD}+\overline{DC}(\cos2\alpha\cos2\alpha_0-\sin2\alpha\sin2\alpha_0)$$
$$=\overline{OD}+(\overline{DC}\cos2\alpha_0)\cos2\alpha-(\overline{DC}\sin2\alpha_0)\sin2\alpha$$
$$=\overline{OD}+\overline{DA}\cos2\alpha-\overline{CA}\sin2\alpha$$
$$=\frac{\sigma_x+\sigma_y}{2}+\frac{\sigma_x-\sigma_y}{2}\cdot\cos2\alpha-\tau_x\sin2\alpha \tag{c}$$

由公式(10-3)知此即为 σ_α 值。再有:

$$\overline{EF}=\overline{DE}\sin(2\alpha+2\alpha_0)=\overline{DC}(\sin2\alpha\cos2\alpha_0+\sin2\alpha_0\cos2\alpha)$$
$$=(\overline{DC}\cos2\alpha_0)\sin2\alpha+(\overline{DC}\sin2\alpha_0)\cos2\alpha$$
$$=\overline{DA}\sin2\alpha+\overline{CA}\cos2\alpha$$
$$=\frac{\sigma_x-\sigma_y}{2}\sin2\alpha+\tau_x\cos2\alpha \tag{d}$$

由公式(10-4)可知此即为 τ_α 值。

260

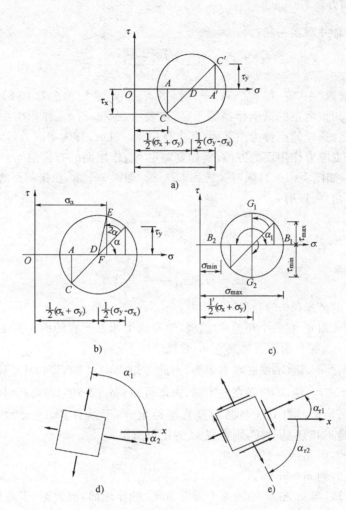

图 10-10

这样,就证明了上述图解法是正确的。

利用应力圆,可以确定应力的极值(极大值和极小值)及其作用面的方位,如图 10-10c)。圆上最右的点 B_1 和最左的点 B_2,它们的横坐标为最大和最小值,而纵坐标等于零,所以这两点即代表最大正应力 σ_{max} 和最小正应力 σ_{min},从图上可得它们的值为:

$$\overline{OB_1} = \overline{OD} + \overline{DB_1} = \overline{OD} + \overline{CD} = \frac{\sigma_x + \sigma_y}{2} + \sqrt{\left(\frac{\sigma_x - \sigma_y}{2}\right)^2 + \tau_x^2} \qquad (e)$$

$$\overline{OB_2} = \overline{OD} - \overline{DB_2} = \overline{OD} - \overline{CD} = \frac{\sigma_x + \sigma_y}{2} - \sqrt{\left(\frac{\sigma_x - \sigma_y}{2}\right)^2 + \tau_x^2} \qquad (f)$$

将它们合并写在一起,为:

$$\left.\begin{array}{c}\sigma_{max}\\\sigma_{min}\end{array}\right\}=\frac{\sigma_x+\sigma_y}{2}\pm\sqrt{\left(\frac{\sigma_x-\sigma_y}{2}\right)^2+\tau_x^2}$$

式中,根号前取"+"时,得 σ_{max},取"−"时,得 σ_{min}。此即上节的式(10-8)。

由图可知该两点的纵坐标都等于零,这表明在 σ_{max} 和 σ_{min} 作用的面上,切应力必等于零。这样的面称为主平面,其上作用 σ_{max} 和 σ_{min} 称为主应力(10.1节)。

现确定主应力作用面的方位,例如要确定 σ_{max} 作用面的方位角 α_1,可以从基线 CD 起始,如图10-10c),顺时针转到 DB_1 线,即得 $2\alpha_1$ 角,根据前面的规定,顺时针转为负角,所以有:

$$\tan 2\alpha_1=-\frac{\overline{CA}}{\overline{DA}}=-\frac{\tau_x}{\sigma_x-\sigma_y}=-\frac{2\tau_x}{\sigma_x-\sigma_y}$$

或:

$$2\alpha_1=\arctan\left(-\frac{2\tau_x}{\sigma_x-\sigma_y}\right)$$

与上节的公式(10-6)和(10-7)相同。

由上式可知 α_1 有两个相差90°的根,即有两个相互垂直的面。但是,哪个面上作用的是 σ_{max} 呢?由圆可得判别 α_1 的规则如下:

(1)若 $\sigma_x>\sigma_y$,则 $\overline{CD}$ 线必在右半圆,由此可知 $|2\alpha_1|<90°$,即 $|\alpha_1|<45°$;

(2)若 $\sigma_x<\sigma_y$,则 $\overline{CD}$ 线必在左半圆,由此可知 $|2\alpha_1|>90°$,即 $|\alpha_1|>45°$;

(3)若 $\sigma_x=\sigma_y$,则 $\overline{CD}$ 线与圆的竖直半径重合,于是有 $2\alpha_1=\pm 90°$,即 $\alpha_1=\pm 45°$,至于是+45°还是−45°,则需视 τ_x 的正负而定:

若 $\tau_x>0$,则 $\alpha_1=-45°$;

若 $\tau_x<0$,则 $\alpha_1=+45°$。

由图可知,与 α_1 相差90°的那个面即为 σ_{min} 的作用面,设为 α_2,于是有:

$$\alpha_2=\alpha_1\pm 90°$$

相应的主应力情况绘于图10-10d)。

现在求切应力的极值,圆上最高点 G_1 和最低点 G_2 即代表最大切应力 τ_{max} 和最小切应力 τ_{min}。它们的绝对值相等,都等于圆半径,即:

$$\left.\begin{array}{c}\tau_{max}\\\tau_{min}\end{array}\right\}=\left\{\begin{array}{c}\overline{G_1D}\\\overline{G_2D}\end{array}=\pm\sqrt{\left(\frac{\sigma_x-\sigma_y}{2}\right)^2+\tau_x^2}\right.$$

由图10-10c)可知,圆半径也等于 σ_{max} 和 σ_{min} 之差的一半 $\frac{\sigma_{max}-\sigma_{min}}{2}$,由此即得:

$$\left.\begin{array}{c}\tau_{max}\\\tau_{min}\end{array}\right\}=\pm\frac{\sigma_{max}-\sigma_{min}}{2}$$

即：切应力的极值等于两个主应力之差的一半。

切应力的极值也称主切应力。

欲求主切应力的作用面的方位角 α_{r1} 和 α_{r2}，可自基线 $\overline{CD}$ 起始反时针转到 G_1D 线为 $2\alpha_{r1}$，顺时针转到 G_2D 为 $2\alpha_{r2}$，由图可知 $\left.\begin{array}{c} 2\alpha_{r1} \\ 2\alpha_{r2} \end{array}\right\} = 2\alpha_1 \pm 90°$。所以：

$$\left.\begin{array}{c} \alpha_{r1} \\ \alpha_{r2} \end{array}\right\} = \alpha_1 \pm 45°$$

即最大切应力和最小切应力的作用面与最大主应力作用面相差 $\pm 45°$。相应的主切应力情况绘于图 10-10e)。

由图还可看到，G_1 和 G_2 点的横坐标均等于 $\frac{1}{2}(\sigma_x + \sigma_y)$，这表明在 τ_{max} 和 τ_{min} 作用的面上，正应力都等于任何方位时的两个正应力之和的一半。

最后，由图还很易证明关系式(10-11)，请读者自证。

第三节　主应力　主平面　主切应力

1. 主应力、主平面

根据上节导出的确定斜截面上的正应力和切应力的式(10-3)和(10-4)，可以确定这些应力的极值(极大值或极小值)及其作用面的方位。

将式(10-3)对 α 取导数：

$$\frac{d\sigma_\alpha}{d\alpha} = -2\left(\frac{\sigma_x - \sigma_y}{2}\sin 2\alpha + \tau_x \cos 2\alpha\right) \tag{10-5}$$

令此导数等于零，可求得，σ_α 达到极值时的 α 值，以 α_0 表示此值：

$$\frac{\sigma_x - \sigma_y}{2}\sin 2\alpha_0 + \tau_x \cos 2\alpha = 0 \tag{a}$$

化简，得：

$$\tan 2\alpha_0 = -\frac{2\tau_x}{\sigma_x - \sigma_y} \tag{10-6}$$

或：

$$2\alpha_0 = \arctan\left(\frac{-2\tau_x}{\sigma_x - \sigma_y}\right) \tag{10-7}$$

由此式可求 α_0 出的相差 90°的两个根，也就是说有相互垂直的两个面，其中一个面上作用的正应力是极大值，以 σ_{max} 表示，称为最大正应力，另一个面上的是极小值，以 σ_{min} 表示，称为最小正应力。

利用下列三角关系：

$$
\left.\begin{aligned}
\cos 2\alpha_0 &= \pm \frac{1}{\sqrt{1 + \tan^2 2\alpha_0}} \\
\sin 2\alpha_0 &= \pm \frac{\tan 2\alpha_0}{\sqrt{1 + \tan^2 2\alpha_0}}
\end{aligned}\right\}
\tag{b}
$$

将式(10-6)代入上两式,再回代到式(10-3)经整理后即可得到求 $\sigma_{\max}$ 和 $\sigma_{\min}$ 的公式如下:

$$
\left.\begin{aligned}
\sigma_{\max} \\
\sigma_{\min}
\end{aligned}\right\} = \frac{\sigma_x + \sigma_y}{2} \pm \sqrt{\left(\frac{\sigma_x - \sigma_y}{2}\right)^2 + \tau_x^2}
\tag{10-8}
$$

式中根号前取"+"号时得 $\sigma_{\max}$,取"—"号时得 $\sigma_{\min}$。

至于由式(10-7)所求得的两个 α_0 值中,哪个是 $\sigma_{\max}$ 作用面的方位角(以 α_1 表示),哪个是 $\sigma_{\min}$ 作用面的方位角(以 α_2 表示),则可按下述规则判定:

$$
\left.\begin{aligned}
&(1)\text{若 } \sigma_x > \sigma_y \text{ 则} & |\alpha_1| < 45° \\
&(2)\text{若 } \sigma_x < \sigma_y, \text{则} & |\alpha_1| > 45° \\
&(3)\text{若 } \sigma_x = \sigma_y, \text{则} & |\alpha_1| = \begin{cases} -45° & (\tau_x > 0) \\ +45° & (\tau_x < 0) \end{cases}
\end{aligned}\right\}
\tag{10-9}
$$

求得 α_1 后,α_2 也就自然得到了:

$$
\alpha_2 = \alpha_1 \pm 90°
\tag{10-10}
$$

这里指出一点,将式(a)与式(10-4)比较,可知当 $\alpha = \alpha_0$ 时,$\tau_{\alpha 0} = 0$,这表明在正应力达到极值的面上,切应力必等于零。称此面为主平面(简称主面),相应的正应力即称为主应力,主应力有时也以 σ_1、σ_2 和 σ_3 等表示,视其代数值的大小而定(10.1)。另外,若把式(10-8)中的 $\sigma_{\max}$ 和 $\sigma_{\min}$ 相加可有下面的关系:

$$
\sigma_{\max} + \sigma_{\min} = \sigma_x + \sigma_y
\tag{10-11}
$$

即:对于同一个点所截取的不同方位的单元体,其相互垂直面上的正应力之和是一个不变量。

此关系可用来校核计算结果。

2. 主切应力

用前面同样的方法可求切应力的极值。将式(10-4)对 α 取导数:

$$
\frac{\mathrm{d}\tau_\alpha}{\mathrm{d}\alpha} = (\sigma_x - \sigma_y)\cos 2\alpha - 2\tau_x \sin 2\alpha
$$

令此导数等于零,可求得 τ_α 达到极值时的 α 值,以 α_τ 表示此值:

$$
(\sigma_x - \sigma_y)\cos 2\alpha_\tau - 2\tau_x \sin 2\alpha_\tau = 0
\tag{c}
$$

化简得:

$$
\tan 2\alpha_\tau = \frac{\sigma_x - \sigma_y}{2\tau_x}
\tag{10-12}
$$

由此式也可求出相差 90°的两个面,其中一个面上作用的是切应力的极大值,以 τ_{max} 表示,称为最大切应力,另一个面上作用的是极小值,以 τ_{min} 表示,称为最小切应力。切应力的极值也称为主切应力。

将式(10-12)代入式(b),再回代到式(10-4),即可求得 τ_{max} 和 τ_{min} 为:

$$\left.\begin{array}{c} \tau_{max} \\ \tau_{min} \end{array}\right\} = \pm \sqrt{\left(\frac{\sigma_x - \sigma_y}{2}\right)^2 + \tau_x^2} \tag{10-13}$$

根号前取"+"号时为 τ_{max},取"−"号时为 τ_{min}。

由式(10-12)求出的两个 α_τ 值,其中哪个是 τ_{max} 作用面的方位角,哪个是 τ_{min} 作用面的方位角呢? 比较式(10-7)和(10-12),有:

$$\tan 2\alpha_0 \cdot \tan 2\alpha_\tau = -1 \tag{d}$$

由此可知,$2\alpha_0$ 与 $2\alpha_\tau$ 相差 90°,即 α_0 与 α_τ 相差 45°,于是有:

$$\left.\begin{array}{c} \alpha_{\tau 1} \\ \alpha_{\tau 2} \end{array}\right\} = \alpha_1 \pm 45° \tag{10-14}$$

式中 $\alpha_{\tau 1}$ 和 $\alpha_{\tau 2}$ 分别表示 τ_{max} 和 τ_{min} 作用面的方位角。上式表明主切应力的作用面与主应力作用面的夹角为 45°。

将式(10-8)中的两式相减,并除以 2,可得:

$$\frac{\sigma_{max} - \sigma_{min}}{2} = \sqrt{\left(\frac{\sigma_{max} - \sigma_{min}}{2}\right)^2 + \tau_x^2} \tag{10-15}$$

即最大切应力等于两主应力之差的一半。

【例 10-3】 图 10-11a)示一单元体。试求:(1)σ_{max} 和 σ_{min} 的值;(2)主应力作用面的方位角;(3)τ_{max} 和 τ_{min} 的值。

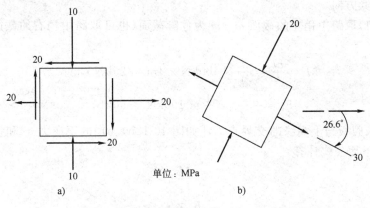

图 10-11

解：（1）利用式（10-8），对此应力情况：

$$\sigma_x = 20\text{MPa}, \sigma_y = -10\text{MPa}, \tau_x = 20\text{MPa}$$

代入公式得：

$$\left.\begin{array}{c}\sigma_{max}\\\sigma_{min}\end{array}\right\} = \left(\frac{20-10}{2} \pm \sqrt{\left[\frac{20-(-10)}{2}\right]^2 + 20^2}\right)\text{MPa} = \left\{\begin{array}{c}30\text{MPa}\\-20\text{MPa}\end{array}\right.$$

校核：利用式（10-11）：

$$\sigma_{max} + \sigma_{min} = (30-20)\text{MPa} = 10\text{MPa}, \sigma_x + \sigma_y = (20-10)\text{MPa} = 10\text{MPa}, 无误。$$

（2）利用式（10-7），主应力作用面的方位角 α_0 为：

$$\alpha_0 = \frac{1}{2}\arctan\frac{-2\tau_x}{\sigma_x - \sigma_y} = \frac{1}{2}\arctan\frac{-2\times20}{20-(-10)}$$

$$= \frac{1}{2} \times \left\{\begin{array}{c}-53.1°\\126.9°\end{array}\right. = \left\{\begin{array}{c}-26.6°\\63.4°\end{array}\right.$$

对此例，由于 $\sigma_x > \sigma_y$，所以根据判别规则（10-9），σ_{max} 作用面的方位角为：

$$\alpha_1 = -26.6°$$

相应的主应力状态的单元体绘于图 10-11b）。

（3）利用式（10-13）得：

$$\left.\begin{array}{c}\tau_{max}\\\tau_{min}\end{array}\right\} = \pm\sqrt{\left(\frac{\sigma_x - \sigma_y}{2}\right)^2 + \tau_x} = \pm\sqrt{\left[\frac{20-(-10)}{2}\right]^2 + 20^2}\text{MPa} = \pm25\text{MPa}$$

校核：利用式（10-15）：

$$\tau_{max} = \frac{\sigma_{max} - \sigma_{min}}{2} = \frac{30-(-20)}{2}\text{MPa} 无误。$$

【例 10-4】 图 10-12a）示一简支梁，跨中受集中力 F 作用，梁由 No20b 型工字钢制成。已知：$F = 100\text{kN}, l = 1\text{m}$。试求危险截面上腹板与上翼缘交界点的主应力及其方向。

解：（1）取跨中稍左的截面 $m-m$ 为危险截面（也可取跨中稍右的截面），该截面的：

$$M = \frac{Fl}{4} = \frac{1}{4} \times 100\text{kN} \times 1\text{m} = 25\text{kN} \cdot \text{m}$$

$$F_s = +\frac{F}{2} = \frac{1}{2} \times 100\text{kN} = 50\text{kN}$$

（2）求腹板与上翼缘的交界点 C，[如图 10-12b）、c）]的正应力 σ_c 和切应力 τ_c。根据下面公式计算：

$$\sigma_c = \frac{M}{I_x}y_c$$

$$\tau_c = \frac{F_s \cdot S_{z,c}}{I_x \cdot b}$$

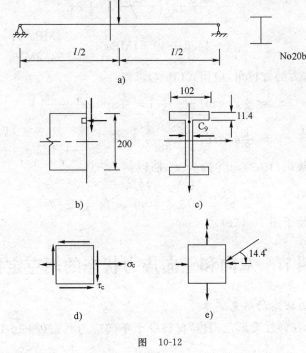

图 10-12

由型钢表查得：

$$I_x = 2500 \text{cm}^4$$

以及截面的有关尺寸如图 10-12c)所示，则：

$$S_{z,c} = 102 \times 11.4 \times \left(\frac{200}{2} - \frac{11.4}{2}\right) \times 10^{-9} \text{m}^3 = 109.7 \times 10^{-6} \text{m}^3$$

分别代入上两式算得：

$$\sigma_c = -\frac{25 \times 10^3 \text{N} \cdot \text{m}}{2500 \times 10^{-8} \text{m}^4}\left(\frac{200}{2} - 11.4\right) \times 10^{-3} \text{m} = -88.6 \times 10^6 \text{Pa} = -88.6 \text{MPa}$$

$$\tau_c = \frac{50 \times 10^3 \text{N} \times 109.7 \times 10^{-6} \text{m}^3}{2500 \times 10^{-8} \text{m}^4 \times 9 \times 10^{-3} \text{m}} = 24.4 \times 10^6 \text{Pa} = 24.4 \text{MPa}$$

其应力情况如图 10-12d)。

(3)求点 C 的主应力，应用式(10-8)求得：

$$\left.\begin{array}{c}\sigma_{\max} \\ \sigma_{\min}\end{array}\right\} = \left.\begin{array}{c}\sigma_1 \\ \sigma_3\end{array}\right\} = \frac{\sigma_x + \sigma_y}{2} \pm \sqrt{\left(\frac{\sigma_x - \sigma_y}{2}\right)^2 + \tau_x^2}$$

$$= \frac{\sigma_c + 0}{2} \pm \sqrt{\left(\frac{\sigma_c - 0}{2}\right)^2 + \tau_x^2}$$

$$= \frac{-88.6}{2} \pm \sqrt{\left(\frac{-88.6}{2}\right)^2 + 24.4^2}$$

$$= (-44.3 \pm 50.6)\text{MPa} = \begin{cases} 6.3\text{MPa} \\ -94.9\text{MPa} \end{cases}$$

(4)求主应力的方位角,应用式(10-7)求得:

$$\alpha_0 = \frac{1}{2}\arctan\left(\frac{-2\tau_x}{\sigma_x - \sigma_y}\right) = \frac{1}{2}\arctan\left(\frac{-2\tau_c}{\sigma_c - 0}\right)$$

$$= \frac{1}{2}\arctan\left(\frac{-2 \times 24.4}{-88.6}\right) = \frac{1}{2}\begin{cases} 28.8° \\ -151.2° \end{cases} = \begin{cases} 14.4° \\ -75.6° \end{cases}$$

根据判别规则(10-9),此例 $\sigma_x < \sigma_y$,所以:

$$\alpha_1 = -75.6°$$

$$\alpha_2 = -75.6° + 90° = 14.4°$$

最后结果绘于图 10-12e)。

第四节　双向和三向应力状态的胡克定律

1. 单向应力状态的胡克定律

如前所知,在弹性变形范围内,材料处于单向应力状态(图 10-13)时的胡克定律是:

$$\varepsilon'_1 = \frac{\sigma_1}{E} \tag{a}$$

式中 ε'_1 是沿主应力 σ_1 方向的线应变,E 是拉、压弹性模量。垂直于该方向的线应变 ε''_1 为:

$$\varepsilon''_1 = -\mu\varepsilon'_1 = -\mu\frac{\sigma_1}{E} \tag{b}$$

式中 μ 是泊松比。

上两式对于只有 σ_2 作用的情况(图 10-14)为:

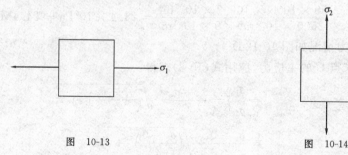

图 10-13　　　　　　　　　　　　　　　图 10-14

$$\left.\begin{array}{l} \varepsilon'_2 = \dfrac{\sigma_2}{E} \\[2mm] \varepsilon''_2 = -\mu\varepsilon'_2 = -\mu\dfrac{\sigma_2}{E} \end{array}\right\} \tag{c}$$

2. 平面应力状态的广义胡克定律

如果要求材料处于双向应力状态(图 10-15)时沿两个主应力方向的应变 ε_1 和 ε_2,只要将上述结果叠加就可以,即:

$$\left.\begin{array}{l} \varepsilon_1 = \varepsilon'_1 + \varepsilon''_1 = \dfrac{\sigma_1}{E} - \mu\dfrac{\sigma_1}{E} \\[2mm] \varepsilon_2 = \varepsilon'_2 + \varepsilon''_2 = \dfrac{\sigma_2}{E} - \mu\dfrac{\sigma}{E} \end{array}\right\} \tag{10-16}$$

这就是双向应力状态的胡克定律。

对于平面应力情况(图 10-16),即单元上既作用有正应力 σ_x 和 σ_y,又作用有切应力 τ_x 和 τ_y,则胡克定律为:

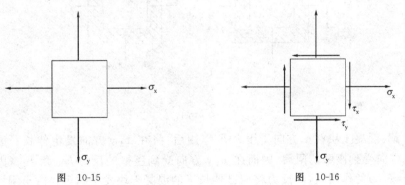

图 10-15   图 10-16

$$\left.\begin{array}{l} \varepsilon_x = \dfrac{\sigma_x}{E} - \mu\dfrac{\sigma_y}{E} \\[2mm] \varepsilon_y = \dfrac{\sigma_y}{E} - \mu\dfrac{\sigma_x}{E} \\[2mm] \gamma_{xy} = \dfrac{\tau_{xy}}{G} \end{array}\right\} \tag{10-17}$$

式中 γ_{xy} 是在 xy 平面内由切应力 τ_{xy}(τ_x 或 τ_y)所引起的切应变,G 是切变模量。

3. 三向应力状态的广义胡克定律

同理可得到三向应力状态的胡克定律为:

$$\left. \begin{aligned} \varepsilon_1 &= \frac{\sigma_1}{E} - \mu\frac{\sigma_2}{E} - \mu\frac{\sigma_3}{E} \\ \varepsilon_2 &= \frac{\sigma_2}{E} - \mu\frac{\sigma_1}{E} - \mu\frac{\sigma_3}{E} \\ \varepsilon_3 &= \frac{\sigma_3}{E} - \mu\frac{\sigma_1}{E} - \mu\frac{\sigma_2}{E} \end{aligned} \right\}$$ (10-18)

式中 ε_1、ε_2 和 ε_3 分别为沿主应力 σ_1、σ_2 和 σ_3 方向的主应变。

【例 10-5】 有一边长 $a=200\text{mm}$ 的正立方混凝土块,无空隙地放在刚性凹座里,如图 10-17a)。上受压力 $F=300\text{kN}$ 作用。已知混凝土的泊松比 $\mu=\dfrac{1}{6}$。试求凹座壁上所受的压力 F_N。

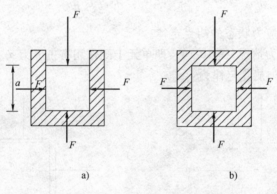

a)   b)

图 10-17

解:混凝土块在 z 方向受压力 F 作用后,将在 x,y 方向发生伸长。但由于 x,y 方向受到座壁的阻碍,因而在 x,y 方向受到座壁的反力 F_{Nx} 和 F_{Ny}(因对称 $F_{Nx}=F_{Ny}$)的作用,这些反力将使已伸长了的混凝土块发生缩短。由于刚性凹座是不变形的,所以伸长和缩短应当相等。于是有变形条件:

$$\varepsilon_x = \varepsilon_y = 0$$ (d)

将式(10-18)代入上式得:

$$\left. \begin{aligned} \varepsilon_x &= \frac{\sigma_x}{E} - \mu\frac{\sigma_y}{E} - \mu\frac{\sigma_z}{E} = 0 \\ \varepsilon_y &= \frac{\sigma_y}{E} - \mu\frac{\sigma_x}{E} - \mu\frac{\sigma_z}{E} = 0 \end{aligned} \right\}$$ (e)

式中:

$$\sigma_x = -\frac{F_{Nx}}{a^2}, \sigma_y = -\frac{F_{Ny}}{a^2}, \sigma_z = -\frac{F}{a^2}$$ (f)

解方程组(e),得到：

$$\sigma_x = \sigma_y = \frac{\mu}{1-\mu}\sigma_z \qquad\qquad (g)$$

将有关数据代入，得：

$$\sigma_x = \sigma_y = \frac{\dfrac{1}{6}}{1-\dfrac{1}{6}}\left(\frac{-300\times10^3\,\text{N}}{200^2\times10^{-6}\,\text{m}^2}\right)$$

$$=-1.5\times10^{-6}\,\text{Pa}=-1.5\,\text{MPa}(\text{压})$$

$$F_{Nx}=F_{Ny}=\sigma_x\cdot a^2=-1.5\times10^6\,\text{Pa}\times200^2\times10^{-6}\,\text{m}^2$$

$$=-60\times10^3\,\text{N}=-60\,\text{kN}(\text{压})$$

$$\sigma_z=\frac{F}{a^2}=\frac{-300\times10^3\,\text{N}}{200^2\times10^{-6}\,\text{m}^2}=-7.5\times10^6\,\text{Pa}=-7.5\,\text{MPa}(\text{压})$$

第五节 强 度 理 论

强度理论是研究构件在复杂应力状态下如何建立强度条件的理论。

关于构件在简单应力状态下强度条件的建立，前面已经学过。例如杆件在轴向拉伸或压缩时，其强度条件为：

$$\sigma_{max}=\frac{F_N}{A}\leqslant[\sigma]$$

圆截面杆受扭时的强度条件为：

$$\tau_{max}=\frac{T}{W_t}\leqslant[\tau]$$

式中 σ_{max} 和 τ_{max} 是受力杆件的最大工作应力，$[\sigma]$ 和 $[\tau]$ 是材料的容许应力，它等于材料达到危险状态(或称极限状态)时的应力值除以安全因数。这里所说的危险的含义对塑性材料是指变形达到屈服(或流动)，因为材料的变形达到屈服时，虽然构件并没有破坏，但发生较大的塑性变形，因而影响正常工作。故把屈服极限 σ_s 或 τ_s 作为衡量构件达到危险状态的标志；对脆性材料，则取断裂时的强度极限 σ_b 作为衡量构件达到危险状态的标志。然后再考虑安全因数，定出容许应力。

这里，不论是塑性材料的屈服极限 σ_s 或 τ_s，还是脆性材料的强度极限 σ_b，都可以利用简单的实验装置进行测定。所以这样的强度条件比较容易建立。

有时虽然受力构件内的应力状态比较复杂，但接近于实际受力情况的实验装置容易实现，则在建立强度条件时也可以像上面那样做。如铆钉、螺栓、键、销

等联结件的实用计算就是如此。

但是,更多的复杂应力状态很难用试验的办法测定其危险应力值。例如梁弯曲时,虽然在横截面的上、下边缘处正应力达到最大且无切应力,在中性轴处切应力达到最大且无正应力,所以可以像上述所作的那样来建立强度条件,但是在大部分点上,都同时有正应力和切应力,即处于复杂应力状态。对这样的点,就不能单独按正应力 σ 或切应力 τ 来建立强度条件,因为它们对破坏互有影响。又如对三向应力状态,可以有 σ_1、σ_2 和 σ_3 的无数组合来研究它达到危险状态时的极限应力值 σ_1^0、σ_2^0 和 σ_3^0。显然,要用试验的方法直接求得这些极限应力值将不胜其繁甚至是办不到的。

经过长期的实验研究发现,材料处于复杂应力状态时,其破坏形式仍可归结为前述的两种:塑性流动和断裂。只是要确定哪种材料破坏时必定是断裂,哪种材料破坏时必定是流动是困难的,因为这与所处的应力状态有关。例如由低碳钢制成的等直杆处于单向拉伸时,会发生显著的塑性流动,但它处于三向拉应力状态时,会发生脆性断裂,即无显著的塑性变形。图 10-18 所示低碳钢制圆截面杆在中间切一条环形槽的情形。当该杆受单向拉伸时发现,直到拉断时止,看不出有显著的塑性变形,最后在切槽根部截面最小处发生断裂,其断口平齐,与铸铁拉断时的断口相仿(图 10-19),属脆性断裂。这是因为在截面急剧改变处有应力集中,属三向拉应力状态,相应的主切应力较小,不易发生塑性流动之故。又如大理石在单向压缩时,其破坏形式属脆性断裂,但若处于三向不等压应力状态时,却会显现出塑性变形。上述例子说明,破坏形式不但与材料有关,还与应力状态有关。

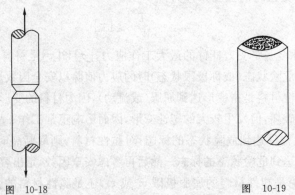

图 10-18   图 10-19

长期以来,不少学者致力于探讨引起破坏的因素,其中起决定作用的因素是什么等等。如果能找到这样的因素,那就可以通过简单的试验来推测构件处于复杂应力状态下发生破坏的可能性,从而建立起强度条件。

　　人们根据能实现的一些试验,分析这些试验中所得到的结果,提出了破坏因素的各种假说,在此基础上建立起强度条件。这类假说就是强度理论。当然,在应用这些强度理论时,又必须经过实践的检验。

　　下面介绍当前工程中常用的几个强度理论及相应的强度条件。

　　1. 最大拉应力理论(第一强度理论)

　　这是在 17 世纪就提出来的最早的一个强度理论,所以称为第一强度理论。由于当时的主要工程材料是铸铁、砖、石等脆性材料,而这类材料的抗拉性能很差,因此,破坏时往往是由拉应力引起的脆性断裂。这一理论认为不论是复杂应力状态或者是简单应力状态,引起破坏的因素是相同的,都是最大拉应力 σ_1。基于这一假说,这一理论认为材料在复杂应力状态下达到危险状态的标志是它们的最大拉应力 σ_1 达到该材料在简单拉伸时最大拉应力的极限值 σ_1^0。由于脆性材料在拉断时的极限应力为极限强度 σ_b,所以破坏条件为:

$$\sigma_1 = \sigma_b$$

　　将 σ_b 除以安全因数,得容许应力 $[\sigma]$,于是得第一强度理论的强度条件为:

$$\sigma_1 \leqslant [\sigma_b] \qquad\qquad (10\text{-}19)$$

　　此理论对脆性材料受拉伸而引起的破坏情况比较符合,例如前面已提到铸铁杆受轴向拉伸时,主要沿横截面拉断,因为该处拉应力最大。又如铸铁圆杆受纯扭转时,沿 45°斜面断裂,也是因为该处拉应力最大。

　　对于塑性材料破坏的情况,此理论不能解释,如由低碳钢制成的圆轴受扭时,当横截面的切应力 τ 达到切应力的屈服极限 τ_s 时,即开始流动,而发生很大的塑性变形,这说明低碳钢圆轴扭转时达到破坏状态的因素不是拉应力而是切应力。还有其他的一些缺点,如这个理论没有考虑另外两个主应力 σ_2 和 σ_3 的影响等等。总的说来,这个理论适用于脆性材料由拉应力引起的脆断情况。

　　2. 最大拉应变理论(第二强度理论)

　　这一理论也是针对脆性材料提出来的。它是以最大拉伸线应变作为引起材料破坏的因素。所以这一理论认为材料在复杂应力状态下达到危险状态的标志是它的最大拉应变 ε_1 达到该材料在简单拉伸时最大拉应变的极限值 ε_1^0。所以这一强度理论的破坏条件为:

$$\varepsilon_1 = \varepsilon_1^0$$

　　假定脆性材料直到断裂前,其应力和应变服从胡克定律,于是由广义胡克定律,ε_1 应是:

$$\varepsilon_1 = \frac{\sigma_1}{E} - \mu\frac{\sigma_2}{E} - \mu\frac{\sigma_3}{E}$$

ε_1^0 应是：

$$\varepsilon_1^0 = \frac{\sigma_b}{E}$$

于是式(d)可表示成应力的形式：

$$\sigma_1 - \mu(\sigma_2 + \sigma_3) = \sigma_b$$

将等号右边 σ_b 除以安全因数后，得容许应力 σ_b，于是得第二强度理论的强度条件：

$$\sigma_1 - \mu(\sigma_2 + \sigma_3) = [\sigma] \tag{10-20}$$

这个强度理论可以解释像混凝土块这样的脆性材料受轴向压缩时，如图2-35a)，当受压面上加润滑剂时，为什么破坏是沿纵向产生裂缝的。因为这正是拉应变的方向。

从形式上看，似乎这一理论要比最大拉应力理论完善些，因为它除了考虑最大拉应力 σ_1 以外，还考虑了 σ_2 和 σ_3 的影响。但是只有很少的实验证实它比最大拉应力理论更符合实际情况。所以目前很少应用这个理论来解决强度问题。

3. 最大切应力理论(第三强度理论)

这一理论以切应力作为引起材料破坏的因素。所以这一理论认为材料在复杂应力状态下达到达到危险状态的标志是它的最大切应力 τ_{max} 达到该材料在简单拉伸或压缩时最大切应力的极限值 τ_{max}^0。故相应的破坏条件为：

$$\tau_{max} = \tau_{max}^0$$

由式(10-15)知在复杂应力状态下最大切应力为：

$$\tau_{max} = \frac{1}{2}(\sigma_1 - \sigma_3)$$

而在简单拉伸或压缩时最大切应力的极限值对塑性材料来说是：

$$\tau_{max}^0 = \frac{\sigma_s}{2}$$

把这两式代入式(h)，可得到用正应力表示的破坏条件：

$$\sigma_1 - \sigma_3 = \sigma_s$$

把 σ_s 除以安全因数，得容许应力$[\sigma]$，于是得强度条件为：

$$\sigma_1 - \sigma_3 \leqslant [\sigma] \tag{10-21}$$

实践证明，这一理论用于塑性材料时较为合适。

4. 形状改变比能理论(第四强度理论)

此理论也称变形能理论。

这一理论是从变形能的角度建立的。构件受力而变形后，在杆内储存了变形能，变形能由两部分组成，一是体积改变变形能，另一是形状改变变形能。此理论是以形状改变比能（单位体积变形能）作为引起材料破坏的因素。它认为材料在复杂应力状态下达到危险状态的标志是形状改变比能 v_d 达到该材料在简单拉伸或压缩时形状改变比能的极限值 v_d^0。故相应的破坏条件为：

$$\sqrt{\frac{1}{2}\left[(\sigma_1-\sigma_2)^2+(\sigma_2-\sigma_3)^2+(\sigma_3-\sigma_1)^2\right]}=\sigma_\mathrm{s}$$

强度条件为：

$$\sqrt{\frac{1}{2}\left[(\sigma_1-\sigma_2)^2+(\sigma_2-\sigma_3)^2+(\sigma_3-\sigma_1)^2\right]}=[\sigma] \tag{10-22}$$

此理论也适用于塑性材料。从式(10-39)中可看到，根号内的三个括号内的应力值，根据式(10-19)，均是三向应力状态中三个正交的主应力平面内的主切应力值的两倍。这就是说，这一理论与主切应力有直接联系，而我们知道切应力是引起塑性破坏的主要因素。

第三和第四强度理论都适用于塑性材料。但是哪个理论更符合实际情况呢？人们曾通过试验来验证它们符合实际情况的程度。比较能说明问题的是下面的实验：用钢、铜、镍等塑性金属制成薄壁管，让它受内压力 q 和外拉力 F 的共同作用，如图 10-20a)，这样，得到一个双向应力状态，如图 10-20b)。试验时调整 F 和 q，可得 σ_1、σ_2 和 σ_3 的不同组合。

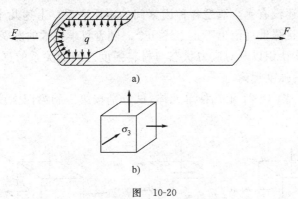

图 10-20

结果表明，用第三强度理论计算的结果与试验结果相差约达 $10\%\sim15\%$，而用第四强度理论计算的结果与试验结果相比，最大误差约在 5% 以内。这说明第四强度理论符合实际的程度要比第三强度理论好些。

究其原因可能是第三强度理论没有考虑中间主应力 σ_2 的影响，而第四理论

考虑了 σ_2 的影响。此外,第四理论在考虑变形能时只考虑形状改变的这部分能量而不考虑体积改变的那部分能量。因为根据计算,切应力只引起单元体的形状改变而不影响体积改变,而形状的改变易导致破坏。

尽管如此,第三强度理论也有一些优点,如强度条件的数学表达式简单,用起来很方便,计算结果虽有误差,但偏于安全。所以这两个理论目前在工程中都普遍采用。

纵观前面四个强度理论的强度条件,可写成下面的统一形式:

$$\sigma_r \leqslant [\sigma] \tag{10-23}$$

σ_r 称为相当应力(或折算应力),它代表各强度条件不等号左边的主应力按一定形式组合的综合值,并把它折算为一个单向应力,即:

$$\sigma_{r1} = \sigma_1$$

$$\sigma_{r2} = \sigma_1 - \mu(\sigma_2 + \sigma_3)$$

$$\sigma_{r3} = \sigma_1 - \sigma_3$$

$$\sigma_{r4} = \sqrt{\frac{1}{2}\left[(\sigma_1 - \sigma_2)^2 + (\sigma_2 - \sigma_3)^2 + (\sigma_3 - \sigma_1)^2\right]}$$

以其与不等号右边的单向应力的容许应力进行比较,σ_{r1}、σ_{r2},……称为第一、第二、……强度理论的相当应力。

最后,必须指出,强度问题是一个非常复杂的问题,各种因素彼此错综地互相影响着,目前还没有完全清楚各种因素间的本质联系。上述几个理论都有一定的片面性,而且强度理论也不止上述几个。随着科学技术的发展,对材料的力学性质的进一步认识以及对应力状态与材料强度之间的关系的深入研究,将会提出更为适用的强度理论。

【例 10-6】 图 10-21 示几种单元体,试分别按第三和第四强度理论求相当应力。

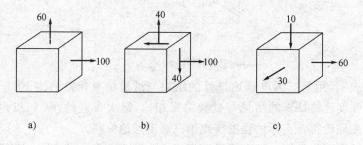

图 10-21(单位:MPa)

解:(1)对于图 10-21a)所示单元体,其主应力为:

$$\sigma_1 = 100\text{MPa}$$

$$\sigma_2 = 60\text{MPa}$$

$$\sigma_3 = 0$$

将上述各值分别代入式(10-43)及(10-44),得:

$$\sigma_{r3} = \sigma_1 - \sigma_3 = (100 - 0)\text{MPa} = 100\text{MPa}$$

$$\sigma_{r4} = \sqrt{\frac{1}{2}\left[(\sigma_1 - \sigma_2)^2 + (\sigma_2 - \sigma_3)^2 + (\sigma_3 - \sigma_1)^2\right]}$$

$$= \sqrt{\frac{1}{2}\left[(100 - 60)^2 + (60 - 0)^2 + (0 - 100)^2\right]}\text{MPa} = 87.2\text{MPa}$$

（2）对于图 10-21b)所示的单元体,先按式(10-8)求主应力,对此情况 $\sigma_x = 100\text{MPa}$,$\sigma_y = 40\text{MPa}$,$\tau_x = 40\text{MPa}$,代入式(10-8),得:

$$\left.\begin{matrix}\sigma_1 \\ \sigma_2\end{matrix}\right\} = \left[\frac{1}{2}(100 + 40) \pm \sqrt{\left(\frac{100 - 40}{2}\right)^2 + 40^2}\right]\text{MPa} = (70 \pm 50)\text{MPa}$$

所以 $\sigma_1 = 120\text{MPa}$,$\sigma_2 = 20\text{MPa}$,$\sigma_3 = 0\text{MPa}$。

将上述主应力值分别代入式(10-43)和(10-44),得:

$$\sigma_{r4} = \sqrt{\frac{1}{2}\left[(\sigma_1 - \sigma_2)^2 + (\sigma_2 - \sigma_3)^2 + (\sigma_3 - \sigma_1)^2\right]}$$

$$= \sqrt{\frac{1}{2}\left[(120 - 20)^2 + (20 - 0)^2 + (0 - 120)^2\right]}\text{MPa} = 111.4\text{MPa}$$

（3）对于图 10-21c)所示的单元体,其主应力为:

$$\sigma_1 = 60\text{MPa}, \sigma_2 = 30\text{MPa}, \sigma_3 = -10\text{MPa}。$$

分别代入式(10-43)和(10-44),得:

$$\sigma_{r3} = \sigma_1 - \sigma_3 = (60 + 10)\text{MPa} = 70\text{MPa}$$

$$\sigma_{r4} = \sqrt{\frac{1}{2}\left[(\sigma_1 - \sigma_2)^2 + (\sigma_2 - \sigma_3)^2 + (\sigma_3 - \sigma_1)^2\right]}$$

$$= \sqrt{\frac{1}{2}\left[(60 - 30)^2 + (30 + 10)^2 + (-10 - 60^2)\right]}\text{MPa} = 60.8\text{MPa}$$

【例 10-7】 图 10-22a)示一焊接工字钢梁,图 10-20b)为截面形状。已知:$F = 750\text{kN}$, $l = 4.2\text{m}$, $b = 220\text{mm}$, $h_1 = 800\text{mm}$, $t = 22\text{mm}$, $d = 10\text{mm}$, $[\sigma] = 170\text{MPa}$。根据梁的受力情况,已绘出了剪力图和弯矩图,如图 10-22c)和 d)所示。并已求得危险截面的最大弯矩和最大剪力分别为:

$$M_{\text{max}} = 788\text{kN} \cdot \text{m}$$

$$F_{s,\text{max}} = 375\text{kN}$$

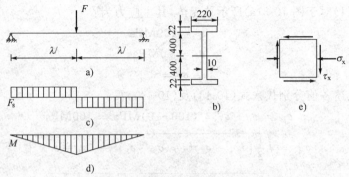

图 10-22

横截面对中性轴 z 的惯性矩及翼缘对中性轴 z 的静矩分别为 $I_z = 2062 \times 10^{-6}\,\mathrm{m}^4$，$S_{C,z} = 1990 \times 10^{-6}\,\mathrm{m}^3$。试按第三和第四强度理论检验危险截面上腹板与上翼缘交界处的 C 点的强度，并与单向应力强度条件(7-9)作比较。

解：(1)求 C 点的正应力 σ_c 和切应力 τ_c。按式(7-7)、(7-12)有：

$$\sigma_C = \frac{M_{\max}}{I_z} y_C = -\frac{788 \times 10^3\,\mathrm{N} \cdot \mathrm{m}}{2060 \times 10^{-6}\,\mathrm{m}^4} \times \frac{800}{2} \times 10^{-3}\,\mathrm{m}$$

$$= -153 \times 10^6\,\mathrm{Pa} = -153\mathrm{MPa}$$

$$\tau_C = \frac{F_{s,\max} \cdot S_{c,z}}{I_z \cdot d} = \frac{375 \times 10^3\,\mathrm{N} \times 1990 \times 10^{-6}\,\mathrm{m}^3}{2060 \times 10^{-6}\,\mathrm{m}^4 \times 10 \times 10^{-3}\,\mathrm{m}}$$

$$= 36.2 \times 10^6\,\mathrm{Pa} = 36.2\mathrm{MPa}$$

(2)求 C 点的主应力。

C 点的应力状态如图 10-22e)，按主应力式(10-8)

$\sigma_x = \sigma_C$，$\sigma_y = 0$，$\tau_x = \tau_C$，于是有：

$$\left.\begin{array}{c}\sigma_1 \\ \sigma_2\end{array}\right\} = \frac{\sigma_C}{2} \pm \sqrt{\left(\frac{\sigma_C}{2}\right)^2 + \tau_x^2} = \left[\frac{-153}{2} \pm \sqrt{\left(\frac{-153}{2}\right)^2 + 36.2^2}\right]\mathrm{MPa}$$

$$= (-76.5 \pm 84.6)\mathrm{MPa}$$

所以：

$$\sigma_1 = 8.1\mathrm{MPa}$$

$$\sigma_2 = 0$$

$$\sigma_3 = -161.1\mathrm{MPa}$$

(3)求相当应力，并作强度校核。

$$\sigma_{r3} = \sigma_1 - \sigma_3 = (8.1 + 161.1)\mathrm{MPa} = 169.2\mathrm{MPa} \leqslant [\sigma]$$

$$\sigma_{r4} = \sqrt{\frac{1}{2}\left[(\sigma_1 - \sigma_2)^2 + (\sigma_2 - \sigma_3)^2 + (\sigma_3 - \sigma_1)^2\right]}$$

$$= \sqrt{\frac{1}{2}\left[(8.1 - 0)^2 + (0 + 161.1)^2 + (-161.1 - 8.1)^2\right]}\mathrm{MPa}$$

$$= 165.3\text{MPa} < [\sigma]$$

校核结果均安全。

(4)与最大正应力强度条件(7-9)作比较

先求最大正应力 $\sigma_{\max}$，按式(7-8)有：

$$\sigma_{\max} = |\sigma_{\min}| = \left| \frac{M_{\max}}{I_z} \cdot y_{\max} \right|$$

$$= \left| -\frac{788 \times 10^3 \text{N} \cdot \text{m}}{2062 \times 10^{-6} \text{m}^4} \times \left(\frac{800}{2} + 22\right) \times 10^{-3} \text{m} \right| = 161.3\text{MPa}$$

与容许应力$[\sigma]$比较，也是安全的。

比较上述三个强度条件,相当应力和最大正应力分别为 169.2MPa、165.3MPa 和 161.3MPa,而容许应力$[\sigma]$是相同的。如果像上节所述,第四强度理论比较符合实际情况的话,则按第三理论作强度计算较为保守,但偏于安全,而按正应力作强度计算则偏于不安全。也就是说,像图 10-20a)所示的梁,仅按横截面上的最大正应力的强度条件(7-9)计算是不够的,因为横截面上的最大正应力属简单应力状态,而其他各点属复杂应力状态。

◀ 小　　结 ▶

应力状态:通过构件内一点,所作各微面的应力状况,称为该点处的应力状态;

平面应力状态:微单元体仅有四个面作用有应力且应力作用线均平行于不受力表面;

主平面:切应力为零的截面;

主应力:主平面上的正应力;

主切应力:切应力的极值称为主切应力;

应力状态的分类:

单向应力状态:仅一个主应力不为零的应力状态;

二向应力状态:仅两个主应力不为零的应力状态;

三向应力状态:三个主应力均不为零的应力状态;

复杂应力状态:二向与三向应力状态;

胡克定律就是关于材料应力应变之间关系的定律;

强度理论:关于材料破坏或失效规律的假说。强度理论可分为两类,第一类是关于脆性材料脆性断裂的强度理论(第一、二强度理论),比如铸铁在单向拉伸时的强度破坏和混凝土等脆性材料在轴向压缩时的破坏都是第一类强度破坏;第二类是关于塑性材料塑性屈服的强度理论(第三、四强度理论),比如低碳钢等

塑性材料的拉伸、扭转破坏。

◀ **思 考 题** ▶

10-1　什么叫一点处的应力状态？为什么要研究应力状态问题？

10-2　何谓主平面、主应力？主应力与正应力有何区别？

10-3　四个强度理论的强度条件是什么？其表达式两边的含义是什么？分别说明其适用范围。

习　题

10-1　已知应力情况如图所示,试用解析法求单元体在制定的斜方位时,四侧面上的应力值。

10-2　已知应力情况如图所示,试用解析法求单元体在制定的斜方位时,四侧面上的应力值。

10-3　对题 10-1 和 10-2 所示个单元体,试用解析法求:

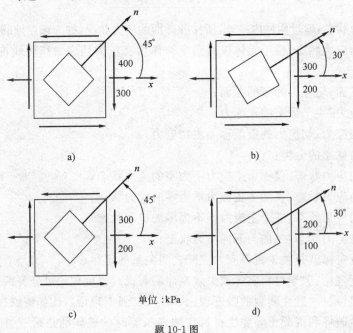

单位:kPa

题 10-1 图

（1）主应力值；

（2）主平面的方位（用单元体图示之）；

（3）最大切应力值。

10-4　对题 10-1 的要求，用应力圆求解。

10-5　对题 10-2 的要求，用应力圆求解。

10-6　对题 10-3 的要求，用应力圆求解。

10-7　对图示单元体，试用解析法求解：

（1）主应力值；

（2）主平面的方位（用单元体图示之）；

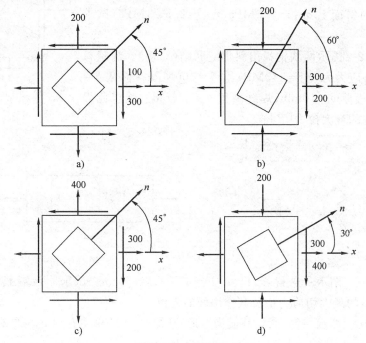

题 10-2 图　单位：kPa

（3）最大切应力值；

（4）最大切应力作用面的方位（用单元体图示之）。

10-8　对题 10-7 的要求，用应力圆求解。

10-9　对图示单元体，试用解析法或应力圆求最大主切应力 τ_{max} 值。

10-10　对图示三角形单元体，已知 $\sigma_y = -40\text{MPa}$，$\tau_a = 20\text{MPa}$，$\tau_a = 40\text{MPa}$，$\alpha = -30°$。试用解析法和应力圆

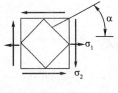

题 10-7 图

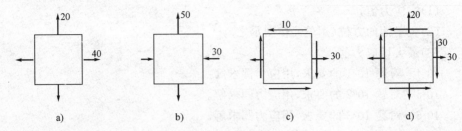

题 10-9 图（单位：MPa）

求 σ_x 和 τ_x 值。

10-11　图示一受 F 作用的横向拉伸杆，已知：$\alpha = \pi / 3$ rad 角的斜面上 $\sigma_{\pi/3} = 2.5$ MPa，$\tau_{\pi/3} = 2.5\sqrt{3}$ MPa，试求 σ_x、F 值。

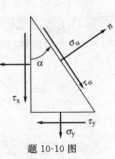

题 10-10 图

10-12　图示两块铜板由斜焊缝联结（对接）。焊缝材料的容许应力为 $[\sigma] = 145$ MPa，$[\tau] = 100$ MPa。板宽 $b = 200$ mm，板厚 $\delta = 10$ mm，焊缝斜角 $\theta = \pi / 6$ rad。试求此焊缝所容许的最大拉力 $[F]$ 值。

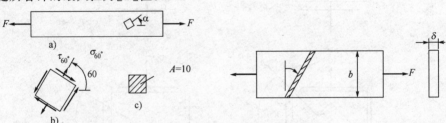

题 10-11 图　　　　　　　　题 10-12 图

10-13　图示一悬臂梁，已知：$F = 40$ kN，$l = 50$ cm。试求固定端截面上 A、B、C 三点的最大切应力值及其作用面的方位。

10-14　图示一简支梁，截面为矩形，已知：$F = 200$ kN，$l = 4$ m。试求：

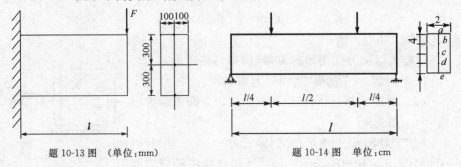

题 10-13 图　（单位：mm）　　　　题 10-14 图　单位：cm

(1)在梁的危险截面上 a、b、c、d、e 五个点的主应力值及其作用面的方位（绘出单元体图）。

(2)该五个点的最大切应力值。

10-15 试对图示三个单元体写出第一、二、三、四强度理论的相当应力值，设 $\mu=0.3$。

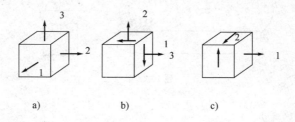

题 10-15 图 （单位:MPa）

10-16 图示一简支工字组合梁，由钢板焊成。已知:$F=500$kN,$l=4$m。求:

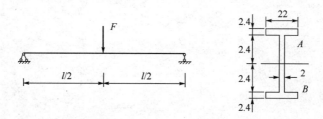

题 10-16 图 （单位:mm）

(1)在危险截面上位于翼缘于腹板交界处的 A、B 两点的主应力值，并指出它们的作用面的方位；

(2)根据第三、四强度理论，求出相当应力值。

10-17 图示一两端封闭的薄壁筒,受内压力 p 及轴向压力 F 的作用。已知:$F=100$kN,$p=5$MPa,筒的内径 $d=100$mm。试按下列两种情况求薄壁厚度 t 值:

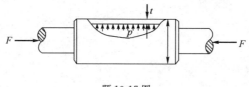

题 10-17 图

(1)材料为铸铁,$[\sigma]=40\text{MPa}$,$\mu=0.25$,按第二强度理论计算;

(2)材料为钢材,$[\sigma]=120\text{MPa}$,按第四强度理论计算。

10-18 图示一锅炉汽包,汽包总重 500kN,受均布荷载 q 作用。已知气体压强 $p=4\text{MPa}$。试按第三和第四强度理论计算相当应力值。

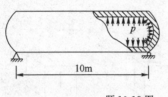

题 10-18 图

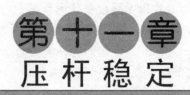

第十一章

压杆稳定

本章学习内容要求学生深刻认识受压杆件防止失稳现象的重要性,掌握细长杆、中长杆以及粗短杆的分类及临界力的计算,熟练掌握折减系数法的运用。

前面讨论的内容中提到,结构中的受压杆件与其他构件一样,都是由强度条件来确定其承载能力的。这种方法对于短粗的压杆是正确的,但是对于细长压杆来说,仅仅满足强度条件并不能保证其安全可靠,往往会因为稳定性的丧失而发生破坏。所以在设计受压杆件时,除了考虑强度外,还必须进行稳定计算。本章将对压杆的稳定问题作一介绍。

第一节　概　　述

早在 18 世纪中叶,欧拉就提出《关于稳定的理论》,但是这一理论当时并没有受到人们的重视,也没有在工程中得到应用。原因是当时常用的工程材料是铸铁、砖石等脆性材料。这些材料不易制成细长压杆、薄板、薄壳。随着冶金工业和钢铁工业的发展,压延的细长杆和薄板开始得到应用。19 世纪末 20 世纪初,欧美各国相继兴建一些大型工程,由于工程师们在设计时,忽略杆件体系或杆件本身的稳定问题而造成许多严重的工程事故。例如:19 世纪末,瑞士的"孟希太因"大桥的桁架结构,由于双机车牵引列车超载导致受压弦杆失稳使桥梁破坏,造成 200 人受难。压杆失稳往往使整个工程或结构突然坍塌,危害严重。由于工程事故不断发生,才使工程师们回想起欧拉在一百多年前所提出的稳定理论。从此稳定问题才在工程中得到高度重视。

一 压杆稳定问题的提出

在第三章"轴向拉伸和压缩"中,对于受压杆件的研究是从强度观点出发的。认为只要满足压缩强度条件,就可以保证压杆的正常工作。然而,对受压杆件的破坏分析表明,许多压杆却是在满足强度条件的情况下,突然产生显著的弯曲变形而发生破坏的。让我们来看一个简单的试验。取一根长为 300mm 的钢锯条,其横截面尺寸为 20mm×1mm。设钢的容许应力为 $[\sigma]=210$MPa,则按轴向拉、压杆的强度条件,钢尺能够承受的轴向压力为:

$$F = A[\sigma] = 20 \times 1 \times 210 = 4200\text{N}$$

但若将钢锯条竖立在桌子上,用手压其上端,则不到 40N 的压力,钢锯条就会突然变弯而失去承载能力(图 11-1)。这时钢锯条横截面上的正应力仅为2MPa,其承载能力仅为容许应力的 1/105。这个试验说明,细长压杆丧失工作能力并不是由于其强度不够,而是由于其突然产生显著的弯曲变形、轴线不能维持原有的直线形状的平衡状态所造成的。这种现象称为**丧失稳定**,简称**失稳或屈曲**。由此可见,材料及横截面均相同的压杆,由于长度不同,其抵抗外力的能力将发生根

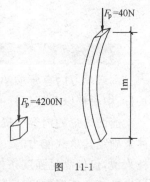

图 11-1

本的改变:短粗压杆的破坏取决于强度;细长压杆的破坏是由于失稳。上例还表明,细长压杆的承载能力远低于短粗压杆的承载能力。因此,对压杆(特别是细长压杆)必须研究其稳定性。

二 压杆平衡状态的稳定性

所谓稳定性,是指平衡状态的稳定性。圆球在图 11-2 所示的三种情况下都在 O 点处于平衡状态,显然三种平衡状态是不同的,图 11-2a)中的圆球,无论用什么方式干扰使它稍微离开平衡位置,只要干扰消除,它就回到原平衡位置,这表明圆球原来的平衡位置是稳定的,成为**稳定平衡**。图 11-2c)中的圆球正相反,它经不起任何扰动,微小的干扰会使它离开平衡位置越来越远,这表明圆球原来的平衡位置是不稳定的,成为**不稳定平衡**。图 11-2b)中的圆球所处的平衡状态则处于稳定平衡和不稳定平衡的过渡状态,任一微小的扰动后的位置 O′都是它的新平衡位置,因而圆球原平衡状态可称为**临界平衡状态**,也称**随遇平衡**。随遇平衡也属于**不稳定平衡**。

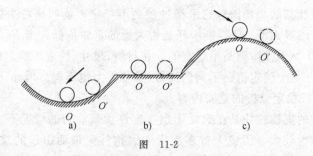

图 11-2

为了研究上的方便,我们将实际的压杆轴线抽象为如下的力学模型:即将压杆看作轴线为直线,且压力作用线与轴线重合的均质等直杆,称为**中心受压直杆**或**理想压杆**。而把杆轴线存在的初曲率、压力作用线稍微偏离轴线及材料不完全均匀等因素,抽象为使杆件产生微小弯曲变形的微小的横向干扰。理想压杆,特别是细长的压杆,在两端受到轴向压力作用时,其平衡状态也可以分为三种类型,如图 11-3 所示。第一种情况是在压杆所受的压力 F 不大时,如果给压杆施加一微小的横向干扰,使其稍微离开轴线位置,在干扰撤去后,杆经若干次振动后仍然回到原来的直线形状的平衡状态,如图 11-3b),我们把压杆原有直线形状的平衡状态称为**稳定的平衡状态**。第二种情况是增大压力 F 至某一极限值 F_{pcr} 时,如果再给压杆施加一微小的横向干扰,使轴线微弯,干扰力撤去后杆不再恢复到原来状态的平衡状态,而是仍处于微弯状态的平衡状态,如图 11-3c),受干扰前杆的直线状态的平衡状态即为**临界平衡状态**,也称**随遇平衡**。压力 F_{pcr} 称为**临界力**。临界平衡状态实质上是一种**不稳定的平衡状态**,因为此时杆一经干扰后就不能维持原有直线形状的平衡状态了。第三种情况是压力 F 超过某一极限值 F_{pcr} 时,杆的弯曲变形将急剧增大,甚至最后造成弯折破坏,如图 11-3 d)。

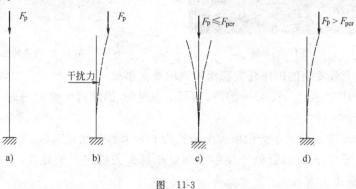

图 11-3

压杆直线状态的平衡由稳定平衡过渡到不稳定平衡叫压杆失去稳定,简称**失稳或屈曲**。临界力 F_{pcr} 是判别压杆是否失稳的重要指标。当 $F<F_{pcr}$ 时,平衡是稳定的;当 $F>F_{pcr}$ 时,则是不稳定的。在材料、尺寸、约束均确定的前提下,压杆的临界力 F_{cr} 是个确定值。不同的压杆,其临界力也不同。因此计算压杆的临界力 F_{pcr} 是压杆稳定分析的重要内容。

由于构件的失稳往往是在远低于强度容许承载能力的情况下突然发生的,因而其危害性也较大。历史上曾多次发生因构件失稳而引起的重大事故。因此,稳定问题在工程设计中占有重要地位。图 11-4～图 11-6 即为一些失稳的工程实例。图 11-7 为失稳的简图。

图 11-4 德国勃兰登堡门

图 11-5 脚手架

图 11-6 桥墩

图 11-7 失稳简图

历史上曾发生的因压杆失稳而导致的重大事故:

①1891 年瑞士一长 42m 的桥,当列车通过时,因结构失稳而坍塌,造成 200 多人死亡。

②1907 年加拿大圣劳伦斯河上跨长为 548 米的魁北克钢桥,当时正在架设中间跨桥梁时,由于悬臂钢桁架中个别受压杆失去稳定产生屈曲,造成全桥坍塌,75 名施工工人丧生。

③1925 年原苏联的莫兹尔桥在试车时，也是受压杆件失稳而破坏。

④1940 年，美国的塔科马桥，刚完工 4 个月，在一场大风中，由于侧向刚度不足而失去稳定，使整个桥梁扭转摆动而破坏。

⑤美国东部康涅狄格州哈特福市中心体育馆，能容纳 12500 人的大跨度网架结构，于 1971 年施工，1975 年建成，在 1978 年的一场暴风雪中倒塌，事故的原因也是个别压杆失稳。

第二节　细长压杆的临界力和临界应力

根据压杆失稳是由直线平衡形式转变为弯曲平衡形式的这一重要概念，可以预料，凡是影响弯曲变形的因素，如截面的抗弯刚度 EI、杆件长度 L 和两端的约束情况，都会影响压杆的临界力。确定临界力的方法有静力法、能量法等。本节采用静力法，以两端铰支的中心受压直杆为例，说明确定临界力的基本方法。

一　两端铰支的细长压杆临界力

由上节讨论可知，当轴向力 F 达到临界力 F_{pcr} 时，压杆既可保持直线形式的平衡，又可保持微弯状态的平衡。现令压杆处于临界状态，并具有微弯的平衡形式，如图 11-8b)所示。建立 y-x 坐标系，任意截面 I-I 处的内力[如图 11-8c)]为：

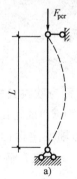
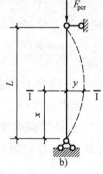
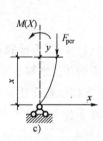

图 11-8　两端铰支的压杆失稳

$$F_N = F(压力) \tag{a}$$

$$M(x) = Fy \tag{b}$$

在图示坐标系中，根据杆弯曲后挠度近似微分方程式为：

$$\frac{\mathrm{d}y^2}{\mathrm{d}x^2} = -\frac{M(x)}{EI} \tag{c}$$

将(b)式代入(c)式,得到:

$$\frac{\mathrm{d}y^2}{\mathrm{d}x^2} = -\frac{F}{EI}y \tag{d}$$

令 $k^2 = \frac{F}{EI}$,可得二阶常系数线性齐次微分方程:

$$\frac{\mathrm{d}y^2}{\mathrm{d}x^2} + k^2 y = 0 \tag{e}$$

此方程的通解为:

$$y = A\sin kx + B\cos kx \tag{f}$$

利用杆端的约束条件,$x=0$ 时 $y=0$,得 $B=0$,可知压杆的微弯挠曲线为正弦函数:

$$y = A\sin kx \tag{g}$$

利用约束条件,$x=l,y=0$,得:

$$A\sin kx = 0 \tag{h}$$

这有两种可能:一是 $A=0$,则 $y=0$。即压杆没有弯曲变形,这与一开始的假设(压杆处于微弯平衡形式)不符。二是 $kl = n\pi, n=1、2、3\cdots\cdots$。由此得出相应于临界状态的临界力表达式:

$$F_{pcr} = \frac{n^2\pi^2 EI}{l^2}$$

实际工程中有意义的是最小的临界力值,即 $n=1$ 时的 F_{pcr} 值:

$$F_{pcr} = \frac{\pi^2 EI}{l^2} \tag{11-1}$$

式(11-1)即为计算两端铰支的压杆临界力的表达式,又称为**欧拉公式**。因此,相应的 F_{pcr} 也称为欧拉临界力。此式表明,F_{pcr} 与抗弯刚度(EI)成正比,与杆长的平方(l^2)成反比。压杆失稳时,总是绕抗弯刚度最小的轴发生弯曲变形。因此,对于各个方向约束相同的情形(例如球铰约束),式(11-1)中的 I 应为截面最小的形心主轴惯性矩 I_{min}。

将 $k = \frac{\pi}{l}$ 代入式(g)得压杆的挠度方程为:

$$y = A\sin\frac{\pi x}{l}$$

由此可见,两端铰支的细长压杆的挠曲线是一条半波正弦曲线。

290

以上讨论的是两端铰支的细长压杆临界力的计算。对于其他支承形式的压杆,由于不同支承对杆件变形起不同的作用。因此,同一受压杆当两端的支承情况不同时,其临界力值必然不同。用上述方法,还可求得其他约束条件下压杆的临界力,这里不一一推导,直接给出其结果。见表 11-1。

从表 11-1 中可以看到,各临界力的欧拉公式中,只是分母中 l 前面的系数 μ 不同,因此,可以写成统一的形式,即:

$$F_{pcr} = \frac{\pi^2 EI}{(\mu l)^2} \tag{11-2}$$

式中,μl 称为相当长度或计算长度。μ 称为长度系数,它反映了约束情况对临界荷载的影响。

各种支承情况下等截面细长杆的临界力公式 表 11-1

杆端约束情况	两端铰支	一端固定 一端自由	一端固定 一端铰支	两端固定
挠曲线形状	 L	$2L$	$0.7L$	L / $0.5L$
临界应力 公式	$F_{pcr} = \dfrac{\pi^2 EI}{l^2}$	$F_{pcr} = \dfrac{\pi^2 EI}{(2l)^2}$	$F_{pcr} = \dfrac{\pi^2 EI}{(0.7l)^2}$	$F_{pcr} = \dfrac{\pi^2 EI}{(0.5l)^2}$
长度系数 μ	1.0	2.0	0.7	0.5

由表 11-1 各种支承情况下的挠曲线形状还可以看出,计算长度都相当于一个半波正弦曲线的弦长。

由表 11-1 可知,杆端的约束愈强,则 μ 值愈小,压杆的临界力愈高;杆端的约束愈弱,则 μ 值愈大,压杆的临界力愈低。事实上,压杆的临界力与其挠曲线形状是有联系的,对于后三种约束情况的压杆,如果将它们的挠曲线形状与两端铰支压杆的挠曲线形状加以比较,就可以用几何类比的方法,求出它们的临界力。从表 11-1 中挠曲线形状可以看出:长为 l 的一端固定、另一端自由的压杆,

与长为 $2l$ 的两端铰支压杆相当;长为 l 的两端固定压杆(其挠曲线上有 A、B 两个拐点,该处弯矩为零),与长为 $0.5l$ 的两端铰支压杆相当;长为 l 的一端固定、另端铰支的压杆,约与长为 $0.7l$ 的两端铰支压杆相当。

需要指出的是,欧拉公式的推导中应用了弹性小挠度微分方程,因此公式只适用于弹性稳定问题。另外,上述各种 μ 值都是对理想约束而言的,实际工程中的约束往往是比较复杂的,例如压杆两端若与其他构件连接在一起,则杆端的约束是弹性的,μ 值一般在 0.5 与 1 之间,通常将 μ 值取接近于 1。对于工程中常用的支座情况,长度系数 μ 可从有关设计手册或规范中查到。

【例 11-1】 一根两端铰支的 No20a 工字钢制成的细长压杆,材料为 Q235 钢,钢的弹性模量 $E=200\text{GPa}$,$\sigma_p=200\text{MPa}$,压杆的长度 $l=5\text{m}$。试求此压杆的临界力。

解:由型钢表查得 $I_y=158\text{cm}^4$,$I_x=2370\text{cm}^4$,应取最小值 $I_y=158\text{cm}^4$。按式(11-1)计算得:

$$F_{pcr}=\frac{\pi^2 EI}{l^2}=\frac{\pi^2 \times 200 \times 10^9 \times 158 \times 10^{-8}}{5^2}=124.8 \times 10^3 \text{N}=124.8\text{kN}$$

由此可知,若轴向压力超过 124.8kN 时,此杆将会失稳。

【例 11-2】 如图 11-9 所示,一根矩形截面的中心受压的木制细长压杆,木材的弹性模量 $E=10\text{GPa}$,截面尺寸为 150mm×240mm,压杆的长度 $l=9\text{m}$。柱的支承情况为:在最大刚度平面内弯曲时为两端铰支,在最小刚度平面内弯曲时为两端固定。试求此木制压杆的临界力。

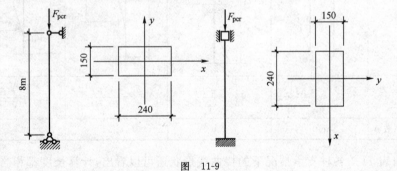

图 11-9

解:由于最大刚度平面与最小刚度平面内的支承情况不同,所以需要分别计算。由截面尺寸可以求得其截面惯性矩为:

$$I_x=\frac{b^3 h}{12}=\frac{150^3 \times 240}{12}=6.75 \times 10^7 \text{mm}^4$$

$$I_y=\frac{b h^3}{12}=\frac{150 \times 240^3}{12}=1.72 \times 10^8 \text{mm}^4$$

（1）计算最大刚度平面内的临界力。考虑压杆在最大刚度平面内失稳时,可知截面的惯性矩为:

$I_y = 1.72 \times 10^8 \text{mm}^4$；两端铰支,长度系数 $\mu = 1.0$,代入公式(11-2)得:

$$F_{pcr} = \frac{\pi^2 EI}{(\mu l)^2} = \frac{\pi^2 \times 10 \times 10^3 \times 1.72 \times 10^8}{(1.0 \times 9 \times 10^3)^2} = 2.10 \times 10^5 \text{N} = 210 \text{kN}$$

（2）计算最小刚度平面内的临界力。考虑压杆在最大刚度平面内失稳时,可知截面的惯性矩为:

$I_x = 6.75 \times 10^7 \text{mm}^4$；两端固定,长度系数 $\mu = 0.5$,代入公式(11-2)得:

$$F_{pcr} = \frac{\pi^2 EI}{(\mu l)^2} = \frac{\pi^2 \times 10 \times 10^3 \times 6.75 \times 10^7}{(0.5 \times 9 \times 10^3)^2} = 3.29 \times 10^5 \text{N} = 329 \text{kN}$$

比较计算结果可知,第一种情况的临界力小,所以压杆失稳时将在最大刚度平面内产生弯曲。另外,此例还说明,当最大刚度平面与最小刚度平面内的支承情况不同时,压杆失稳不一定就发生在最小刚度平面内,而必须结合其支承情况,经过具体计算才能确定其失稳所在的平面。

三 临界应力和柔度(长细比)的概念

在推导欧拉公式时,应用了挠曲线的近似微分方程,而近似微分方程是建立在胡克定律 $\sigma = E\varepsilon$ 的基础上,因此,欧拉公式只有在压杆的应力不超过材料的比例极限才是适用的。即 $\sigma_{cr} \leqslant \sigma_p$ 时方能应用欧拉公式。为了判断压杆失稳时是否处于弹性范围,以及超出弹性范围后临界力的计算问题,必须引入临界应力及柔度的概念。

压杆在临界力作用下,其在直线平衡位置时横截面上的应力称为临界应力,用 σ_{cr} 表示。压杆在弹性范围内失稳时,则临界应力为:

$$\sigma_{cr} = \frac{F_{pcr}}{A} \tag{11-3}$$

由式(11-2)代入式(11-3)可以得到:

$$\sigma_{cr} = \frac{\pi^2 EI}{(\mu l)^2 A} \tag{11-4}$$

式中,令 $i = \sqrt{\dfrac{I}{A}}$，i 称为截面的惯性半径,其量纲与长度相同。于是,式(11-4)可以写为:

$$\sigma_{cr} = \frac{\pi^2 E}{\left(\dfrac{\mu l}{i}\right)^2}$$

令 $\lambda = \dfrac{\mu l}{i} = \dfrac{\mu l}{\sqrt{\dfrac{I}{A}}}$,

则有:

$$\sigma_{cr} = \frac{\pi^2 E}{\lambda^2} \qquad\qquad (11\text{-}5)$$

式(11-5)称为**欧拉临界应力公式**,它是欧拉公式(11-2)的另一种表达形式。实际上,临界应力应理解为是以应力表示的临界力。

式中 λ 称为**柔度或长细比**,它是一个无量纲的物理量。压杆的柔度 λ 综合反映了杆端约束情况以及杆的长度和横截面几何性质对临界应力的影响。λ 越大,临界应力越小,使压杆产生失稳所需的压力越小,压杆的稳定性越差。反之,λ 越小,压杆的稳定性越好。由此可见,柔度 λ 在压杆的稳定计算中,是非常重要的参数之一。

前面已经讨论了欧拉公式的适用范围是压杆的应力不超过材料的比例极限,即 $\sigma_{cr} \leqslant \sigma_p$。所以就有 $\sigma_{cr} = \dfrac{\pi^2 E}{\lambda^2} \leqslant \sigma_p$,相应地可以求得对应于比例极限的长细比:

$$\lambda_p = \pi \sqrt{\frac{E}{\sigma_p}} \qquad\qquad (11\text{-}6)$$

因此,欧拉公式的适用范围可以用压杆的柔度来表示,即只有当压杆的实际柔度 $\lambda \geqslant \lambda_p$ 时,欧拉公式才适用。这一类压杆称为**大柔度杆**或**细长杆**。由式(11-6)可知,λ_p 的值仅与压杆的材料性质有关。例如由 Q235 钢制成的压杆,E、σ_p 的平均值分别为 200GPa 与 200MPa,代入式(11-6)后算得 $\lambda_p \approx 100$。所以用 Q235 钢制造的压杆,只有 $\lambda \geqslant 100$ 时,才可用欧拉公式进行稳定性计算。对于木材 $\lambda_p \approx 110$。

（四）临界应力总图

前面讨论的压杆都是理想化的,即压杆是直的,没有任何初始曲率,压力的作用线沿着压杆的轴线。导出的欧拉临界力或临界应力公式只是在弹性阶段适用,临界应力不得超过材料的比例极限。而在工程实际中的压杆一般很难满足上述理想化的要求。因此,实际压杆的稳定计算都以经验公式为依据。这些经验公式是以大量的实验结果为基础建立的。特别是对于 $\lambda < \lambda_p$ 的压杆,其临界应力大于材料的比例极限,欧拉公式已不再适用。常用的经验公式有直线公式

和抛物线公式。

1.计算临界应力的直线公式为：

$$\sigma_{\sigma} = a - b\lambda \tag{11-7a}$$

式中,λ 为压杆的柔度,a、b 为与材料性质有关的常数,常用材料的 a、b 值,列于表 11-2 中。

直线公式的系数 a 和 b   表 11-2

材　　料	屈服强度 σ_s（MPa）	极限强度 σ_b（MPa）	a（MPa）	b（MPa）	λ_p
Q235	235	≥375	304	1.12	102
优质碳钢	306	≥471	461	2.568	95
铸铁			332.2	1.454	70
松木			28.7	0.190	80

应当指出,适用直线公式的压杆,λ 有一个最低限 λ_s,否则会出现 $\sigma_{cr} > \sigma_s$ 或 $\sigma_{cr} > \sigma_b$ 的情况。对于塑性材料制成的压杆,λ_s 所对应的应力等于屈服点,所以在经验公式中,令 $\sigma_{cr} = \sigma_s$,得:

$$\lambda_s = \frac{a - \sigma_s}{b}$$

这就是用直线公式求得的最小柔度。对于 Q235 钢,$a = 304\text{MPa}$,$b = 1.12\text{MPa}$,$\sigma_s = 235\text{MPa}$,代入上式得:

$$\lambda_s = \frac{a - \sigma_s}{b} = \frac{304 - 235}{1.12} = 61.6$$

工程实际中,柔度介于 λ_s 和 λ_p 之间的这一类压杆称为中柔度压杆;而对于 $\lambda < \lambda_s$ 的短压杆,称为**小柔度杆**,这一类压杆将因压缩引起屈服或断裂破坏,属于强度问题,而不是失稳。所以应该将屈服点 σ_s（塑性材料）或抗压强度极限 σ_b（脆性材料）作为临界应力。

总结以上的讨论,对 $\lambda < \lambda_s$ 的小柔度压杆,应按强度问题计算,在图 11-10 中表示为水平线 AB;对 $\lambda \geqslant \lambda_p$ 的大柔度压杆,用欧拉公式计算临界应力,在图中表示为曲线 CD;而柔度介于 λ_s 和 λ_p 之间的压杆（$\lambda_s \leqslant \lambda < \lambda_p$）,用经验公式计算临界应力,在图中表示为斜直线 BC。该图表示临界应力随压杆柔度变化的情况,称为临界应力总图。

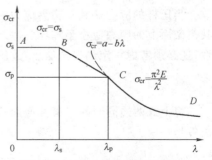

图 11-10　直线公式的临界应力总图

295

2.计算临界应力的抛物线公式

工程中所用的抛物线经验公式,就是将临界应力 σ_{cr} 与柔度 λ 表示为下面的抛物线关系:

$$\sigma_{cr} = a - b\lambda^2 \tag{11-7b}$$

式中,λ 为压杆的柔度;a、b 为与材料有关的常数。如对于 Q235 钢及 Q345(16Mn)钢,分别为:

$$\sigma_{cr} = (235 - 0.00668\lambda^2)\text{MPa}$$

$$\sigma_{cr} = (345 - 0.0142\lambda^2)\text{MPa}$$

根据抛物线经验公式,可以绘出 Q235 钢的临界应力总图如图 11-11 所示。图中曲线 ACB 按欧拉公式绘制为双曲线,曲线 DC 按经验公式绘制为抛物线。两曲线的交点 C 的横坐标为 $\lambda_c=$ 123,纵坐标为 $\sigma_{cr}=134\text{MPa}$。这里以 $\lambda_c=$ 123 而不是 $\lambda_p=100$ 作为二曲线的分界点,是因为欧拉公式是由理想的中心受压杆导出的,与实际存在差异,因而将分界

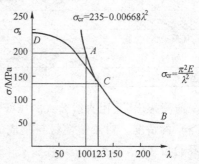

图 11-11 抛物线公式的临界应力总图

点作了修正。所以,在实际应用中,对 Q235 钢制成的压杆,当 $\lambda \geqslant \lambda_c$ 时才按欧拉公式计算临界应力或临界力,$\lambda < \lambda_c$ 时用经验公式计算。

第三节 压杆的稳定校核

 压杆稳定条件

1.安全系数法

当压杆的应力达到其临界应力时,压杆将要失稳。因此,正常工作的压杆,其横截面上的应力应小于临界应力。在工程中,为了保证压杆具有足够的稳定性,还必须考虑一定的安全储备,故压杆稳定的条件为:

$$F \leqslant \frac{F_{cr}}{n_{st}} = [F]_{st} \tag{11-8}$$

将上式两边同时除以横截面面积 A,得到压杆横截面上的应力 σ 应满足的条件是:

$$\sigma = \frac{F}{A} \leqslant \frac{\sigma_{cr}}{n_{st}} = [\sigma]_{st} \tag{11-9}$$

式中:$[F]_{st}$——稳定容许压力;

$[\sigma]_{st}$——稳定容许应力,其值为$[\sigma]_{st}=\dfrac{\sigma_{cr}}{n_{st}}$;

n_{st}——稳定安全系数。

由于压杆存在初曲率和载荷偏心等不利因素的影响。n_{st}值一般比强度安全系数要大些,并且λ越大,n_{st}值也越大。具体取值可从有关设计手册中查到。在机械、动力、冶金等工业部门,由于载荷情况复杂,一般都采用安全系数法进行稳定计算。

应用稳定条件式(11-8)、(11-9),可以解决压杆的稳定校核、设计截面、确定容许荷载等三类稳定计算问题。这样进行稳定计算的方法称为安全系数法。

2. 折减系数法

在工程中,对压杆的稳定计算常采用折减系数法。这种方法是将稳定条件式(11-9)中的$[\sigma]_{st}$写成材料的强度应力$[\sigma]$乘以一个随压杆柔度λ而改变且小于1的因数$\varphi=\varphi(\lambda)$。

即稳定容许应力值写成下列形式:

$$[\sigma]_{st}=\varphi[\sigma]$$

式中:$[\sigma]$——强度计算时的容许应力;

φ——稳定系数,取值小于1。

于是稳定条件可以写为:

$$\sigma=\frac{F_N}{A}\leqslant\varphi[\sigma] \tag{11-10}$$

或:

$$\frac{F_N}{\varphi A}\leqslant[\sigma] \tag{11-11}$$

式中:A——为横截面的毛面积。因为压杆的稳定性取决于整个杆的抗弯刚度,截面的局部削弱对整体刚度的影响甚微,因而不考虑面积的局部削弱。但强度计算是根据危险点的应力进行的,故必须对削弱了的截面进行强度校核,即:$\sigma=\dfrac{F}{A_n}\leqslant[\sigma]$式中,$A_R$是横截面的净面积。

《钢结构设计规范》(GB 50017—2003)根据工程中常用构件的截面形式、尺寸和加工条件等因素,把截面归结为a、b、c、d四类,本教材中仅列三类。表11-3～表11-8根据Q235分别给出a、b、c、d四类截面在不同的λ下的φ值,以供压杆设计时参考。

轴心受压构件的截面分类（板厚 $t<40\text{mm}$）　　　表 11-3

截面形式			x 轴	y 轴
轧制			a 类	a 类
轧制，$b/h\leqslant0.8$			a 类	b 类
轧制，$b/h>0.8$	焊接，翼缘为焰切边	焊接	b 类	b 类
轧制		轧制等边角钢		
轧制、焊接（板件宽厚比>20）	轧制或焊接			
焊接		轧制截面、翼缘为焰切边的焊接截面	b 类	c 类
格构式		焊接、板件边缘焰切		

298

截 面 形 式			x 轴	y 轴
焊接、翼缘为轧制或剪切边			b 类	c 类
焊接、板件边缘轧制或剪切	焊接(板件宽厚比≤20)		c 类	c 类

轴心受压构件的截面分类(板厚 $t \geqslant 40\text{mm}$)　　　表 11-4

截 面 形 式		对 x 轴	对 y 轴
轧制工字钢或 H 形截面	$t < 80\text{mm}$	b 类	c 类
轧制工字钢或 H 形截面	$t \geqslant 80\text{mm}$	c 类	d 类
焊接工字形截面	翼缘为焰切边	b 类	b 类
	翼缘为轧制或剪切边	c 类	d 类
焊接箱形截面	板件宽厚比>20	b 类	b 类
	板件宽厚比≤20	c 类	c 类

Q235 钢 a 类截面轴心受压构件稳定系数 φ 表 11-5

λ	0	1	2	3	4	5	6	7	8	9
0	1.000	1.000	1.000	1.000	0.999	0.999	0.998	0.998	0.997	0.996
10	0.995	0.994	0.993	0.992	0.991	0.989	0.988	0.986	0.985	0.983
20	0.981	0.979	0.977	0.976	0.974	0.972	0.970	0.968	0.966	0.964
30	0.963	0.961	0.959	0.957	0.955	0.952	0.950	0.948	0.946	0.944
40	0.941	0.939	0.937	0.934	0.932	0.929	0.927	0.924	0.924	0.919
50	0.916	0.913	0.910	0.907	0.904	0.900	0.897	0.894	0.890	0.886
60	0.883	0.879	0.875	0.871	0.867	0.863	0.858	0.854	0.849	0.844
70	0.839	0.834	0.829	0.824	0.818	0.813	0.807	0.801	0.795	0.789
80	0.783	0.776	0.770	0.763	0.757	0.750	0.743	0.736	0.728	0.721
90	0.714	0.706	0.699	0.691	0.684	0.676	0.668	0.661	0.653	0.645
100	0.638	0.630	0.622	0.615	0.607	0.600	0.592	0.585	0.577	0.570
110	0.563	0.555	0.548	0.541	0.534	0.527	0.520	0.514	0.507	0.500
120	0.494	0.488	0.481	0.475	0.469	0.463	0.457	0.451	0.445	0.440
130	0.434	0.429	0.423	0.418	0.412	0.407	0.402	0.397	0.392	0.387
140	0.383	0.378	0.373	0.369	0.364	0.360	0.356	0.351	0.347	0.343
150	0.339	0.335	0.331	0.327	0.323	0.320	0.316	0.312	0.309	0.305
160	0.302	0.298	0.295	0.292	0.289	0.285	0.282	0.279	0.276	0.273
170	0.270	0.267	0.264	0.262	0.259	0.256	0.253	0.251	0.248	0.246
180	0.243	0.241	0.238	0.236	0.233	0.231	0.229	0.226	0.224	0.222
190	0.220	0.218	0.215	0.213	0.211	0.209	0.207	0.205	0.203	0.201
200	0.199	0.198	0.196	0.194	0.192	0.190	0.189	0.187	0.185	0.183
210	0.182	0.180	0.179	0.177	0.175	0.174	0.172	0.171	0.169	0.168
220	0.166	0.165	0.164	0.162	0.161	0.159	0.158	0.157	0.155	0.154
230	0.153	0.152	0.150	0.149	0.148	0.147	0.146	0.144	0.143	0.142
240	0.141	0.140	0.139	0.138	0.136	0.135	0.134	0.133	0.132	0.131
250	0.130	—	—	—	—	—	—	—	—	—

Q235 钢 b 类截面轴心受压构件稳定系数 φ 表 11-6

λ	0	1	2	3	4	5	6	7	8	9
0	1.000	1.000	1.000	0.999	0.999	0.998	0.997	0.996	0.995	0.994
10	0.992	0.991	0.989	0.987	0.985	0.983	0.981	0.978	0.976	0.973

λ	0	1	2	3	4	5	6	7	8	9
20	0.970	0.967	0.963	0.960	0.957	0.953	0.950	0.946	0.943	0.939
30	0.936	0.932	0.929	0.925	0.922	0.918	0.914	0.910	0.906	0.903
40	0.899	0.895	0.891	0.887	0.882	0.878	0.874	0.870	0.865	0.861
50	0.856	0.852	0.847	0.842	0.838	0.833	0.828	0.823	0.818	0.813
60	0.807	0.802	0.797	0.791	0.786	0.780	0.774	0.769	0.763	0.757
70	0.751	0.745	0.739	0.732	0.726	0.720	0.714	0.707	0.701	0.694
80	0.688	0.681	0.675	0.668	0.661	0.655	0.648	0.641	0.635	0.628
90	0.621	0.614	0.608	0.601	0.594	0.588	0.581	0.575	0.568	0.561
100	0.555	0.549	0.542	0.536	0.529	0.523	0.517	0.511	0.505	0.499
110	0.493	0.487	0.481	0.475	0.470	0.464	0.458	0.456	0.447	0.442
120	0.437	0.432	0.426	0.421	0.416	0.411	0.406	0.402	0.397	0.392
130	0.387	0.383	0.378	0.374	0.370	0.365	0.361	0.357	0.353	0.349
140	0.345	0.341	0.337	0.333	0.329	0.326	0.322	0.318	0.315	0.311
150	0.308	0.304	0.301	0.298	0.295	0.291	0.288	0.285	0.282	0.279
160	0.276	0.273	0.270	0.267	0.265	0.262	0.259	0.256	0.254	0.251
170	0.249	0.246	0.244	0.241	0.239	0.236	0.234	0.232	0.229	0.227
180	0.225	0.223	0.220	0.218	0.216	0.214	0.212	0.210	0.208	0.206
190	0.204	0.202	0.200	0.198	0.197	0.195	0.193	0.191	0.190	0.188
200	0.186	0.184	0.183	0.181	0.180	0.178	0.176	0.175	0.173	0.172
210	0.170	0.169	0.167	0.166	0.165	0.163	0.162	0.160	0.159	0.158
220	0.156	0.155	0.154	0.153	0.151	0.150	0.149	0.148	0.146	0.145
230	0.144	0.143	0.142	0.141	0.140	0.138	0.137	0.136	0.135	0.134
240	0.133	0.132	0.131	0.130	0.129	0.128	0.127	0.126	0.125	0.124
250	0.123	—	—	—	—	—	—	—	—	—

Q235 钢 c 类截面轴心受压构件稳定系数 φ 表 11-7

λ	0	1	2	3	4	5	6	7	8	9
0	1.000	1.000	1.000	1.000	0.999	0.999	0.998	0.998	0.997	0.996
10	0.992	0.990	0.988	0.986	0.983	0.981	0.978	0.976	0.973	0.970
20	0.996	0.959	0.953	0.947	0.940	0.934	0.928	0.921	0.915	0.909
30	0.902	0.896	0.890	0.884	0.844	0.871	0.865	0.858	0.852	0.846

λ	0	1	2	3	4	5	6	7	8	9
40	0.839	0.833	0.826	0.820	0.814	0.807	0.801	0.794	0.788	0.781
50	0.775	0.768	0.762	0.755	0.748	0.742	0.725	0.729	0.722	0.715
60	0.709	0.702	0.695	0.689	0.682	0.676	0.669	0.662	0.656	0.649
70	0.643	0.636	0.629	0.623	0.616	0.610	0.604	0.597	0.591	0.584
80	0.578	0.572	0.566	0.559	0.553	0.547	0.541	0.535	0.529	0.523
90	0.517	0.511	0.505	0.500	0.494	0.488	0.483	0.477	0.472	0.467
100	0.463	0.458	0.454	0.449	0.445	0.441	0.436	0.432	0.428	0.423
110	0.419	0.415	0.411	0.407	0.403	0.399	0.395	0.391	0.387	0.383
120	0.379	0.375	0.371	0.367	0.364	0.360	0.356	0.353	0.349	0.346
130	0.342	0.339	0.335	0.332	0.328	0.325	0.322	0.319	0.315	0.312
140	0.309	0.306	0.303	0.300	0.297	0.294	0.291	0.288	0.285	0.282
150	0.280	0.277	0.274	0.271	0.269	0.266	0.264	0.261	0.258	0.256
160	0.254	0.251	0.249	0.246	0.244	0.242	0.239	0.237	0.235	0.233
170	0.230	0.228	0.226	0.224	0.222	0.220	0.218	0.216	0.214	0.212
180	0.210	0.208	0.206	0.205	0.203	0.201	0.199	0.197	0.196	0.194
190	0.192	0.190	0.189	0.187	0.186	0.184	0.182	0.181	0.179	0.178
200	0.176	0.175	0.173	0.172	0.170	0.169	0.168	0.166	0.165	0.163
210	0.162	0.161	0.159	0.158	0.157	0.156	0.154	0.153	0.152	0.151
220	0.150	0.148	0.147	0.146	0.145	0.144	0.143	0.142	0.140	0.139
230	0.138	0.137	0.136	0.135	0.134	0.133	0.132	0.131	0.130	0.129
240	0.128	0.127	0.126	0.125	0.124	0.124	0.123	0.122	0.121	0.120
250	0.118	—	—	—	—	—	—	—	—	—

Q235 钢 d 类截面轴心受压构件稳定系数 φ　　　　表 11-8

λ	0	1	2	3	4	5	6	7	8	9
0	1.000	1.000	0.999	0.999	0.998	0.996	0.994	0.992	0.990	0.987
10	0.984	0.981	0.978	0.974	0.969	0.965	0.960	0.955	0.949	0.944
20	0.937	0.927	0.918	0.909	0.900	0.891	0.0883	0.874	0.865	0.857
30	0.848	0.840	0.831	0.823	0.815	0.807	0.799	0.790	0.782	0.774
40	0.766	0.759	0.751	0.743	0.735	0.728	0.720	0.712	0.705	0.697
50	0.690	0.683	0.675	0.668	0.861	0.854	0.646	0.639	0.632	0.625

λ	0	1	2	3	4	5	6	7	8	9
60	0.618	0.612	0.605	0.598	0.591	0.585	0.578	0.572	0.565	0.559
70	0.552	0.546	0.540	0.534	0.528	0.522	0.516	0.510	0.504	0.498
80	0.493	0.487	0.481	0.475	0.470	0.465	0.460	0.454	0.449	0.444
90	0.439	0.434	0.429	0.424	0.419	0.414	0.410	0.405	0.401	0.397
100	0.394	0.390	0.387	0.383	0.380	0.376	0.373	0.370	0.366	0.363
110	0.359	0.356	0.353	0.350	0.346	0.343	0.340	0.337	0.334	0.331
120	0.328	0.325	0.322	0.319	0.316	0.313	0.310	0.307	0.304	0.301
130	0.299	0.296	0.293	0.290	0.288	0.285	0.282	0.280	0.277	0.275
140	0.272	0.270	0.267	0.265	0.262	0.260	0.258	0.255	0.253	0.251
150	0.248	0.246	0.244	0.242	0.240	0.237	0.235	0.233	0.231	0.229
160	0.227	0.225	0.223	0.221	0.219	0.217	0.215	0.213	0.212	0.210
170	0.208	0.206	0.204	0.203	0.201	0.199	0.197	0.196	0.194	0.192
180	0.191	0.189	0.188	0.186	0.184	0.183	0.181	0.180	0.178	0.177
190	0.176	0.174	0.173	0.171	0.170	0.168	0.167	0.166	0.164	0.163
200	0.162	—	—	—	—	—	—	—	—	—

对于木制压杆的稳定系数 φ 值,根据《木结构规范》(GB 50005—2003),按树种的强度等级分别给出了两组计算公式。

树种强度等级为 TC17、TC15 及 TB20:

当 λ≤75 时:

$$\varphi = \frac{1}{1 + \left(\dfrac{\lambda}{80}\right)^2}$$

当 λ>75 时:

$$\varphi = \frac{3000}{\lambda^2}$$

树种强度等级为 TC13、TC11、TB17、TB15、TB13 及 TB11:

当 λ≤91 时:

$$\varphi = \frac{1}{1 + \left(\dfrac{\lambda}{65}\right)^2}$$

当 λ>91 时:

$$\varphi = \frac{2800}{\lambda^2}$$

二 压杆稳定计算

与强度条件类似,应用稳定条件可以解决如下三种类型的问题:

①稳定校核。若已知压杆的材料、杆长、截面尺寸和杆端约束条件,可根据 $\lambda = \frac{\mu l}{i}$ 计算 λ,再根据稳定系数表或有关公式由 λ 求 φ,然后,代入公式(11-10)或(11-11)进行稳定性校核。

②设计截面。若已知压杆的材料、杆长和杆端约束条件,而需要选择压杆的截面尺寸时,由于压杆的柔度 λ 或稳定系数 φ 受到截面的大小和形状的影响,通常需要采用试算法。

③确定容许荷载。若已知压杆的材料、杆长、杆端约束条件、截面形状和尺寸,求压杆所能承受的容许压力值,利用公式(11-3),即已知 φ、$[\sigma]$、A,很容易就可以求得 $[F]$。

【例 11-3】 如图 11-12 所示,一两端铰支(球形铰)的矩形截面木杆,杆端作用轴向压力 F。已知 $l = 4.2\text{m}$,$F = 48\text{kN}$,木材的强度等级为 TC13,截面尺寸为 120mm×180mm,容许应力为 $[\sigma] = 10\text{MPa}$。试校核该压杆的稳定性。

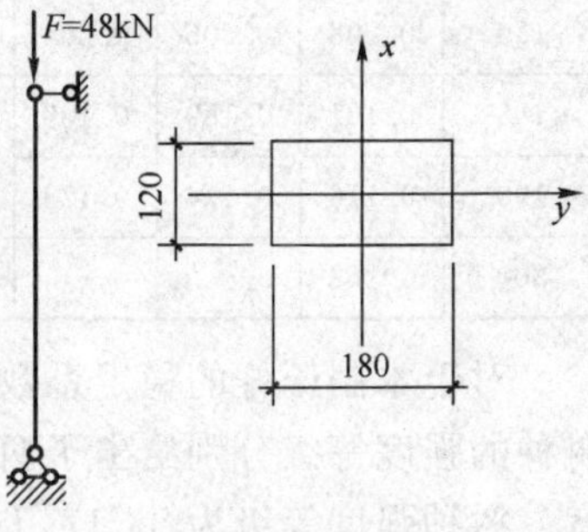

解:矩形截面的惯性半径为:

$$i = \sqrt{\frac{I_y}{A}} = \sqrt{\frac{\frac{b^3 h}{12}}{bh}} = \frac{b}{\sqrt{12}} = \frac{120}{\sqrt{12}} = 34.64\text{mm}$$

图 11-12

两端铰支时压杆的长度系数 $\mu = 1.0$,故:

$$\lambda = \frac{\mu l}{i} = \frac{1.0 \times 4.2 \times 10^3}{34.64} = 121.2$$

因为 $\lambda > 91$,所以:

$$\varphi = \frac{2800}{\lambda^2} = \frac{2800}{121.2^2} = 0.191$$

$$\sigma = \frac{F}{\varphi A} = \frac{48 \times 10^3}{0.191 \times 120 \times 180}$$

$$= 11.6\text{MPa} < [\sigma] = 10\text{MPa}$$

所以该压杆不满足稳定条件,不能安全工作。

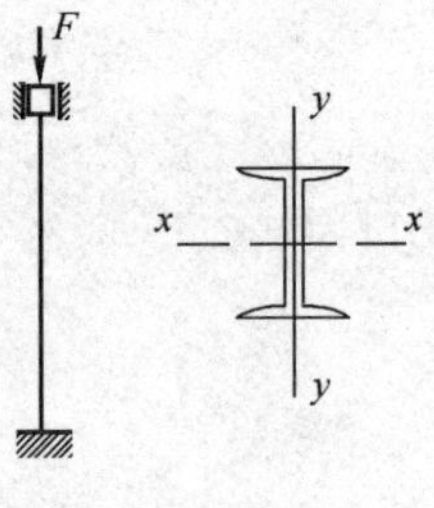

图 11-13

【例 11-4】 图 11-13 所示为一用 No20a 工字钢制成

的压杆,材料为 Q235 钢,$E=200\text{GPa}$,$\sigma_p=200\text{MPa}$,压杆的长度 $l=5\text{m}$。求此压杆的临界力。

解:(1)求压杆的柔度

由附录的型钢表查得:

$$i_x = 8.51\text{cm}$$

$$i_y = 2.12\text{cm},\ A = 35.5\text{cm}^2$$

压杆在 i 最小的纵向平面内柔度最大,临界力最小。因而,压杆若失稳一定发生在压杆柔度最大的纵向平面内。最大的柔度:

$$\lambda_{\max} = \frac{\mu l}{i_y} = \frac{0.5 \times 5}{2.12 \times 10^{-2}} = 117.9$$

(2)计算 λ_p

$$\lambda_p = \pi\sqrt{\frac{E}{\sigma_p}} = \pi\sqrt{\frac{200 \times 10^3}{200}} \approx 99.4$$

(3)求临界力

因为 $\lambda_{\max} > \lambda_p$,此压杆是细长杆,用欧拉公式计算临界应力:

$$\sigma_{cr} = \frac{\pi^2 E}{\lambda_{\max}^2} = \frac{\pi^2 \times 200 \times 10^9}{117.9} = 1.42 \times 10^8\text{Pa} = 142\text{MPa}$$

临界力:

$$F_{cr} = A\sigma_{cr} = (35.5 \times 10^{-4} \times 142 \times 10^6)\text{N} = 504.1\text{kN}$$

【例 11-5】 如图 11-14 所示,压杆为工字形钢,材料为 Q235 钢。已知 $l=4.2\text{m}$,$F=280\text{kN}$,材料的容许应力为 $[\sigma]=160\text{MPa}$。在立柱的中点 C 截面上因为构造需要开设一直径为 $d=40\text{mm}$ 的圆孔。试选择工字的钢型号。

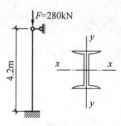

图　11-14

解:(1)按稳定条件设计截面

1)第一次试算。设 $\varphi_1 = 0.5$,由稳定条件公式算出压杆的横截面面积 A_1:

$$A_1 = \frac{F}{\varphi_1[\sigma]} = \frac{280 \times 10^3}{0.5 \times 160} = 3.5 \times 10^3\text{mm}^2 = 35\text{cm}^2$$

查型钢表,初选 20a 工字钢。$A'_1 = 35.5\text{cm}^2$,最小惯性矩 $i_{\min} = i_y = 2.12\text{cm}$,故压杆的柔度为:

$$\lambda_1 = \frac{\mu l}{i_y} = \frac{0.7 \times 4.2}{2.12 \times 10^{-2}} = 139$$

查稳定系数表 11-6 可知,稳定系数 $\varphi'_1 = 0.349$。此值与假设的 $\varphi_1 = 0.5$ 相差甚远,故需要进一步试算。

2)第二次试算。设 $\varphi_2 = \frac{1}{2}(\varphi_1 + \varphi'_1) = \frac{0.5+0.349}{2} = 0.425$，由稳定条件得：

$$A_2 = \frac{F}{\varphi_2[\sigma]} = \frac{280 \times 10^3}{0.425 \times 160} = 4.12 \times 10^3\,mm^2 = 41.2cm^2$$

查型钢表，选 25a 工字钢。$A'_1 = 48.5cm^2$，最小惯性矩 $i_{min} = i_y = 2.403cm$，故压杆的柔度为：

$$\lambda_1 = \frac{\mu l}{i_y} = \frac{0.7 \times 4.2}{2.403 \times 10^{-2}} = 122$$

查稳定系数表 11-6 可知，稳定系数 $\varphi'_1 = 0.426$。此值与假设的 $\varphi_1 = 0.425$ 相差甚微，故不再试算，选用 25a 工字钢。

3)稳定校核

$$\frac{F}{\varphi'_2 A'_2} = \frac{280 \times 10^3}{0.426 \times 48.5 \times 10^2} = 135.5MPa < [\sigma] = 160MPa$$

可见选用 25a 工字钢能满足稳定要求。

（2）强度校核

查型钢表，25a 工字钢的腹板厚度 $\delta = 8mm$，则

$$A_n = A'_2 - d\delta = 48.5 - 4 \times 0.8 = 45.3cm^2$$

工作应力为：

$$\sigma = \frac{F}{A_n} = \frac{280 \times 10^3}{45.3 \times 10^2} = 61.8MPa < [\sigma] = 160MPa$$

故满足强度条件。

第四节　提高压杆承载能力的措施

提高压杆的稳定性关键在于提高压杆的临界力或临界应力。影响临界应力的主要因素是柔度，当柔度 λ 减小时，则临界应力提高，而 $\lambda = \frac{\mu l}{i}$，所以提高压杆承载能力的措施主要是尽量减小压杆的长度、选用合理的截面形状，增加支承的刚性以及合理选用材料。现分述如下：

1.减小压杆的长度

从柔度计算公式 $\lambda = \dfrac{\mu l}{i}$ 可以看出,杆件的长度与柔度成正比。压杆的长度越小,则柔度 λ 越小,从而提高了压杆的临界载荷。减小压杆的长度是降低压杆的柔度、提高压杆稳定性的有效方法之一。在条件允许的情况下,应尽量使压杆的长度减小。工程中,为了减小柱子的长度,通常在柱子的中间设置一定形式的撑杆(如图 11-15),它们与其他构件连接在一起后,对柱子形成支点,限制了柱子的弯曲变形,起到减小柱长的作用。

2.选择合理的截面形状

压杆的承载能力取决于杆件的柔度,当压杆各个方向的约束条件相同时,使截面对两个形心主轴的惯性矩尽可能大,而且相等,是压杆合理截面的基本原则。因此,薄壁圆管[如图 11-16a)]、正方形薄壁箱形截面[如图 11-16b)]是理想截面,它们各个方向的惯性矩相同,且惯性矩比同等面积的实心杆大得多。但这种薄壁杆的壁厚不能过薄,否则会出现局部失稳现象。对于型钢截面(工字钢、槽钢、角钢等),由于它们的两个形心主轴惯性矩相差较大,为了提高这类型钢截面压杆的承载能力,工程实际中常用几个型钢,通过缀板组成一个组合截面,如图 11-16c)所示。并选用合适的距离 a,使 $I_x = I_y$,这样可大大的提高压杆的承载能力。但设计这种组合截面杆时,应注意控制两缀板之间的长度,以保证单个型钢的局部稳定性。

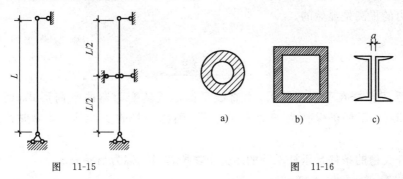

图　11-15　　　　　　　　　　　　　　图　11-16

当压杆的截面面积相同的情况下,增大最小的惯性矩 $I_{\min}$,从而达到增大惯性矩、减少柔度、提高压杆的临界应力的目的。如图 11-17 所示空心的环形截面比实心圆截面合理。

当压杆在两个相互垂直的平面内的支承条件不相同时,可采用 $I_x \neq I_y$ 的截面来与相应的支承条件配合,使压杆在两个相互垂直的平面内的柔度值相等,即 $\lambda_x = \lambda_y$。这样可以保证压杆在这两个方向上具有相同的稳定性。

3.增加支承的刚性

对于大柔度的细长杆,一端铰支另一端固定压杆的临界载荷比两端铰支的大一倍。因此,杆端越不易转动,杆端的刚性越大,长度系数就越小。图 11-18 所示压杆,若增大杆右端至推轴承的长度 a,就加强了约束的刚性。

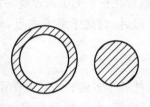

图　11-17　　　　　　　　　　　　　　图　11-18

4.合理选用材料

对于大柔度杆,临界应力与材料的弹性模量 E 成正比。因此钢压杆比铜、铸铁或铝制压杆的临界载荷高。但各种钢材的 E 基本相同,所以对大柔度杆选用优质钢材比低碳钢并无多大差别。对中柔度杆,由临界应力图可以看到,材料的屈服极限 σ_s 和比例极限 σ_p 越高,则临界应力就越大。这时选用优质钢材会提高压杆的承载能力。至于小柔度杆,本来就是强度问题,优质钢材的强度高,其承载能力的提高是显然的。

◀小　　结▶

1.受压直杆在受到干扰后,由直线平衡形式转变为弯曲平衡形式,而且干扰撤除后,压杆仍保持为弯曲平衡形式,则称压杆丧失稳定,简称失稳或屈曲。

压杆失稳的条件是压杆承受的压力 $F \geqslant F_{pcr}$。F_{pcr} 称为临界力。

2.压杆的临界力 $F_{pcr} = \sigma_{cr}A$,临界应力 σ_{cr} 的计算公式与压杆的柔度 $\lambda = \dfrac{\mu l}{i}$ 所处的范围有关。以三号钢的压杆为例:

$\lambda \geqslant \lambda_p$,称为大柔度杆:

$$\sigma_{cr} = \frac{\pi^2 E}{\lambda^2}$$

$\lambda_s \leqslant \lambda < \lambda_p$,称为中柔度杆:

$$\sigma_{cr} = a - b\lambda$$

$\lambda < \lambda_s$，称为小柔度杆：

$$\sigma_{cr} = \sigma_s$$

3.压杆的稳定计算有两种方法：

(1)安全系数法

$n = \dfrac{F_{pcr}}{A} \geqslant n_{st}$，$n_{st}$ 为稳定安全系数。

(2)稳定系数法

$\sigma = \dfrac{F}{A} \leqslant [\sigma]_{st} = \varphi[\sigma]$，$\varphi$ 为稳定系数。

4.根据 $\lambda = \dfrac{\mu l}{i}$，$i = \sqrt{\dfrac{I}{A}}$，$\lambda$ 愈大，则临界力(或临界应力)愈低。

则提高压杆承载能力的措施为：

(1)减小杆长；

(2)提高截面形心主轴惯性矩 I。且在各个方向的约束相同时，应使截面的两个形心主轴惯性矩相等；

(3)增强杆端约束；

(4)合理选用材料。

▶ **思 考 题** ◀

11-1　由于丧失稳定性与由于强度或刚度不足而使杆件不能工作,有什么本质的区别？试举例说明。

11-2　一根压杆的临界力与作用力(荷载)的大小有关吗？为什么？

11-3　今有两根材料、横截面尺寸及支承情况完全相同的长、短压杆,已知长压杆长度是短压杆长度的两倍。试问在什么条件下短压杆临界力是长压杆临界力的四倍？为什么？

11-4　两端具有不同约束条件的压杆,计算时应注意什么问题？在应用欧拉公式计算压杆临界力时,对于 I 的计算应注意什么？

11-5　什么叫长度系数？什么叫柔度？如何区别大、中、小柔度杆？

11-6　把一张纸竖立在桌上,其自重就足以使它弯曲。若把纸折成角形放置,其自重就不能使它弯曲了。若把纸卷成圆筒后竖放,甚至在顶端加上小砝码也不会弯曲。这是什么原因？

11-7　应力总图有什么意义？

11-8 中长杆的临界应力时,如果误用了细长杆的欧拉公式,后果如何? 计算细长杆的临界应力时,如果误用中长杆的经验公式,后果又如何?

11-9 有一圆截面细长杆件,试问:(1)杆长增加 1 倍;(2)直径 d 增加 1 倍时,临界应力各有何变化?

习 题

11-1 两端铰支的圆截面受压钢杆(Q235 钢),已知 $l=2\text{m}$,$d=0.05\text{m}$,材料的弹性模量 $E=20\text{GPa}$。试求该压杆的临界力。

11-2 如图所示压杆为工字形钢,已知其型号为 I18,杆长 $l=4\text{m}$、材料弹性模量 $E=200\text{GPa}$,试求该压杆的临界力。

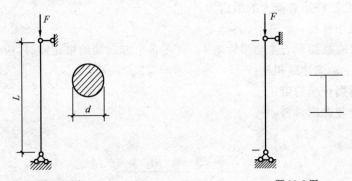

题 11-1 图　　　　　　　　　　　　题 11-2 图

11-3 如图所示为三个支承情况不同的圆截面压杆,已知各杆的直径及所用材料均相同,问哪个杆的临界力最大?

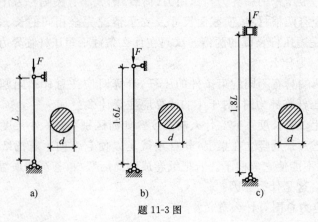

a)　　　　　　　　b)　　　　　　　　c)

题 11-3 图

11-4　对两端铰支、由 Q235 钢制成的圆杆,杆长应比直径大多少倍时才能用欧拉公式计算?

11-5　两端铰支的木柱,横截面为矩形,$b=120\text{mm}$,$h=200\text{mm}$,$l=4\text{m}$,木材的强度等级为 TC13,弹性模量 $E=10\text{GPa}$。试求该木杆的临界应力。(提示:若需要经验公式,可以用 $\sigma_{cr}=28.7-0.19\lambda$)

11-6　如图所示托架的斜撑 BC 为圆截面木杆,材料的强度等级为 TC13,容许应力为 $[\sigma]=10\text{MPa}$。试确定斜撑 BC 所需要的直径 d。

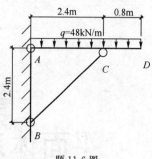

题 11-6 图

第十二章
平面体系的几何组成分析

【能力目标、知识目标与学习要求】

　　本章学习内容要求学生了解结构间杆件相互联系的基本要求，了解几何组成分析的过程。

　　本章从几何组成的角度来讨论平面体系。一个结构要能够承受各种可能的荷载，首先它的几何组成应当合理，它本身应当是几何稳定的，要能够使其几何形状不变。反之如果一个平面杆件体系本身为几何不稳定，不能使其几何形状保持不变，则它是不能承受任意荷载的。通过本章的学习，要求学生了解几何不变体系和几何可变体系的概念，几何可变体系不能用于建筑结构，建筑结构只能采用几何不变体系。熟悉自由度和约束的概念并能熟练地计算体系的自由度。能运用简单几何不变体系组成规则来判断一个体系是否可变，进而研究几何不变体系的组成规律。在平面体系的几何组成分析中，最基本的规律是三刚片规则。规则本身简单浅显，但规则的运用是变化无穷的，因此，学习本章时遇到的困难不在于学懂，而在于运用。

第一节　自由度和约束

几何可变体系和几何不变体系

　　平面上若干根杆件通过一定的方式联结而成的体系称为平面杆件体系。平面杆件体系在受到荷载的作用下会因材料受力而产生变形。一般情况下，这种变形是很微小的。在荷载作用下，不考虑材料本身的微小变形，体系的形状和位置是不能改变的,这样的体系称为几何不变体系。如图 12-1 所示的铰接三角形,在荷载的作用下,可以保持其几何形状和位置不变,可以作为建筑结构在工程上使用。但是如图 12-2a)所示的铰接四边形,在铰顶施加一个很小的力体系就会变成一个平行四边形。因此这种铰接四边形不能为建筑结构使用。如果在铰接四边形上加上一根斜杆,如图 12-2b)所示,那么在外力的作用下其几何形状和位置就不会改变了。因此,在荷载的作用下,不考虑材料本身的微小变形,体系的形状和位置都会发生变化,这样的体系称为几何可变体系。

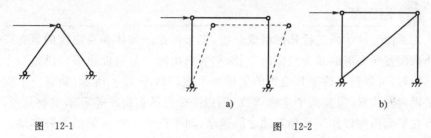

图 12-1   图 12-2

另外如图 12-3a)所示体系,两根杆件 AC、BC 由三个铰联结在一条直线上,在外力作用下会产生微小的位移。产生微小位移后,三个铰就不共线了,位移就不会继续产生了。那么,这种在原来位置上发生微小位移后不能再继续移动的体系称为瞬变体系。瞬变体系也不能用于建筑结构。这是因为瞬变体系承受荷载后,构件将产生很大的内力,内力值按 12-3c)受力图求得:

由 $F_x = 0$ 得:

$$F_1 = F_2$$

由 $F_y = 0$ 得:

$$2F_1 \sin\alpha = F$$

解得:

$$F_1 = F/2\sin\alpha$$

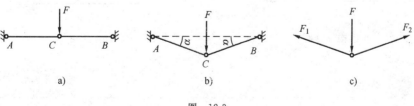

图   12-3

当位移 δ 很小时,α 也很小,此时杆件的内力 F_1 是很大的。当 $\alpha \to 0$ 时 $F_1 \to \infty$。由于瞬变体系杆件内产生了很大的内力,因此它也是不能作为结构在

工程上使用的。体系的上述区别是由于它们的几何组成不同。分析体系的几何组成,以确定它们属于哪一类体系,称为体系的几何组成分析。分析目的在于:①判别某一体系是否几何不变,从而决定它是否可以作为结构。②正确区分结构是静定的还是超静定的,并针对超静定结构的构成特点,选择相应的反力和内力计算方法。③研究几何不变体系的组成规则,从安全与经济的角度来保证所设计的结构能承受荷载而维持平衡。

 自由度

为了便于对体系进行几何组成分析,先来讨论平面体系自由度的概念。确定体系位置所必需的独立坐标的个数,称为自由度。自由度也可以说是一个体系运动时,可以独立改变其位置的坐标的个数。如图 12-4 所示,确定一个点 A 在平面内的位置,需要两个坐标 X、Y,所以一个点的自由度等于 2,也就是说,一个点在平面内可以作两种相互独立的运动,即平行于 x 和 y 轴的两种移动。在平面体系中,由于不考虑材料的应变,所以可以认为各构件没有变形。因此,可以把一根梁、一根链杆或在体系中已经肯定为几何不变的部分看作是一个平面刚体,简称刚片。如图 12-5 所示,一个刚片 AB 在平面内的位置,可由其上面任意一点 A 的坐标 X,Y 和通过 A 点的任一条直线 AB 与 x 轴倾角 α 来决定的。因此,一个刚片在平面内的自由度等于 3,即刚片在平面内不但可以自由移动,而且还可以自由转动。

314

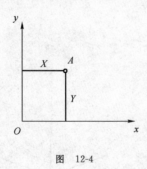

图 12-4

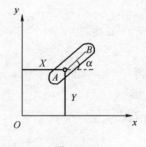

图 12-5

 约束

当对刚片加入某些约束装置时,它的自由度将会减少。凡能减少一个自由度的装置称为一个约束,减少若干自由度的装置,就相当于若干个约束。工程中常见的约束有以下几种:

1. 链杆约束

如图 12-6a)所示,两端用铰与某他物体相连的刚性杆 AC 称为链杆。刚片 AB 上增加一根链杆 AC 的约束后,刚片只能绕 A 转动和铰 A 绕 C 点转动。原来刚片有三个自由度,现在只有两个,因此,一根链杆可使刚片减少一个自由度,相当于一个约束。

2. 固定铰支座

如图 12-6b)所示固定铰支座 A,可阻止刚片 AB 上、下和左、右的移动,刚片 AB 只能绕 A 转动。因此,固定铰支座可使刚片减少两个自由度,相当于两个约束,亦即相当于两根链杆。

3. 固定端支座

如图 12-6c)所示固定端支座,不仅能阻止刚片 AB 上、下和左右移动,也阻止了其转动。因此,固定端支座可使刚片减少三个自由度,相当于三个约束。

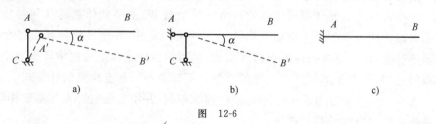

图　12-6

4. 单铰

凡连接两个刚片的铰称为单铰。如图 12-7a)所示,连接刚片 AB 和 AC 的铰 A 称为单铰。原来刚片 AB 和 AC 各有三个自由度,共计是六个自由度。用铰连接后,如果认为 AB 仍为三个自由度,则 AC 只能绕 AB 转动,亦即 AC 只有一个自由度,所以自由度减少为四个。因此,单铰可使自由度减少两个。也就是说,一个单铰相当于两个约束,或者说相当于两根链杆。

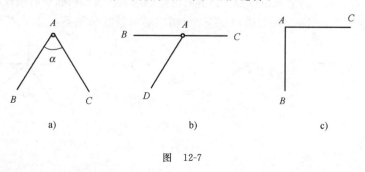

图　12-7

5. 复铰

如图 12-7b)所示，连接 3 个或 3 个以上刚片的铰，称为复铰。刚片 AB 和刚片 AD 用 1 个单铰相连，在此基础上再以 1 个单铰连接刚片 AC。这样连接 3 个刚片的复铰相当于 2 个单铰，以此类推，连接 n 个刚片的复铰相当 $(n-1)$ 个单铰，即相当于 $2(n-1)$ 个约束。

6. 刚性连接

如图 12-7c)所示，AB 与 AC 之间为刚性连接。原来刚片 AB 和 AC 各有三个自由度，共有六个自由度。刚性连接后，如果认为 AB 仍有三个自由度，AC 则既不能上、下和左右移动，亦不能转动，可见，刚性连接可使自由度减少三个。因此，刚性连接相当于三个约束。

四 体系自由度的计算

前面我们已经给大家介绍了自由度、约束、单铰、复铰等的概念，如果我们通过一定的计算公式能计算出体系的自由度的个数 W，对平面体系的几何组成分析是有很大的帮助的。体系是由构件加上约束组成的，首先设想体系中各个约束都不存在，计算出各构件的自由度总和，然后根据约束的组成规律计算出全部约束的总和，两者相减就是自由度的个数。下面介绍两种自由度的计算式。

通常一个体系是由若干个刚片彼此用铰相联，并用支座链杆再与基础相联。这种体系的自由度计算公式为：

$$W = 3m - (2h + r) \tag{12-1}$$

式中：m——刚片数；

h——单铰数；

r——支座链杆数。

这里应该注意，公式(12-1)中的 h 是单铰数，如果复铰的话则按汇交于该复铰处的刚片总数 n 减 1 折算成单铰数。折算时应正确判断该复铰所联系的刚片总数 n。

如图 12-8a)、b)、c)、d)四种情况，其相应的单铰数分别是 1、2、3、4。

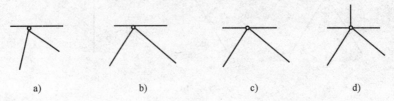

a)　　　　　　b)　　　　　　c)　　　　　　d)

图 12-8

如果平面体系没有支座链杆与基础相联,则该体系的整体在平面内有三个自由度。因此,得到判断体系内部结构自由度的公式为:

$$W = 3m - 2h - 3 \tag{12-2}$$

上式符号意义同式(12-1)。

如图 12-9 所示的体系中,杆件两端全部用铰联接起来,这样的体系称为铰接链杆体系。对于这种体系,每个结点有两个自由度,j 个结点共有 $2j$ 个自由度,一根链杆相当于一根约束,若体系共有 b 根链杆和 r 根支座链接,则$(b+r)$根连杆共减少$(b+r)$个自由度。因此,链接体系的自由度公式为:

$$W = 2j - (b + r) \tag{12-3}$$

式中:j——结点数;

$\quad\ b$——杆件数;

$\quad\ r$——支座链杆数。

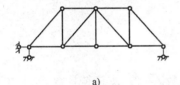 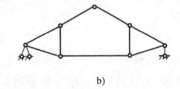

a)   b)

图　12-9

用上面(12-1)、(12-2)、(12-3)计算得到的体系的自由度 W,会出现以下三种情况:

1.若 $W > 0$,则体系缺少必要的约束,因此,体系是几何可变的。

2.若 $W = 0$,则体系具有成为几何不变体系所需要的最少约束数目。

3.若 $W < 0$,体系具有多余约束。

在这里,理论上讲自由度的个数 W 是不可能出现负值的,但由于公式的限制,可能出现是小于零的,就必须引入多余约束的概念。如果在一个体系中增加一个约束,体系的自由度并不减少,则这种约束称为多余约束。换句话说,多余约束对体系的自由度没有影响,体系存在多余约束就是指体系的约束数多于使体系成为几何不变体系所需的最少约束数目。

因此,几何不变体系必须满足 $W \leqslant 0$ 的条件,这是几何不变体系的必要条件。

【例 12-1】 计算图 12-9a)、b)所示体系的自由度。

解:(1)分析 12-9a)所示体系。

由式(12-1)计算 W。刚片数 $m=13$,单铰 $h=18$,由此得:

$$W = 3m - (2h + r) = 3 \times 13 - (2 \times 18 + 3) = 0$$

或由式(12-3)计算 W。结点数 $j=8$,杆件数 $b=13$,由此得 $W=2j-(b+c)=2\times8-(13+3)=0$,该体系自由度为零,满足几何不变体系的必要条件,故该体系可能是几何不变的。

(2)分析图 12-9b)所示体系。

由式(12-1)计算 W。刚片数 $m=9$,单铰数 $h=11$,由此得:

$$W=3m-(2h+r)=3\times9-(2\times11+4)=1$$

该体系自由度为1,故该体系是几何可变的。

【例 12-2】 计算图 12-10a)、b)所示体系的自由度。

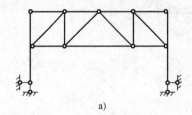
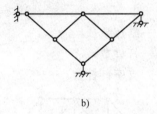

a)   b)

图 12-10

解:(1)分析图 12-10a)所示体系。

由式(12-1)计算。刚片数 $m=15$,单铰数 $h=21$,支座链杆数 $r=4$,由此得

$$W=3m-(2h+r)=3\times15-(2\times21+4)=0$$

即体系有一个多余约束。

(2)分析图 12-10b)所示体系。

由式(12-1)计算。刚片数 $m=8$,单铰数 $h=10$,支座链杆数 $r=3$,由此得:

$$W=3m-(2h+r)=3\times8-(2\times10+3)=+1$$

或由式(12-3)计算。结点 $j=6$,杆件数 $b=8$,支座链杆数 $r=3$,由此得:

$$W=2j-(b+r)=2\times6-(8+3)=+1$$

即体系是几何可变的。

五 静定结构和超静定结构

我们已经知道,能够用来作为结构的杆件体系,必须是几何不变的,而几何不变体系又可分为无多余约束的($W=0$)和有多余约束的($W<0$)。后者的约束数目除满足几何不变性要求外尚有多余。如图 12-11a)所示的简支梁就是无多余约束的几何变化体系,$W=3m-(2h+r)=3\times1-(2\times0+3)=0$。三根支座链杆对梁有三个支座反力。取梁 AB 为脱离体,可以建立三个相应的平衡方程 $\sum X=0$、$\sum Y=0$ 和 $\sum M=0$,以确定三个支座反力,并进一步由截面法确定任一

截面上的内力。我们就说,这根简支梁是静定结构。如图 12-11b)所示的连续梁是在简支梁的基础上加了一个链根支座,就成了具有一个多余约束的几何不变体系。四个支座链杆有四个约束反力。但取梁 AB 为脱离体所建立的平衡方程式仍然只有三个。除其中的水平反力能由 $\sum X=0$ 确定外,其余三个竖向反力由两个平衡方程是无法确定的,更无法进一步计算内力了。我们就说,这根连续梁是超静定结构。

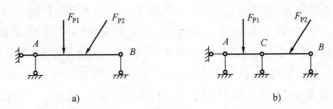

图 12-11

综上所述可知,平面杆系结构可分为静定结构和超静定结构。凡只需要利用静力平衡条件就能计算出结构的全部支座反力和杆件内力的结构称为静定结构。若结构的全部支座反力和杆件内力,不能只由静力平衡条件来确定的结构称为超静定结构。同时,无多余约束的几何不变体系是静定的,或者说静定结构的几何组成特征是几何不变且无多余约束的。有多余约束的几何不变体系是超静定结构,因此可以从结构的几何组成判定它是静定还是超静定的。

第二节　简单几何不变体系构成规则

通过前面自由度的计算我们已经知道,一个几何不变的体系必定满足 $W\leqslant 0$,但只满足 $W\leqslant 0$ 还不能肯定该体系就是几何不变的,因为体系即使具有足够的、甚至是多余的约束,但如果约束布置不当,联结方式不合理,体系仍可能是几何可变的。

如图 12-12a)、b)所示体系均满足 $W=3m-(2h+r)=3\times13-(2\times18+3)=0$。

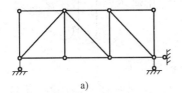
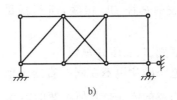

a)   b)

图 12-12

但是,图 12-12a)为几何不变体系,而图 12-12b)则为几何可变体系。由此可见,自由度 $W \leqslant 0$ 仅仅是几何不变体系的必要条件,而不是充分条件。因此,还需要进一步的研究其充分条件,即简单几何不变体系的构成规则。

规则一:两刚片规则

两个刚片用不全交于一点也不全平行的三根链杆相联结,则所组成的体系是几何不变的。或者两个刚片用一个铰和一根不通过此铰的链杆相联,则所组成的体系是几何不变的。如图 12-13a)所示,若刚片 I 和刚片 II 用两根不平行的链杆 AB 和 CD 联结。首先假设刚片 I 固定不动,刚片 II 将可绕 AB 和 CD 两杆延长线的交点 O 而转动;反之,若假设刚片 II 固定不动,则刚片 I 也将可绕 O 点而转动。O 点称为刚片 I 和 II 的相对转动瞬心。此情形就象把刚片 I 和 II 用单铰在 O 点联结。这进一步证实了两根链杆的作用相当于一个铰。不过现在这个铰的位置是在链杆的轴线延长线上,且其位置随链杆的转动而改变,与一般的铰不同,所以把这种铰称为虚铰。

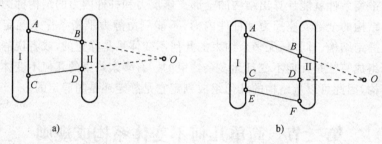

图 12-13

为了阻止刚片 I 和刚片 II 产生相对转动,还需加上一根链杆 EF[如图 12-13b)]。如果链杆 EF 的延长线不通过 O 点,它就能阻止刚片 I 和刚片 II 之间的转动。这时,所组成的体系是几何不变的。同理,由于两根链杆相当于一根单铰。如图 12-14 所示,两个刚片 I 和 II 用一个铰 A(实铰)和一根不通过此铰的链杆 BC 相联,所组成的体系也是几何不变的。

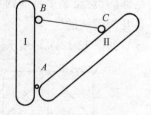

图 12-14

规则二:三刚片规则

三个刚片用不在同一直线上的三个铰两两相联,则所组成的体系是几何不变的。或者三个刚片用两链杆两两相联,各自所形成的虚铰不共线,则所组成的体系是几何不变的。

如图 12-15a)所示,刚片 Ⅰ、Ⅱ、Ⅲ 用不在同一直线上的 A、B、C 三个铰两两相连。若将刚片 Ⅰ 固定不动,则刚片 Ⅱ 将只能绕 A 点转动,其上 C 点必在半径为 AC 的圆弧上运动,而刚片 Ⅲ 则只能绕 B 点转动,其上 C 点又必在半径为 BC 的圆弧上运动。因 C 点不可能同时在两个不同的圆弧上运动,故知各刚片之间不可能发生相对运动,所以这样组成的体系是几何不变的。同理,如图 12-15b)所示,由于两根链杆的作用相当于一个铰,故可将任一个铰换为两根链杆所构成的虚铰,据此可知,该体系也是几何不变的。

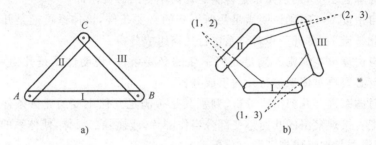

图　12-15

规则三:二元体规则

在一个几何不变体系上增加或拆除一个二元体,所得体系仍是几何不变体系。如图 12-16a)所示,在刚片 Ⅰ 上增加两根不在一条直线上的链杆 1、2 组成一个新的铰接点,这种由两根不在一条直线上的链杆联结一个新结点的构造称为二元体。由刚片 Ⅰ 和不在一条直线上的链杆 1、2 彼此铰接的新的几何不变体系称为铰结三角形。由三刚片规则可知铰结三角形是几何不变的。利用二元体规则可以简化分析某些体系,特别是桁架的几何组成分析。如图 12-16b)所示桁架可以看成是铰接三角形 ABC 依次增加二元体形成的,因此,整个体系是几何不变的。同理,也可以在整个体系上依次去掉二元体,由于所剩下的铰接三角形是几何不变的,因此,整个体系是几何不变的。

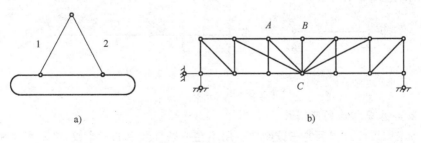

图　12-16

第三节　几何组成分析举例

几何组成分析的依据是上节所述的三个简单的组成规则。如果能够正确和灵活地运用这三个规则,便可以分析各种各样的体系。几何组成分析的一般步骤为:

①计算自由度,判别体系是否满足几何不变的必要条件。

若自由度 $w \leqslant 0$,则说明满足几何不变的必要条件,该体系可能是几何不变的。在此基础上,再进一步对体系进行几何组成分析。

若自由度 $w > 0$,则不满足几何不变的必要条件,说明体系是几何可变的。此时没有必要再对体系进行几何组成分析。

②对体系进行几何组成分析,判别其是否满足几何不变的充分条件。分析时宜先把直接观察出的几何不变部分当作刚片,或撤除二元体,使体系的组成简化,从而根据基本组成规则做出分析。

③根据分析结果得出具体结论。判断体系是几何不变体系还是几何可变体系。如果是几何不变体系还应该区分静定结构还是超静定结构,是几次超静定结构。如果是几何可变体系还应该区分常变体系还是瞬变体系。

下面首先给大家介绍几种几何组成分析过程中常用的可使问题简化的方法。

1. 与基础相连的一刚片

如图 12-17a)所示的简支梁。用不交于同一点的三根链杆 1、2、3,将刚片与基础相连,符合二刚片规则,构成几何不变体系,那么在对图 12-17b)所示的多跨静定梁进行分析的时候,可以将 ABC 梁段和基础一起看成是一扩大了的基础。在此基础上,依次用铰 C 和链杆 4 固定 CDE 梁,用铰 E 和链杆 5 固定 EF 梁。由于铰 C 与链杆 4 及铰 E 与链杆 5 均不共线,因此组成的多跨梁属几何不变体系,且无多余约束。

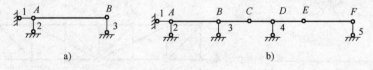

图　12-17

2. 与基础相连的两刚片

如图 12-18a)所示的三铰刚架。用不在一条直线上的三个铰,将两刚片和基础三者之间两两相连构成几何不变体系。那么,在对图 12-18b)所示的体系进行组成分析时,可以直观地判断 ABC 部分为几何不变的三铰刚架。可以将三铰刚架 ABC 与基础一起看成是一个扩大了的基础。在此基础上,继续增加二元体 DE 和 EF 及 HK 和 GK,共同组成几何不变体系,且无多余约束。

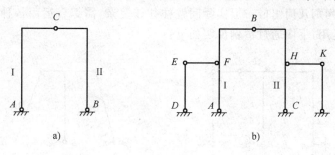

图 12-18

3.与基础相连的二元体

如图 12-19a)所示的三角桁架。用不在同一直线上的两链杆将一点 C 和基础相连,构成几何不变体系。那么,在对图 12-19b)所示的桁架进行组成分析时,可以直观判断 ABC 部分是由链杆1、2 固定 C 点而形成的几何不变体系。在此基础上,分别用链杆(3,4)、(5,6)、(7,8)组成二元体,依次固定 D、E、F 各点。由图可见,其中每对链杆均不共线,由此组成的桁架属几何不变体系,且无多余约束。

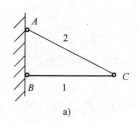
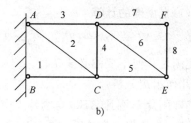

图 12-19

4.利用等效替换的方法

如图 12-20a)所示体系作几何组成分析时,可以将 T 形杆 BDE 看成为刚片 I。而折杆 AD 也是一个刚片,但其两端分别用两个铰 A、D 与基础和刚片 I 相连,其约束作用与通过 A、D 两铰的一根链杆完全等效,如图中虚线所示。因此,可用链杆 AD 来等效替换折杆 AD,如图 12-20b)所示,同理也可用链杆 CE 等效替换折杆 CE。这样该体系的几何组成就简单化了,由图 12-20b)可知,刚片 I 与基础用不交于同一点的三根链杆1、2、3 相连,组成了几何不变体系,且无多余约束。

通过以上讨论我们知道,在进行几何组成分析的时候,可以重复使用三个简单几何组成分析规则,在体系中找到一个简单的几何不变部分,如刚片或铰接三角形,然后按规则逐步组合扩大,最大扩大到整个体系;也可以在复杂的体系中,逐步撤销那些不影响几何不变的部分,如逐步撤销二元体,使分析对象得到简化,以便于判别几何组成。但实际问题往往较复杂,需综合运用各种方法,关键在于灵活运用,下面通过举例说明如下:

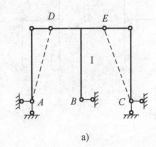 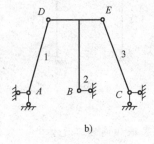

a)   b)

图 12-20

【例 12-3】 试对图 12-21 所示体系进行几何组成举例分析。

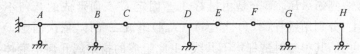

图 12-21

解:(1)自由度的计算

$$W = 3m - (2h + r) = 3 \times 4 - (2 \times 3 + 6) = 0$$

因此满足几何不变的必要条件,该体系可能是几何不变的。

(2)几何组成分析

设基础刚片 I,刚片 ABC 与刚片 I 用铰和不通过铰 A 的链杆 B 相连,符合两刚片规则,是几何不变体系,将 ABC 和刚片 I 看成为一扩大的刚片再与 CDE 刚片用铰 C 和不通过铰 C 的链杆 D 相连,又组成一扩大的几何不变体系,该扩大了的刚片与 FGH 刚片用 EF、G、H 三根链杆相连且三链杆不全平行也不汇交于一点,故满足二刚片规则。

(3)得出结论

该体系满足几何不变的充分条件,是一个无多余约束的几何不变体系,即静定结构。

【例 12-4】 试对图 12-22 所示体系进行进行几何组成分析。

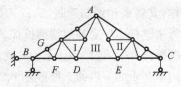

图 12-22

解:(1)自由度的计算

$$W = 2j - (b+r) = 2 \times 15 - (27+3) = 0$$

因此满足几何不变的必要条件,该体系可能是几何不变的。

(2)几何组成分析

在该体系中,ABD 是在一个基本铰接三角形 BFG 的基础上依次增加五个二元体所组成的,因此 ABD 是几何不变部分,可以把它看成刚片 I;同理,ACE 也是几何不变部分,可以把它看成刚片 II,同时把 DE 看成刚片 III,三个刚片两两分别用铰 A、D、E 相连,而且 A、D、E 不共线,满足三刚片规则。将 ABC 看成为是一个扩大了的刚片,基础看成为是另一个刚片,两个刚片不全汇交于一点且不全平行的三根链杆相连,满足二刚片规则。

(3)得出结论

该体系满足几何不变体系的充分条件,是一个无多余约束的几何不变体系,即静定结构。

【例 12-5】 试对图 12-23 所示体系进行几何组成分析。

解:(1)自由度的计算

$$W = 3m - (2h+r) = 3 \times 2 - (2 \times 1 + 4) = 0$$

因此满足几何不变的必要条件,该体系可能是几何不变,也可能是几何可变的。

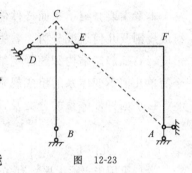

图 12-23

(2)几何组成分析

在该体系中,首先利用等效替换的方法将折杆 AFE 替换成链杆 AE,然后将 BDE 看成为刚片 I,基础看成刚片 II,两刚片用链杆 AE、链杆支座 BD 相连,但三链杆延长之后同时汇交于 C 点,不能满足二刚片规则的要求。

(3)得出结论

该体系不能满足几何不变体系的充分条件,是一个几何可变体系,而且是瞬变体系。

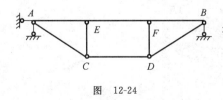

图 12-24

【例 12-6】 试对图 12-24 所示体系进行几何组成分析。

解:(1)自由度的计算

$$W = 3m - (2h+r)$$
$$= 3 \times 6 - (2 \times 8 + 3) = -1$$

因此满足几何不变的必要条件,该体系可能是不变的,而且有一个多余

约束。

(2)几何组成分析

在该体系中,可以把 AB 看成为刚片 I,基础看成为刚片 II,两个刚片用三根不汇交于一点的三链杆相连,满足二刚片规则,可以将其看成为一个扩大了的刚片,在这个扩大了的刚片上依次加上两个二元体 AC-EC 和 FD-BD,仍然是几何不变的,这时候该体系还有一链杆 CD 相连着,因此 CD 可以看成是多余约束。

(3)得出结论

该体系满足几何不变体系的充分条件,是有一个多余约束的几何不变体系。

◀ 小　　结 ▶

本章主要介绍了平面杆件体系的分类及其力学特征,简单几何不变体系的组成规则及几何组成分析。着重要求学生掌握几何不变体系、几何可变体系、自由度、约束、静定结构和超静定结构等概念,能熟练计算体系自由度,综合运用三个简单几何不变体系的组成规则进行几何组成分析。

1.平面杆件体系的分类及其力学特征

平面杆件体系
- 几何不变(可用于实际工程)
  - 无多余约束—静定结构,用静力平衡方程可求解内力和和反力,$W=0$
  - 有多余约束—静超定结构,用静力平衡方程再加上变形协调方程才能求解内力和反力,$W<0$
- 几何不变(不可用于实际工程)
  - 常变体系—体系不可能维持原来的形状和位置,$W>0$
  - 瞬变体系—某一瞬时会产生微小运动的体系,作为结构使用会产生无限大的内力,$W \leqslant 0$

2.自由度:确定体系位置所必须的独立坐标的个数,也可以说是一个体系运动时,可以独立改变其位置的坐标的个数。

约束:凡能减少一个自由度的装置称为一个约束。

自由度的计算公式:

$$W=3m-(2h+r)$$

$$W=2j-(b+r)$$

3.三个简单几何不变体系的组成规则:二刚片规则;三刚片规则;二元体

规则。

4.静定结构和超静定结构:凡只需要利用静力平衡条件就能计算出结构的全部支座反力和杆件内力的结构称为静定结构。反之是超静定结构。

◀ **思 考 题** ▶

12-1 举例说明为什么瞬变体系在作了微小运动后,不再继续运动,但仍不能用于工程结构?

12-2 对平面体系进行几何组成分析的目的是什么?

12-3 简要说明三个简单几何不变组成规则的限制条件,并解释原因。

12-4 简要回答平面杆件体系的分类及其力学特征。

习 题

12-1～12-12 试对图示体系进行几何组成分析。

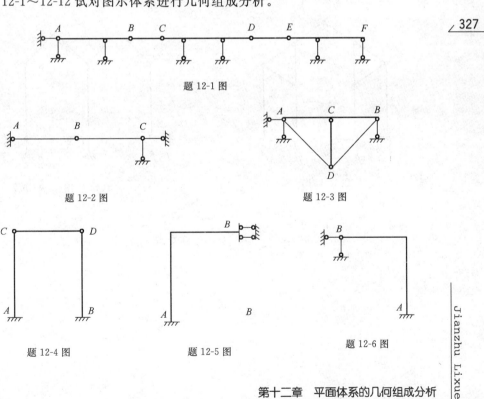

题 12-1 图

题 12-2 图

题 12-3 图

题 12-4 图

题 12-5 图

题 12-6 图

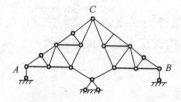

题 12-7 图

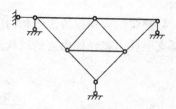

题 12-8 图

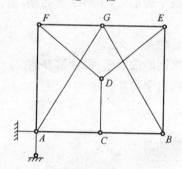

题 12-9 图

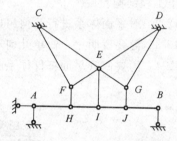

题 12-10 图

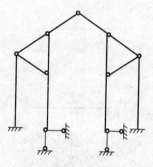

题 12-11 图

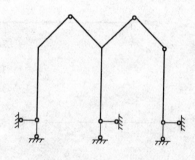

题 12-12 图

第十三章
静定结构内力分析

本章学习内容主要是帮助学生进一步熟悉静定结构内力图的作法。

静定结构是工程中常见的一种结构形式。同时静定结构的内力计算也是超静定结构内力计算的基础。前面第三章的第四节已经给大家介绍了静定平面桁架内力的计算方法,第七章的第二节着重介绍了单跨静定梁的内力计算方法。本章结合另外两种典型的静定结构的形式——多跨静定梁和静定平面刚架讨论其内力分析问题。通过本章的学习,要求学生能熟练地绘制多跨静定梁的内力图,灵活运用刚架的受力特性进行受力分析,帮助学生进一步熟练地掌握静定结构的支座反力和内力计算、内力图的绘制、受力性能的分析等,同时为后面各章超静定结构的内力计算打下坚实的基础。

第一节　多跨静定梁

简支梁、悬臂梁和外伸梁是静定梁中最简单的单跨梁,多用于跨度不大的情况。如门窗的过梁、楼板、屋面板、短跨的桥梁以及吊车梁等。在实际工程中如果想利用短梁跨越大跨度形成较为合理的结构形式,可以得到各种形式的静定多跨梁。将若干根短梁彼此用铰相连,并用若干支座与基础连接而组成的几何不变的静定结构称为多跨静定梁。如图 13-1a)图示,一木檩条的结构图。在檩条的接头处采用斜搭接的形式并用螺栓连接,这种接头可看作为铰结点。其计算简图如图 13-1b)所示,从图 13-1c)中可以清楚地看到梁各部分之间的依存关系和力的传递层次。因此,我们把这样的图形称为多跨梁的层次图。

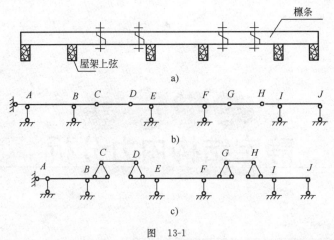

图　13-1

　　从几何组成来看,多跨静定梁可以分为基本部分和附属部分。由图 13-1c)
的层次图可知,多跨静定梁的 AB 部分,由三根不完全平行且不全汇交于一点的
支座链杆与基础相连,构成几何不变体系,称为基本部分;对于连续梁的 EF 和
IJ 部分,因它们在竖向荷载作用下,也可以独立地维持平衡,因此在竖向荷载作
用下,也可将它们当作基本部分;而 CD、GH 两根短梁支承在基本部分上,需要
依靠基本部分才能维持其几何不变性,故称为附属部分。

　　常见的多跨静定梁除了图 13-1b)所示的形式外,还有 13-2a)所示形式,它
的层次图如图 13-2b)所示。其中除左边第一跨为基本部分外,其余各跨均分别
为其左边部分的附属部分。

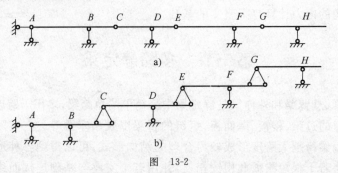

图　13-2

　　从几何组成来看,静定多跨梁是由几根短梁组成的,组成的次序是先固定基
本部分后固定附属部分;由层次图可知,多跨静定梁基本部分与附属部分荷载的
传递特点为:基本部分的荷载作用不影响附属部分,而附属部分的荷载作用则一
定通过支座传至基本部分。因此,多跨静定梁的计算顺序是:先计算附属部分,

然后把求出的附属部分的支座反力,反向加到基本部分上,视为基本部分的荷载,再进行基本部分计算。由此可见,只要分析出多跨静定梁的层次图,便可把多跨静定梁拆成为多个单跨梁,分别进行受力分析计算,从而避免解算联立方程,再将各单跨梁的内力图连在一起,就是多跨静定梁的内力图。弯矩和剪力的正负号规定,同单跨梁。绘制弯矩图时,一般习惯把弯矩画在纤维受拉一侧。

【例 13-1】 试作图 13-3a)所示多跨静定梁的内力图。

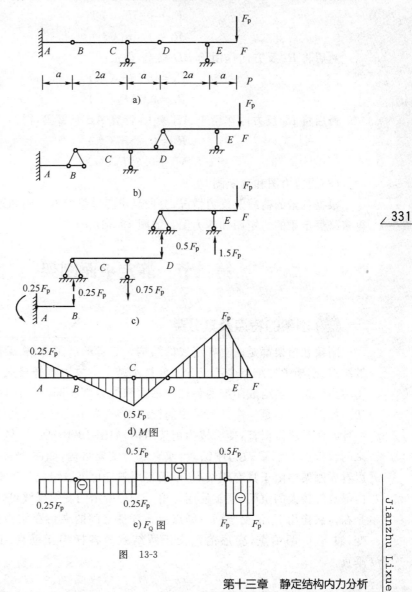

图　13-3

解:(1)绘层次图

该多跨静定梁的组成次序为先固定梁 AB,再固定梁 BD,最后固定梁 DF。由此得基本部分附属的依存关系,即层次图如图 13-3b)所示。

(2)计算各单跨梁的支座反力

根据层次图 b),将多跨静定梁拆成如图 c)所示的单跨静定梁进行计算。按照先附属部分,后基本部分的计算顺序,先从 DF 梁开始,得:

$$R_D = 0.5F_P(\downarrow)$$
$$R_E = 1.5F_P(\uparrow)$$

然后将 R_0 反方向作用于 BD 梁上,得:

$$R_B = 0.25F_P(\uparrow)$$
$$R_C = 0.75F_P(\downarrow)$$

最后将 R_B 反方向作用于 AB 梁上,计算 AB 悬臂梁,得:

$$R_A = 0.25F_P(\uparrow)$$
$$M_A = 0.25F_P(\cup)$$

(3)画剪力图和弯矩图

根据各梁的荷载及反力情况,分段画出各段梁的剪力图和矩图,连在一起即得多跨静定梁的弯矩图和剪力图。如图 13-3d)、e)。

第二节　静定平面刚架

刚架的特点及其分类

刚架和桁架都是由直杆组成的结构。二者的区别是:桁架的结点全部都是铰结点,刚架中的结点全部或者部分是刚结点。故由直杆组成具有刚结点的结构称为刚架。当组成刚架的各杆的轴力和外力都在同一平面内时,称为平面刚架。如图 13-4a)是一个几何可变的铰结体系,为了使它成为几何不变体系,其中一种办法是增设斜杆,使它成为桁架结构,如图 13-4b)所示,另一种方法是把原来的铰接点 B 和 C 改为刚结点,使它成为刚架结构,如图 13-4c)所示。由此可以看成刚架中由于具有刚结点,因而不用斜杆也可以组成几何不变体系,使结构内部具有较大的空间,便于使用。由 13-4c)所示的变形虚线可知,刚结点的特性是在荷载作用下,汇交于同一结点上各杆件之间的夹角在结构变形前后保持不变,如 B、C 两结点,变形前汇交于两结点的各杆相互垂直,变形后仍应相互垂直。

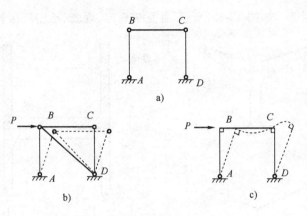

图　13-4

　　由此可知与铰接点相比,从变形角度来看,在刚结点处各杆件不能发生相对转动,因而各杆件间的夹角始终保持不变。从受力角度来看,刚结点可以承受和传递弯矩,因而在刚架中弯矩是主要的内力。图 13-5a)为一支承在立柱上的简支梁,图 13-5b)为与 13-5a)所示梁柱体系高度相同、跨度相同的刚架,二者在相同均布荷载作用下的弯矩如图所示。由于刚架结点能承担弯矩,故刚架横梁跨中弯矩的峰值得到削减且分布较均匀。通常刚架各杆均为直杆制作加工方便、整体性好、内力较均匀、杆件较少、内部空间较大,因此在工程上得到了广泛的应用。

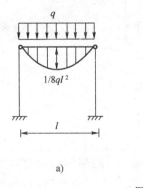

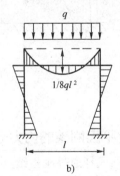

图　13-5

　　凡由静力平衡方程能确定全部反力和内力的平面刚架,称为静定平面刚架。静定平面刚架常见的形式有:

　　1.悬臂刚架。如图 13-6a)所示,常见于火车站台、雨蓬等。

　　2.简支刚架。如图 13-6b)所示,常见于渡槽及起重机的钢支架等。

3.三铰刚架。如图 13-6a)所示,常见于仓库、食堂、小型厂房等。

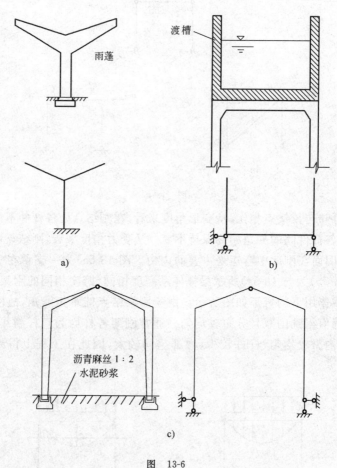

图　13-6

二 静定平面刚架的内力分析

刚架是由梁式杆通过刚性结点连结而成的,刚架的内力计算方法基本上与梁相同。梁在竖向荷载作用下杆截面内一般只有弯矩和剪力,而刚架的梁式杆的杆截面内则同时存在弯矩、剪力和轴力。在土建工程中,刚架的剪力和轴力正负号规定与梁相同,剪力以使所在杆段产生顺时针转动效果为正,反之为负;轴力仍以拉力为正,压力为负。剪力图和轴力图可绘在杆件的任何一侧,但必须注明正负号。弯矩图画在杆件受拉一侧,不标注正负号。

静定平面刚架内力分析时,一般先求出支座反力,然后取恰当的隔离体画受力图计算出各控制截面的内力,再在各控制截面画出竖线标注内力大小,根据荷载与内力之间的对应关系连线画出内力图。

三种常见的静定平面刚架形式中,悬臂刚架可先不求支座反力,直接从悬臂端开始依次截取至控制截面的杆段为脱离体,利用静力平衡条件求解控制截面内力。

简支式刚架可先取整体为研究对象,根据平衡条件求出支座反力,然后从支座开始依次截取至控制截面的杆端为脱离体,求出控制截面内力。

三铰刚架有四个未知支座反力,如取整体刚架为研究对象利用平衡条件只能求解两个竖向支座反力,需在此基础上再取半跨刚架为研究对象,对中间铰接点处列力矩平衡方程,即可求出水平支座反力。然后同样从支座开始依次截取至控制截面的杆端为脱离体,出求控制截面内力。

当刚架结构类似于多跨静定梁,是由基本部分与附属部分组成时,同样应遵循先附属部分后基本部分的计算顺序可求出各控制截面内力。

为了明确表示刚架各截面内力,特别是为了区别相交于同一刚结点的不同杆端截面的内力,在内力符号右下角引用两个脚标,其中,第一个脚标表示内力所属截面,第二个脚标是该截面所在杆的另一端。例如 M_{AB} 表示 AB 杆 A 端截面的弯矩,M_{BA} 表示 AB 杆 B 端截面的弯矩。

【例 13-2】 试作图 13-7 所示悬臂刚架的内力图。

解:该刚架是悬臂刚架,可以不必先求支座反力。

(1)画弯矩图。

逐杆分段取脱离体列平衡方程,用截面法计算各控制截面弯矩,作弯矩图如图 13-7e)所示。

CB 杆:

$M_{CB}=0$ $\sum M_B=0$ $M_{BC}=4\times 2=8kN\cdot m$(上侧受拉),如图13-7b)所示。

因 CB 杆中间无荷载,其弯矩图为斜直线。

BD 杆:

$M_{DB}=0$ $\sum M_B=0$ $M_{BD}=2\times 2\times 1=4kN\cdot m$(上侧受拉),如图 13-7c)所示。

因 BC 杆作用有均布荷载,其弯矩图为抛物线。

取结点 B:$\sum M_B=0$ $M_{BA}=8-4=4kN\cdot m$(右侧受拉),如图 13-7d)所示。

因 AB 杆无荷载,其弯矩图为直线。

(2)画剪力图。

逐杆分段取脱离体列平衡方程,用截面法计算各控制截面剪力,做出剪力图。如图 13-7f)所示。

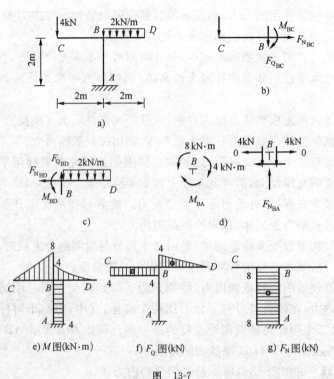

图 13-7

CB 杆：

$\sum Y = 0$ $F_{QBC} = -4$kN，如图 13-7c)所示。

因 CB 杆中间无荷载，其剪力图为平直线。

BD 杆：

$\sum Y = 0$ $F_{QBD} = 2 \times 2 = 4$kN，$F_{QDB} = 0$，如图 13-7c)所示。

因 CB 杆作用有均布荷载，其剪力图为斜直线。

取结点 B：

$F_{NBC} = F_{NBD} = 0$ $\sum X = 0$ $F_{QBA} = 0$，所以 $F_{QAB} = 0$，如图 13-7d)所示。

(3)画出轴力图，如图 13-7g)所示。

取结点

B：$\sum Y = 0$ $f_{NBA} = -(4+4) = -8$kN，如图 13-7d)所示。

(4)校核。

取 CBD 杆为脱离体画出受力图，如图 13-7e)、f)。

由图可得，$\sum X = 0$，$\sum Y = 0$，$\sum M = 0$，说明计算无误。

【例 13-3】 试作图 13-8 所示简支刚架的内力图。

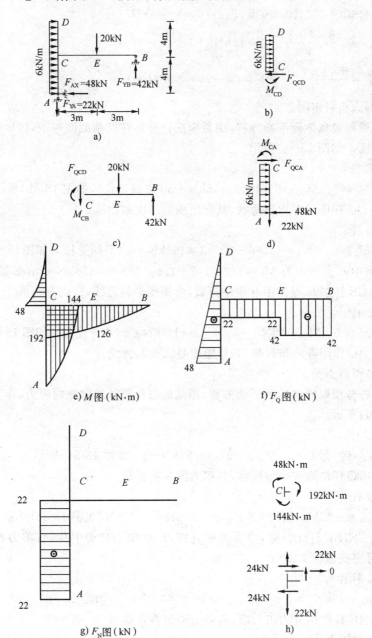

图 13-8

解:(1)求支座反力。取整个刚架为脱离体,如图 13-8a)所示。

由公式(2-21)、(2-22)得,$F_{XA}=6\times8=48\text{kN}(\leftarrow)$

$$Y_B=\frac{6\times8\times4+20\times3}{6}=42\text{kN}(\uparrow)$$

$$F_{YA}=\frac{6\times8\times4-20\times3}{6}=42-20=22\text{kN}(\downarrow)$$

(2)画出弯矩图。

逐段取脱离体列平衡方程,用截面法计算出各控制截面弯矩,然后用叠加法作弯矩图。如图 13-8e)所示。

DC 杆:

$\sum M_C=0$ $M_{CD}=6\times4\times2=48\text{kN·m}$(左侧受拉),如图 13-8b)所示。

因 *DC* 杆作用有均布荷载,其弯矩图为二次抛物线。

CB 杆:

$\sum M_C=0$ $M_{CB}=42\times6-20\times3=192\text{kN·m}$(下侧受拉),如图13-8c)所示。

CB 杆跨中 E 点弯矩为 $M_E=1/2\times192+1/4\times20\times6=126\text{kN·m}$(下侧受拉)。

因 *CB* 杆在 *E* 点作用有集中荷载,弯矩图是斜直线,*E* 点有转折。

AC 杆:

$\sum M_C=0$ $M_{CA}=48\times4-6\times4\times2=144\text{kN·m}$(右侧受拉),如图 13-8d)所示。

因 *AC* 作用有均布荷载,其弯矩图是二次抛物线。

(3)画剪力图。

逐杆分段取脱离体列平衡方程,用截面法计算各控制截面剪力,作剪力图如图 13-8f)所示。

DC 杆:

$F_{QDC}=0,\sum X=0$ $F_{QCD}=6\times4=24\text{kN·m}$,如图 13-8b)所示。

因 *DC* 杆作用有均布荷载,其剪力图为斜直线。

CB 杆:

$F_{QBE}=-42\text{kN},\sum Y=0,F_{QCB}=20-42=-22\text{kN}$,如图 13-8c)所示。

因 *CE*、*BE* 杆无荷载,剪力为平直线,*E* 点作用有集中荷载,剪力在此处有突变,且突变值为 20kN。

AC 杆:

$F_{QAC}=48\text{kN},\sum X=0,F_{QCA}=48-6\times4=24\text{kN}$,如图 13-8d)所示。

因 *AC* 杆作用有均布荷载,其剪力图为斜直线。

(4)画轴力图。

由图 13-8a)可知,$F_{NCD}=0,F_{NBC}=0,F_{NAC}=22\text{kN}$,*AC* 杆轴力图为平直线,

如图 13-8g)所示。

(5)校核。

取结点 C 为脱离体画受力图如图 13-8h)。

由图可得，$\sum X=0$，$\sum Y=0$，$\sum M=0$，说明计算无误。

【例 13-4】　试作图 13-9 所示三铰刚架的内力图。

解：(1)求支座反力，取整个刚架作脱离体，如图 13-9a)所示。

由 $\sum M_A=0$

$$F_{YB} \cdot 4-20 \times 2 \times 1=0$$

$$F_{YB}=10kN(\uparrow)$$

$$\sum Y=0 \quad F_{YA}=20 \times 2-10=30kN(\uparrow)$$

然后取半跨刚架 BEC 为脱离体，如图 13-9b)所示。

由 $\sum M_C=0$　$10 \times 2-F_{XB} \cdot 4=0$　$F_{XB}=5kN(\leftarrow)$

再由整个刚架受力图 $\sum X=0$　$F_{XA}=5kN(\rightarrow)$

(2)画弯矩图，逐杆分段取脱离体计算各控制截面弯矩，利用微分关系作弯矩图，如图 13-9g)所示。

DA 杆：

$\sum M_D=0$，$M_{DA}=5 \times 4=20kN \cdot m$(左侧受拉)，如图 13-9c)所示。

$M_{AD}=0$，因 DA 中间无荷载，DA 杆弯矩图为斜直线。

取结点 D：

根据刚结点平衡条件，$M_{DC}=M_{DA}=20kN \cdot m$(上侧受拉)。

$M_{CD}=0$，因 DC 作用有均布荷载，弯矩图为二次抛物线。

EB 杆：

$\sum M_E=0$，$M_{EB}=5 \times 4=20kN \cdot m$(右侧受拉)，如图 13-9d)所示。

$M_{BE}=0$，因 BE 杆中间无荷载，弯矩图为斜直线。

取结点 E：

根据刚结点平衡条件 $M_{EC}=M_{EB}=20kN \cdot m$(上侧受拉)。

$M_{CE}=0$，因 CE 中间无荷载，弯矩图为斜直线。

(3)画剪力图，逐杆分段取脱离体计算各控制截面剪力，利用微分关系作剪力图，如图 13-9h)所示。

DA 杆：

$\sum X=0$　$F_{QDA}=-5kN$，因 DA 中间无荷载，剪力图为平直线。如图13-9c)所示。

EB 杆：

$\sum X=0$　$F_{QEB}=5kN$，因 EB 中间无荷载，剪力图为平直线。如图 13-9d)所示。

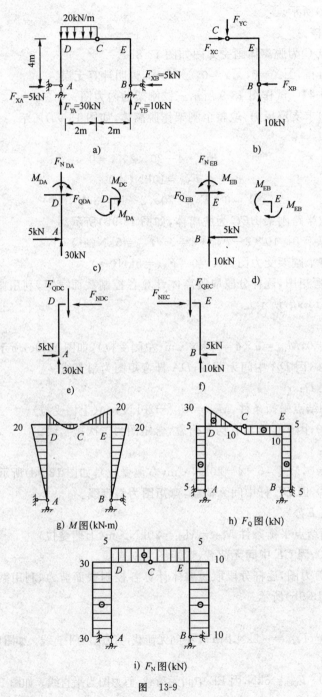

a)

b)

c)

d)

e)

f)

g) M 图 (kN·m)

h) F_Q 图 (kN)

i) F_N 图 (kN)

图 13-9

取如图 13-9e)所示脱离体，$\sum Y = 0$，$F_{QDC} = 30\text{kN}$，DC 作用有均布荷载，剪力图为斜直线。

同理，取如图 13-9f)所示脱离体，$\sum Y = 0$，$F_{QEC} = -10\text{kN}$，EC 中间无荷载，剪力图为平直线，C 结点处剪力图出现转折。

（4）画轴力图，由图 13-9c)、d)可知：

$F_{NDA} = -30\text{kN}$，$F_{NEB} = -10\text{kN}$，轴力图均为平直线。

由图 13-9e)、f)可知：

$$F_{NDE} = -5\text{kN}$$

◀ 小　　结 ▶

本章讨论静定结构的受力分析。基本方法是取恰当的脱离体，利用平衡条件求解内力的截面法。其要点是：选取恰当的脱离体，建立平衡条件，利用平衡条件求出支座反力和杆件内力。

受力分析和位移计算是静定结构分析的两个主要内容。静定结构受力分析是静定结构位移计算的基础，同时也是超静定结构分析的基础。因此，本章内容是建筑力学的一个十分重要的基础性内容，应当熟练掌握。

一、多跨静定梁

是使用短梁跨越大跨度的一种较合理的结构形式，解题的思路是先分析绘制出多跨静定梁的层次图，把多跨静定梁拆成多个单跨静定梁，按照依存关系依次计算各单跨静定梁的内力，然后将各内力图连成一体，便可得到多跨梁的内力图。关键在于层次图的准确绘制及单跨梁内力的熟练计算。

二、静定平面刚架

是由直杆组成的具有刚结点的结构，常见的静定平面刚架形式有悬臂梁、简支梁、三铰刚架。其主要优点有：由于有刚结点，内力分布较为均匀，可以充分发挥材料性能；刚结点处刚架杆数少、内部空间大，有利于使用；由于各杆件均为直杆，便于制作加工。刚架内力计算时应灵活地运用刚结点平衡条件，解题的基本思路是先求静定平面刚架的支座反力（悬臂刚架除外），然后将刚架逐杆拆开，由各杆件的平衡条件，计算出各控制截面的内力，最后利用微分关系、叠加法作内力图。

◀ 思 考 题 ▶

13-1 静定多跨梁当荷载作用在基本部分上时,对附属部分是否引起内力,为什么?

13-2 为什么说一般情况下,静定多跨梁弯矩比一系列相应的简支梁弯矩要小?

13-3 刚结点和铰接点的约束作用、变形情况及该处杆端内力有何不同?

13-4 刚架的某一刚结点上如果只连结两根杆件,且无外力偶作用,结点上两杆的弯矩有何关系? 如有外力偶作用,这种关系还存在吗? 为什么?

习 题

13-1 试作图示多跨静定梁的内力图。

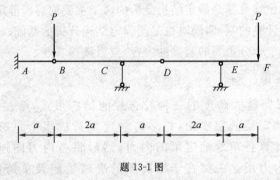

题 13-1 图

13-2 试作图示多跨静定梁的内力图。

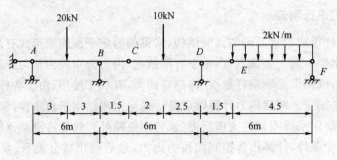

题 13-2 图

13-3 试检查下列 M 图的正误,并加以改正。

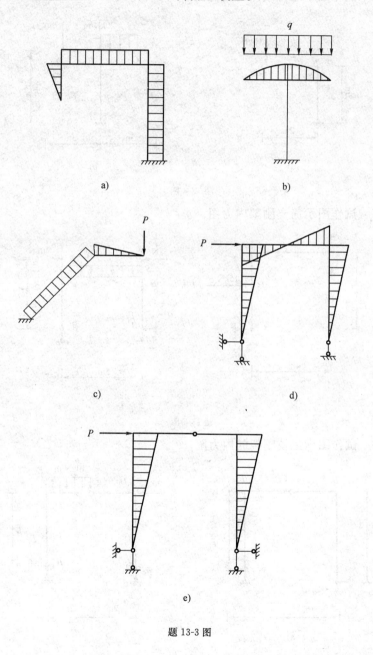

a)

b)

c)

d)

e)

题 13-3 图

13-4 试作图示悬臂刚架的内力图。

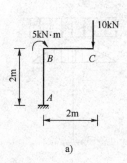

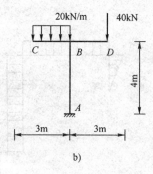

a)

b)

题 13-4 图

13-5 试作图示简支刚架内力图。

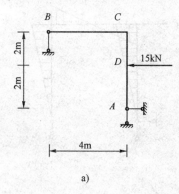

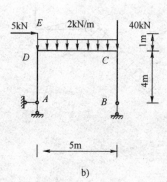

a)

b)

题 13-5 图

13-6 试作图示三铰刚架的内力图。

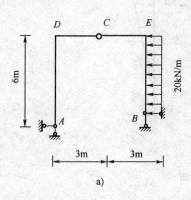

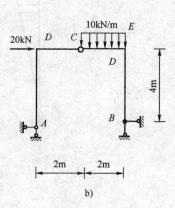

a)

b)

题 13-6 图

第十四章
静定结构的位移计算

本章学习内容要求学生了解实功、虚功、虚功原理等概念,熟悉杆件位移计算理论,熟练掌握图乘法求结构位移的方法。

第一节 虚功原理

概述

(一)结构位移的概念

结构在荷载作用、温度变化、支座移动、制造误差及材料收缩等因素影响下,将发生尺寸和形状的改变,这种改变称为变形。结构变形后,其上各点的位置会有变动,这种位置的变动称为位移。位移一般分为线位移和角位移两种,线位移是指结构上点的移动,角位移是指杆件横截面产生的转动。

图 14-1 所示悬臂刚架,在荷载作用下,变形曲线如图中虚线所示。C 点移动到 C' 点,则线段 $\overline{CC'}$ 称为 C 的线位移,用 ΔC 表示。也可将它分解为水平线位移 ΔC_x 和竖向线位移 ΔC_y 两个分量表示;同时截面 C 还转过了一个角度 θ_C,称为 C 截面的转角位移。另外,C、D 两点的竖向位移分量分别为 ΔC_y(向下)和 ΔD_y(向上),这两个指向相反的竖向位移之和就称为 C、D 两点的相对竖向位移 $\Delta CD_y = \Delta C_y + \Delta D_y$。

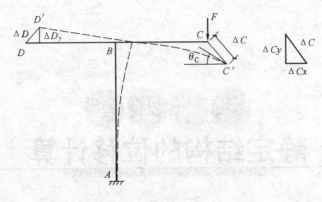

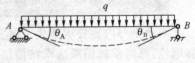

图 14-1

又如图 14-2 所示简支梁，在荷载作用下的变形如图中虚线所示。截面 A 的转角 θ_A（顺时针转向），截面 B 的转角 θ_B（逆时针转向），这两个截面转向相反的角位移之和就称为 A、B 两截面的相对角位移 $\theta_{AB} = \theta_A + \theta_B$。以上各种位移，无论是线位移还是角

图 14-2

位移，无论是相对线位移还是相对角位移，统称为广义位移。

（二）结构位移计算的目的

1.校核结构的刚度

在结构设计时，不仅要求结构满足强度条件，还必须要求结构具有足够的刚度，即保证结构在使用过程中不致发生过大的变形而影响结构的正常使用。在工程实际中结构的刚度大小是以其变形或位移来度量的。例如，建筑结构中楼面主梁的最大挠度≤跨度的 $\dfrac{1}{400}$；吊梁的最大挠度≤跨度的 $\dfrac{1}{600}$；桥梁建筑中钢桁梁的最大挠度≤跨度的 $\dfrac{1}{900}$ 等。

2.为分析超静定结构作准备

仅有静力平衡条件还不能完全确定超静定结构的内力，还必须考虑位移条件。因此，静定结构位移计算是超静定结构计算的基础。另外，结构的动力计算和稳定性计算也都要用到结构的位移计算。

3.结构在制作、施工中的位移计算

在某些结构的制作、施工架设等过程中，需要预先知道结构可能发生的位移，以便采取必要的防范和加固措施。例如图 14-3a)所示桁架，在荷载作用下其

下弦结点将产生虚线所示的竖向位移,为了避免产生这种显著的下垂现象,在制作时将下弦部分按"建筑起拱"的做法下料制作,如图 14-3b),则桁架承受荷载后,其下弦结点恰好落在水平位置上。确定"建筑起拱"必须要计算桁架在承受荷载后下弦结点的竖向位移,以便确定起拱的高度。

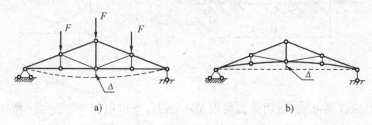

图 14-3

(三)结构位移计算的假定

在计算结构位移时,为了简化计算,常采用如下假定:

①材料服从胡克定律,即应力与应变成线性关系。

②结构的位移(或变形)是微小的。

满足上述条件的体系称为线弹性体系。显然,线弹性体系的位移与荷载成线性关系,故在计算结构位移时可以应用叠加原理。

二、功、实功和虚功

(一)功

功与力和位移两个因素有关,它等于物体上作用力和沿力的方向的相应位移的乘积。

如图 14-4a)中物体的位移为 Δ,力 F 作用线方向的位移分量为 $\Delta\cos\alpha$,所以,力 F 方向上的相应位移为 $\Delta'=\Delta\cos\alpha$,力 F 所做的功为:

$$W = F\Delta' = F\Delta\cos\alpha$$

即:力所做的功等于力 F 与延其方向上的线位移 Δ' 的乘积。

又如图 14-4b)所示一转盘,受力偶 $W=F \cdot D$ 作用,如果转盘在力偶作用的平面内,沿力偶转动方向产生了微小转角 $\mathrm{d}\theta$,按照功的定义,可以证明力偶所做的功为:

$$W = M \cdot \theta$$

即:力偶所做的功等于力偶矩 M 与角位移 θ 的乘积。

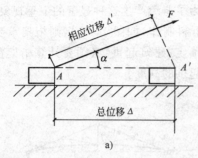

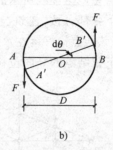

图 14-4

由上述各例可见,做功的力可以是一个力,也可以是一个力偶,有时甚至可能是一对力或一个力系。我们将力或力偶做功用一个统一的公式来表达:

$$W = F \cdot \Delta$$

式中 F 称为广义力,既可代表力,也可以代表力偶。Δ 称为广义位移,它与广义力相对应,即 F 为力时,Δ 代表线位移;F 为力偶时,Δ 代表角位移。

需要指出的是,在定义"功"时,我们对产生位移的原因并未给予任何限制。也就是说,位移可以是由于做功的力 F 产生的,也可以是由于其他原因产生的。

(二)实功

力的实功是指力在自身引起的位移上所做的功。即做功的位移是由做功的力产生的。

如图 14-5a)所示简支梁,受一静力荷载作用,所谓静力荷载是指将荷载慢慢由零逐渐增至最终值 F_{P1}。与此相应,F_1 作用点的位移也由零逐渐增至最终值为 Δ_{11}。(Δ_{ij} 的第一个脚标表示位移发生的位置和方向,即 Δ_{ij} 是 F_i 的作用点沿 F_i 的方向的位移;第二个脚标表示产生位移的原因,即 Δ_{ij} 是 F_j 引起的位移)。对于线弹性体系,荷载与位移成线性关系,如图 14-5b)所示。因此,在加载过程中 F_1 所做的功为实功 W_{11} 为:

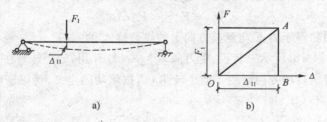

图 14-5

$$W_{11} = \frac{1}{2}F_1\Delta_{11}$$

即等于图 14-5b)中三角形 OAB 的面积。由于在位移过程中力 F_1 是变力，所以在功的计算式中有系数"$\frac{1}{2}$"，即取的是所施荷载的平均值。实功的值恒为正。

(三)虚功

如果位移与做功的力彼此独立无关，则说力在此位移上做了虚功。即力在其他原因产生的位移上做的功是虚功。如图 14-6a)，在 F_1 加完之后，梁变形到图中虚线 I 所示平衡位置，然后再加荷载 F_2（也是静力加载），梁又继续变形到图中虚线 II 所示的平衡位置。F_2 的作用点处由 F_2 产生的位移为 Δ_{22}，由于 F_2 在此位移过程中是改变的，所以 F_2 在 Δ_{22} 上所做的功为实功：

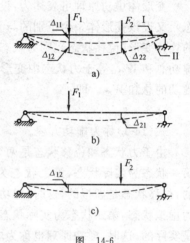

图　14-6

$$W_{22} = \frac{1}{2}F_2\Delta_{22}$$

由于加 F_2 过程中，F_1 作用点沿 F_1 方向又产生了新的位移 Δ_{12}（Δ_{12} 是 F_2 引起的 F_1 作用点的位移，与 F_1 无关），所以，F_1 在 F_2 产生的位移 Δ_{12} 上做的功为虚功：

$$W_{12} = F_1\Delta_{12}$$

由于作虚功时，力的值保持不变，是常力做功，故在虚功计算公式中没有系数"$\frac{1}{2}$"。当力与位移同向时，虚功的值为正，反向时为负。

为了清楚起见，今后在研究 F_1 在 F_2 产生的位移 Δ_{12} 上所做的虚功时，不画图 14-6a)的情况，而把作虚功的力 F_1 和位移 Δ_{12}（由 F_2 引起的位移）分别画在两个图上，并称为同一结构的两种状态：力状态图 14-6b)称为"状态 1"和位移状态图 14-6c)称为"状态 2"。将 F_1 在位移 Δ_{12} 上做的虚功称为"状态 2 的力在状态 2 的位移上所做的虚功"，$W_{12}=F_1\Delta_{12}$。同样状态 2 的力在状态 1 的位移上所做的虚功为 $W_{21}=F_2\Delta_{21}$。

所谓虚功并非不存在的意思，"虚"字强调做功过程中位移与力相互独立无关的特点。

应该指出，当其他因素引起的位移与力方向一致时虚功为正值，反之则为负

值。而实功由于力自身所引起的相应位移总是与力的作用方向相一致,故总为正值。

(四)变形体虚功原理

在荷载作用等因素影响下会产生变形的结构称为变形体。

变形体虚功原理可表述为:设变形体系在力系的作用下处于平衡状态(力状态),又设该变形体系由于别的与上述力系无关的原因发生符合约束条件的微小的连续变形(位移状态),则力状态的外力在位移状态的相应位移上所做的外力虚功总和 $W_{外}$,等于力状态中变形体的内力在位移状态的相应变形上所做内力虚功的总和 $W_{变}$。即:

$$W_{外} = W_{变} \tag{14-1}$$

式(14-1)称为虚功方程。

由于力状态和位移状态是两个彼此无关的状态。因此,在虚功方程中,若取第一状态为实际状态,第二状态为虚拟状态,那就相当于虚功中力状态是实际的,位移状态是虚拟的,这时,虚功原理也称为虚位移原理;反之,若取第一状态为虚拟状态,第二状态为实际状态,也就是虚功中的力状态是虚拟的,位移状态是实际的,这时,虚功原理也称为虚力原理。

计算结构位移时,需要用到的是虚力原理,即取结构的实际状态为位移状态,再根据所要求的未知位移虚设一个力状态,然后利用虚功方程来求出所要求的位移。虚拟的力状态与结构的实际状态毫无关系,完全可以按我们的需要而独立拟设,但它应该是一个平衡状态,其上作用的力系满足平衡条件。其具体的应用可采用单位荷载法,以下进行讨论。

第二节　结构的位移计算

 一 结构位移计算的一般公式

设图 14-7a)所示结构,由于某种因素(如荷载、支座移动、温度变化等)的作用,发生了如图中虚线所示的变形和位移,这一状态是结构的实际受力和变形状态,通常称为结构的实际状态(或位移状态)。现要求结构上任一截面沿任一指定方向上的位移,如 K 截面的水平位移 Δ_K。

为了建立虚功方程,求 K 截面的水平位移,需要另外建立一个虚拟的力状态,为此,在 K 点上作用一个水平的单位荷载 $F=1$,它应与 Δ_K 相对应,如图

14-7b)所示,此时在 A 支座产生的反力分别为 $\overline{R}_1$、$\overline{R}_2$。

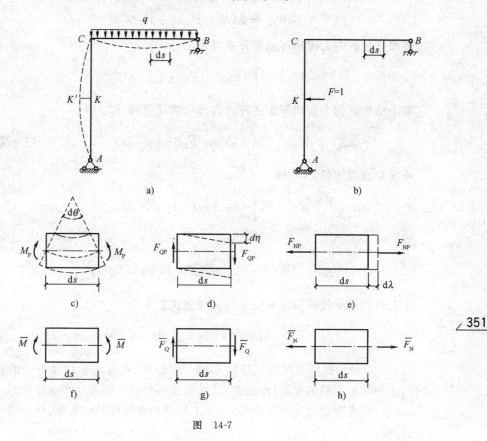

图　14-7

虚拟状态中的外力所做虚功为:

$$W_{外}=F \cdot \Delta_K+\overline{R}_1 \cdot c_1+\overline{R}_2 \cdot c_2=\Delta_K+\sum \overline{R} \cdot c$$

式中 $\sum \overline{R} \cdot c$ 表示虚力状态中的支座反力在实际位移状态中相应的支座位移上所做的虚功。

现在来计算虚拟状态中的内力所做的虚功 $W_{变}$。首先在图 14-7a)上取 ds 微段,其上由于实际荷载所产生的内力 M_P、F_{QP}、F_{NP} 作用下所引起的相应变形为 $d\theta$,$d\eta$,$d\lambda$,分别如图 14-7c)、d)、e)所示。

同样在图 14-7b)所示的虚拟状态中从结构的相应位置取微段 ds,该微段两端所受内力为 $\overline{M}$,$\overline{F}_Q$,$\overline{F}_N$,如图 14-7f)、g)、h)所示,其中已略去了内力的高阶微量。

微段上虚内力在实际变形上所做内力虚功为：

$$dW_{变} = \overline{M}d\theta + \overline{F}_Q d\eta + \overline{F}_N d\lambda$$

整根杆件的内力虚功可由积分求得为：

$$W_{变l} = \int_l (\overline{M}d\theta + \overline{F}_Q d\eta + \overline{F}_N d\lambda)$$

整个结构的内力虚功等于各杆内力虚功的代数和，即：

$$W_{变} = \sum \int_l (\overline{M}d\theta + \overline{F}_Q d\eta + \overline{F}_N d\lambda)$$

由虚功方程式(14-1)，得：

$$W_{外} = \sum \int_l (\overline{M}d\theta + \overline{F}_Q d\eta + \overline{F}_N d\lambda)$$

即：

$$\Delta_K + \sum \overline{R} \cdot c = \sum \int_l (\overline{M}d\theta + \overline{F}_Q d\eta + \overline{F}_N d\lambda)$$

于是得到用单位荷载法求位移的一般公式如下：

$$\Delta_K = \sum \int_l (\overline{M}d\theta + \overline{F}_Q d\eta + \overline{F}_N d\lambda) - \sum \overline{R} \cdot c \qquad (14\text{-}2)$$

式(14-2)是平面杆系结构位移计算的一般公式，可应用于计算不同的材料（弹性、非弹性）、不同的变形（弯曲变形、轴向变形和剪切变形）、产生变形的不同原因（荷载、温度改变和支座移动等）以及不同结构类型（刚架、桁架、组合结构和拱）的位移。

式(14-2)等号右边的四项乘积中，当虚拟力状态中的 $\overline{M}$、$\overline{F}_Q$、$\overline{F}_N$、$\overline{R}$ 与实际位移状态中的 $d\theta$、$d\eta$、$d\lambda$、c 的方向一致时，力与变形的乘积为正；反之为负。

由式(14-2)求得的位移 Δ_K 为正值时，说明位移 Δ_K 的方向与所设单位荷载的方向相同，为负值时则相反。

这种用虚设单位荷载产生的内力，在实际状态荷载所引起的位移上做虚功，而利用虚功原理计算结构位移的方法，称为单位荷载法。

单位荷载法不仅可用来计算结构某截面的线位移，而且可用来计算角位移或相对线位移、相对角位移等，只要虚拟状态中的单位力是与所求位移相对应的广义力即可。表 14-1 例举了求每一种位移时所应施加的单位力状态。

表 14-1

欲求广义位移	施加相应广义单位力
1. 欲求 C 点线位移 Δ_C	在 C 点处施加一个单位集中力 $F=1$
1) 欲求 C 点的水平线位移 Δ_{CH}	在 C 点处施加一个单位水平集中力 $F=1$
2) 欲求 C 点的竖向线位移 Δ_{CV} 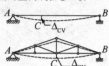	在 C 点处施加一个单位竖向集中力 $F=1$ 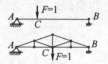
2. 欲求 A 截面角位移 θ_A 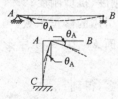	在 A 点处施加一个单位集中力偶 $M=1$ 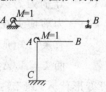
3. 欲求 A、B 两截面的相对角位移 θ_{AB} 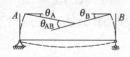	在 A、B 两截面处施加一对方向相反的单位力偶 $M=1$ 
4. 欲求 A、B 两点的相对线位移（即 A、B 两点间相互靠拢或拉开的距离）θ_{AB}	在 A、B 两点连线上施加一对方向相反的单位力 $F=1$ 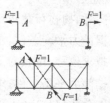

二 静定结构在荷载作用下的位移计算

(一)荷载作用下的位移计算公式

对于弹性结构,结构在荷载作用下产生内力,内力与相应的弹性变形之间的关系可由材料力学得到:

微段弯曲变形:

$$\mathrm{d}\theta = \frac{M_\mathrm{P}}{EI}\mathrm{d}s$$

微段轴向变形:

$$\mathrm{d}\lambda = \frac{F_\mathrm{NP}}{EA}\mathrm{d}s$$

微段剪切变形:

$$\mathrm{d}\mu = \frac{kF_\mathrm{QP}}{GA}\mathrm{d}s$$

式中: E、G——分别为材料的弹性模量和剪切模量;

A、I——分别为杆件截面面积和惯性矩;

EI、EA、GA——分别为为截面的抗弯刚度、抗拉刚度、抗剪刚度;

k——为剪应力在截面上分布不均匀而引用的修正系数,与截面形状有关。矩形截面 $k=1.2$,圆形截面 $k=10/9$,工字形和箱形截面 $k=A/A_1$(A_1 为腹板面积)。

将微段变形代入(14-2)式,并注意支座位移为零,得到:

$$\Delta_\mathrm{K} = \sum \int \frac{\overline{M}M_\mathrm{P}}{EI}\mathrm{d}s + \sum \int \frac{\overline{F}_\mathrm{N}F_\mathrm{NP}}{EA}\mathrm{d}s + \sum \int \frac{k\overline{F}_\mathrm{Q}F_\mathrm{QP}}{GA}\mathrm{d}s \tag{14-3}$$

(14-3)式是平面杆系结构在荷载作用下的位移计算公式。它适用于静定结构,也适用于超静定结构。

注意在(14-3)式中有两套内力:实际荷载作用下产生的内力 M_P、F_QP、F_NP,是产生位移的原因;虚拟的单位荷载产生的内力 $\overline{M}$、$\overline{F}_\mathrm{Q}$、$\overline{F}_\mathrm{N}$,是求位移的手段。两者正向规定必须一致。

平面杆系结构在荷载作用下的位移计算步骤为:

(1)根据静力平衡条件,求出实际荷载作用下结构的内力 M_P、F_QP、F_NP;

(2)沿拟求位移 Δ_K 的位置和方向加相应的广义单位荷载;

(3)根据静力平衡条件,求出单位荷载作用下结构的内力 $\overline{M}$、$\overline{F}_\mathrm{Q}$、$\overline{F}_\mathrm{N}$;

(4)代入公式(14-3),计算位移 Δ_K。

(二)各类结构的位移计算公式

在位移计算公式(14-3)式中,右边三项分别表示弯曲变形产生的位移、轴向变形产生的位移和剪切变形产生的位移。对于不同的结构这三种变形对位移的影响有很大的差别,在实际计算中,对不同类型的结构,常可进一步简化。

1.对于梁和刚架,弯曲变形对位移的影响是主要的,轴向变形和剪切变形对位移的影响很小,可略去不计。因此,(14-3)式可简化为:

$$\Delta_K = \sum \int \frac{\overline{M}M_P}{EI} \mathrm{d}s \tag{14-4}$$

2.对于桁架,各杆只有轴力,并且一般情况下在每根杆范围内轴力、截面面积及弹性模量是不变的。因此,(14-3)式可简化为:

$$\Delta_K = \sum \int \frac{\overline{F}_N F_{NP}}{EA} \mathrm{d}s = \sum \frac{\overline{F}_N F_{NP}}{EA} l \tag{14-5}$$

3.对于拱结构,主要考虑轴力和弯矩,剪力的影响可不计。因此,(14-3)式可简化为:

$$\Delta_K = \sum \int \frac{\overline{F}_N F_{NP}}{EA} \mathrm{d}s + \sum \int \frac{\overline{M}M_P}{EI} \mathrm{d}s \tag{14-6}$$

4.对于组合结构,梁式杆只考虑弯曲变形,链杆只考虑轴向变形。因此,(14-3)式可简化为:

$$\Delta_K = \sum \int \frac{\overline{F}_N F_{NP}}{EA} \mathrm{d}s + \sum \int \frac{\overline{M}M_P}{EI} \mathrm{d}s \tag{14-7}$$

【例 14-1】 试求图 14-8a)所示等截面简支梁中点 C 的竖向位移。各杆 EI 为常数。

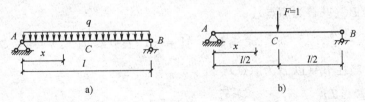

图 14-8

解: 在 C 点处施加一个竖向虚拟单位力 $F=1$,如图 14-8b)所示。分别列出实际荷载和单位荷载作用下的弯矩方程。设以 A 为坐标原点,则当 $0 \leqslant x \leqslant \frac{1}{2}$ 时,有:

$$\overline{M} = \frac{1}{2}x$$

$$M_P = \frac{q}{2}(lx - x^2)$$

因为梁对称，只需计算一半乘以 2 即可，由式(14-4)得：

$$\Delta_{CV} = 2\int_0^{\frac{l}{2}} \frac{\overline{M}M_P}{EI}dx$$

$$= 2\int_0^{\frac{l}{2}} \frac{1}{EI} \times \frac{x}{2} \times \frac{q}{2}(lx - x^2)dx$$

$$= \frac{q}{2EI}\int_0^{\frac{l}{2}}(lx^2 - x^3)dx = \frac{5ql^4}{384EI}(\downarrow)$$

计算结果为正，说明 C 点竖向位移的方向与虚拟单位力的方向相同，即向下。

【例 14-2】 求图 14-9a)所示悬臂刚架 C 截面的角位移 θ_C。刚架各杆的 EI 为常数。

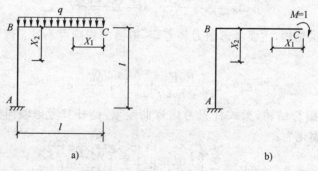

图 14-9

解：(1)取图 14-9b)所示虚力状态。

(2)实际荷载与单位荷载所引起的弯矩分别为(以内侧受拉为正)：

横梁 BC(以 C 为原点)：

$$M_P = -\frac{q}{2}x_1^2 \qquad 0 \leqslant x_1 \leqslant l \qquad \overline{M} = -1 \qquad 0 \leqslant x_1 \leqslant l$$

竖柱 BA(以 B 为原点)：

$$M_P = -\frac{q}{2}l^2 \qquad 0 \leqslant x_2 \leqslant l \qquad \overline{M} = -1 \qquad 0 \leqslant x_2 \leqslant l$$

(3)将 M_P，$\overline{M}$ 代入式(14-4)得：

$$\theta_C = \sum\int_l \frac{\overline{M}M_P}{EI}ds = \frac{1}{EI}\int_0^l\left(-\frac{q}{2}x_1^2\right)(-1)dx_1 + \frac{1}{EI}\int_0^l\left(-\frac{q}{2}l^2\right)(-1)dx_2$$

$$= \frac{ql^3}{6EI} + \frac{ql^3}{2EI} = \frac{2ql^3}{3EI}(顺时针)$$

计算结果为正，表示 C 截面转动的方向与虚拟单位力偶的方向相同，即顺时针转动。

【例 14-3】 试求图 14-10a)所示对称桁架结点 D 的竖向线位移 Δ_{DV}。图中括号内数值表示杆件的截面积,设 $E=21000\text{kN/cm}^2$。

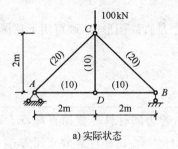
a) 实际状态

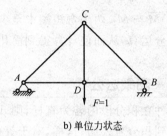
b) 单位力状态

图 14-10

解: 欲求 D 点的竖向线位移,在 D 点加一竖向单位力,如图 14-10b)所示。用结点法分别求出单位力状态下和实际状态下各杆轴力 $\overline{F}_N$、F_{NP},根据桁架位移计算公式(14-5),列成表格计算。详见表 14-2。

桁架位移计算 表 14-2

杆件	$l(\text{cm})$	$A(\text{cm}^2)$	$\overline{F}_N$	$F_{NP}(\text{kN})$	$\overline{F}_N F_{NP} l/A(\text{kN/cm})$
AC	283	20	-0.707	-70.71	707.5
BC	283	20	-0.707	-70.71	707.5
AD	200	10	0.5	50.0	500
BD	200	10	0.5	50.0	500
CD	200	10	1.0	0	0
					$\Sigma 2415.0$

由此可求得:

$$\Delta_{DV} = \sum \frac{\overline{F}_N F_{NP} l}{EA} = \frac{2415}{21000} = 0.115\text{cm}(\downarrow)$$

正号表示 D 点竖向线位移的实际方向与单位荷载的假设方向一致,即方向向下。

第三节 图 乘 法

计算梁和刚架等受弯结构的位移时,要计算以下的积分:

$$\Delta = \int \frac{\overline{M} M_P}{EI} \text{d}s$$

当荷载较复杂或杆件数目较多时,计算工作相当繁琐。但是,当组成结构各杆段符合下述条件:

(1)杆轴为直线;

(2)EI 为常数;

(3)$\overline{M}$ 与 M_P 两个弯矩图中至少有一个是直线图形时,则可用下述图乘法来代替积分运算,从而使计算得到简化。

一 图乘法公式

杆件在积分段内若为直杆,则 $ds = dx$;若为同材料等截面直杆,EI 为常数,可以提到积分号外面;这样,对于等截面直杆体系,位移计算公式变为:

$$\Delta = \int \frac{\overline{M} M_P}{EI} ds \xrightarrow{\text{直杆}} \Delta = \int \frac{\overline{M} M_P}{EI} dx \xrightarrow{\text{刚度 } EI = \text{常数}} \Delta = \frac{1}{EI} \int \overline{M} M_P dx \quad \text{(a)}$$

在梁和刚架的位移计算中,$\overline{M}$ 图在一根杆上或是在一段杆上常是一条直线图形,M_P 图则可以是任意图形如图 14-11 所示。以 $\overline{M}$ 图的直线延长线与基线(x 轴)的交点为坐标原点,其倾角为 α,则横坐标为 x 的截面上的 $\overline{M}$ 可以表示为:

$$\overline{M} = x \tan\alpha \quad \text{(b)}$$

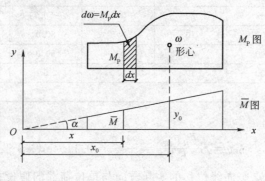

图 14-11

将式(b)代入(a),因为 $\tan\alpha$ 是常数,可提到积分外面,则积分式可化为:

$$\int \overline{M} M_P dx = \int x \tan\alpha M_P dx = \tan\alpha \int x M_P dx = \tan\alpha \int x d\omega \quad \text{(c)}$$

式中 $d\omega = M dx$ 表示 M_P 图中阴影部分微分面积,$x d\omega$ 表示该微分面积对 y 轴的静矩,则积分式 $x d\omega$ 表示该杆段上所有微分面积对 y 轴的静矩之和,即为整个 M_P 图总面积对 y 轴的静矩。根据合力矩定理,它应等于 M_P 图面积乘以

其形心到 y 轴的坐标 x_C，即 $\int x\mathrm{d}\omega = \omega \cdot x_C$ 把它代入(c)，有：

$$\int \overline{M} M_P \mathrm{d}x = \tan\alpha \int x\mathrm{d}\omega = \tan \cdot \omega \cdot x_C = \omega \cdot \tan\alpha \cdot x_C = \omega \cdot y_C \qquad (d)$$

式中 $y_C = \tan\alpha \cdot x_C$ 是 M_P 图的形心处对应于 $\overline{M}$ 图中的竖标。故最后得到图乘公式为：

$$\Delta = \int \frac{\overline{M} M_P}{EI}\mathrm{d}s = \frac{1}{EI}\omega \cdot y_C$$

由此可知，计算位移的积分就等于一个弯矩图的面积 ω 乘以其形心所对应的另一个直线弯矩图上的竖标 y_C，再除以 EI，于是积分运算转化为数值乘除运算，此法即称为图乘法。

若结构上所有杆段都符合图乘条件，则对上式求和即得计算杆系结构位移的图乘公式：

$$\Delta = \sum \int \frac{\overline{M} M_P}{EI}\mathrm{d}s = \sum \frac{1}{EI}\omega \cdot y_C \qquad (14\text{-}8)$$

应用图乘法求位移时应注意以下几个问题：

(1)图乘法的使用条件：杆段必须是直杆、EI 为常数、$\overline{M}$ 和 M_P 至少有一个为直线图形。

(2)竖标 y_C 必须取在直线弯矩图中，对应另一个图形的形心处。如果 $\overline{M}$ 和 M_P 图都是直线，则 y_C 可取自其中任一个图形。

(3)面积 ω 与竖标 y_C 在基线同侧时，乘积 ωy_C 为正，否则为负。

二 几种简单图形的面积及形心位置

图 14-12 给出了位移计算中几种常见的简单图形的面积公式和形心位置。需要指出，图中所示的抛物线均为标准抛物线，其顶点在中间或在端点。在顶点处的切线应与基线平行，即在顶点处剪力为零。

图乘法计算结构位移的解题步骤是：

(1)画出结构在实际荷载作用下的弯矩图 M_P；

(2)根据所求位移选定相应的虚拟状态，画出单位弯矩图 $\overline{M}$；

(3)计算一个弯矩图形的面积 ω 及其形心所对应的另一个弯矩图形的竖标 y_C；

(4)将 ω、y_C 代入图乘法公式计算所求位移。

【例 14-4】 试求图 14-13a)所示简支梁 A 端转角 θ_A。EI 为常数。

解：(1)作出实际荷载作用下的弯矩图 M_P，如图 14-13b)所示；

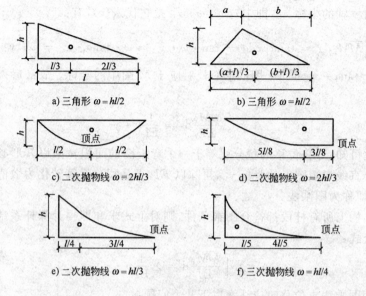

a) 三角形 $\omega = hl/2$ b) 三角形 $\omega = hl/2$

c) 二次抛物线 $\omega = 2hl/3$ d) 二次抛物线 $\omega = 2hl/3$

e) 二次抛物线 $\omega = hl/3$ f) 三次抛物线 $\omega = hl/4$

图 14-12

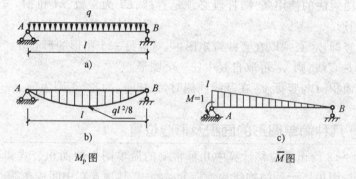

a)

b) c)

M_p 图 $\overline{M}$ 图

图 14-13

（2）在 A 端加一个单位力偶 $M=1$，其单位弯矩图 $\overline{M}$ 如图 14-13c）所示；

（3）M_p 图面积及其形心对应的 $\overline{M}$ 图竖标分别为：

$$\omega = \frac{2}{3} \times \frac{1}{8}ql^2 \times l = \frac{ql^2}{12} \qquad y_C = \frac{1}{2}$$

（4）计算 θ_A。

$$\theta_A = \frac{1}{EI}\omega \cdot y_C = \frac{1}{EI} \times \frac{ql^3}{12} \times \frac{1}{2} = \frac{ql^3}{24EI}(\curvearrowright)$$

计算结果为正，说明 A 端转角与虚拟单位力偶转向相同，即顺时针方向转向。

图乘计算中常用的两种处理方法

1. 图乘法的适用条件不满足时的处理方法(分段)

1)当为曲杆[图 14-14a)]或变截面杆时[图 14-14b)],必须用积分法求位移;

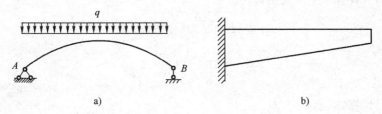

图 14-14

2)当结构各杆段的截面不相等时[图 14-15a)]或者某一根杆件的 $\overline{M}$ 图形为折线形时[图 14-15b)],均应分段图乘再叠加。$\Delta = \sum \dfrac{1}{EI_i} \omega_i y_i$。

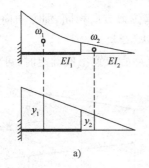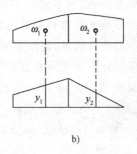

图 14-15

【**例 14-5**】 试求图 14-16a)所示简支梁中点挠度。EI 为常数。

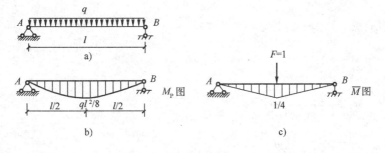

图 14-16

解:(1)作出实际荷载作用下的弯矩图 M_P,如图 14-16b)所示;

(2)在梁的中点处加一个单位力 $F=1$,其单位弯矩图 $\overline{M}$ 如图 14-16c)所示;

(3)计算 ω、y_C。由于 $\overline{M}$ 图是折线形,故应分段图乘再叠加。因两个弯矩图均对称,故计算一半取两倍即可。

$$\omega = \frac{2}{3} \times \frac{1}{8}ql^2 \times \frac{l}{2} = \frac{ql^2}{24}$$

$$y_C = \frac{5}{8} \times \frac{l}{4} = \frac{5}{32}l$$

(4)计算 Δ_{CV}。

$$\Delta_{CV} = \frac{1}{EI}\left(\frac{2}{3} \times \frac{ql^2}{8} \times \frac{l}{2}\right) \times \left(\frac{5}{8} \times \frac{l}{4}\right) \times 2$$

$$= \frac{5ql^4}{384EI}(\downarrow)$$

计算结果为正,说明 C 点位移与虚拟单位力方向相同,即方向向下。

2.复杂图形与直线形相乘时的处理方法(分块)

当图乘应用条件满足,而图形的面积或形心位置不便确定时,可将复杂图形分解为简单图形分别图乘再叠加。

1)梯形乘梯形(图 14-17),可以不求梯形的形心,而把一个梯形分成两个三角形(或一个矩形和一个三角形),分别与另一图形相乘,然后叠加。

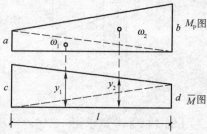

图 14-17

$$\Delta = \frac{1}{EI}\int \overline{M}M_P \mathrm{d}x = \frac{1}{EI}(\omega_1 y_1 + \omega_2 y_2)$$

其中:$\omega_1 = \frac{1}{2}al$

$$\omega_2 = \frac{1}{2}bl$$

$$y_1 = \frac{2}{3}c + \frac{1}{3}d$$

$$y_2 = \frac{1}{3}c + \frac{2}{3}d$$

将 ω_1、ω_2、y_1、y_1 代入式(d)得:

$$\Delta = \frac{1}{EI}\int \overline{M}M_{\mathrm P}\mathrm dx = \frac{1}{EI}(\omega_1 y_1 + \omega_2 y_2)$$

$$= \frac{1}{EI}\left\{\frac{al}{2}\times\left(\frac{2c}{3}+\frac{d}{3}\right)+\frac{bl}{2}\left(\frac{c}{3}+\frac{2d}{3}\right)\right\}$$

$$= \frac{l}{6EI}(2ac + 2bd + ad + bc) \tag{14-9}$$

上式括号中的四项可以理解成:两个梯形同端竖标乘积的二倍,再加异端竖标相成。并且规定基线一侧竖标为正,另一侧竖标为负。任何直线形与直线形相乘都可用这个公式计算。

例如:图 14-18a)所示两个图形相乘结果为:

$$\int \overline{M}M_{\mathrm P}\mathrm dx = \frac{9}{6}(2\times3\times4+2\times6\times2+3\times2+6\times4)=117$$

图 14-18b)所示两个图形相乘结果为(取基线以上竖标为正,以下竖标为负):

$$\int \overline{M}M_{\mathrm P}\mathrm dx = \frac{9}{6}[2\times3\times(-4)+2\times(-6)\times2+3\times2+(-6)\times(-4)]$$

$$=-27$$

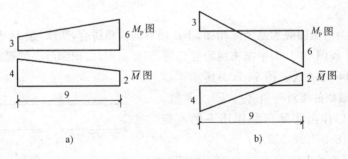

图 14-18

2) 非标准抛物线乘直线形。图 14-19a)所示为某杆段在均布荷载作用下的弯矩图。由绘制直杆弯矩图的叠加法知道,它是由两端弯矩竖标 a、b 所连的直线图形和简支梁在均布荷载作用下的抛物线弯矩图叠加而成。因此可将图 14-19a)所示弯矩图分解为直线形 14-19c)和标准抛物线 14-19d)两个图形,分别与图 14-19b)相图乘[图 14-19c)与图 14-19b)的图乘运算可以用公式(14-9)计算],再将图乘结果叠加,就得到图 14-19a)与图 14-19b)的图乘结果,即:

$$\Delta = \frac{1}{EI}\int \overline{M}M_{\mathrm P}\mathrm dx$$

$$= \frac{1}{EI}\left[\frac{l}{6}(2ac+2bd+ad+bc)+\frac{2}{3}hl\times\frac{c+d}{2}\right] \tag{14-10}$$

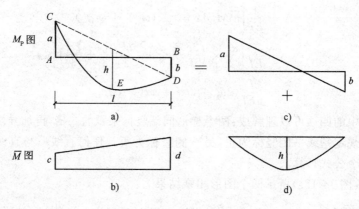

M_P 图

$\overline{M}$ 图

图 14-19

需要注意的是：

①具体计算是不必绘出图 14-19c)和图 14-19d)，而直接在图 14-19a)上分解。将 CD 连一条虚线，把原图形分解为直线图形 CABD（基线是 AB）、抛物线图形 CED（基线是虚线 CD）。在式(14-10)中，取基线一侧竖标为正，另一侧竖标则取为负。

②因为弯矩图叠加是竖标相加，不是图形的简单拼合，所以，图 14-19a)中的抛物线 CED 和图 14-19d)中抛物线跨度相同、竖标相同，面积和形心位置也相同。

【例 14-6】 试求图 14-20a)所示梁铰 C 左右两截面的相对转角 θ_{CC}。EI 为常数。

解：(1)作出实际荷载作用下的弯矩图 M_P，如图 14-20b)所示；

(2)因为是求铰 C 左右两截面的相对转角，所以虚拟的力状态应在铰 C 左右两截面加一对反向的单位力偶，作出虚拟的单位弯矩图 $\overline{M}$ 如图 14-20c)所示；

(3)计算 ω、y_C。由于 M_P 是折线（一段斜直线，一段零线），故取 M_P 图计算面积，在 $\overline{M}$ 图上取竖标。

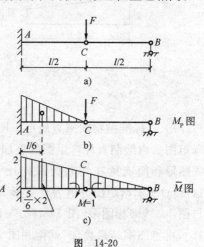

图 14-20

$$\omega = \frac{1}{2} \times \frac{l}{2} \times \frac{Fl}{2} = \frac{Fl^2}{8}$$

$$y_C = \frac{5}{6} \times 2 = \frac{5}{3}$$

(4）计算 θ_{CC}。

$$\theta_{CC} = \frac{1}{EI}\left(\frac{Fl^2}{8} \times \frac{5}{3}\right) = \frac{5Fl^2}{24EI}(\smallsmile)(\smallsmile)$$

【例 14-7】 试求图 14-21a）所示悬臂梁 B 截面的竖向位移 Δ_{BV}。EI 为常数。

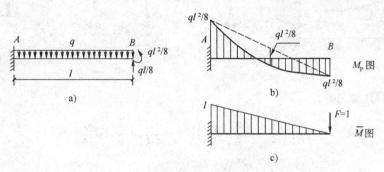

图　14-21

解:（1）作出实际荷载作用下的弯矩图，如图 14-21b）所示；

（2）在 B 点加一个单位力 $F=1$，其单位弯矩图如图 14-21c）所示；

（3）将 M_P 分解成直线形和标准抛物线，分别与 $\overline{M}$ 图相乘，利用公式（14-10）365即可求得所求位移。

（4）计算 Δ_{BV}。

$$\Delta_{BV} = \frac{1}{EI}\frac{l}{6}\left[2 \times \frac{ql^2}{4} \times l + 2 \times \left(-\frac{ql^2}{8}\right) \times 0 + \frac{ql^2}{4} \times 0 + \left(-\frac{ql^2}{8}\right) \times l\right]$$

$$- \frac{1}{EI}\left(\frac{2}{3} \times \frac{ql^2}{8} \times l \times 0.5l\right)$$

$$= \frac{ql^4}{48EI}(\downarrow)$$

计算结果为正，说明 B 点位移与虚拟单位力方向相同，即方向向下。

【例 14-8】 试求图 14-22a）所示刚架 B 处水平位移 Δ_{BH}。

解:（1）作出实际荷载作用下的弯矩图 M_P，如图 14-22b）所示；

（2）在 B 点加一个水平的单位力 $F=1$，其单位弯矩图 $\overline{M}$ 如图 14-22c）所示；

（3）逐杆进行图乘然后相加。在 M_P 中 BD 杆无弯矩，图乘结果为零。CD 杆上两个弯矩图都是直线形，图乘时竖标可取在任一图形中，现取在 $\overline{M}$ 中。AC 杆上 M_P 不是标准抛物线，将其分解为一个三角形和一个标准抛物线，分别与 $\overline{M}$ 图相乘。

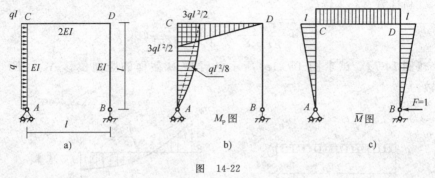

图 14-22

（4）计算 Δ_{BH}。

$$\Delta_{BH} = -\frac{1}{2EI}\left(\frac{1}{2}\times\frac{3ql^2}{2}\times l\right)\times l - \frac{1}{EI}\left[\left(\frac{1}{2}\times\frac{3ql^2}{2}\times l\right)\times\frac{2l}{3}\right.$$

$$\left. + \left(\frac{2}{3}\times l\times\frac{ql^2}{8}\right)\times\frac{l}{2}\right]$$

$$= -\frac{11ql^4}{12EI}(\rightarrow)$$

结果为负值，表明实际位移方向与所设单位荷载方向的指向相反，即向右。

【14-9】 试求图 14-23a)所示刚架 A、B 两点的相对水平位移 Δ_{AB}。各杆 EI 相同。

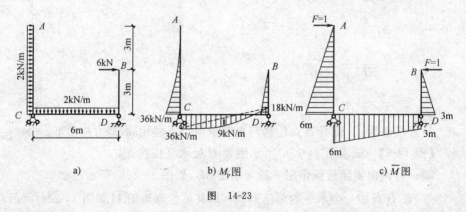

图 14-23

解：（1）作出实际荷载作用下的弯矩图 M_P，如图 14-23b)所示；

（2）在 A、B 两点加一对大小相等、方向相反的单位力 $F=1$，其单位弯矩图 $\overline{M}$ 如图 14-23c)所示；

（3）其中 AC 段和 BD 段都是简单图形可以直接相乘，CD 段为复杂抛物线乘直线形，可按式(14-10)计算，要注意图 14-23b)的抛物线在基线(虚线)的下方，图 14-23c)中的直线也在基线的下方，两者乘积为正。将两个弯矩图逐杆进行图乘然后相加，即可得所求位移；

(4)计算 Δ_{AB}。

$$\Delta_{AB} = \frac{1}{EI}\left(\frac{1}{3} \times 36 \times 6 \times \frac{3 \times 6}{4}\right) - \frac{1}{EI}\left(\frac{18 \times 3}{2} \times \frac{2 \times 3}{3}\right) +$$

$$\frac{1}{EI}\left[\frac{6}{6}(2 \times 36 \times 6 - 2 \times 18 \times 3 + 36 \times 3 - 18 \times 6) + \frac{2}{3} \times 6 \times 9 \times \frac{3+6}{2}\right]$$

$$= \frac{756}{EI}(\rightarrow\leftarrow)$$

【例 14-10】 求图 14-24a)所示悬臂梁上 B 点的竖向线位移 Δ_{BV}。

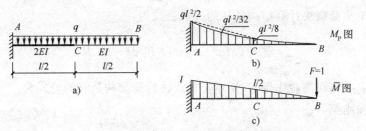

图 14-24

解：(1)作出实际荷载作用下的弯矩图 M_P，如图 14-24b)所示；

（2）在 B 点加一个竖向的单位力 $F=1$，其单位弯矩图 $\overline{M}$ 如图 14-24c)所示；

（3）由于梁为变截面杆，故先将弯矩图分为 AC、CB 两段，又因为 C 点不是抛物线图 M_P 的顶点，故 AC 段图乘可按式(14-10)计算，CB 段的 M_P 为简单的抛物线可直接图乘，最后将两段图乘结果叠加，即可得所求位移；

（4）计算 Δ_{BV}。

$$\Delta_{BV} = \frac{1}{2EI}\frac{0.5l}{6}\left[2 \times \frac{ql^2}{2} \times l + 2 \times \frac{ql^2}{8} \times \frac{l}{2} + \frac{ql^2}{2} \times \frac{l}{2} + \frac{ql^2}{8} \times l\right]$$

$$- \frac{1}{2EI} \times \frac{2}{3} \times \frac{l}{2} \times \frac{ql^2}{32} \times \frac{l+0.5l}{2} + \frac{1}{EI} \times \frac{1}{3} \times \frac{ql^2}{8} \times \frac{l}{2} \times \frac{3}{4} \times \frac{l}{2}$$

$$= \frac{17ql^4}{256EI}(\downarrow)$$

计算结果为正，说明 B 点位移与虚拟单位力方向相同，即方向向下。

◀ 小 结 ▶

结构的变形是指结构在外力等因素作用下,发生形状或体积的改变,它是对结构整体或部分而言的;而位移是指某一截面位置的改变。位移分为线位移和角位移。线位移又分为水平线位移和竖向线位移,工程上又常将竖向线位移称为挠度。工程上所说的研究结构的变形,实际上是指计算结构上某些截面的线位移和角位移。

计算结构位移的方法很多,本章主要介绍了以虚功原理为基础的单位荷载法。之所以称为单位荷载法,是因为在推导结构的位移计算公式中,引用了虚拟的单位荷载(广义单位力)的缘故。

用单位荷载法计算结构位移的一般公式为:

$$\Delta = \sum \int (\overline{M} \mathrm{d}\theta + \overline{F}_{Q} \mathrm{d}\eta + \overline{F}_{N} \mathrm{d}\lambda) - \sum \overline{R} \cdot c$$

静定结构在荷载作用下,用单位荷载法计算结构位移的公式为:

梁和刚架:

$$\Delta = \sum \int \frac{\overline{M} M_{P}}{EI} \mathrm{d}s$$

或:

$$\Delta = \sum \frac{1}{EI} \omega \cdot y_{C}$$

桁架:

$$\Delta = \sum \int \frac{\overline{F}_{N} F_{NP}}{EA} \mathrm{d}s = \sum \frac{\overline{F}_{N} F_{NP}}{EA} l$$

拱和组合结构:

$$\Delta = \sum \int \frac{\overline{F}_{N} F_{NP}}{EA} \mathrm{d}s + \sum \int \frac{\overline{M} M_{P}}{EI} \mathrm{d}s$$

从梁和刚架的位移计算公式可以看出,它的计算方法又分为积分法和图乘法。积分法是计算结构位移的普遍方法,一般较麻烦,不常用;而图乘法,工程中的梁和刚架一般都符合图乘的三个条件,且计算简便,所以在工程中常用图乘法计算梁和刚架的位移。

计算杆系结构位移的图乘法公式为：

$$\Delta = \sum \int \frac{\overline{M} M_P}{EI} ds = \sum \frac{1}{EI} \omega \cdot y_C$$

利用图乘法计算结构位移的步骤为：

1）画出结构在实际荷载作用下的弯矩图 M_P；

2）根据所求位移选定相应的虚拟状态，即在所求位移处加相应的单位力，具体加法详见表 14-1。然后画出单位弯矩图 $\overline{M}$；

3）计算一个弯矩图形的面积 ω 及其形心所对应的另一个弯矩图形的竖标 y_C；

4）将 ω、y_C 代入图乘法公式计算所求位移。

图乘时应注意的事项为：

①y_C 必须在直线弯矩图形上取，若两图都为直线图形，y_C 可取自其中任一图形；

②对于折线形弯矩图或变截面梁柱应分段图乘再叠加；

③对于图形的面积或形心位置不宜确定时，可将复杂图形分解为简单图形分别图乘再叠加；

④对于曲线弯矩图，要区别标准抛物线图形和非标准抛物线图形，只有标准抛物线图形才能够直接图乘，其面积与形心位置见图 14-12。对于非标准抛物线图形，应将其分解为简单图形和标准抛物线图形，分别图乘再叠加；

⑤ω 与 y_C 相乘正负号确定的法则为：在基线同侧为正，异侧为负。

◀ 思 考 题 ▶

14-1　"没有变形就没有位移"，此结论对否？"没有内力就没有变形"，此结论对否？

14-2　为什么要计算结构的位移？

14-3　计算位移时为什么要虚设单位力？应根据什么原则虚设单位力？试举例说明。

14-4　应用单位荷载法求位移时，如何确定所求位移的方向？

14-5　图乘法的应用条件及注意点是什么？

习　题

14-1　下列各图乘是否正确？如不正确应如何改正？

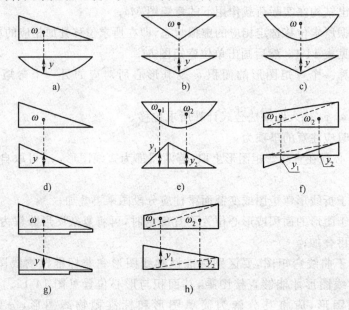

题 14-1 图

14-2　根据所求位移的类别，请在习题 14-2 图所示的各图中，加上相应的广义单位力。

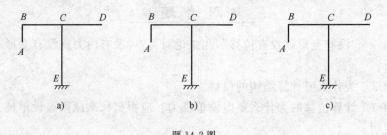

题 14-2 图

a)求 B 点的转角 θ_B；
b)求 A 点的水平线位移 Δ_{AH}；
c)求 A、D 两点的相对角位移 θ_{AD}。

14-3 试求图示悬臂梁 B 端的竖向线位移 Δ_{BV}。梁的 EI 为常数。

14-4 试求图示刚架 C 点的水平线位移 Δ_{CH}。各杆的 EI 为常数。

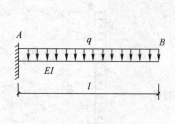

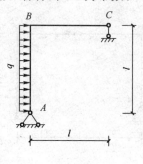

题 14-3 图　　　　　　　　　　题 14-4 图

14-5 图示桁架各杆截面均为 $A=2\times10^{-3}\,\mathrm{m}^2$，$E=210\mathrm{GPa}$，$P=40\mathrm{kN}$，$D=2\mathrm{m}$。试求 C 点的竖向线位移。

14-6 试求图示外伸梁 B 点的转角 θ_B 和 C 点的竖向线位移 Δ_{CV}。梁的 EI 为常数。

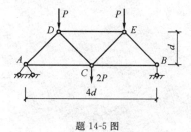

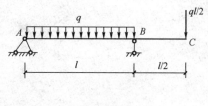

题 14-5 图　　　　　　　　　　题 14-6 图

14-7 试求图示刚架 C 点的转角 θ_C。各杆的 EI 为常数。

14-8 试求图示刚架 C 点的竖向线位移 Δ_{CV}。

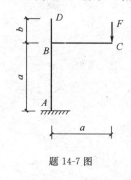

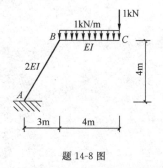

题 14-7 图　　　　　　　　　　题 14-8 图

14-9 试求图示刚架铰 C 左右两截面的相对转角 θ_C。各杆的 EI 为常数。

14-10 试求图示阶梯柱 C 截面的转角 θ_C 和 C 点的竖向线位移 Δ_{CV}。

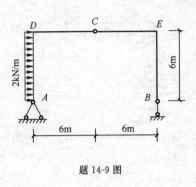

题 14-9 图

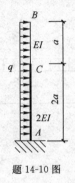

题 14-10 图

第十五章

力 法

【能力目标、知识目标与学习要求】

本章学习内容要求学生深刻理解力法对超静定结构的认识,熟练掌握力法典型方程的应用方法。

超静定结构是在工程实践中常见的结构形式,一般情况下,房屋结构通常是超静定结构形式,甚至大型楼(屋)盖的模板设计也是按超静定结构来分析。因此,超静定结构的内力分析能力是实际工程计算能力中重要的组成部分。

超静定结构的特点与静定结构不同,超静定结构的力学分析也要比静定结构力学分析复杂。解算超静定结构的思路是:在归纳、总结、分析超静定结构特点的基础上,正确地认识超静定结构与静定结构之间的关系,从而找到求解超静定结构的突破口,最终完成对超静定结构的内力分析。

力法是求解超静定结构最基本、最重要的方法之一。

第一节　力法基本概念

一　静定结构特点与超静定结构特点

通过对建筑力学第十四章之前各章内容的学习,我们对简支结构[如图15-1a)所示]、外伸结构[如图 15-1b)所示]、悬臂结构[如图 15-1c)所示]、多跨静定梁[如图 15-1d)、e)所示]、多跨静定刚架[如图 15-1f)所示]以及三铰刚架[如图 15-1g)所示]等结构形式的内力分析很熟悉了,如果我们对这些结构形式进行仔细地归纳、总结、分析,会发现上述结构形式有二个共同的特点:

(1)从几何组成的角度来分析,上述所有结构中的约束都是必要约束,或者称为非多余约束。在上述结构中体系自由度 $W=0$,且各个约束的分布也都是合理的,所以从几何组成的角度来看,上述结构均是几何不变体系,换句话说,上述结构中的约束数目一个都不能少,若少了一个约束,就会使结构的体系自由度 $W>0$,从而形成几何可变体系,不能在建筑结构中使用;

(2)从受力分析的角度来看,计算上述结构的过程中,只需运用物体的平衡条件,列出平衡方程就能求解出结构中的所有未知力。回顾以前求解上述结构的过程,会发现尽管上述结构的结构形式不同,受到的荷载也不相同,未知力的形式也各异,但求解上述结构的计算依据,均是依据物体受力平衡条件导出计算力系的平衡方程,再根据平衡方程求解出结构中的全部未知力。

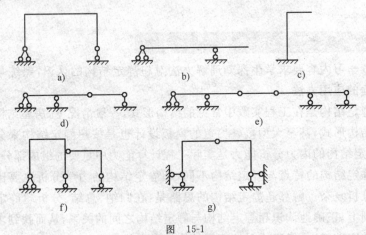

图 15-1

在力学分析中,把具有以上两个特点(即结构中约束都是必要约束和根据平衡条件可求出全部未知力)的结构称为静定结构。截止到目前,建筑力学内容都是介绍静定结构力学分析。静定结构力学分析能力是土建工程技术人员专业素质中的重要组成部分,也是进行超静定结构分析的力学基础。

在工程实践中,除了静定结构形式外,还常常见到许多不满足静定结构特点的其他结构形式,如图 15-2a)所示,这个结构的特点与静定结构不同,先从几何组成来看,由于 ABC 杆件是一块刚片,具有三个自由度,而该结构却有四个链杆约束,所以该体系自由度 $W=3×1-4×1=-1$,说明该结构存在多余约束。再从受力分析角度来看该结构,ABC 杆件的受力图如图 15-2b)所示。根据受力图可清楚地看出,该项结构具有四个未知力(F_{XA}、F_{YA}、F_{YB}、F_{YC}),而依据 ABC 杆的力系平衡条件只能列出三个平衡方程,考虑到数学上"一个方程只能求解出一个未知量"的常识,可以肯定,若仅仅通过平衡方程,是无法完全求出图15-2b)受力图中的四个未知力。总之,这个结构的特点与静定结构不同,其特点为:1.从几何组成角度分析,结构存在多余约束;2.从受力分析角度来看,仅根据力系的平衡条件无法求出全部未知力。

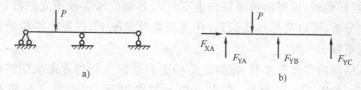

图 15-2

在力学分析中,把具有此类特点(结构存在多余约束和仅根据平衡条件无法求出全部未知力)的结构称为超静定结构。将超静定结构与静定结构相比较,我们会发现虽然超静定结构存在力学分析困难等不足之处,但超静定结构的优点还是很突出的。

首先,从安全角度来比较,超静定结构比静定结构的安全度更高。由于静定结构的约束都是必要约束,因此,当结构由于意外原因,发生结构约束失效的情况时,例如图15-3a)所示简支梁结构中支撑梁的墙体是简支梁的必要约束,若由于爆炸或火灾等不能控制的意外原因,使支撑简支梁的墙体失效,如图15-3b)所示,则该体系立刻转变为几何可变体系,从而导致整个结构完全破坏。如果增加 ABC 梁的支撑墙体,如图15-3c)所示,使该结构计算简图变为如图15-3e)所示的情况,则由于意外产生同样情况,假设支撑 ABC 梁的 C 端墙体失效时,情

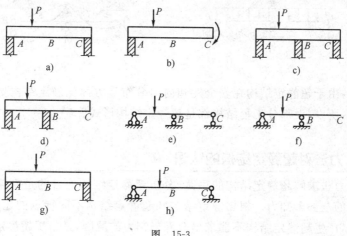

图 15-3

况如图 15-3d)所示,则此时该结构计算简图如图 15-3f)所示,很容易看出,该结构属外伸结构形式,若不考虑梁的强度因素,仅从几何组成角度分析,该项结构仍为几何不变体系,该结构不会因 C 端支座失效而立刻破坏。如果支撑 ABC 梁的 B 端墙体失效,如图 15-3g)所示,此时该项结构的计算简图如图 15-3h)所示,根据同样道理,可得出该项结构也不会因 B 端支座失效而立刻破坏的结论。通过这些分析,可以清楚地认识到,在出现意外情况下,超静定结构的安全性比静定结构更好。

再从结构内力分布来看,超静定结构更容易按人们的意志改变结构的内力分布状态。如图 15-4a)所示,在均布力 q 的作用下,ABC 简支梁将产生如图 15-4b)所示的弯矩图,该梁跨中弯矩与跨度 l 的平方成正比,当梁长 l 比较大时,往往会产生很大的跨中弯矩。在工程设计的过程中如果能使梁的跨中弯矩减小,则可使梁的截面减小,所配的钢筋就少,因此设计时就越有利。但对于图 15-4a)所示的静定结构来说,当荷载、支座和梁长不变时,该梁的内力分布只能是图 15-4b)所示情形,若想改变该梁的内力分布,可以将该梁设计成如图15-4c)所示的超静定结构形式,这样可以使 ABC 梁的内力分布变成图 15-4d)所示的情形,从而达到了减少跨中弯矩的目标。在以后的分析中,我们还可以进一步看到,随着多余约束的增加,此类梁减少跨中弯矩的作用越明显。

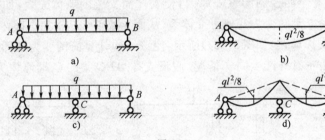

图　15-4

总之,由于超静定结构在安全性和内力分布等方面比静定结构更容易满足工程要求,所以,大部分工程结构都是超静定结构形式。

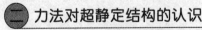 二 力法对超静定结构的认识

根据力法求解超静定结构的思路,分析超静定结构的目的是希望求出超静定结构中的全部未知力。根据静定结构和超静定结构不同特点的比较和分析,可以发现,产生超静定结构不能求出全部未知力的原因,是由于超静定结构中存在多余约束。如果没有多余约束,则结构中所有未知力均可依据平衡条件计算

出来。因此,力法把求解超静定结构中的多余约束力作为求解超静定结构的突破口和关键。

明确了求解超静定结构的突破口和关键之后,为了解决多余约束力的计算问题,需要进一步归纳、总结和分析静定结构形式和超静定结构形式之间的关系。根据力法的观点,静定结构形式与超静定结构形式之间既有区别又有联系。它们两者之间区别的标志是多余约束,即静定结构形式无多余约束,而超静定结构一定有多余约束。同时这两者间的联系和桥梁也是多余约束,因为当超静定结构多余约束的力学反映(即多余约束力的数值)计算出来后,用已知的约束反力来等效代替多余约束,也就是通过力学等效,只改变多余约束的表现形式,但保留多余约束对结构的作用,这样的话,超静定结构就可转化为一个含多余约束反力的静定结构了,已知的约束反力相当于作用在该静定结构上的荷载,而静定结构的所有未知力都是可解的。如图 15-5a)所示超静定结构,从力法分析的观点来看,该结构是由一个静定结构[如图 15-5b)中悬臂结构 AB]再加上一个多余约束[如图 15-5c)中 B 支座]而构成的。从图 15-5b)图可清楚地看出,如果在超静定结构 AB 中,确定 B 支座的链杆约束为多余约束的话,则该超静定结构与一个静定结构,即图 15-5c)中悬臂结构 AB 相对应,这个静定结构的特殊之处在于,这个静定结构是由原超静定结构解除多余约束后得到的,而原多余约束的作用以多余约束反力的形式保留,当图 15-5b)中等号右边 B 处多余约束反力 X_1 的数值等于等号左边 B 处的 B 链杆的支座反力时,该静定结构与对应的超静定结构在力学上是等效的。由此可清晰地认识到多余约束在静定结构与超静定结构之间联系桥梁的作用。同时可看出,求解超静定结构的关键是了解多余约束(B 端链杆约束)的作用,而根据力学概念,约束的作用就是约束反力。因此,了解多余约束的作用就是要求多余约束反力。在超静定结构分析过程中,为

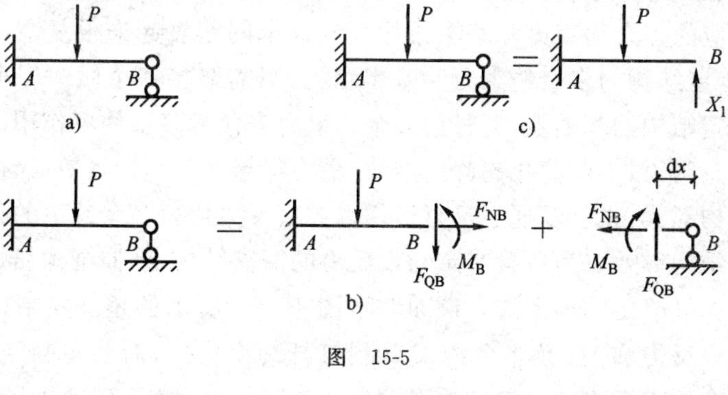

图 15-5

了方便起见，就用多余约束力代替多余约束的作用，如图15-5c)等号右边表示的形式一样。根据这个理解，静定结构与超静定结构之间关系为图15-5c)所表示的关系，由该项关系可看出，一旦将图15-5c)中多余约束力 X_1 求出后，则解超静定结构 AB[图15-5b)中等号左边结构]就与解静定结构[如图15-5b)中等号右边结构]是等效的。

从这些分析，可以得出三点重要的结论：

(1)超静定结构＝静定结构＋多余约束力。

(2)当确定了超静定结构中的多余约束后，每个超静定结构都与一个静定结构相对应。这个与超静定结构对应的静定结构称为力法基本结构。

(3)求解超静定结构的关键是求出多余约束的力学反映——多余约束力，也就是把多余约束力作为力法的基本未知量。

力法基本结构

根据力法对超静定结构的分析，当确定了超静定结构中的多余约束后，每个超静定结构都与一个静定结构相对应，如图15-5c)所示。在力法中，把与超静定结构相对应的静定结构称为力法基本结构，把超静定结构等效为基本结构过程中产生的多余约束反力称为力法基本未知量。如图15-5c)中等号右边的悬臂结构，称为与图15-5c)中等号左边的超静定结构相对应的力法基本结构。而力法基本结构中的未知力[15-5c)中的 X_1]称为力法基本未知量。

根据这个定义，力法对超静定结构的认识可表述为：

超静定结构＝基本结构＋基本未知量

从这个力法对超静定结构的这个认识出发，可以看出，求解一个超静定结构是从分析与超静定结构相对应的多余约束力和基本结构开始的。怎样分析与超静定结构相对应的多余约束力和基本结构呢？这个问题看起来很复杂，其实很简单，分析超静定结构的多余约束力和基本结构，只需坚持一个做法即可以实现，就是在超静定结构的基础上，通过用多余约束力来代替多余约束作用的手段，等效地消除多余约束，不断简化超静定结构，最终将超静定结构等效成含多余约束力的静定结构形式，也就是通过反复运用以约束反力代替多余约束的方法，最终将原超静定结构等效成为包含多余约束反力的简支结构、外伸结构、悬臂结构或多跨静定结构等静定结构形式。例如对于图15-5a)所示的超静定结构，就是通过用多余约束反力 X_1 代替多余约束 B 端链杆约束作用，而使超静定结构等效成了包含多余约束反力的静定结构形式——悬臂结构，如图15-5c)所示。

所以,在分析超静定结构的多余约束力和基本结构的过程,只要抓住两个关键就很容易解决问题:一个是坚持用多余约束力来代替多余约束的手段不断的简化超静定结构;另一个是明确简化超静定结构的目标是将超静定结构等效成静定结构形式(即基本结构)。

具体用多余约束力代替约束作用的方式有以下几种:

1.去掉一个支座链杆或截断一根二力杆,相当于解除一个约束,用一个约束反力代替该约束作用,如图 15-6a)、b)所示。

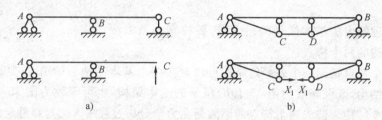

图 15-6

2.去掉一个固定铰支座或撤去一个单铰,相当于解除二个约束,用二个约束反力代替该约束作用,如图 15-7a)、b)所示。

3.去掉一个固定支座或截断一根刚杆,相当于解除三个约束,用三个约束反力代替该约束作用,如图 15-8a)、b)所示。

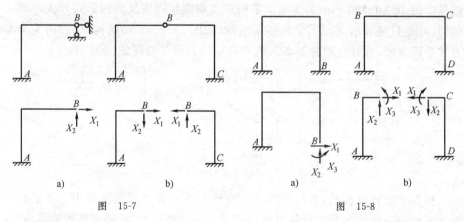

图 15-7   图 15-8

4.将刚性联结改为单铰联结,相当于解除一个约束,用一个约束反力代替约束作用,如图 15-9 所示。

力法计算理论把超静定结构等效成力法基本结构过程中产生的多余约束力个数称为超静定次数。例如图 15-6a)所示超静定结构在等效成力法基本结构过

程中,只产生了一个多余约束反力 X_1,故把图 15-6a)
所示的超静定结构称为一次超静定结构。如图 15-7a)
所示超静定结构在等效成力法基本结构过程中,产生
了两个多余约束反力 X_1 和 X_2,故把图 15-7a)所示的
超静定结构称为二次超静定结构。结构的超静定次数
代表了超静定结构中多余约束的个数,同时也表示了
该结构的复杂程度,超静定次数越多,则该结构越
复杂。

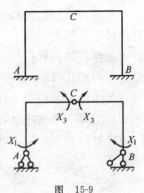

图 15-9

在理解力法基本结构的概念时,要特别注意力法
基本结构的两个特点:

一个特点是同一个超静定结构可以对应多个基本结构。如图 15-10a)所示
超静定结构,既可等效为图 15-10b)所示的基本结构,也可等效为图 15-10c)所
示的基本结构。造成这个特点的原因是在力学分析过程中人们对超静定结构中
的多余约束的认识不统一,也可以说是解除多余约束的方式不同而引起。如图
15-10b)基本结构认为 B 端链杆支座是多余约束,而图 15-10c)则认为 A 支座的
刚性联结是多余约束,要将刚性联结等效为铰接。当然对超静定结构中多余约
束的认识不同,那么由解除约束等效得到的基本结构形式也是不一样的。例如
图 15-10b)等效为一悬臂结构,而图 15-10c)则等效为一简支结构。但必须要强
调尽管图 15-10b)和 c)中力法基本结构形式和多余约束反力的形式和大小都不
相同,可是只要求出 X_1 后,力法基本结构[如图 15-10b)、c)结构]中的所有未知
力都是可解的,并且这两种基本结构中对应的力都是相同的。

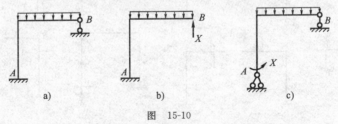

图 15-10

根据力学计算经验,不同的静定结构形式的计算复杂程度是不一样的。如
果将不同静定结构形式的计算复杂程度按从易到难排列,则结果是悬臂结构、简
支结构、外伸结构和其他静定结构形式。因此,将超静定结构等效为基本结构的
过程中,对基本结构形式的选择顺序也应尽量按此顺序进行。

力法基本结构的另一特点是尽管力法概念指出,超静定结构=基本结构+
多余约束力,但是必须强调的是,基本结构只是在特定条件下,才会与原来的超

380

静定结构在力学上存在等效关系。也就是说基本结构并不是永远与对应的超静定结构等效。例如由图 15-11a)所示超静定结构,很容易求出该超静定结构对应的基本结构[如图 15-11b)所示]。但这个基本结构就一定与对应的超静定结构等效吗? 回答是不一定。因为在图 15-11a)所示的超静定结构中,所有的条件包括杆件结构形式、荷载、支座等条件都是固定的,因此,该超静定结构产生的力学反映(如内力、变形等)都是确定的、唯一的。而图 15-11b)所示的基本结构中,外力条件不是固定的,因为 C 点的多余约束反力 X_1 是一变量,很容易理解,当多余约束反力 X_1 取不同的值代入基本结构中去,就会在基本结构中得到不同的力学反映(如内力、变形等),也就是说,基本结构产生的力学反映不是唯一的。因此,不能简单地说基本结构一定与对应的超静定结构在力学上是等效的。但是,当基本结构中多余约束力 X_1 的值等于原超静定结构中多余约束作用时,即基本结构中的 X_1 值等于原结构图 15-11a)中多余约束(C 点支座)的约束反力时,基本结构才会与原结构在力学上等效。总之,只有在基本结构的多余约束力与原超静定结构中相应的约束反力相等的前提下,基本结构才会与超静定结构等效。不满足此条件,则两者之间就不存在等效关系。

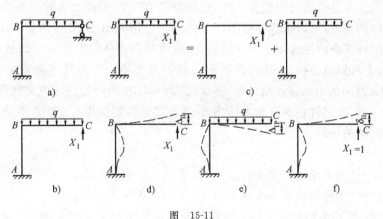

图　15-11

第二节　力法基本原理

根据超静定结构的特点,我们知道,导致超静定结构未知力不能全部求解的原因是,超静定结构的未知力数目超过了结构平衡方程的数目,或者说,从数学角度来看,导致超静定结构未知力无法求解的原因是方程数目少于未知力的数

目。同时根据"超静定结构＝基本结构＋多余的约束反力"的力法概念,求解超静定结构的核心问题就要求解超静定结构中的多余约束反力。而由数学常识可知,只有建立方程才能求解出未知量。因此力法求解超静定结构的关键点变成：要设法找出超静定结构与力法基本结构间的数学对应关系,并依据该对应关系建立补充方程,最终保证补充方程的数目与多余约束力的数目一致,从而将力法基本结构中所有的多余约束力解出,使原来的超静定结构与一个确定的静定结构(即多余约束力值均为已知力的力法基本结构)等效,这样就可求出该超静定结构的全部结构未知力。

超静定结构与力法基本结构之间的数学对应关系,可以依据超静定结构与相对应的力法基本结构必须在力学上是等效的概念推导出来。由于两者间存在力学等效关系,这就意味着超静定结构产生的变形应该与相对应的力法基本结构变形是一致的。即图 15-11a) 超静定结构上任意一点的变形,必须与图 15-11b) 中力法基本结构中相应点产生的变形一致。由于在完成力学分析之前,超静定结构上任意一点的变形是未知量,因此 ,对于超静定结构任意一点的变形来说,难以建立超静定结构与力法基本结构间确定的数学对应关系。但是仔细分析超静定结构的变形后会发现,在超静定结构中,根据支座的约束特点或结构变形协调关系,可以很容易地确定多余约束作用处的变形值,例如图 15-11a) 超静定结构多余约束作用处的变形值,根据该结构多余约束处 C 点的链杆约束特点,马上可知超静定结构 C 点竖向位移值等于零。由力学等效概念可以知道,图 15-11b) 的力法基本结构中,多余约束力 X_1 作用处的位移也必须等于零。分析到这里,我们就在多余约束作用处,找出了超静定结构与力法基本结构之间确定的数学关系。

$$\Delta_1 = \Delta_{1c} \tag{15-1}$$

式中：Δ_1——基本结构在多余约束力 X_1 方向上产生的位移；

Δ_{1c}——实际结构在多余约束力 X_1 方向上产生的位移。

公式(15-1)虽然建立了超静定结构与力法基本结构间确定的数学关系,但该数学关系的变量是多余约束力 X_1 方向的位移 Δ_1 和 Δ_{1c},不是力法基本未知量(即多余约束力 X_1),因此,需对此数学方程作变量代换。首先,进一步分析公式(15-1),由于 Δ_{1c} 的数值可以依据超静定结构多余约束的特点或结构变形协调关系直接判断得出,例如根据图 15-11a) 超静定结构的多余约束特点,可直接判断出实际结构在多余约束力 X_1 方向上的位移等于零,即对于图 15-11a) 所示超静定结构来说 $\Delta_{1c}=0$。所以分析公式(15-1)的关键是写出力法基本结构在 X_1 方向上产生的位移 Δ_1 的表达式。为了便于写出 Δ_1 的表达式,根据叠加原理,基本结构的受力情况可看成是多余约束力 X_1 单独作用在结构上的情形,再叠加荷载单独作用在结构上的情形[如图 15-11c)所示]。而多余约束力 X_1 单独作用在结构上时,基本结构在 X_1 方向上产生的位移 Δ_{11}[如图 15-11d)所示],以及荷载单独作用在结构上时,基本结构在 X_1 方向上产生的位移 Δ_{1p}[如图 15-11e)所示],均可运用第十四章静定结构位移计算方法(图乘法)写出 Δ_{11} 和 Δ_{1p} 的数学表达式。根据这些分析,公式(15-1)可进一步演化为下式:

$$\Delta_{11} + \Delta_{1P} = \Delta_{1c} \tag{15-2}$$

式中:Δ_{11}——多余约束力 X_1 单独作用时,在力法基本结构中 X_1 方向上产生的位移;

　　Δ_{1p}——荷载单独作用时,在力法基本结构中 X_1 方向上产生的位移;

　　Δ_{1c}——实际结构在多余约束力 X_1 方向上产生的位移。

观察公式(15-2)知道,Δ_{1c} 是一个可以判断得出的数值,同时由图 15-11e)分析可知,因荷载与结构形式是确定的,所以 Δ_{1p} 也是可计算出来的一个数值,而 Δ_{11} 则因多余约束力 X_1 是未知量,故 Δ_{11} 是一个不确定的函数值。

下面着重讨论 Δ_{11} 的表达式,根据图 15-11a),当多余约束力 X_1 的数值未知时,直接写 Δ_{11} 表达式还是比较困难的,为了方便地写出 Δ_{11} 的表达式,可以先按图 15-11f)求出 $X_1=1$ 时,在 X_1 方向上产生的位移 δ_{11}(注意,由于此时 X_1 已赋值,即 $X_1=1$,故 δ_{11} 是一个可以计算出来的数值)。而 $X_1 \neq 1$ 时,X_1 所产生的位移 Δ_{11},则根据弹性体系的力与位移成正比概念很容易就导出来。$X_1=1$ 时,X_1 产生的位移是 δ_{11},那么当 $X_1 \neq 1$ 时,X_1 产生的位移 Δ_{11} 则是 δ_{11} 的 X_1 倍,即 $\Delta_{11}=\delta_{11}X_1$。

当我们将上述分析结果代入公式(15-2)时,则可得力法方程:

$$\delta_{11}X_1 + \Delta_{1P} = \Delta_{1c} \tag{15-3}$$

式中:δ_{11}——$X_1=1$ 时,力法基本结构在多余约束力 X_1 方向上产生的位移;

　　X_1——力法基本结构中第一个力法基本未知量;

　　Δ_{1P}——荷载单独作用时,在力法基本结构中 X_1 方向上产生的位移;

　　Δ_{1c}——实际结构在多余约束力 X_1 方向上产生的位移;如果没有支座移动 $\Delta_{1c}=0$。

注意尽管公式(15-1)与公式(15-3)的力学意义是完全相同的,公式(15-1)的概念也非常清晰明了,可是公式(15-1)中未知量不是力法基本未知量,不便于进行力学计算。而公式(15-3)的未知量是力法基本未知量——多余约束力 X_1,同时 δ_{11}、Δ_{1P}、Δ_{1c} 都是可以计算或判断出来的数值,因此公式(15-3)可求解出多余约束力 X_1 的唯一解,这也就是说,有了根据一次超静定结构推导出来的力法方

程(15-3)式,则可以求出该结构中的一个多余约束力。

一旦求出超静定结构中的多余约束力后,则该超静定结构其他未知力计算以及画内力图就与静定结构完全一样。但力法求出多余约束反力后,画内力图有较简便的方法,以求弯矩图为例,求作结构最后 M 图时,可在 $\overline{M}_1$ 图和 M_P 图的基础上,根据弹性体系中力呈线性变化的特点,将结构控制点内力值算出来。

$$M = \overline{M}_1 X_1 + M_P \tag{15-4}$$

然后将控制点内力值描在原结构上,再用光滑曲线将控制点连接起来就可得到结构最后 M 图。

【例 15-1】 求图 15-12a)所示结构 M 图(EI＝常数)。

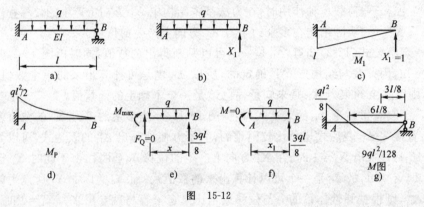

图　15-12

解:

(1)选取基本结构

原结构有一个多余约束,属一次超静定结构。取基本结构为悬臂结构形式。如图 15-12b)所示。

(2)写出力法方程

由超静定结构多余约束作用处 B 端约束条件,可判断出 Δ_{1c}＝0。

根据公式(15-3)写出一次超静定结构力法方程:

$$\delta_{11} X_1 + \Delta_{1P} = 0$$

(3)画出 $\overline{M}_1$、M_P 图

$\overline{M}_1$ 图如图 15-12c)所示,M_P 如图 15-12d)所示。

(4)计算主系数和自由项

$$\delta_{11} = \frac{1}{EI}\left[\frac{1}{2} \times l \times l \times \frac{2}{3}l\right] = \frac{1}{3EI}l^3$$

$$\Delta_{1P} = -\frac{1}{EI}\left[\frac{1}{3} \times \frac{l}{2}ql^2 \times l \times \frac{3}{4} \times l\right] = -\frac{ql^4}{8EI}$$

（5）将计算系数代入方法方程

将 δ_{11} 值和 Δ_{1p} 值代入力法方程，可得：

$$\frac{l^3}{3EI}X_1 + \left(-\frac{ql^4}{8EI}\right) = 0$$

$$X_1 = +\frac{3}{8}ql$$

多余约束力为正号，说明多余约束力 X_1 的真实指向与 $\overline{M}_1$ 图中 X_1 指向一致。若两者指向不一致，则计算结果为负号。

（6）求内力控制值

$$M_{AB} = \overline{M}_{1AB}X_1 + M_{PAB} = l \times \frac{3}{8}ql + \left(-\frac{ql^2}{2}\right) = -\frac{1}{8}ql^2$$

在计算控制值时，因为 $\overline{M}_{1AB}$ 取值为正号，也就意味着在这次控制值计算过程中，假设 AB 梁下部受拉为正号。由于，M_{PAB} 是上部受拉，故取负号。

确定弯矩极值位置，受力图如图 15-12e)所示：

$$\sum y = 0$$

$$qx = \frac{3}{8}ql$$

$$x = \frac{3}{8}l$$

弯矩极值：

$$M_{max} = \frac{3}{8}ql \times \frac{3}{8}l - q \times \frac{3}{8}l \times \left(\frac{1}{2} \times \frac{3}{8}l\right)$$

$$= \frac{9}{64}ql^2 - \frac{9}{128}ql^2$$

$$= \frac{9}{128}ql^2$$

确定弯矩为零处的位置，受力图如图 15-12f)所示：

$$\sum M = 0$$

$$M = 0 = \frac{3}{8}qlx_1 - \frac{1}{2}qx_1^2$$

$$x_1 = \frac{6}{8}l$$

（7）根据控制值求作 M 图

最后 M 图如图 15-12g)所示。

第三节　力法典型方程

 一　力法典型方程

学习了力法基本原理后,可以知道,力法是通过建立补充方程[即公式(15-3)]来求解除多余约束力,将超静定结构转化为静定结构形式。而建立补充方程的原理[也就是公式(15-3)的原理]是:

力法基本结构中多余约束力方向上的位移 = 实际结构中相应处的位移

(15-5)

在这个补充方程的原理中,特别需强调二点:

1.根据这个原理,每个多余约束力方向都可以建立一个补充方程,因此,n 次超静定结构(即该超静定结构对应的基本结构有 n 个多余约束力)就可以建立 n 个补充方程,从而求解出 n 个多余约束反力。所以,采用力法就可以求解任意复杂(即 n 次超静定)的超静定结构。

2.应用公式(15-5)列力法方程时注意,实际结构中与力法基本结构中多余约束力方向相应的的位移[即公式(15-3)中的 Δ_{1c}]在一般情况下是已知的。因为力法基本结构中多余约束力是作用在实际结构中的多余约束处(即支座处),而多余约束作用处的位移,根据其约束特点作一简单判断就可得出该位移值 Δ_{1c}。由于在通常情况下(除了特别说明),结构都不考虑支座移动,故实际结构中相应的多余约束力方向上的位移值 Δ_{1c} 通常都等于零。只有当题目给出支座移动值 c 时,实际结构中相应处多余约束力方向上位移值才会等于支座移动值 Δ_{1c},即 $\Delta_{1c}=c$。在取支座移动值 c 时,必须注意该支座移动值变化方向与相应的多余约束力指向一致取正值,若两者方向相反。则该位移值取负值。

为了使大家理解 n 次力法典型方程的意义,下面以一个二次超静定刚架的分析过程来说明。

如图 15-13a)所示的二次超静定结构,其基本结构如图 15-13b)所示。

根据题目给出的条件很容易判断出,实际结构在多余约束 X_1 方向上的位移值 Δ_{1c} 和多余约束 X_2 方向上的位移值 Δ_{2c} 都因支座的链杆约束而不能产生移动,即:

$$\Delta_{1c} = \Delta_{2c} = 0 \tag{a}$$

力法基本结构中多余约束 X_1 方向上产生的位移值 Δ_1 和多余约束 X_2 方向

上的位移值 Δ_2,可以依照公式(15-5)的原理写出其表达式。设当 $X_1=1$ 单独作用时,力法基本结构沿多余约束力 X_1、X_2 方向上的位移值分别为 δ_{11}、δ_{21}[如图 15-13c)所示];设当 $X_2=1$ 单独作用时,基本结构沿多余约束力 X_1、X_2 方向上的位移值分别为 δ_{12}、δ_{22}[如图 15-13d)所示];设当荷载单独作用时,基本结构沿多余约束力 X_1、X_2 方向上的位移值分别为 Δ_{1P}、Δ_{2P}[如图 15-13e)所示]。

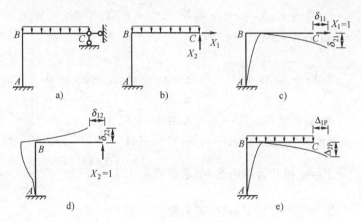

图　15-13

根据线性体系叠加原理得:

$$\Delta_1 = \delta_{11}X_1 + \delta_{12}X_2 + \Delta_{1P} \qquad\qquad (b)$$

$$\Delta_2 = \delta_{21}X_1 + \delta_{22}X_2 + \Delta_{2P} \qquad\qquad (c)$$

Δ_1、Δ_2 表达式代入力法方程公式(15-5),可得:

$$\Delta_1 = \Delta_{1c} \qquad\qquad (d)$$

$$\Delta_2 = \Delta_{2c} \qquad\qquad (e)$$

将(a)、(b)、(c)式代入方程(d)和(e)得:

$$\delta_{11}X_1 + \delta_{12}X_2 + \Delta_{1P} = 0$$

$$\delta_{21}X_1 + \delta_{22}X_2 + \Delta_{2P} = 0$$

这就是二次超静定结构的力法基本方程,其中 δ_{11}、δ_{12}、δ_{21}、δ_{22}、Δ_{1p}、Δ_{2p} 这些系数都可通过图乘法求出具体数值。若联立解出此方程组中的多余约束力 X_1、X_2,则该超静定结构就转化为图 15-13b)中含已知多余约束力的静定结构,该静定结构的力学分析对我们而言,已经不再是难题。

按照公式(15-5)同样的道理类推,可以得出 n 次超静定结构的力法典型方程:

基本方程：

$$\Delta_i = \Delta_{ic} \tag{15-6}$$

式中：Δ_i——力法基本结构中第 i 个多余约束力 X_i 方向上产生的位移；

Δ_{ic}——实际结构中多余约束力 X_i 相对应方向上的位移。

由公式（15-6）可写出力法典型方程的一般形式：

$$\left.\begin{array}{l}\delta_{11}X_1 + \delta_{12}X_2 + \cdots + \delta_{1j}X_j + \cdots + \delta_{1n}X_n + \Delta_{1P} = 0 \\ \delta_{21}X_1 + \delta_{22}X_2 + \cdots + \delta_{2j}X_j + \cdots + \delta_{2n}X_n + \Delta_{2P} = 0 \\ \vdots \qquad\qquad\qquad\qquad\qquad\qquad \vdots \\ \delta_{i1}X_1 + \delta_{i2}X_2 + \cdots + \delta_{ij}X_j + \cdots + \delta_{in}X_n + \Delta_{iP} = 0 \\ \vdots \qquad\qquad\qquad\qquad\qquad\qquad \vdots \\ \delta_{n1}X_1 + \delta_{n2}X_2 + \cdots + \delta_{nj}X_j + \cdots + \delta_{nn}X_n + \Delta_{nP} = 0\end{array}\right\} \tag{15-7}$$

式中：δ_{ij}——柔度系数；$(i=1,2,\cdots n; j=1,2,\cdots n)$

当 $i \neq j$ 时称为副系数，副系数 $\delta_{ij} = \sum \int \dfrac{\overline{M_i}\,\overline{M_j}}{EI} \mathrm{d}x$

当 $i = j$ 时称为主系数，主系数 $\delta_{ij} = \sum \int \dfrac{\overline{M_i^2}}{EI} \mathrm{d}x$

X_i——力法基本未知量，基本结构中的多余约束力；$(i=1,2,\cdots,n)$

Δ_{iP}——自由项，荷载引起基本结构在 X_i 方向上的位移，自由项 $\Delta_{iP} = \sum \int \dfrac{\overline{M_i}M_P}{EI} \mathrm{d}x$；$(i=1,2,\cdots,n)$

主系数 δ_{ii}、副系数 δ_{ij}、自由项 Δ_{iP} 在工程计算中，通常采用图乘法求数值。主系数 δ_{ii} 不小于零，副系数 δ_{ij}、自由项 Δ_{iP} 的值则即可大于零，也可能小于零，甚至可能等于零。特别需注意副系数特点 $\delta_{ij} = \delta_{ji}$。

力法典型方程左边表达式表示力法基本结构在 X_i 方向上产生的位移 Δ_i。产生 Δ_i 的原因有二个：一个是多余约束力$(X_1, X_2, \cdots, X_n)$会引起 Δ_i 变化；另一个是荷载 P 也会引起 Δ_i 变化。力法典型方程右边表示实际结构在 X_i 方向上产生的 Δ_{ic}，由于 X_i 方向通常都是支座约束方向，因此，在支座不发生移动的情况下，$\Delta_{ic} = 0$。当然，如果支座发生了位移 c 的话，则 $\Delta_{ic} \neq 0$ 而且 $\Delta_{ic} = c$，若 Δ_{ic} 的位移方向与多余约束力 X_i 指向一致，则该位移值取正号，反之，则该位移取负号。所以说，看起来力法典型方程的表达式很复杂，很抽象，而实际上力法典型方程的意义很简单。

对于 n 次 $(n=1,2,\cdots,n)$ 超静定结构，根据力法典型方程，则可以建立 n 个方程，可以求出 n 个多余约束力。因此，根据力法概念，我们可以将任意一个超静定结构等效为含已知多余约束力的静定结构形式（即所有多余约束力都已知的力法基本结构)。

由力法典型方程求出所有的多余约束力后,可以按静定结构的分析方法求出原结构的全部未知力,也可以根据叠加原理求出控制截面内力值:

$$M = \overline{M}_1 X_1 + \overline{M}_2 X_2 + \cdots + \overline{M}_i X_i + \cdots + \overline{M}_n X_n + M_P \qquad (15-8)$$

然后以控制截面内力值作为控制点,绘制超静定结构的最后弯矩图,并且还可以根据平衡条件求出设计所需的杆件剪力和轴力。

 力法计算

【例 15-2】 已知结构受力如图 15-14a)所示,求此结构 M 图、F_Q 图和 F_N 图。($EI=$常数)

解:(1)选取基本结构

由题图观察可知,该结构有二个多余约束。为了方便计算,解除 C 支座的两个链杆,基本结构选取悬臂结构形式[如图 15-14b)所示]。

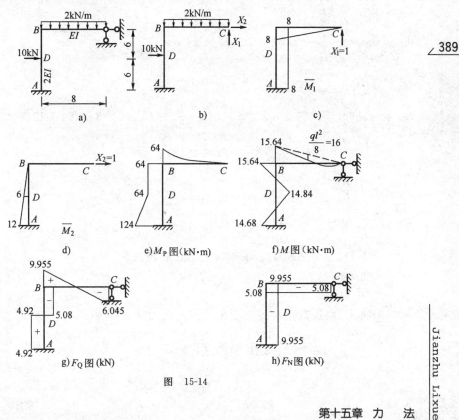

图 15-14

(2)写出力法方程

由于该结构有 2 个多余约束,因此该结构是一个二次超静定结构。写此结构的力法方程,先分别令 $i=1,2$ 和 $j=1,2$;然后将 i 和 j 的值分别代入公式 (15-7)方程组相应系数的下标中,就可写出该结构的力法方程。

$$\delta_{11} X_1 + \delta_{12} X_2 + \Delta_{1P} = 0 \qquad\qquad \text{(a)}$$

$$\delta_{21} X_1 + \delta_{22} X_2 + \Delta_{2P} = 0 \qquad\qquad \text{(b)}$$

(3)画出 $\overline{M}_1$、$\overline{M}_2$、M_P 图

$\overline{M}_1$ 图如图 15-14c)所示;

$\overline{M}_2$ 图如图 15-14d)所示;

M_P 图如图 15-14e)所示。

(4)计算主、副系数和自由项

$$\delta_{11} = \frac{1}{EI}\left[1/2 \times 8 \times 8 \times 2/3 \times 8\right] + \frac{1}{2EI}\left[8 \times 12 \times 8\right]$$

$$= \frac{512}{3EI} + \frac{384}{EI} = \frac{1664}{3EI}$$

$$\delta_{21} = \delta_{12} = \frac{1}{2EI}\left[-1/2 \times 12 \times 12 \times 8\right] = -\frac{288}{EI}$$

$$\delta_{22} = \frac{1}{2EI}\left[1/2 \times 12 \times 12 \times 2/3 \times 12\right] = \frac{288}{EI}$$

$$\Delta_{1P} = \frac{1}{EI}\left[-1/3 \times 64 \times 8 \times 3/4 \times 8\right] + \frac{1}{2EI}\left[-64 \times 6 \times 8 - (64+124)/2 \times 6 \times 8\right]$$

$$= \frac{1}{EI}(-1024) + \frac{1}{2EI}(-3072 - 4512)$$

$$= -\frac{4816}{EI}$$

$$\Delta_{2P} = \frac{1}{2EI}\left[1/2 \times 6 \times 6 \times 64 + 1/2 \times 12 \times 6 \times (2/3 \times 124 + 1/3 \times 64)\right.$$

$$\left. + 1/2 \times 6 \times 6 \times (2/3 \times 64 + 1/3 \times 124)\right]$$

$$= \frac{3204}{EI}$$

(5)将主、副系数值和自由项值分别代入力法方程 a)、b)式,得:

$$\frac{1664}{3EI} X_1 - \frac{288}{EI} X_2 - \frac{4816}{EI} = 0$$

$$-\frac{288}{EI} X_1 + \frac{288}{EI} X_2 + \frac{3204}{EI} = 0$$

解方程组得：

$$X_1=6.045, X_2=-5.08$$

(6)求控制截面内力值

求控截面内力值可以按公式(15-8)进行计算：

$$M_{CB}=0$$

$$\begin{aligned}M_{BC}&=\overline{M}_{1BC}X_1+\overline{M}_{2BC}X_2+M_{PBC}\\&=8\times6.045+0\times(-5.08)+(-64)\\&=-15.64\text{kN}\cdot\text{m}\end{aligned}$$

注意：因为在上述计算中 $\overline{M}_{1BC}$ 取值为正号，也就相当于在这次计算过程中，假设 M_{BC} 弯矩是下部受拉为正。所以，在计算 M_{PBC} 时，由于 M_{PBC} 弯矩是上部受拉，与这里的假设相反，故 $M_{PBC}=-64\text{kN}\cdot\text{m}$。最后结果 $M_{BC}=-15.68\text{kN}\cdot\text{m}$，说明 M_{BC} 弯矩的真实方向与本次计算时假设的正弯矩方向（即是 M_{1BC} 的方向）相反，M_{BC} 弯矩的真实方向是上部受拉。

$$\begin{aligned}M_{BA}&=\overline{M}_{1BA}X_1+\overline{M}_{2BA}X_2+M_{PBA}\\&=8\times6.045+0\times(-5.08)+(-64)\\&=-15.64\text{kN}\cdot\text{m}\end{aligned}$$

$$\begin{aligned}M_{DB}&=\overline{M}_{QDB}X_1+\overline{M}_{2DB}X_2+M_{PDB}\\&=8\times6.045+(-6)\times(-5.08)+(-64)\\&=14.84\text{kN}\cdot\text{m}\end{aligned}$$

$$\begin{aligned}M_{AB}&=\overline{M}_{1AB}X_1+\overline{M}_{2AB}X_2+M_{PAB}\\&=8\times6.045+(-12)\times(-5.08)+(-124)\\&=-14.68\text{kN}\cdot\text{m}\end{aligned}$$

(7)根据控制值作 M 图

最后 M 图如图 15-14f)所示。

(8)作 F_Q 图和 F_N 图

1)求 F_Q 和 F_N 控制值。

①画 C 点受力图，求 F_{QCB}、F_{NCB}。

C 点受力图如图 15-15 所示。

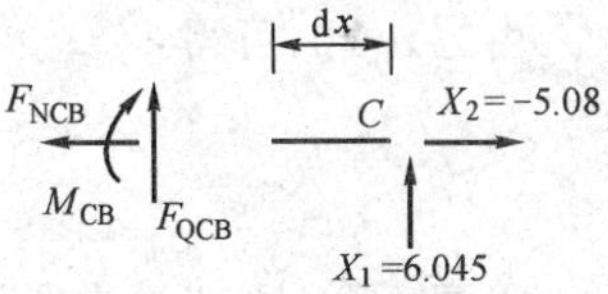

图 15-15

由 $\sum X=0$，可得：

$$-F_{NCB}+X_2=0$$

$$F_{NCB}=-5.08\text{kN}$$

（负号表示 F_{NCB} 真实方向与受力图中假设方向相反，即轴力为压力）

由 $\sum Y=0$，可得：

$$F_{QCB}+X_1=0$$
$$F_{QCB}=-6.045\text{kN}$$

（负号表示 F_{QCB} 真实方向与受力图中假设方向相反，即 F_{QCB} 为负剪力）

②画 BC 杆段受力图，求 F_{QBC}、F_{NBC}。

画 BC 杆段受力图时，注意 M_{BC} 是已知值。

BC 杆段受力图如图 15-16 所示。

由 $\sum X=0$，可得：

$$-F_{NBC}+X_2=0$$
$$F_{NBC}=-5.08\text{kN}$$

由 $\sum Y=0$，可得：

$$F_{QBC}-2\times8+X_1=0$$
$$F_{QBC}=+9.955\text{kN}$$

③过 B 点 $\mathrm{d}x$ 处截断杆件，画受力图如图 15-17 所示。

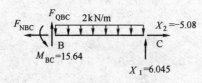

图 15-16　　　　　　　　　　　　图 15-17

由 $\sum X=0$，可得：

$$-F_{QBA}+X_2=0$$
$$F_{QBA}=-5.08\text{kN}$$

由 $\sum Y=0$，可得：

$$-F_{NBA}-2\times8+X_1=0$$
$$F_{NBA}=-9.955\text{kN}$$

④画 DBC 刚架受力图，求 F_{QDB}、F_{NDB}。

DBC 刚架受力图如图 15-18 所示。

由 $\sum X=0$，可得：

$$-F_{QDB}+X_2=0$$
$$F_{QDB}=-5.08\text{kN}$$

由 $\sum Y = 0$，可得：

$$-F_{NDB} - 2 \times 8 + X_1 = 0$$

$$F_{NBA} = -9.955\text{kN}$$

⑤画 ABC 刚架受力图，求 F_{QAB}、F_{NAB}。

ABC 刚架受力图如图 15-19 所示。

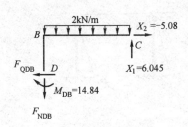

图 15-18   图 15-19

由 $\sum X = 0$，可得：

$$10 - F_{QAB} + X_2 = 0$$

$$F_{QAB} = 4.92\text{kN}$$

由 $\sum Y = 0$，可得：

$$-F_{NAB} - 2 \times 8 + X_1 = 0$$

$$F_{NAB} = -9.555\text{kN}$$

2）根据 F_Q、F_N 值，作 F_Q 图和 F_N 图。

F_Q、F_N 图如图 15-14g）、h）所示。

【例 15-3】 已知铰接排架受力图如图 15-20a）所示，求该排架 M 图（$EI =$ 常数）。

解：(1)选取基本结构

由题图观察可知，该结构有一个多余约束，截断排架的二力杆约束，可得力法基本结构[如图 15-20b)所示]。

(2)写出力法方程

一次超静定结构，写出力法方程：

$$\delta_{11}X_1 + \Delta_{1P} = 0$$

(3)画出 $\overline{M}_1$、M_P 图

$\overline{M}_1$ 图如图 15-20c)所示；

M_P 图如图 15-20d)所示。

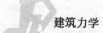

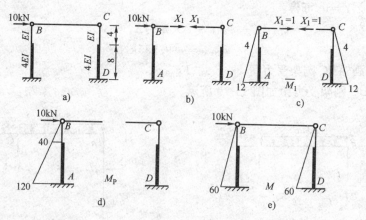

图 15-20

（4）计算主系数和自由项

$$\delta_{11} = \frac{2}{EI}\left[\frac{1}{2} \times 4 \times 4 \times \frac{2}{3} \times 4\right] + \frac{2}{4EI}\left[\frac{1}{2} \times 4 \times 8 \times \left(\frac{2}{3} \times 4 + \frac{1}{3} \times 12\right)\right.$$

$$\left. + \frac{1}{2} \times 12 \times 8 \times \left(\frac{2}{3} \times 12 + \frac{1}{3} \times 4\right)\right]$$

$$= \frac{128}{3EI} + \frac{832}{3EI}$$

$$= \frac{320}{EI}$$

$$\Delta_{1P} = \frac{1}{EI}\left[\frac{1}{2} \times 4 \times 4 \times \frac{2}{3} \times 40\right] + \frac{1}{4EI}\left[\frac{1}{2} \times 4 \times 8 \times \left(\frac{2}{3} \times 40 + \frac{1}{3} \times 120\right)\right.$$

$$\left. + \frac{1}{2} \times 12 \times 8 \times \left(\frac{2}{3} \times 120 + \frac{1}{3} \times 40\right)\right]$$

$$= \frac{640}{3EI} + \frac{1}{4EI}\left[\frac{3200}{3} + \frac{13440}{3}\right]$$

$$= \frac{1600}{EI}$$

（5）将主系数值和自由项值代入力法方程

$$\frac{320}{EI}X_1 + \frac{1600}{EI} = 0$$

$$X_1 = -5\text{kN}$$

（6）求控制截面内力值

根据公式（15-8）得内力控制值：

$$M_{AB} = \overline{M}_{1AB}X_1 + M_{PAB} = 12 \times (-5) + 120 = 60 \text{kN} \cdot \text{m}$$

$$M_{DC} = \overline{M}_{1DC}X_1 + M_{PDC} = 12 \times (-5) + 0 = -60 \text{kN} \cdot \text{m}$$

M_{DC} 的负号说明 M_{DC} 的真实方向与 $\overline{M}_1$ 图中的 $\overline{M}_{1DC}$ 受拉的边相反。

(7)根据控制值作 M 图

排架最后 M 图如图 15-20e)所示。

【例 15-4】 闭合框架受力如图 15-21a)所示,求作该结构 M 图。($EI =$ 常数)

解:(1)选取基本结构

此道例题所示结构导致超静定的原因与前面几道例题导致超静定的原因是不一样的。前面几道例题所示结构引起超静定的原因是该结构受到三个以上的支座约束,多余约束力表现为外力的形式,因此也把这种超静定结构称为外部超静定结构。对于外部超静定结构,选取基本结构的办法就是解除多余支座约束。而此道例题尽管支座形式是简支形式,但却无法求出结构的内力。这种结构引起超静定的原因不是外部支座多的原因,而是结构内部的内力利用力系的平衡条件无法求解,也就是说多余约束力表现为内力的形式,这种超静定结构称为内部超静定结构。对于内部超静定结构,选取基本结构的办法不是解除支座约束,而是截断杆件,通过截断杆件,暴露多余约束力。

在 BC 杆件中点将杆件截断,得到该结构的基本结构[如图 15-21b)所示]。

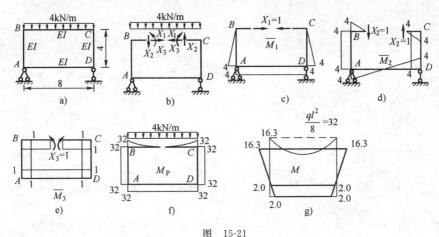

图 15-21

(2)写出力法方程

由基本结构知,此结构为三次超静定结构。先令 $i=1,2,3;j=1,2,3;$ 然后将 i 和 j 的值分别代入公式(15-7)方程组相应系数的下标中,即得此结构的力法方程。

$$\delta_{11}X_1 + \delta_{12}X_2 + \delta_{13}X_3 + \Delta_{1P} = 0$$
$$\delta_{21}X_1 + \delta_{22}X_2 + \delta_{23}X_3 + \Delta_{2P} = 0$$
$$\delta_{31}X_1 + \delta_{32}X_2 + \delta_{33}X_3 + \Delta_{3P} = 0$$

（3）画 $\overline{M}_1$、$\overline{M}_2$、$\overline{M}_3$、M_P 图

$\overline{M}_1$ 图如图 15-21c)所示；

$\overline{M}_2$ 图如图 15-21d)所示；

$\overline{M}_3$ 图如图 15-21e)所示；

M_P 图如图 15-21f)所示。

（4）计算主、副系数和自由项

$$\delta_{11} = \frac{1}{EI}\left[\frac{1}{2} \times 4 \times 4 \times \frac{2}{3} \times 4 + 4 \times 8 \times 4 + \frac{1}{2} \times 4 \times 4 \times \frac{2}{3} \times 4\right]$$

$$= \frac{512}{3EI}$$

$$\delta_{21} = \delta_{12}$$

$$= \frac{1}{EI}\left[\frac{1}{2} \times 4 \times 4 \times 4 + \frac{1}{2} \times 4 \times 4 \times 4 - \frac{1}{2} \times 4 \times 4 \times 4 - \frac{1}{2} \times 4 \times 4 \times 4\right]$$

$$= 0$$

$$\delta_{31} = \delta_{13}$$

$$= \frac{1}{EI}\left[-\frac{1}{2} \times 4 \times 4 \times 1 - 4 \times 8 \times 1 - \frac{1}{2} \times 4 \times 4 \times 1\right]$$

$$= -\frac{48}{EI}$$

$$\delta_{22} = \frac{1}{EI}\left[\frac{1}{2} \times 4 \times 4 \times \frac{2}{3} \times 4 + 4 \times 4 \times 4 + \frac{1}{2} \times 4 \times 4 \times \frac{2}{3} \times 4\right] \times 2$$

$$= \frac{640}{3EI}$$

$$\delta_{23} = \delta_{32} = \frac{1}{EI}\left[-\frac{1}{2} \times 4 \times 4 \times 1 - 4 \times 4 \times 1 - \frac{1}{2} \times 4 \times 4\right.$$

$$\left. \times 1 + \frac{1}{2} \times 4 \times 4 \times 1 + 4 \times 4 \times 1 + \frac{1}{2} \times 4 \times 4 \times 1\right] = 0$$

$$\delta_{33} = \frac{1}{EI}\left[1 \times 4 \times 1 + 1 \times 4 \times 1 + 1 \times 8 \times 1 + 1 \times 4 \times 1 + 1 \times 4 \times 1\right]$$

$$= \frac{24}{EI}$$

$$\Delta_{1P} = \frac{1}{EI}\left[\frac{1}{2} \times 4 \times 4 \times 32 + 4 \times 8 \times 32 + \frac{1}{2} \times 4 \times 4 \times 32\right] = \frac{1536}{EI}$$

$$\Delta_{2P} = \frac{1}{EI}\left[\frac{1}{3}\times 32\times 4\times \frac{3}{4}\times 4 + 32\times 4\times 4 + 32\times 4\times \frac{1}{2}\times 4 - 32\right.$$

$$\left.\times 4\times \frac{1}{2}\times 4 - 32\times 4\times 4 - \frac{1}{3}\times 32\times 4\times \frac{3}{4}\times 4\right]$$

$$= 0$$

$$\Delta_{3P} = \frac{1}{EI}\left[-\frac{1}{3}\times 32\times 4\times 1 - 32\times 4\times 1 - 32\times 8\right.$$

$$\left.\times 1 - 32\times 4\times 1 - \frac{1}{3}\times 32\times 4\times 1\right]$$

$$= -\frac{1792}{3EI}$$

(5)将主副系数和自由项代入力法方程

$$\frac{512}{3EI}X_1 + 0\cdot X_2 + \left(-\frac{48}{EI}\right)X_3 + \frac{1536}{EI} = 0$$

$$0\cdot X_1 + \frac{640}{3EI}X_2 + 0\cdot X_3 + 0 = 0$$

$$-\frac{48}{EI}X_1 + 0\cdot X_2 + \frac{24}{EI}X_3 + \left(-\frac{1792}{3EI}\right) = 0$$

解方程组得：

$$X_1 = -4.5714\text{kN}$$

$$X_2 = 0\text{kN}$$

$$X_3 = 15.7461\text{kN}$$

(6)求控制截面内力值

$$M_{BC} = \overline{M}_{1BC}X_1 + \overline{M}_{2BC}X_2 + \overline{M}_{3BC}X_3 + M_{PBC}$$
$$= 0\times(-4.5714) + 4\times 0 + (-1)\times 15.7461 + 32$$
$$= 16.3\text{kN}\cdot\text{m}$$

$$M_{BA} = \overline{M}_{1BA}X_1 + \overline{M}_{2BA}X_2 + \overline{M}_{3BA}X_3 + M_{PBA}$$
$$= 0\times(-4.5714) + 4\times 0 + (-1)\times 15.7461 + 32$$
$$= 16.3\text{kN}\cdot\text{m}$$

$$M_{AB} = \overline{M}_{1AB}X_1 + \overline{M}_{2AB}X_2 + \overline{M}_{3AB}X_3 + M_{PAB}$$
$$= 4\times(-4.5714) + 4\times 0 + (-1)\times 15.7461 + 32$$
$$= -2.0\text{kN}\cdot\text{m}$$

$$M_{AD} = \overline{M}_{1AD}X_1 + \overline{M}_{2AD}X_2 + \overline{M}_{3AD}X_3 + M_{PAD}$$
$$= 4\times(-4.5714) + 4\times 0 + (-1)\times 15.7461 + 32$$
$$= -2.0\text{kN}\cdot\text{m}$$

另一半内力图可依据"对称结构在对称荷载作用下,内力图也是对称"的规则,将此结构最后 M 图画出。

(7)根据控制值作 M 图

结构最后 M 图如图 15-21g)所示。

【例 15-5】 已知结构支座移动情况如图 15-22a)所示,求作该结构的 M 图。(设 $EI=1$)

解:(1)选取基本结构

一般情况下,外部超静定结构多余约束的认定有多种可能,如本例题结构中,即可认为 B 支座的链杆是多余约束(基本结构为简支形式),也可认为 C 支座的链杆是多余约束(基本结构为外伸梁形式)。

但是本例题的图 15-22a)结构在 C 支座发生了移动,根据计算经验选择发生移动的支座作为多余约束比较方便。故本例题选取 C 支座为多余约束。因为力法典型方程表示的是力法基本结构和实际结构在多余约束力方向上的位移,如果选取 C 支座链杆为多余约束,则在写力法典型方程时,可将支座移动值理解为力法典型方程右边实际结构的移动值,这样在力法典型方程中就较容易考虑支座移动因素。

基本结构如图 15-22b)所示。

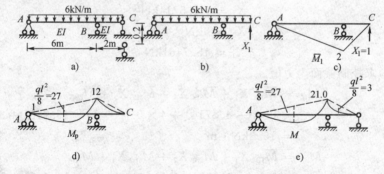

图 15-22

(2)写出力法方程

由于有支座移动,根据公式(15-6)知道,力法典型方程右边的值将等于支座移动值。因支座移动的方向与多余约束力的假设方向相反,故支座移动值应该取负号。

根据公式(15-6),可写出本例题的力法典型方程:

$$\delta_{11}X_1 + \Delta_{1P} = -0.2$$

(3)画 $\overline{M}_1$、M_P 图

$\overline{M}_1$ 图如图 15-22c)所示；

M_P 图如图 15-22d)所示。

(4)计算主系数和自由项

$$\delta_{11} = \frac{1}{EI}\left[\frac{1}{2} \times 2 \times 2 \times \frac{2}{3} \times 2 + \frac{1}{2} \times 2 \times 6 \times \frac{2}{3} \times 2\right]$$

$$= \frac{32}{3EI}$$

$$\Delta_{1P} = \frac{1}{EI}\left[-\frac{1}{3} \times 12 \times 2 \times \frac{3}{4} \times 2 + \frac{2}{3} \times 6 \times 27\right.$$

$$\left. \times \frac{1}{2} \times 2 - \frac{1}{2} \times 12 \times 6 \times \frac{2}{3} \times 2\right]$$

$$= \frac{48}{EI}$$

(5)将主系数和自由项值代入力法方程

$$\frac{32}{3EI}X_1 + \frac{48}{EI} = -0.2$$

解方程得：

$$X_1 = -4.5188\text{kN}$$

(6)求控制截面内力值

$$M_{BC} = \overline{M}_{1BC}X_1 + M_{PBC}$$

$$= 2 \times (-4.5188) + (-12)$$

$$= -21.0\text{kN} \cdot \text{m}$$

(7)根据控制值作 M 图

结构最后 M 图如图 15-22 (e)所示。

三 单杆超静定结构计算

在对结构进行理论分析的过程中,特别是在进行位移法和力矩分配法的计算中,常常将复杂结构等效为单杆超静定梁(也称为单杆超静定结构形式)。这些单杆超静定梁的杆端内力是进行位移法、力矩分配法计算的基本数据。单杆超静定梁杆端内力通常是采用力法来求解的。

1.基本规定

在位移法、力矩分配法等超静定结构计算方法的计算过程中,通常采用三种单杆超静定结构形式:(1)两端固定单杆结构形式,如图 15-23a)所示;(2)一端固

定一端铰支单杆结构形式,如图 15-23b)所示;(3)一端固定一端滑动单杆结构形式,如图 15-23c)所示。

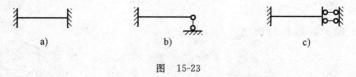

图 15-23

杆端内力的符号:

杆件的杆端弯矩以绕杆端截面顺时针转动为正号,如图 15-24a)所示,反之,绕杆端截面逆时针转动的杆端弯矩取负号,如图 15-24b)所示。

图 15-24

结点端和中间支座端的杆端弯矩以绕截面逆时针转动为正号,如图 15-25a)所示,反之绕结点端截面或中间支座端截面顺时针转的杆端弯矩取负号,如图 15-25b)所示。

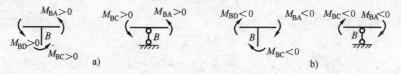

图 15-25

杆端剪力以使脱离体顺时针旋转方向为正,如图 15-26a)所示,反之为负,如图 15-26b)所示。

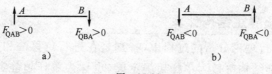

图 15-26

2.单杆超静定结构计算

为了方便在位移法和力矩分配法等方法中运用单杆超静定结构的分析结果,人们对每一种单杆超静定结构形式都进行了深入的研究。经分析后发现引起单杆超静定结构杆端内力的原因:(1)支座移动;(2)支座转动;(3)荷载。

以一端固定一端铰支单杆结构形式为例,介绍单杆超静定结构的分析方法。

首先来看支座转动情况:

一端固定一端铰支单杆结构支座转动[如图 15-27a)所示],求杆端内力 M_{AB}、M_{BA}、F_{QAB}、F_{QBA}。

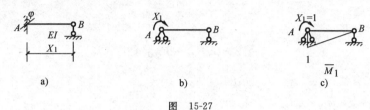

图 15-27

取基本结构如图 15-27b)所示。$\overline{M}_1$ 图如图 15-27c)所示。

$$\delta_{11} = \frac{1}{EI}\left(\frac{1}{2} \times 1 \times l \times \frac{2}{3} \times 1\right)$$
$$= \frac{l}{3EI}$$

力法方程:

$$\frac{l}{3EI}X_1 = \varphi$$

$$X_1 = \frac{3EI}{l}\varphi = 3i\varphi \qquad (线刚度\ i = EI/l)$$

杆端弯矩值计算:

$$M_{AB} = \overline{M}_{1AB}X_1 = 3i\varphi \times 1 = 3i\varphi$$
$$M_{BA} = 0$$

将杆端弯矩值代入图 15-27b)基本结构,得 AB 杆件受力图如图 15-28 所示。根据此受力图可求出支座反力:

$$\sum M_A = 0$$

$$F_{yB} = \frac{3i\varphi}{l}$$

$$F_{yA} = -\frac{3i\varphi}{l}$$

$$\sum X = 0, F_{xA} = 0$$

作 A 点受力图和 B 点受力图[如图 15-29a)、b)所示]。

由图 15-29a):

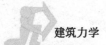

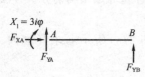

图 15-28　　　　　　　　　　　　　　　　图 15-29

$$\sum Y = 0, F_{YA} - F_{QAB} = 0$$

$$F_{QAB} = F_{YA} = -\frac{3i\varphi}{l}$$

由图 15-29b)：

$$\sum Y = 0, F_{YB} + F_{QBA} = 0$$

$$F_{QBA} = -F_{YB} = -\frac{3i\varphi}{l}$$

所以，一端固定一端铰支与单杆结构支座发生转动时，杆端产生的内力为：

$$M_{AB} = 3i\varphi$$

$$M_{BA} = 0$$

$$F_{QAB} = -\frac{3i\varphi}{l}$$

$$F_{QBA} = -\frac{3i\varphi}{l}$$

再来分析一端固定一端铰支单杆结构支座发生移动[如图 15-30a)所示]，求杆端内力 M_{AB}、M_{BA}、F_{QAB}、F_{QBA}。

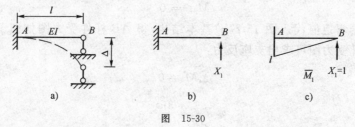

图　15-30

取基本结构如图 15-30b)所示。

$\overline{M}_1$ 图如图 15-30c)所示。

$$\delta_{11} X_1 = -\Delta$$

$$\delta_{11} = \frac{1}{EI}\left[\frac{1}{2} \times l \times l \times \frac{2}{3}l\right] = \frac{l^3}{3EI}$$

力法方程：

$$\frac{l^3}{3EI}X_1 = -\Delta$$

$$X_1 = -\frac{3EI}{l^3}\Delta = -\frac{3i}{l^2}\Delta$$

杆端弯矩值计算：

$$M_{AB} = \overline{M}_{1AB}X_1 = -\frac{3i}{l^2}\Delta \times l = -\frac{3i}{l}\Delta$$

M_{AB} 的负号说明 M_{AB} 受拉边与 $\overline{M}_{1AB}$ 的受拉边相反，M_{AB} 真实方向是杆端上部受拉。

$$M_{BA} = 0$$

将 X_1 值代入图 15-30b)基本结构，并将 A 端杆件截断，得受力图如图 15-31 所示。计算杆端剪力得：

$$\sum M_A = 0$$

$$F_{QAB} = -\frac{M_{AB}}{l} = \frac{3i}{l^2}\Delta$$

作 B 点受力图如图 15-32 所示。

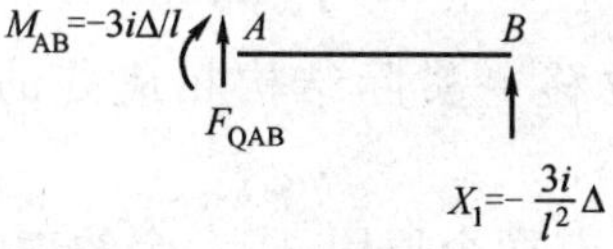

图 15-31

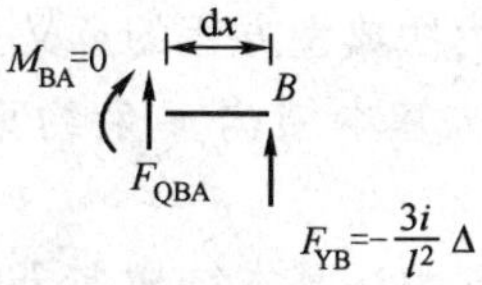

图 15-32

$$\sum Y = 0, F_{QBA} + F_{yB} = 0$$

$$F_{QBA} = -F_{YB} = -\left(\frac{-3i}{l^2}\Delta\right) = \frac{3i}{l^2}\Delta$$

所以，一端固定一端铰支与单杆结构支座发生移动时，杆端产生的内力为：

$$M_{AB} = -\frac{3i}{l}\Delta$$

$$M_{BA} = 0$$

$$F_{QAB} = \frac{3i}{l^2}\Delta$$

$$F_{QBA} = \frac{3i}{l^2}\Delta$$

至此，我们以一端固定一端铰支的单杆结构为例，分别介绍了单杆结构在支

座转动和支座移动时,单杆结构的内力分析方法。运用同样的方法,我们也可以对两端固定单杆结构和一端固定一端滑动单杆结构进行内力分析,求出杆端的内力值。由于力法例题多为荷载作用下的情形,故荷载引起的杆端内力分析不再叙述。

◄ 小   结 ►

1.力法的核心概念是在一定的条件下,一个超静定杆系结构可以用一个包含未知多余约束力的静定结构(力法基本结构)来等效,即

超静定结构＝力法基本结构＋基本未知量(多余约束力)。

2.因为在同一个超静定结构中对多余约束的认识不同,所以同一个超静定结构可以分析成多个力法基本结构。力法基本结构一般情况下应该为简支、外伸、悬臂等静定结构形式。

3.力法基本未知量是力法基本结构中的多余约束力,也是力法求解的计算对象。一旦力法基本结构中的多余约束力求出,则可将原超静定结构等效为静定结构形式。

4.力法典型方程的意义是:

力法基本结构多余约束力方向上产生的位移＝实际结构相应处的位移。

引起力法基本结构多余约束力方向上的位移有两个原因:①多余约束力;②荷载。

$$\delta_{11}X_1 + \delta_{12}X_2 + \cdots + \delta_{1j}X_j + \cdots + \delta_{1n}X_n + \Delta_{1P} = 0$$

$$\delta_{21}X_1 + \delta_{22}X_2 + \cdots + \delta_{2j}X_j + \cdots + \delta_{2n}X_n + \Delta_{2P} = 0$$

$$\cdots \qquad\qquad\qquad \cdots$$

$$\delta_{i1}X_1 + \delta_{i2}X_2 + \cdots + \delta_{ij}X_j + \cdots + \delta_{in}X_n + \Delta_{iP} = 0$$

$$\cdots \qquad\qquad\qquad \cdots$$

$$\delta_{n1}X_1 + \delta_{n2}X_2 + \cdots + \delta_{nj}X_j + \cdots + \delta_{nn}X_n + \Delta_{nP} = 0$$

主系数 δ_{ii}、副系数 δ_{ij}、自由项 Δ_{iP} 在工程计算中,通常采用图乘法求数值。主系数 δ_{ii} 不小于零,副系数 δ_{ij}、自由项 Δ_{iP} 的值则即可大于零,也可能小于零,甚至可能等于零。特别需注意副系数特点 $\delta_{ii} = \delta_{ji}$。

15-1　分别叙述静定结构和超静定结构的特点。

15-2　如何将一个超静定结构等效为力法基本结构？

15-3　力法典型方程 15-7 公式的等号右边为什么都等于零？什么情况下，该公式中等号右边不等于零？

15-4　力法典型方程等号两边的表达式表示了超静定结构与力法基本结构间的什么关系？

15-5　一个超静定结构只能有一个力法基本结构，这种说法对吗？为什么？

15-6　超静定实际结构与相对应的力法基本结构完全等效吗？两者在什么条件下才会存在等效关系？

习　题

15-1　判断下列结构的超静定次数。

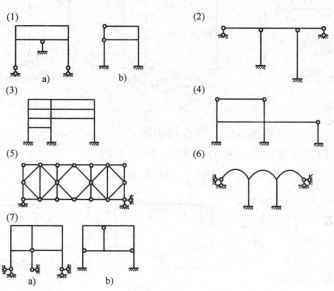

题 15-1 图

15-2 用力法作图示结构的 M 图(EI＝常数)。

15-3 用力法作图示排架的 M 图。已知 EI＝常数。

15-4 用力法计算并作图示结构的 M 图(EI＝常数)。

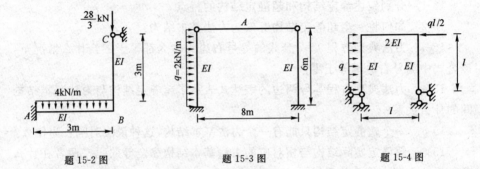

题 15-2 图　　　　　题 15-3 图　　　　　题 15-4 图

15-5 用力法计算并作图示结构的 M 图(EI＝常数)。

15-6 用力法计算图示结构并作 M 图。EI＝常数。

15-7 用力法计算图示结构并作 M 图。EI＝常数。

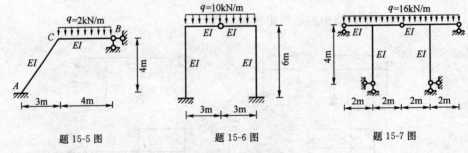

题 15-5 图　　　　　题 15-6 图　　　　　题 15-7 图

15-8 用力法计算图示结构并作弯矩图。

15-9 用力法作图示结构的 M 图 。EI＝常数。

15-10 用力法作 M 图。各杆 EI 相同,杆长均为 l。

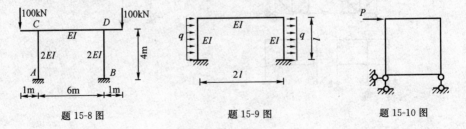

题 15-8 图　　　　　题 15-9 图　　　　　题 15-10 图

第十六章
位 移 法

【能力目标、知识目标与学习要求】

　　本章学习内容要求学生深刻理解位移法对超静定结构的认识,熟悉用位移法典型方程求解超静定结构的方法,熟练掌握直接平衡法求解超静定结构的方法。

　　位移法是求解超静定结构的经典方法之一。由于位移法对超静定结构认识精辟、概念清晰、计算方法简单,从而使位移法在实际工程运算中得到了广泛地运用和发展,如力矩分配法等工程实用计算法都是在位移法基础上发展起来的近似算法。

第一节　概　　述

一 位移法对超静定结构的认识

　　要找到求解复杂超静定结构内力的计算方法,首先必须要对超静定结构有正确深刻地认识。当我们用位移法的角度观察超静定结构时,仍然坚持复杂事物都是由简单事物构成的这样一个基本态度,经过前人的分析、整理和归纳,位移法认为一个复杂的超静定杆系结构,实际上可以通过若干个单杆结构(简单的超静定结构形式)组合而构成,即:

$$超静定结构 = \sum 单杆结构 \qquad (16\text{-}1)$$

　　位移法计算就是在这个概念的基础上,根据超静定结构与单杆结构间的等

效条件,建立求解未知力的方程,从而计算出超静定结构的全部未知力。

位移法求解超静定结构问题,精妙之处在于它把实际工程中五花八门、千变万化的超静定杆系结构形式,归纳成为简单的单杆结构形式,使我们的分析对象和分析方法得到极大地简化。而一般情况下,在超静定杆系结构中,遇到的单杆结构形式,只有两端固定单杆结构形式,如图 16-1a)所示;一端固定一端铰支单杆结构形式,如图 16-1b)所示;及一端固定一端滑动单杆结构形式,如图 16-1c)所示;位移法认为这样三种单杆结构形式可以构成任意实际杆系结构,这就使位移法这种计算方法在实际运用过程中显得更简单、更方便。

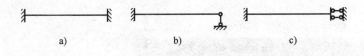

图 16-1

例如,对于图 16-2a)所示,由 ABC 刚架构成的超静定结构,位移法就将其视为,该超静定结构是由一端固定一端铰支的 BC 单杆结构[如图 16-2b)所示]和两端固定的 AB 单杆结构[如图 16-2c)]所示叠加而形成的。若要求解这个 ABC 刚架构成的超静定结构的未知力,只要计算出 BC 单杆结构和 AB 单杆结构,就可分析出该超静定结构的未知力。所以可以看出,从位移法的角度来说,求解单杆结构的内力是求解各种超静定杆系结构的计算基础。

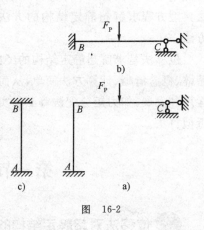

图 16-2

二 位移法求解超静定结构的方法

基于超静定杆系结构是由单杆结构组成的这样一种认识,应用位移法的概念计算超静定结构,首先就必须解决如何将实际超静定结构等效成单杆结构的问题,即解决如图 16-2a)所示的超静定刚架结构怎样等效成 BC 单杆结构[图 16-2b)]和 AB 单杆结构[如图 16-2c)]的组合形式。

为什么一个复杂的超静定杆系结构能够等效成相应的单杆结构？对于这种等效的合理性有两种不同的解释和思路：

1. 通过在超静定杆系结构的结点处增加附加约束（如刚臂、附加链杆等），使该杆件系统变成一个既没有结点移动，也没有刚结点转动，只有杆段在荷载作用下单独变形的位移法基本结构。这样在基本结构中各个杆段的变形与相应单杆结构的变形是一致的，所以在与原杆系结构对应的位移法基本结构中，可以用相应的单杆结构来等效组成相应杆段的内力和变形，最后，根据基本结构中的附加约束（如刚臂、附加链杆等）上受力为零，则可除去附加约束，位移法基本结构除去附加约束，就是实际结构的思想建立位移法典型方程，也就是根据位移法基本结构还原为实际结构必须要满足的条件（附加约束等于零）建立位移法典型方程，再由典型方程求出结构中所有的位移法基本未知量。

例如在 16-2a)中 ABC 刚架的结点 B 上增加一个刚臂（刚臂是一种使刚结点不能发生转动的假想约束，用 表示），得到 16-3a)中所示位移法基本结构。在这个基本结构中，由于 B 结点受到刚臂的约束，因此 B 结点在结构的受力过程中将不会发生转动，同时根据结构力学计算假设，在结构计算中是忽略杆件由轴力引起的轴向变形，这样在图 16-3a)所示位移法基本结构中结点 B 既不会发生移动也不会发生转动。

为了深入了解 16-3a)中所示位移法基本结构的内涵，我们可以从变形和杆端约束二个方面来探讨。

从变形角度来说，尽管 B 结点在刚臂和链杆的约束下，既不能产生转动，也不能产生移动，但基本结构中各个杆段仍将在各自荷载作用下发生变形，如 BC 杆段在外力 F_P 作用下，还是要发生杆段变形的。而且由于 B 结点不发生转动，所以图 16-3a)里 BC 杆段的变形不会影响到图 16-3a)里的 AB 杆段。故称此类杆段的变形为单独变形。因此，在位移法基本结构[图 16-3a)]中对 AB 单杆结构[图 16-3c)]进行单杆结构分析时，不需考虑 BC 单杆结构[图 16-3b)]的影响，同理分析 BC 单杆结构[图 16-3b)]时，也不需考虑 AB 单杆结构[图 16-3c)]的影响。从实际效果来看，可以说结点上施加刚臂，切断了位移法基本结构中各个杆段变形间的相互联系，从而使单杆结构的分析更单纯。

另外一个方面，从杆端的约束特点来看，图 16-3a)中 ABC 刚架有 AB 和 BC 两个杆段，其中 B 结点施加刚臂后，B 刚结点体现的刚结点约束特点表示为 B

端既不能发生移动又不能发生转动,这里刚结
点在 B 杆端表示出来的约束特点刚好与力学中
定义的固定端支座的约束特点一致,因此,在力
学分析中,就可以用固定支座来等效位移法基本
结构中 B 刚结点的约束作用,再考虑杆段单独
变形的特点,综合起来,我们可以把图 16-3a)表
示的位移法基本结构看成是 BC 单杆结构[图
16-3b)]和 AB 单杆结构[图 16-3c)]的叠加。这
也就是超静定杆系结构是若干单杆结构组合而
成这个概念的来源。同时也使我们认清了单杆
结构分析是位移法计算的基础。

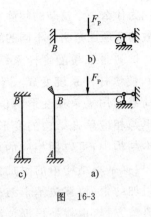

图 16-3

当然,单杆结构仍然是包含有未知力,求解这些未知力就需建立方程。
位移法建立方程的理论就是:尽管位移法基本结构与原来的超静定杆系结
构有对应关系,但两者是不同的,不同之处的关键是实际结构中不存在刚臂
(或附加链杆),而基本结构中有刚臂(或附加链杆)。要使基本结构与实际
结构一致,就必须将基本结构中的刚臂(或附加链杆)除去。怎样才能等效
地将基本结构中的刚臂(或附加链杆)除去呢? 条件只有一个,就是要使基
本结构中附加约束上的受力等于实际情况,即附加约束上的受力等于零,根
据这样一个条件就可建立位移法典型方程,并据此方程求出单杆结构中的
未知力。当附加约束上的受力等于零时,就可从基本结构中等效地除去附
加约束,除去了附加约束的基本结构就是实际结构了。所以说位移法基本
结构[如图 16-3a)所示],只有在附加约束[如图 16-3a)中刚臂 B]受力为零
的条件下,才与原结构[图 16-2a)]等效。通过位移法典型方程求解出结构
中的未知力后,所有力学分析的内容都可以完成。这是位移法中典型方程
法求解未知力的解题思路。

2. 位移法解超静定结构的第二种思路是,将实际结构刚结点处的杆端截
断,根据截面法截断刚结点后,每个杆端都必须用轴力 F_N、剪力 F_Q 和弯矩 M
来等效,这三个内力的形式,刚好与力学中固定端支座反力的形式一致,故超
静定杆系结构的刚结点杆端截断后,可以假设杆端的轴力 F_N、剪力 F_Q 和弯矩
M 的数值等于固定端支座的支座反力,因此,可用固定端支座形式等效截断
后的杆端。采用这种等效方式后,实际结构就形成一个由刚结点联系的、由多
个单杆结构共同组成的一个体系。各单杆结构中的未知力,可通过刚结点上
内力平衡关系建立方程解出。

例如将 16-2a)中的超静定结构等效为图 16-4a)中形式。当图 16-4b)中 B 端支座反力等于图 16-4a)中 BC 杆段中 B 端内力 F_{NBC}、F_{QBC} 和 M_{BC} 时，就可以用图 16-4b)中的 BC 单杆结构来等效图 16-4a)中的 BC 杆段。同理，可用图 16-4c)中的 AB 单杆结构等效图 16-4a)中的 AB 杆段。AB、BC 单杆结构中的未知力，可通过 B 结点上内力平衡条件建立方程解出。这是直接平衡法的计算原理。

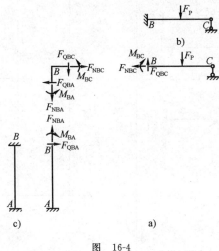

图 16-4

第二节 单杆结构分析

一 单杆结构分析对象及内力产生原因

一般超静定杆系结构都可认为是由两端固定单杆结构、一端固定一端铰支单杆结构和一端固定一端滑动单杆结构形式组合而构成的。所以，求解超静定单杆结构，要从分析这三种单杆结构形式入手，即解超静定单杆结构从单杆结构分析开始，而单杆结构分析的内容就是要写出这三种单杆结构的杆端内力表达式，以利于求解超静定杆系结构。

首先，单杆结构是超静定结构形式，因此，不可能仅根据平衡力系的平衡条件就解出这三种单杆结构的未知力。而单杆结构未知力是计算超静定杆系结构的基础，必须求出单杆结构的未知力才能解超静定结构。所以，在实际计算中，通常采用力法将这三种单杆结构在常见的变形或常见的荷载形式作用下产生的未知力解出，解出的结果如表 16-1 和表 16-2 所示。

411

第十六章 位 移 法

 建筑力学

形 常 数 表
表 16-1

编 号	简 图	弯 矩		剪 力	
		M_{AB}	M_{BA}	F_{QAB}	F_{QBA}
两端固定 1	$\theta_A=1$ EI A B $\theta_A=1$ l	$4i$	$2i$	$-\dfrac{6i}{l}$	$-6\dfrac{i}{l}$
两端固定 2	A EI B $\Delta=1$ l	$-\dfrac{6i}{l}$	$-\dfrac{6i}{l}$	$12\dfrac{i}{l^2}$	$12\dfrac{i}{l^2}$
一端固定 一端铰支 3	$\theta_A=1$ A EI B $\theta_A=1$ l	$3i$	0	$-\dfrac{3i}{l}$	$-\dfrac{3i}{l}$
一端固定 一端铰支 4	A EI B $\Delta=1$ l	$-\dfrac{3i}{l}$	0	$3\dfrac{i}{l^2}$	$3\dfrac{i}{l^2}$
一端固定 一端滑动 5	$\theta_A=1$ A EI B $\theta_A=1$ l	i	$-i$	0	0

412

编号	简图	弯矩		剪力	
		M_{AB}	M_{BA}	F_{QAB}	F_{QBA}
1		$-\dfrac{Pl}{8}$	$+\dfrac{Pl}{8}$	$+\dfrac{P}{2}$	$-\dfrac{P}{2}$
2		$-\dfrac{Pab^2}{l^2}$	$+\dfrac{Pa^2b}{l^2}$	$\dfrac{Pb^2}{l^2}\left(1+\dfrac{2a}{l}\right)$	$-\dfrac{Pa^2}{l^2}\left(1+\dfrac{2b}{l}\right)$
3		$-\dfrac{1}{12}ql^2$	$+\dfrac{1}{12}ql^2$	$+\dfrac{ql}{2}$	$-\dfrac{ql}{2}$
4		$-\dfrac{1}{30}ql^2$	$+\dfrac{1}{20}ql^2$	$+\dfrac{3}{20}ql$	$-\dfrac{7}{20}ql$
5		$-\dfrac{ql^2}{8}$	0	$+\dfrac{5}{8}ql$	$-\dfrac{3}{8}ql$
6		$-\dfrac{3}{16}Pl$	0	$+\dfrac{11}{16}P$	$-\dfrac{5}{16}P$
7		$-\dfrac{Pb(l^2-b^2)}{2l^2}$	0	$+\dfrac{Pb(3l^2-b^2)}{2l^3}$	$-\dfrac{Pa^2(3l-a)}{2l^3}$

两端固定

一端固定 一端铰支

413

单杆结构中不同的截面上存在着不同的内力,在进行单杆结构内力分析时,以什么截面的内力为分析对象呢?通常在单杆结构分析中,以单杆结构的杆端内力为分析对象或者说计算对象。因为任何一个单杆结构,如果能够知道其杆端内力,则不论该单杆结构上作用有任何荷载,该单杆结构任意截面的内力都可求出。杆端内力的内力种类一般只有三种:轴力 F_N、剪力 F_Q 和弯矩 M,即一般情况下,截断单杆结构的杆端,只要在该杆端加上轴力 F_N、剪力 F_Q 和弯矩 M 后,则截断前、后的杆端在力学上是等效的。

根据理论分析、归纳,一般情况下引起单杆结构杆端内力的原因有三种:一种是作用在单杆结构上的荷载,即作用在单杆结构上的荷载会在单杆结构的杆端引起内力,这部分由荷载在杆端引起的杆端内力称为固端内力,用 M^g 表示。另一种引起杆端内力的原因是支座位移,支座位移的形式有支座移动和支座转动。单杆结构都是超静定结构,在超静定结构中支座发生位移(即支座产生移动或转动),必然会在杆端产生内力。由支座移动引起的杆端内力用 M^Δ 表示,由支座转动引起的杆端内力用 M^ρ 表示。综上所述,单杆结构任意杆端内力 M 为:

$$M_{AB} = M_{AB}^\theta + M_{AB}^\Delta + M_{AB}^g \tag{16-2}$$

在位移法中,任何单杆结构的杆端内力我们都是从 M^ρ、M^Δ 和 M^g 三个方面来考虑的。

等截面直杆转角位移方程

位移求解超静定结构的计算基础是对单杆结构的杆件分析,并且杆件分析的计算对象是杆端内力,而引起杆端内力的原因是荷载和支座位移,故想弄清单杆结构的杆端内力,就需研究单杆结构杆端内力与杆端位移、荷载之间的关系。

首先来确定单杆结构的杆端位移与杆端内力的正、负号。设单杆结构的杆件受力图如图 16-5 所示,杆件材料弹性模量和截面惯性矩 EI 为常数,杆端 A 和 B 的角位移分别为 θ_A 和 θ_B,杆端 A 和 B 垂直于杆轴线 AB 的相对线位移为 Δ,则弦切角 $\varphi = \Delta/l$,杆端 A、B 的弯矩和剪力分别为 M_{AB}、M_{BA}、F_{QAB} 和 F_{QBA}。在进行单杆结构分析过程中,采用以下符号规定:

1.杆端角位移 θ_A、θ_B 以顺时针方向转动为正,如图 16-5 所示,反之为负号;杆件两端的相对线位移 Δ 的符号,以该线位移 Δ 产生的弦切角 $\varphi = \Delta/l$ 使杆件产生顺时针方向转动为正,如图 16-5 所示,反之为负号;

2.杆端弯矩 M_{AB}、M_{BA} 以顺时针方向转动为正;杆端剪力 F_{QAB}、F_{QBA} 以该剪力使杆件产生顺时针转动为正,如图 16-5 所示,反之为负号。

常见的三种单杆结构在支座转动、支座移动以及荷载作用下产生的杆端内力值，可利用力法将各种情况下产生的杆端内力值分别一一求出，这些计算结果分别如表 16-1 和表 16-2 所示。形常数是指由单位位移在单杆结构中引起的杆端内力。表中杆的线刚度 $i=EI/l$。载常数是指荷载在单杆结构中引起的杆端内力。有了这些基础后，就可以很方便地根据公式(16-2)写出单杆结构中任意杆件的杆端内力。其中 M^θ_{AB}、M^Δ_{AB} 和 M^g_{AB} 都可依据表 16-1 和表 16-2 将它们的表达式写出，即有了表 16-1 和表 16-2，任何一个单杆结构的杆端内力表达式都可很方便地写出。写杆端内力表达式时仅需按表 16-1 写出 M^θ_{AB} 和 M^Δ_{AB} 的表达式，按表 16-2 写出 M^g_{AB} 表达式。当然这些表达式中含有支座位移未知量 θ、Δ。

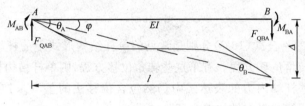

图 16-5

如图 16-6a)所示，两端固定单杆结构的杆端内力 M_{AB}、M_{BA} 为：

$$M_{AB} = M^{\theta_A}_{AB} + M^{\theta_B}_{AB} + M^\Delta_{AB} + M^g_{AB}$$

$$= 4i_{AB}\theta_A + 2i_{AB}\theta_B - 6\frac{i_{AB}}{l}\Delta + M^g_{AB} \qquad (16\text{-}3)$$

$$M_{BA} = M^{\theta_A}_{BA} + M^{\theta_B}_{BA} + M^\Delta_{BA} + M^g_{BA}$$

$$= 2i_{AB}\theta_A + 4i_{AB}\theta_B - 6\frac{i_{AB}}{l}\Delta + M^g_{BA} \qquad (16\text{-}4)$$

如图 16-6b)所示一端固定一端铰支单杆结构的杆端内力 M_{AB}、M_{BA} 为：

$$M_{BA} = M^{\theta_A}_{AB} + M^\Delta_{AB} + M^g_{AB}$$

$$= 3i_{AB}\theta_A - 3\frac{i_{AB}}{l}\Delta + M^g_{AB} \qquad (16\text{-}5)$$

$$M_{BA} = 0$$

如图 16-6c)所示一端固定一端滑动单杆结构的杆端内力 M_{AB}、M_{BA} 为：

$$M_{AB} = M^{\theta_A}_{AB} + M^g_{AB}$$

$$= i_{AB}\theta_A + M^g_{AB} \qquad (16\text{-}6)$$

$$M_{BA} = M^{\theta_A}_{BA} + M^g_{BA}$$

$$= -i_{AB}\theta_A + M^g_{AB} \qquad (16\text{-}7)$$

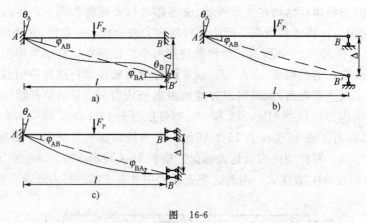

图 16-6

公式(16-3)～公式(16-7)分别是常见的单杆结构形式下的杆端内力计算表达式,也称为转角位移方程。有了这些转角位移方程,则单杆结构杆端内力的表达式(尽管这些杆端内力的表达式中仍然包含位移法的基本未知量)都可写出来,为用位移法解超静定结构奠定了基础。

第三节　位移法基本未知量

由于从位移法的角度,超静定杆系结构是单杆结构的组合,所以位移法的基本未知量,实际上与单杆结构中的未知量是一致的。从单杆结构转角位移方程来看,杆端内力中的固端弯矩 M_{AB}^g,当荷载已知时,可根据表 16-2 将载常数完全确定,也就是说在单杆结构形式和荷载都确定的情况下,固端弯矩是可通过查表 16-2 得出的具体数值。所以看得很清楚,影响单杆结构杆端内力的未知量是支座转角位移 θ 和线位移 Δ。因单杆结构中固定端支座一般是等效超静定杆系结构中结点杆端的约束作用,所以在单杆结构中固定支座的转动,实际上是表示超静定杆系结构中刚结点的转动。因此,位移法的基本未知量是实际结构的刚结点转角位移 θ 和垂直于杆轴线的相对线位移 Δ 两种。

● 一 转角位移 θ

在实际结构中确定转角位移 θ 的数目较容易。根据刚结点不改变结点上各杆端间夹角的约束特点,很容易理解不论结构中所研究的刚结点有几个杆端,在同一个刚结点上的每一个杆端产生的转角都是相同的,所以在结构中一个刚结

416

点只有一个转角 θ。因此,确定位移法的转角未知量 θ 是很简单的,即实际结构中有几个刚结点,则该结构就有几个转角 θ 未知量。

如图 16-7a)所示,因为该结构有 B、C 两个刚结点,所以该结构有 θ_B、θ_C 两个转角位移未知量。注意,虽然 D 支座也可以认为是一个刚结点,但却不需计算该结点的转角,因为 D 支座不是根据刚结点杆端约束作用而等效的固定端支座,它是真实的固定支座,因此,根据固定端支座的约束特点,$\theta_D = 0$,即这里的转角位移 θ_D 是一个已知量。另外 A、E 结点也会产生转角 θ_A、θ_E,但这两个铰点产生的转动符合结点 A、E 的约束要求,或者说结点 A、E 发生转动(即产生 θ_A、θ_E)时,结点 A、E 的铰点约束不会产生阻碍作用,因此,θ_A、θ_E 的转动不会影响单杆结构中的杆端内力,故不需将铰点的转角 θ_A、θ_E 作为位移法基本未知量。对于多跨连续梁的中间支座,如图 16-7b)中 B、C 结点,在工程计算中通常将这些中间支座按刚结点的情况来处理。

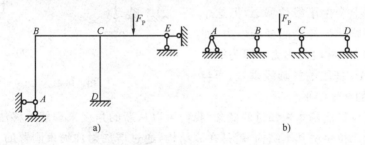

图 16-7

二 线位移 Δ

在实际超静定结构中确定线位移 Δ 的数目较困难。因此,采用位移法计算超静定杆系结构的过程中,为了方便确定线位移 Δ 的数目,作出三项假定:

(1)忽略由轴力引起的杆件变形;

(2)结点转角 θ 和各杆的弦切角 φ 都很小;

(3)直杆变形后,曲线两端的连线长度等于原直线长度。

根据这些假定,可采用直接判断的方法来确定实际结构中线位移 Δ 的数目。判断线位移 Δ 存在与否的依据就是:观察实际结构中该杆段在其轴线方向是否存在支座约束,若杆段轴线方向上存在支座约束(固定端约束、链杆约束和滑动约束),则在该杆的轴线方向上 Δ = 0,不会产生线位移 Δ 的数目。反之,若该杆段轴线方向上不存在支座约束,则在该杆的轴线方向上 Δ ≠ 0,即会产生线位移 Δ。以图 16-8a)所示结构为例来判断线位移 Δ 的数目。因杆段 AB、BC 的

轴线方向上有固定端 A 支座约束限制,所以在 AB、BC 的轴线方向上不存在线位移 Δ;同理,DE、EF 杆段的轴线方向上由于有链杆约束限制,故 DE、EF 杆段的轴线方向上也不存在线位移 Δ;而 CD 杆段和 BE 杆段的轴线方向上无支座约束限制,所以在 CD 杆段轴线方向上存在线位移 Δ_1;在 BE 杆段轴线方向上存在线位移 Δ_2。

在确定线位移 Δ 的数目时特别要注意两点:1. 只要杆段轴线方向上无支座约束,则在该方向上会产生线位移 Δ。如图 16-8b)所示,尽管 C 点有链杆约束,但在 BC 杆段轴线方向上并没有支座约束限制,所以在 BC 杆段轴线方向上仍然会产生线位移 Δ。2. 根据表 16-1 中形常数计算特点,只有垂直于杆轴线的线位移 Δ 才会引起杆端内力。所以在图 16-8b)中,尽管在 BC 杆段轴线方向上产生了线位移 Δ,但这个 Δ 只会影响 AB 杆段的杆端内力,而不会影响 BC 杆段的内力。因为线位移 Δ 与 AB 杆段的杆轴线垂直,而与 BC 杆段的杆轴线平行(重合)。

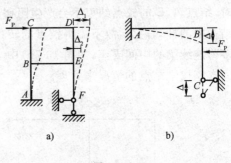

a)   b)

图 16-8

有了位移法基本未知量的概念,我们可以从新的角度来理解位移法基本结构的概念。位移法基本结构,就是在原结构,通过增加附加约束刚臂的手段,使原结构刚结点不发生转动,通过增加附加约束条件链杆的手段,使原结构不发生移动。也就是说,原结构通过增加附加约束变成了 $\theta=0$、$\Delta=0$ 的基本结构。从这个角度说,基本结构有几个刚臂就有几个转角位移未知量 θ,基本结构有几个附加链杆,就有几个线位移未知量 Δ。

第四节   位移法典型方程

一 典型方程的建立

从单杆结构的转角位移方程[公式(16-3)~公式(16-7)]可以知道,虽然我们可以很方便地写出单杆结构的杆端内力表达式,但表达式中含有位移法基本未知量 θ 和 Δ,因此不能根据杆端内力表达式直接算出杆端内力值。如果要求出杆端内力值,必须首先计算出表达式中包含的基本未知量 θ、Δ。而计算未知量就必须建立方程,要建立方程就必须找到使方程成立的条件。位移法建立方程的条件,实际上就是将位移法基本结构还原为实际结构的条件,即基本结构中附加约束(刚臂、附加链杆等)上的受力必须与实际结构中的一致,也就是说,基本结构中附加约束(刚臂、附加链杆等)上的受力等于零,因为当附加约束上受力为零,就可从基本结构中等效地将附加约束除去,除去附加约束的基本结构就等于原结构。所以说建立位移法典型方程的条件是附加约束的受力等于零,用 F_1 表示附加约束上的受力,则位移法建立典型方程的条件可记为:

$$F_1 = 0 \qquad\qquad (a)$$

以图 16-9a)所示结构为例,说明位移法典型方程建立的原理。该结构只有 Δ_1 一个刚结点转角未知量,Δ_1 为结构 B 结点产生的实际转角。所以该结构的位移法基本结构如图 16-9b)所示。要求 Δ_1 就必须按 $F_1=0$ 条件建立方程。这样必须求基本结构中刚臂上的受力 F_1,由于 F_1 的大小取决于基本结构中 BC 杆段和 BA 杆段的杆端内力,实际上也就是取决于 BC 单杆结构和 BA 单杆结构的杆端内力,而杆端内力决定于荷载和支座位移两个因素。所以,为了方便写出杆端内力,可以认为图 16-9b)的基本结构中 F_1 是由荷载单独作用时,在刚臂上引起的约束力 F_{1P}[如图 16-9c)]与当刚臂转动使 B 结点产生转角 Δ_1 时,在刚臂上引起的约束力 F_{11}[如图 16-9d)]叠加而成。即:

$$F_1 = F_{11} + F_{1P} = 0 \qquad\qquad (b)$$

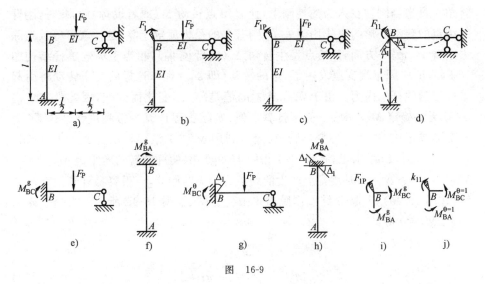

图　16-9

下面分别讨论 F_{1P} 和 F_{11} 的计算。

先看 F_{1P} 的求法。求图 16-9c)中刚臂上的 F_{1P},关键是求出杆端弯矩 M_{BC}^g 和

M_{BA}^g。为了求 M_{BC}^g 和 M_{BA}^g 的值,先将基本结构中 BC 杆段用 BC 单杆结构来等效,如图 16-9e)所示,用 BA 单杆结构等效 BA 杆段,如图 16-9f)所示。注意,在求 F_{1P} 时,基本结构只有荷载作用,结点 B 不发生位移。因此,在这里 BA 和 BC 单杆结构都没有支座转动,这样可查表 16-2 得:$M_{BC}^g = -\frac{3}{16}Pl$,$M_{BA}^g = 0$。求出固端弯矩后,在基本结构[如图 16-9c)所示]中取 B 结点为脱离体作受力图(因轴力、剪力对 F_{1P} 的计算结果不产生影响,故在受力图中不画出轴力、剪力),如图 16-9i)所示。根据平衡条件,由图 16-9i)可得:

$$\sum M_B = 0, \quad M_{BA}^g + M_{BC}^g - F_{1P} = 0$$

解得:

$$F_{1P} = M_{BA}^g + M_{BC}^g = 0 + \left(-\frac{3}{16}Pl\right) = -\frac{3}{16}Pl \tag{c}$$

再看 F_{11} 的求法。求图 16-9d)中刚臂上的 F_{11},关键仍是求出 BC 杆段和 BA 杆段的杆端内力 M_{BC}^θ 和 M_{BA}^θ。仍用 BC 单杆结构来等效 BC 杆段,如图 16-9g)所示。但特别注意,在求 F_{11} 时,图 16-9g)和图 16-9h)图中不考虑荷载的作用,即求 F_{11} 时,单杆结构产生杆端内力的原因只有 B 结点在刚臂控制下发生转角 Δ_1(或者说 θ_B)。注意转角 Δ_1(或者说 θ_B)是 B 结点在原结构中实际发生的转角。设想当刚臂在人为的控制下,让 B 结点转动 Δ_1(或者说 θ_B)后,此时,刚臂对结点的转动变形约束作用消失了,刚臂上的受力就等于零,这样就可等效地除去刚臂了。另一方面,B 结点发生转角 Δ_1(或者说 θ_B),相当于等效单杆结构图 16-9g)、h)中固定端支座发生了 Δ_1 的转动(即 $\Delta_1 = \theta_B$),这样的支座转动将引起单杆结构的杆端内力。由于 M_{BA}^θ、M_{BC}^θ 的值是随 Δ_1 变化而改变,因此没有求出 Δ_1 就无法确定 M_{BA}^θ、M_{BC}^θ。为了计算方便,实际工程计算中常利用弹性体系"力与变形成正比"这一弹性变形特点,先可利用表 16-1 很容易地将 $\Delta_1 = 1$ 时的杆端内力 $M_{BA}^{\theta=1}$、$M_{BC}^{\theta=1}$ 求出,查表 16-1 得图 16-9g)、h)的杆端转角弯矩为 $M_{BA}^{\theta=1} = 4i$、$M_{BC}^{\theta=1} = 3i$;令 $\Delta_1 = 1$ 时刚臂上产生的约束力为 k_{11},则此 k_{11} 很容易计算。在基本结构[图 16-9d)]中取 B 结点作脱离体画受力图,如图 16-9j)所示。根据平衡条件,$\sum M_B = 0$ 得:

$$M_{BA}^{\theta=1} + M_{BC}^{\theta=1} - k_{11} = 0$$
$$k_{11} = M_{BA}^{\theta=1} + M_{BC}^{\theta=1} = 4i + 3i = 7i \tag{d}$$

k_{11} 的意义是 $\Delta_1 = 1$ 时,在刚臂上产生的约束力为 k_{11},很容易理解,当 $\Delta_1 \neq 1$ 时,由转角位移 Δ_1 产生的刚臂约束力:

$$F_{11} = k_{11} \Delta_1 \qquad\qquad (e)$$

将(c)、(e)式代入(b)式得:

$$F_{11} + F_{1P} = 0$$
$$k_{11} \Delta_1 + F_{1P} = 0 \qquad\qquad (16\text{-}8)$$

式中:Δ_1——实际结构中的第一个基本未知量;

k_{11}——位移法基本体系在单位位移 $\Delta_1 = 1$ 单独作用时,在 Δ_1 附加约束上产生的约束力;

F_{1P}——在荷载单独作用下位移法基本体系中 Δ_1 附加约束上产生的约束力。

当把 k_{11}[(d)式]和 F_{1P}[(c)式]的表达式代入公式(16-8)就可求出位移法基本未知量 Δ_1,即:

$$7i\Delta_1 + \left(-\frac{3}{16}Pl\right) = 0$$

解得:

$$\Delta_1 = \frac{3}{112i}Pl$$

当 Δ_1 求出后,原结构中各个杆端内力值都可确定。

总之,根据位移法的解题思路,若超静定杆系结构有一个基本未知量 Δ_1,相应地就可以写出一个附加约束(如此题中 B 结点上的刚臂)的约束力等于零的平衡方程,也称为基本方程,一个基本方程正好解出一个基本未知量。若超静定杆系结构有二个基本未知量 Δ_1 和 Δ_2,则可分别写出这二个附加约束的约束力等于零的平衡方程,以此类推,若超静定杆系结构有 n 个基本未知量 Δ_1、Δ_2、$\Delta_3 \cdots \cdots \Delta_n$,则可建立 n 个基本方程,恰好将 n 个基本未知量全部解出。

二 位移法典型方程

根据位移法建立平衡方程的思路是,实际结构中有 n 个基本未知量,遵照作用在每一个基本未知量相应附加约束上的约束力都必须等于零的原则,就可以写出 n 个平衡方程,即位移法的典型方程。显然,在有 n 个位移法基本未知量的结构中,可建立 n 个位移法典型方程,正好可解出 n 个基本未知量。其中解决问题的关键是写出 n 个位移法典型方程。经过归纳整理,对于具有 n 个基本未知量的结构,可建立 n 个位移法典型方程的典型形式如下:

$$\begin{cases} k_{11}\Delta_1 + k_{12}\Delta_2 + \cdots + k_{1n}\Delta_n + F_{1P} = 0 \\ k_{21}\Delta_1 + k_{22}\Delta_2 + \cdots + k_{2n}\Delta_n + F_{2P} = 0 \\ \qquad \vdots \qquad\qquad\qquad \vdots \\ k_{n1}\Delta_1 + k_{n2}\Delta_2 + \cdots + k_{nn}\Delta_n + F_{nP} = 0 \end{cases} \qquad (16\text{-}9)$$

 建筑力学

式中：Δ_i——结构中第 i 个位移法基本未知量（$i=1,2,\cdots,n$）；

$\quad k_{ii}$——基本结构在结点位移 $\Delta_i=1$ 单独作用（即其他位移 $\Delta_j=0$）时，在附加约束 i 中产生的约束力（$i=1,2,\cdots,n$）；

$\quad k_{ij}$——基本结构在结点位移 $\Delta_j=1$ 单独作用（即其他位移 $\Delta_i=0$）时，在附加约束 i 中产生的约束力（$i=1,2,\cdots,n;j=1,2,\cdots,n;i\neq j$）；

$\quad F_{iP}$——基本结构在荷载单独作用（结点位移 $\Delta_1=\Delta_2=\cdots=\Delta_n=0$）时，附加约束 i 中产生的约束力（$i=1,2,\cdots,n$）。

在建立位移法典型方程时，基本未知量 $\Delta_1,\Delta_2,\cdots,\Delta_n$ 均假设为正号，即假设结点角位移和线位移产生的弦切角都是使杆件顺势针转。若计算结果为正，说明 $\Delta_1,\Delta_2,\cdots,\Delta_n$ 的真实方向与所设方向一致。若计算结果为负，则说明 $\Delta_1,\Delta_2,\cdots,\Delta_n$ 的真实方向与所设方向相反。

典型方程中的系数 k_{ii}、k_{ij} 称为结构的刚度系数，可由表 16-1 的杆件形常数查出各杆端内力值后，根据结点或杆段的受力图平衡条件列方程解出。方程中处于主对角线上的系数 k_{ii} 称为主系数，主系数 k_{ii} 恒大于零。处于主对角线两侧的 k_{ij} 等称为副系数，副系数 k_{ij} 可大于零，也可小于零或等于零，并且 $k_{ij}=k_{ji}$。自由项 F_{iP} 则可由表 16-2 的杆件载常数查出各杆端内力值后，根据结点或杆段的受力图平衡条件列方程求得。

求出刚度系数 k_{ii}、k_{ij} 后，将这些刚度系数代入公式 16-9，可求全部位移法基本未知量，最后根据：

$$M_{AB}=\overline{M}_{AB1}\Delta_1+\overline{M}_{AB2}\Delta_2+\cdots+\overline{M}_{ABn}\Delta_n+M_{PAB} \qquad (16\text{-}10)$$

求出杆端内力控制值，作出实际结构的弯矩图。

三 位移法典型方程的应用

根据位移法的思路，以及位移法典型方程的形式，可看出利用位移法解题的步骤：

1. 通过增加刚臂和附加链杆使实际结构形成一个没有结点位移只有杆件在荷载作用下单独变形的位移法基本结构，然后由刚臂和附加链杆的数目确定位移法基本未知量的数目，也可根据本章第三节介绍的方法，直接判断未知量数目，确定未知量数目后，依据公式（16-9）可写出位移法典型方程；

2. 将基本结构中的各个杆段等效为相应的单杆结构，然后查表 16-1 和表 16-2，画出 $\Delta_i=1(i=1,2,\cdots,n)$ 单独变形时，在基本结构上引起的内力图 $\overline{M}_i$，以及荷载单独作用时，在基本结构上引起的内力图 $\overline{M}_P$；

3.分别以产生转角位移的刚结点和产生线位段的杆段为脱离体,以杆端内力为内容画出受力图;

4.根据受力图的平衡条件,计算出附加约束上的主系数 k_{ii}、副系数 k_{ij} 以及自由项 F_{iP};

5.将算出的主、副系数 k_{ii}、k_{ij} 以及自由项 F_{iP} 代入位移法典型方程。求出位移法基本未知量 Δ_i;

6.将求出的基本未知量 Δ_i 代入叠加公式(16-10),计算出杆端内力值,并将内力值在原结构上通过描点法,作出结构内力图。

【例 16-1】 用位移法求作图 16-10a)所示结构的弯矩图。

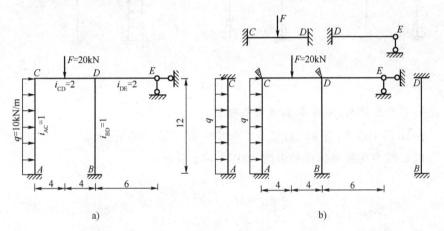

图 16-10

解:1.确定位移法基本未知量,并写出典型方程

结构有两个刚结点,所以有转角位移 Δ_1、Δ_2;因每个杆段轴线方向上均有支座约束,故该结构无线位移。据以上分析,依据公式(16-9)可写出位移法典型方程:

$$k_{11}\Delta_1 + k_{12}\Delta_2 + F_{1P} = 0 \tag{1}$$

$$k_{21}\Delta_1 + k_{22}\Delta_2 + F_{2P} = 0 \tag{2}$$

2.确定位移法基本结构

基本结构如图 16-10b)所示。

3.画 $\overline{M}_1$、$\overline{M}_2$ 及 $\overline{M}_P$ 图

各杆段等效的单杆结构如图 16-10b)所示。查表 16-1,可画出 $\overline{M}_1$、$\overline{M}_2$ 及根据荷载在位移法基本结构中作用,查表 16-2 可得:

$$M_{DC}^g = -M_{CD}^g = \frac{Pl}{8} = \frac{20 \times 8}{8} = 20\text{kN} \cdot \text{m}$$

$$M_{AC}^g = -M_{AC}^g = \frac{ql^2}{12} = \frac{10 \times 12^2}{12} = 120\text{kN} \cdot \text{m}$$

画出 M_P 图。$\overline{M}_1$、$\overline{M}_2$、M_P 图如 16-11a)、b)、c)所示。

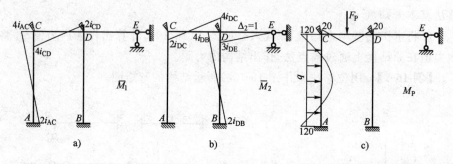

图 16-11

4.求主系数 k_{ii}、副系数 k_{ij} 及自由项 F_{iP}

在 $\overline{M}_1$ 图中求 k_{11} 及 k_{12}、k_{21}：

以 C 结点为脱离体作受力图,如图 16-12 所示。

$$\sum M = 0$$
$$-k_{11} + \overline{M}_{1CD} + \overline{M}_{1CA} = 0$$
$$-k_{11} + 8 + 4 = 0, k_{11} = 12$$

以 D 结点为脱离体作受力图,如图 16-13 所示。

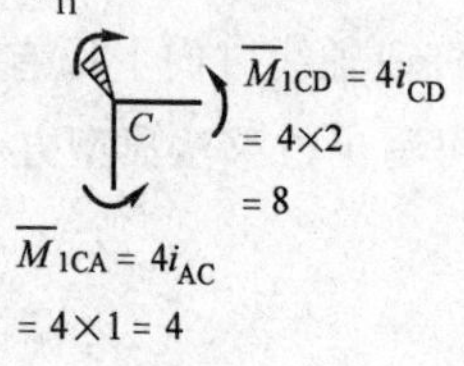

図 16-12   図 16-13

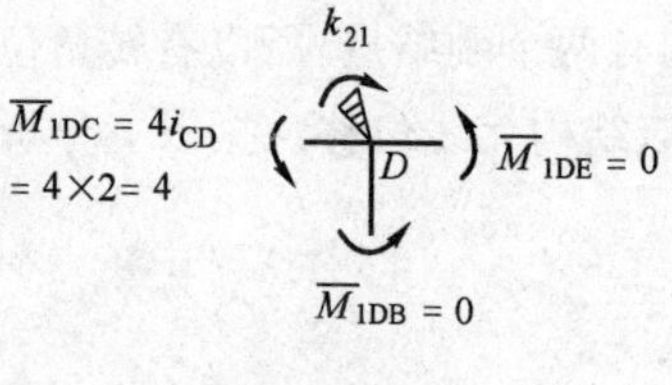

$$\sum M = 0$$
$$-k_{21} + \overline{M}_{1DC} + \overline{M}_{1DB} + \overline{M}_{1DE} = 0$$
$$-k_{21} + 4 = 0$$
$$k_{21} = k_{12} = 4$$

在 $\overline{M}_2$ 图中求 k_{22}：

以 D 结点为脱离体作受力图,如图 16-14 所示。

$$\sum M=0$$

$$-k_{22}+\overline{M}_{2DC}+\overline{M}_{2DB}+\overline{M}_{2DE}=0,\ -k_{22}+6+4+8=0,\ k_{22}=18$$

在 M_P 图中求 F_{1P}、F_{2P}:

以 C 结点为脱离体作受力图,如图 16-15 所示,求 F_{ip}。

$$\sum M=0$$

$$-F_{1P}+\overline{M}_{PCD}+M_{PCA}=0$$

$$-F_{1P}+(-20)+120=0$$

$$F_{1P}=120-20=100\text{kN}$$

以 D 结点为脱离体作受力图,如图 16-16 所示,求 F_{2P}。

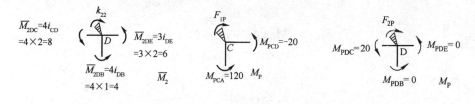

图 16-14   图 16-15   图 16-16

$$\sum M=0$$

$$-F_{2P}+M_{PDC}+M_{PDB}+M_{PDE}=0$$

$$-F_{2P}+20+0+0=0,\ F_{2P}=20\text{kN}$$

5.将自系数 k_{11} 及 k_{12}、副系数 k_{12} 及 k_{21} 及自由项 F_{1P} 及 F_{2P} 的数值代入典型方程(1)、(2):

$$12\Delta_1+4\Delta_2+100=0 \tag{3}$$

$$4\Delta_1+18\Delta_2+20=0 \tag{4}$$

解方程(3)、(4)得:

$$\Delta_1=-8.6,\ \Delta_2=0.8$$

6.根据公式 16-10 写出各杆端内力值并画 M 图

$$M_{AC}=\overline{M}_{1AC}\Delta_1+\overline{M}_{2AC}\Delta_2+M_{PAC}$$

$$=2i_{AC}\Delta_1+0\times\Delta_2-120$$

$$=2\times1(-8.6)-120$$

$$=-137.2\text{kN}\cdot\text{m}$$

$$M_{CA} = \overline{M}_{1CA}\Delta_1 + \overline{M}_{2CA}\Delta_2 + M_{PCA}$$
$$= 4i_{CA}\Delta_1 + 0 \times \Delta_2 + 120$$
$$= 4 \times 1 \times (-8.6) + 120$$
$$= 85.6 \text{kN} \cdot \text{m}$$

$$M_{CD} = \overline{M}_{1CD}\Delta_1 + \overline{M}_{2CD}\Delta_2 + M_{PCD}$$
$$= 4i_{CD}\Delta_1 + 2i_{CD}\Delta_2 - 20$$
$$= 4 \times 2 \times (-8.6) + 2 \times 2 \times 0.8 - 20$$
$$= -85.6 \text{kN} \cdot \text{m}$$

$$M_{DC} = \overline{M}_{1DC}\Delta_1 + \overline{M}_{2DC}\Delta_2 + M_{PDC}$$
$$= 2i_{CD}\Delta_1 + 4i_{CD}\Delta_2 + 20$$
$$= 2 \times 2 \times (-8.6) + 4 \times 2 \times 0.8 + 20$$
$$= -8 \text{kN} \cdot \text{m}$$

$$M_{DB} = \overline{M}_{1DB}\Delta_1 + \overline{M}_{2DB}\Delta_2 + M_{PDB}$$
$$= 0 \times \Delta_1 + 4i_{DB}\Delta_2 + 0$$
$$= 4 \times 1 \times 0.8$$
$$= 3.2 \text{kN} \cdot \text{m}$$

$$M_{BD} = \overline{M}_{1BD}\Delta_1 + \overline{M}_{2BD}\Delta_2 + M_{PBD}$$
$$= 0 \times \Delta_1 + 2i_{DB}\Delta_2 + 0$$
$$= 2 \times 1 \times 0.8$$
$$= 1.6 \text{kN} \cdot \text{m}$$

$$M_{DE} = \overline{M}_{1DE}\Delta_1 + \overline{M}_{2DE}\Delta_2 + M_P$$
$$= 0 \times \Delta_1 + 3i_{DE}\Delta_2 + 0$$
$$= 3 \times 2 \times 0.8$$
$$= 4.8 \text{kN} \cdot \text{m}$$

$$M_{ED} = 0$$

结构最后 M 图如图 16-17 所示。

【例 16-2】 用位移法求图 16-18a)所示结构的弯矩图。

解：1. 确定位移法基本结构和基本未知量数目并写出典型方程。

由于杆件轴线方向有支座链杆约束，故此结构无线位移。

两个中间支座 B 支座和 C 支座相当

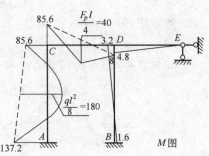

图　16-17

于是两个刚结点,所以此结构有两个位移法转角未知量 Δ_1 和 Δ_2,基本结构如图 16-18b)所示。由此写出位移法典型方程:

$$k_{11}\Delta_1 + k_{12}\Delta_2 + F_{1P} = 0 \tag{1}$$

$$k_{21}\Delta_1 + k_{22}\Delta_2 + F_{2P} = 0 \tag{2}$$

2.画 $\overline{M}_1$、$\overline{M}_2$ 及 M_P 图

各杆段等效的单杆结构如图 16-18b)所示,查表 16-1 和表 16-2,可画出 $\overline{M}_1$、$\overline{M}_2$ 及 M_P 图,如图 16-18c)、d)、e)所示。

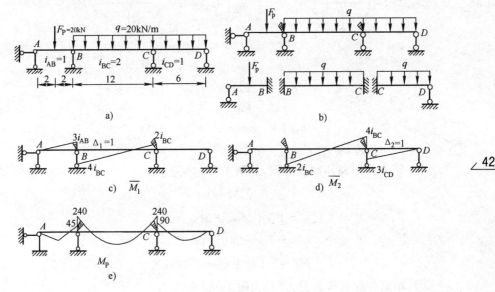

图 16-18

3.求主系数 k_{ii}、副系数 k_{ij} 及自由项 F_{iP}

在 $\overline{M}_1$ 图中求 k_{11} 及 k_{21},k_{12}:

以 B 结点为脱离体画受力图,如图 16-19 所示。

$$\sum M = 0$$
$$-k_{11} + \overline{M}_{1BC} + \overline{M}_{1BA} = 0$$
$$-k_{11} + 8 + 3 = 0$$
$$k_{11} = 11$$

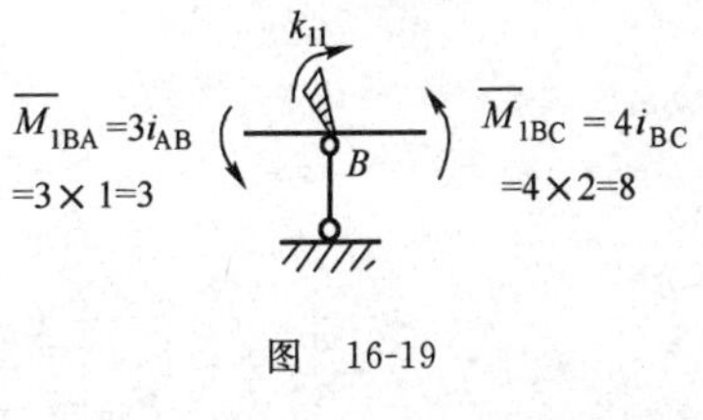

以 C 结点为脱离体画受力图,如图 16-20所示。

$\overline{M}_{1BA} = 3i_{AB}$
$= 3 \times 1 = 3$
$\overline{M}_{1BC} = 4i_{BC}$
$= 4 \times 2 = 8$

图 16-19

$$\sum M = 0$$

$$-k_{21} + \overline{M}_{1CB} + \overline{M}_{1CD} = 0$$

$$-k_{21} + 4 + 0 = 0$$

$$k_{12} = k_{21} = 4$$

在 $\overline{M}_2$ 图中求 k_{22}：

以 C 结点为脱离体画受力图，如图 16-21 所示。

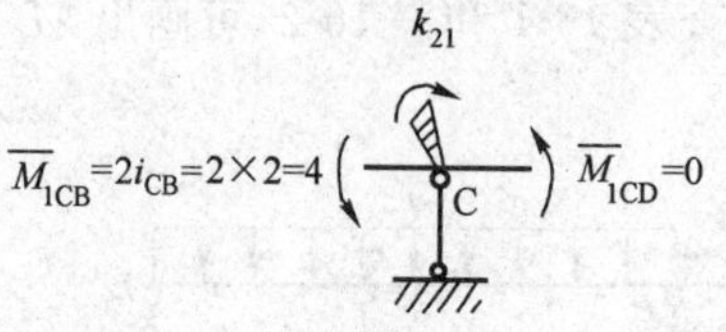

图 16-20

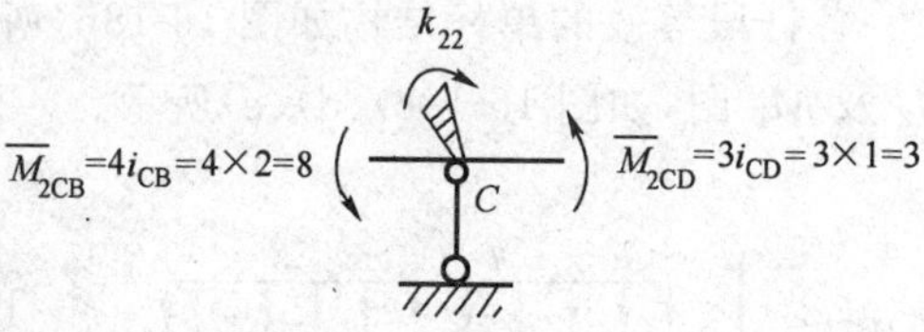

图 16-21

$$\sum M = 0$$

$$-k_{22} + \overline{M}_{2CB} + \overline{M}_{2CD} = 0$$

$$-k_{22} + 8 + 3 = 0, k_{22} = 8 + 3 = 11$$

在 M_P 图中求 F_{iP}：

以 B 结点为脱离体画受力图，如图 16-22 所示。

$$\sum M = 0$$

$$-F_{1P} + \overline{M}_{PBC} + \overline{M}_{PBA} = 0$$

$$-F_{1P} - 240 + 45 = 0$$

$$F_{1P} = -240 + 45 = -195 \text{kN}$$

以 C 结点为脱离体画受力图，如图 16-23 所示。

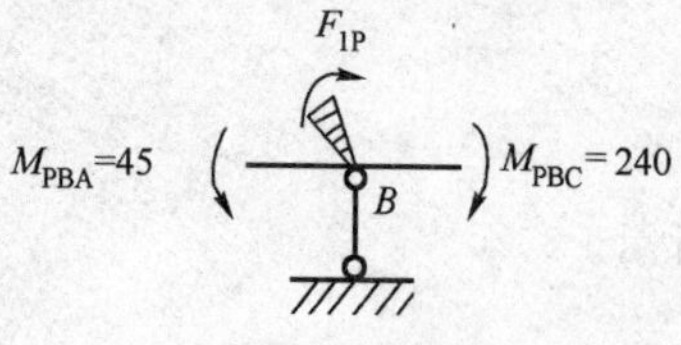

图 16-22

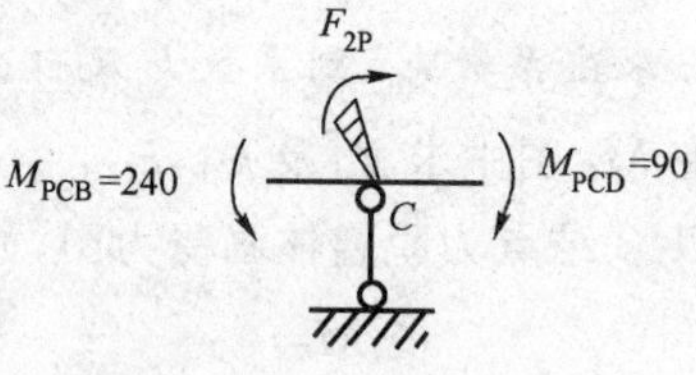

图 16-23

$$\sum M = 0$$

$$-F_{2P} + \overline{M}_{PCD} + \overline{M}_{PCB} = 0$$

$$-F_{2P} - 90 + 240 = 0$$

$$F_{2P} = -90 + 240 = 150 \text{kN}$$

428

4.将求出的自系数 k_{11} 及 k_{22}、副系数 k_{12} 及 k_{21} 及自由项 F_{1P}、F_{2P} 的数值代入典型方程(1)、(2)得：

$$11\Delta_1 + 4\Delta_2 - 195 = 0 \tag{3}$$

$$4\Delta_1 + 11\Delta_2 + 150 = 0 \tag{4}$$

解得：

$$\Delta_1 = 26.1429, \Delta_2 = -23.1429$$

5.写出各杆端内力值并画出 M 图

$$M_{AB} = 0$$

$$M_{BA} = \overline{M}_{1BA}\Delta_1 + \overline{M}_{2BA}\Delta_2 + M_{PBA}$$

$$= 3 \times 26.1429 + 0 \times (-23.1429) + 45$$

$$= 123.43 \text{kN} \cdot \text{m}$$

$$M_{BC} = \overline{M}_{1BC}\Delta_1 + \overline{M}_{2BC}\Delta_2 + M_{PBC}$$

$$= 8 \times 26.1429 + 4 \times (-23.1429) - 240$$

$$= -123.43 \text{kN} \cdot \text{m}$$

$$M_{CB} = \overline{M}_{1CB}\Delta_1 + \overline{M}_{2CB}\Delta_2 + M_{PCB}$$

$$= 4 \times 26.1429 + 8 \times (-23.1429) + 240$$

$$= 159.43 \text{kN} \cdot \text{m}$$

$$M_{CD} = \overline{M}_{1CD}\Delta_1 + \overline{M}_{2CD}\Delta_2 + M_{PCD}$$

$$= 0 \times 26.1429 + 3 \times (-23.1429) - 90$$

$$= -159.43 \text{kN} \cdot \text{m}$$

最后弯矩图如图 16-24 所示。

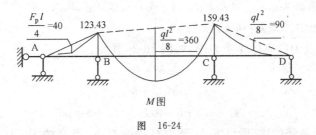

M图

图 16-24

【例 16-3】 用位移法求图 16-25a)所示结构的弯矩图。

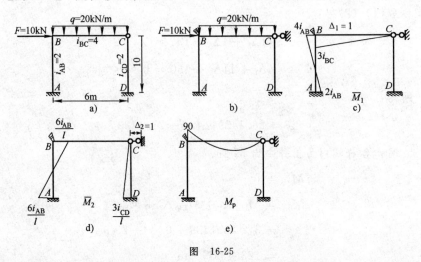

图 16-25

解:1. 确定位移法基本结构和基本未知量并写出典型方程。

因结构有一个刚结点 B,故有一个转角基本未知量 Δ_1;因 BC 杆件轴线方向上无支座链杆约束,所以,BC 杆件轴线方向有线位移基本未知量 Δ_2,基本结构如图 16-25b)所示。

典型方程为:

$$k_{11}\Delta_1 + k_{12}\Delta_2 + F_{1P} = 0 \tag{1}$$

$$k_{21}\Delta_1 + k_{22}\Delta_2 + F_{2P} = 0 \tag{2}$$

2. 画 $\overline{M}_1$、$\overline{M}_2$ 及 M_P 图

$\overline{M}_1$、$\overline{M}_2$ 及 M_P 图如图 16-25c)、d)、e)所示。此例题中线位移 $\Delta_2 \neq 0$,在讨论 Δ_2 影响时注意,只有垂直于杆轴线的线位移才会引起杆件内力。因 Δ_2 移动方向与 BC 杆轴线是平行关系,故 Δ_2 不会在 BC 杆段引起内力。Δ_2 与 AB 杆段和 CD 杆段轴线垂直,所以,Δ_2 会在 AB 杆段和 CD 杆段引起内力。

3. 求自系数 k_{11}、k_{22},副系数 k_{12}、k_{21} 及自由项 F_{1P}、F_{2P}:

在 $\overline{M}_1$ 图中计算 k_{11} 和 k_{21}、k_{12}:

以 B 结点为脱离体作受力图,如图 16-26 所示。

$$\sum M = 0$$

$$-k_{11} + \overline{M}_{1BC} + \overline{M}_{1BA} = 0$$

$$-k_{11} + 12 + 8 = 0, k_{11} = 12 + 8 = 20$$

由于 Δ_2 是线位移,所以求 k_{21} 要取杆轴线与 Δ_2 重合的 BC 杆段为脱离体,

且形常数取剪力值,受力图如图 16-27 所示。

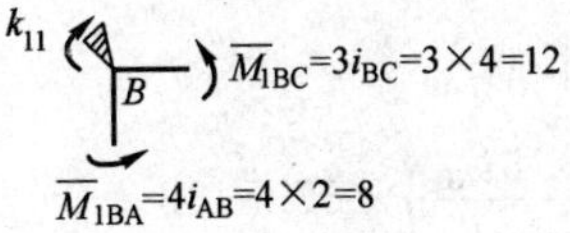

$$\overline{M}_{1BC}=3i_{BC}=3\times4=12$$

$$\overline{M}_{1BA}=4i_{AB}=4\times2=8$$

图 16-26

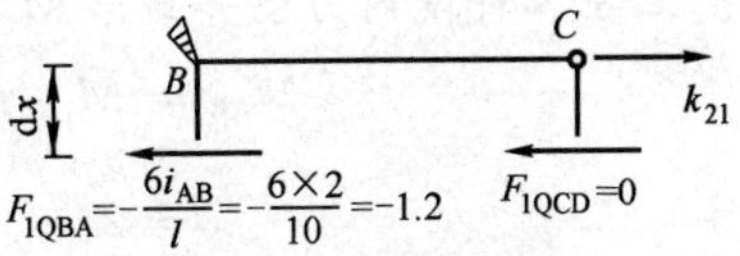

$$F_{1QBA}=-\frac{6i_{AB}}{l}=-\frac{6\times2}{10}=-1.2 \qquad F_{1QCD}=0$$

图 16-27

$$\sum X=0$$

$$-F_{1QBA}-F_{1QCD}+k_{21}=0$$

$$k_{12}=k_{21}=F_{1QBA}+F_{1QCD}=-1.2+0=-1.2$$

在 $\overline{M}_2$ 图中求 k_{22}:

取 BC 杆段为脱离体画受力图,如图 16-28 所示:

$$\sum X=0$$

$$-F_{2QBA}-F_{2QCD}+k_{22}=0$$

$$k_{22}=F_{2QBA}+F_{2QCD}=0.24+0.06=0.3$$

在 M_P 图中求 F_{1P} 和 F_{2P}:

以 B 结点为脱离体作受力图,如图 16-29 所示。

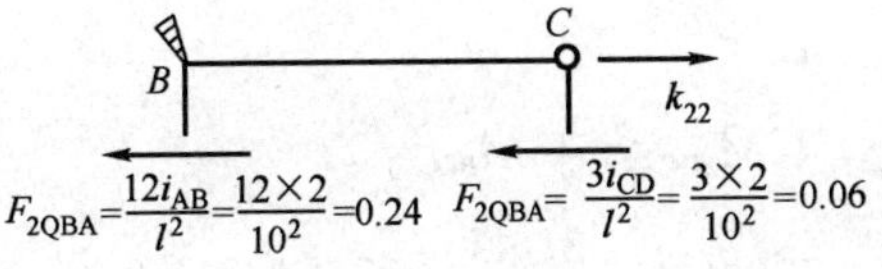

$$F_{2QBA}=\frac{12i_{AB}}{l^2}=\frac{12\times2}{10^2}=0.24 \qquad F_{2QBA}=\frac{3i_{CD}}{l^2}=\frac{3\times2}{10^2}=0.06$$

图 16-28

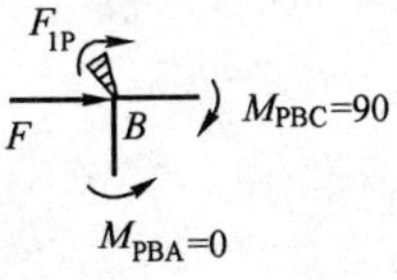

$$M_{PBC}=90$$
$$M_{PBA}=0$$

图 16-29

$$\sum M=0$$

$$-F_{1P}-M_{PBC}+M_{PBA}=0$$

$$-F_{1P}-90+0=0,\ F_{1P}=-90$$

以 BC 杆段为脱离体,同时必须加上结点集中荷载 F_P,受力图如图 16-30 所示。

$$\sum X=0$$

$$F_{2P}-F_{PQBC}-F_{PQBA}+F=0$$

$$10+F_{2P}=0,\ F_{2P}=-10$$

4. 将主系数 k_{11}、k_{22},副系数 k_{12}、k_{21} 及自由项 F_{1P}、F_{2P} 数值代入典型方程(1)、(2)得:

$$20\Delta_1-1.2\Delta_2-90=0 \qquad (3)$$

$$-1.2\Delta_1+0.3\Delta_2-10=0 \qquad (4)$$

解(3)、(4)方程得:

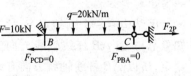

图 16-30

$$\Delta_1 = 8.5526, \Delta_2 = 67.5433$$

5.写出各杆段内力值并画出 M 图

$$M_{AB} = \overline{M}_{1AB}\Delta_1 + \overline{M}_{2AB}\Delta_2 + M_{PAB}$$

$$= 2i_{AB} \times 8.5526 + \left(-\frac{6i_{AB}}{l}\right) \times 67.5438 + 0$$

$$= 4 \times 8.5526 + (-1.2) \times 67.5438$$

$$= -46.84 \text{kN} \cdot \text{m}$$

$$M_{BA} = \overline{M}_{1BA}\Delta_1 + \overline{M}_{2BA}\Delta_2 + M_{PBA}$$

$$= 4i_{AB} \times 8.5526 + \left(-\frac{6i_{AB}}{l_{AB}}\right) \times 67.5433 + 0$$

$$= 8 \times 8.5526 + (-1.2) \times 67.5438$$

$$= -12.63 \text{kN} \cdot \text{m}$$

$$M_{BC} = \overline{M}_{1BC}\Delta_1 + \overline{M}_{2BC}\Delta_2 + M_{PBC}$$

$$= 3i_{BC} \times 8.5526 + 0 \times 67.5433 - 90$$

$$= 12 \times 8.5526 - 90$$

$$= 12.63 \text{kN} \cdot \text{m}$$

$$M_{CB} = M_{CD} = 0$$

$$M_{DC} = \overline{M}_{1DC}\Delta_1 + \overline{M}_{2DC}\Delta_2 + M_{PDC}$$

$$= 0 \times 8.5526 + \left(-\frac{3i_{CD}}{l_{CD}}\right) \times 67.5433 + 0$$

$$= \left(-\frac{3 \times 2}{10}\right) \times 67.5433$$

$$= -40.52 \text{kN} \cdot \text{m}$$

最后结构弯矩图如图 16-31。

【例 16-4】 用位移法求图 16-32a)所示结构弯矩图。已知 $i_1 = i_{AB} = 2, i_2 = i_{BC} = i_{BD} = 1$。

解:1.确定位移法基本结构和基本未知量并写出典型方程。

因结构有一个刚结点 B,故有一个转角未知量 Δ_1。因 AB 杆线轴线方向上无支座链杆约束,所以 AB 杆线轴线方向有线位移基本未知量 Δ_2,基本结构如图 16-32b)所示。典型方程为:

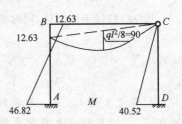

图 16-31

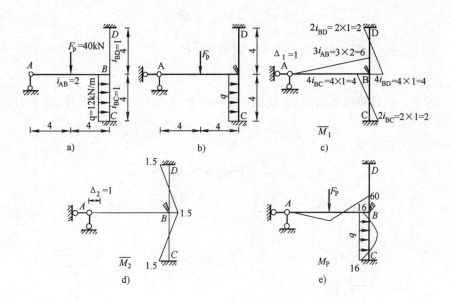

图 16-32

$$k_{11}\Delta_1 + k_{12}\Delta_2 + F_{1p} = 0 \tag{1}$$

$$k_{21}\Delta_1 + k_{22}\Delta_2 + F_{2p} = 0 \tag{2}$$

2. 画 $\overline{M}_1$、$\overline{M}_2$ 及 M_p 图

$\overline{M}_1$、$\overline{M}_2$ 及 M_p 图如图 16-32c)、d)、e)所示。在画 $\overline{M}_2$ 时特别注意之处是：当按 BC 杆弦切角 φ_{BC} 正方向发生 $\Delta_2=1$ 单位线位移时，BC 杆的弦切角 $\varphi_{BC}=\dfrac{\Delta_2}{l_{BC}}$ 是顺时针旋转的，所以对 BC 杆段来说，线位移 Δ_2 为正，按表 16-1 查得，$\overline{M}_{2BC}=\overline{M}_{2CB}=-\dfrac{6i}{l}\Delta_2=-\dfrac{6\times1}{4}\times1=-1.5$。但是按此 $\Delta_2=1$ 方向发生单位线位移时，BD 杆的弦切角 $\varphi_{DB}=\dfrac{\Delta_2}{l_{DB}}$ 是逆时针旋转的，所以此时对 BD 杆段来说，线位移 Δ_2 为负，因此按表 16-1 查时，必须用 $\Delta_2=-1$ 代入表示式计算，即：

$$\overline{M}_{2BD}=\overline{M}_{2DB}=-\frac{6i}{l}(-\Delta_2)=-\frac{6\times1}{4}\times(-1)=+1.5$$

3. 求自系数 k_{ii}、副系数 k_{ij} 及自由项 F_{ip}

在 $\overline{M}_1$ 图中计算 k_{11} 和 k_{21}、k_{12}：

以 B 结点为脱离体作受力图，如图 16-33 所示。

$$\sum M=0$$

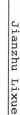

$$-k_{11} + \overline{M}_{1BD} + \overline{M}_{1BA} + \overline{M}_{1BC} = 0$$

$$-k_{11} + 4 + 6 + 4 = 0$$

$$k_{11} = 4 + 6 + 4 = 14$$

求 k_{12}，以杆轴线方向与 Δ_2 线位移方向重合的 AB 杆段为脱离体，作受力图如图 16-34 所示。

$$\sum X = 0$$

$$k_{21} - F_{1QA} - F_{1QBC} + F_{1QBD} = 0$$

$$k_{21} - 0 - \left(-\frac{6i_2}{l}\right) \times \Delta_1 + \left(-\frac{6i_2}{l}\right) \times \Delta_1 = 0$$

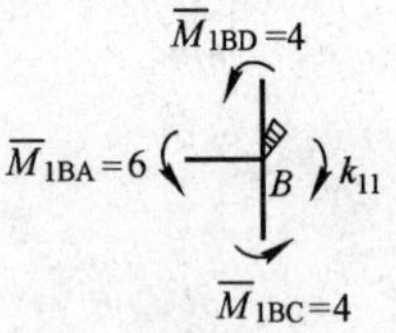

图 16-33 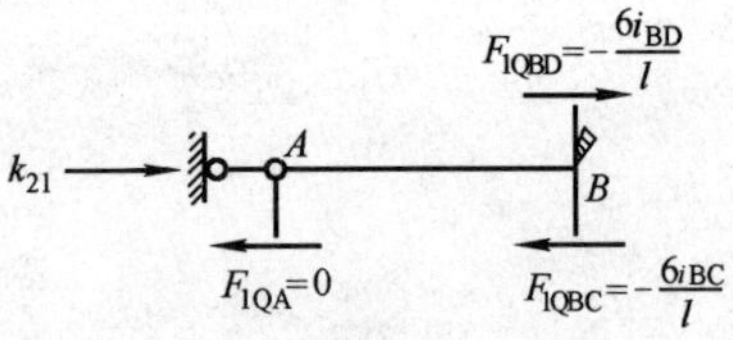   图 16-34

因为在 $\overline{M}_1$ 图中 $\Delta_1 = 1$，所以上式可写为：

$$k_{21} - 0 - \left(-\frac{6 \times 1}{4}\right) \times 1 + \left(-\frac{6 \times 1}{4}\right) \times 1 = 0$$

$$k_{21} = k_{12} = 0$$

在 $\overline{M}_2$ 图中求 k_{22}：

取 AB 杆段为脱离体，作受力图如图 16-35 所示。

$$F_{2BD} = \frac{12i_2}{l^2}(-\Delta_2) = \frac{12 \times 1}{4^2} \times (-1) = -0.75$$

$$F_{2QBC} = \frac{12i_2}{l^2}(\Delta_2) = \frac{12 \times 1}{4^2} \times (1) = 0.75$$

$$\sum X = 0$$

$$k_{22} - F_{2QA} - F_{2QBC} + F_{2QBD} = 0$$

$$k_{22} - 0 - 0.75 + (-0.75) = 0$$

$$k_{22} = 0.75 \times 2 = 1.5$$

在 M_p 图中计算 F_{1p}、F_{2p}。在图 16-32a)图中以 B 结点为脱离体作受力图，如图 16-36 所示。

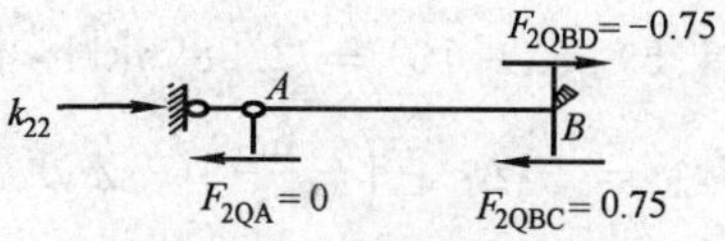

图 16-35

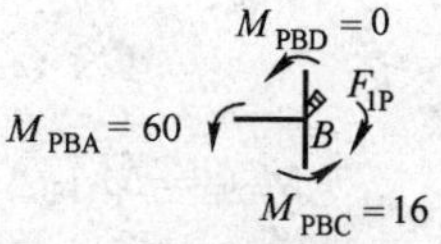

图 16-36

$$\sum M = 0$$

$$-F_{1P} + M_{PBD} + M_{PBA} + M_{PBC} = 0$$

$$-F_{1P} + 0 + 60 + 16 = 0$$

$$F_{1P} = 60 + 16 = 76$$

在图 16-32e)图中以 AB 杆段为脱离体作受力图,如图 16-37 所示。

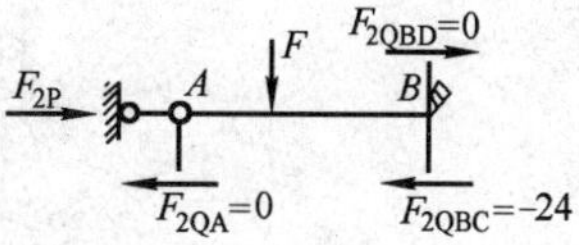

$$\sum X = 0$$

$$F_{2P} - F_{2QA} - F_{2QBC} - F_{2QBD} = 0$$

$$F_{2P} - 0 - (-24) + 0 = 0$$

$$F_{2P} = -24$$

图 16-37

4. 将计算出的主、副系数及自由项代入典型方程(1)、(2)得

$$14\Delta_1 + 0 \times \Delta_2 + 76 = 0 \tag{3}$$

$$0 \times \Delta_1 + 1.5\Delta_2 - 24 = 0 \tag{4}$$

解(3)、(4)方程得:

$$\Delta_1 = -\frac{76}{14} = -5.4286, \Delta_2 = 16$$

5. 写出各杆段内力值并画出 M 图

$$M_{AB} = 0$$

$$M_{BA} = \overline{M}_{1BA}\Delta_1 + \overline{M}_{2BA}\Delta_2 + M_{PBA} = 3i_1\Delta_1 + 0 \times \Delta_2 + 60$$

$$= 6 \times (-5.4286) + 60$$

$$= 27.4284 \text{kN} \cdot \text{m}$$

$$M_{BC} = \overline{M}_{1BC}\Delta_1 + \overline{M}_{2BC}\Delta_2 + M_{PBC} = 4i_2\Delta_1 + \left(-\frac{6i_2}{l}\right)\Delta_2 + 16$$

$$= 4 \times (-5.4286) + (-1.5) \times 16 + 16 = -29.7144 \text{kN} \cdot \text{m}$$

$$M_{CB} = \overline{M}_{1BC}\Delta_1 + \overline{M}_{2CB}\Delta_2 + M_{PCB} = 2i_2\Delta_1 + \left(-\frac{6i_2}{l}\right)\Delta_2 + (-16)$$

$$= 2 \times (-5.4286) - 1.5 \times 16 - 16 = -50.8572 \text{kN} \cdot \text{m}$$

$$M_{BD} = \overline{M}_{1BD}\Delta_1 + \overline{M}_{2DB}\Delta_2 + M_{PBD} = 4i_2\Delta_1 + \left(-\frac{6i_2}{l}\right)(-\Delta_2) + 0$$

$$= 4 \times (-5.4286) + (-1.5) \times (-16) = 2.2856 \text{kN} \cdot \text{m}$$

$$M_{DB} = \overline{M}_{1DB}\Delta_1 + \overline{M}_{2DB}\Delta_2 + M_{PCB} = 2i_2\Delta_1 + \left(-\frac{6i_2}{l}\right)(-\Delta_2) + 0$$

$$= 2 \times (-5.4286) + (-1.5) \times (-16) = 13.1428 \text{kN} \cdot \text{m}$$

注意,在计算 M_{BD} 和 M_{DB} 时,Δ_2 应取负号。

最后结构弯矩图如图 16-38。

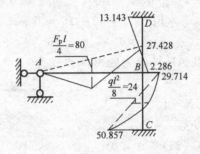

图 16-38

第五节　直接平衡法

一　直接平衡法概念

直接平衡法是在位移法基本思想(即超静定杆系结构是由多个单杆结构组合而成的概念)的指导下产生的一种超静定杆系结构的计算方法。直接平衡法与典型方程法的不同之处在于,两者将实际结构等效成单杆结构的方法不同。典型方程法是通过增加附加约束(刚臂、附加链杆等)使实际结构等效为位移法基本结构,从而使基本结构中的杆段相当于单杆结构受力情形。而直接平衡法则是直接将结点杆端截断后,用固定端支座形式来等效结点杆端内力形式,这样直接将各杆段等效了单杆结构形式,然后根据单杆结构转角位移方程,相应地将各个单杆结构杆件的杆端内力表达式写出来(尽管这个杆端内力表达式中包含位移法基本未知量)。由于同一刚结点上的各杆端内力不是独立的,而是相互有联系的,并且相关杆端内力的内在逻辑关系就集中体现在相关杆端交汇点——刚结点上的内力平衡关系。因此,可由结点平衡关系建立平衡方程,解出各杆端内力表达式中的位移法基本未知量。所以,直接平衡法是一种建立在位移法基础上的概念清楚、计算方法简单的求解超静定杆系结构的计算方法。

二 直接平衡法的运用

【例 16-5】 用直接平衡法求解[例 16-1]中的结构。

解：1.直接平衡法判断超静定杆件系统结构中的位移法。

基本未知量的判断方法，与典型方程法中介绍的完全一致，这里不再叙述。可知道此结构有 θ_C、θ_D、两个未知量。

2.求出各杆段相应的单杆结构。

根据直接平衡法原理，原结构可等效为如图 16-10b)所示形式。并可很容易将各杆等效为相应的单杆结构。

3.写出各单杆结构的杆端内力表达式。

根据公式(16-3)～公式(16-7)写出各杆端内力：

$$M_{AC} = 2i_{AC}\theta_C - \frac{ql^2}{12} = 2 \times 1 \times \theta_C - \frac{10 \times 12^2}{12} = 2\theta_C - 120$$

$$M_{CA} = 4i_{CA}\theta_C + \frac{ql^2}{12} = 4 \times 1 \times \theta_C + \frac{10 \times 12^2}{12} = 4\theta_C + 120$$

$$M_{CD} = 4i_{CD}\theta_C + 2i_{CD}\theta_D - \frac{Pl}{8}$$

$$= 4 \times 2 \times \theta_C + 2 \times 2 \times \theta_D - \frac{20 \times 8}{8}$$

$$= 8\theta_C + 4\theta_D - 20$$

$$M_{DC} = 2i_{CD}\theta_C + 4i_{CD}\theta_D + \frac{Pl}{8}$$

$$= 2 \times 2 \times \theta_C + 4 \times 2 \times \theta_D + \frac{20 \times 8}{8}$$

$$= 4\theta_C + 8\theta_D + 20$$

$$M_{DE} = 3i_{DE}\theta_D = 3 \times 2 \times \theta_D = 6\theta_D$$

$$M_{ED} = 0$$

$$M_{DB} = 4i_{DB}\theta_D = 4 \times 1 \times \theta_D = 4\theta_D$$

$$M_{BD} = 2i_{DB}\theta_D = 2 \times 1 \times \theta_D = 2\theta_D$$

4.画结点受力图列平衡方程，解出未知量 θ_C、θ_D。

在[例 16-1]的图 16-10 a)中取 C 结点位脱离体作受力图，如图 16-39 所示，画受力图时，因结点杆端的剪力和轴力均不影响弯矩值的计算，为方便起见，在画结点受力图时，不画剪力和轴力，只表示出弯矩值，如图 16-39 所示。

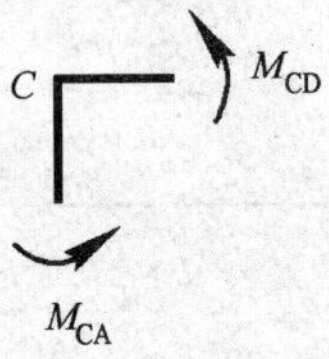

C M_{CD}

M_{CA}

图 16-39

$$\sum M = 0, M_{CD} + M_{CA} = 0$$
$$8\theta_C + 4\theta_D - 20 + 4\theta_C + 120 = 0$$

整理得：

$$12\theta_C + 4\theta_D + 100 = 0 \qquad (1)$$

在图 16-10a)中以 D 结点为脱离体作受力图,如图 16-40 所示。

$$\sum M = 0, M_{DB} + M_{DC} + M_{DE} = 0$$
$$4\theta_D + 4\theta_C + 8\theta_D + 20 + 6\theta_D = 0$$

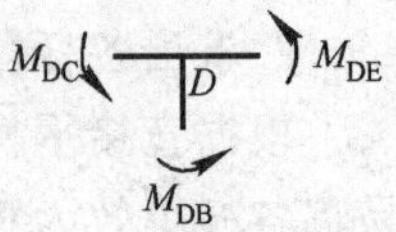

M_{DC} D M_{DE}

M_{DB}

整理得：

$$4\theta_C + 18\theta_D + 20 = 0 \qquad (2)$$

图 16-40

解(1)、(2)方程式得：

$$\theta_C = -8.6 \quad \theta_D = 0.8$$

这个计算结果与用典型方程法计算的结果完全一致。另外,当位移法基本未知量 θ_C、θ_D 求出计算值后,将 θ_C 和 θ_D 值代入到各个杆端内力表达式中,即可求出各个杆端内力值。

$$M_{AC} = 2\theta_C - 120 = 2 \times (-8.6) - 120 = -137.2 \text{kN} \cdot \text{m}$$
$$M_{CA} = 4\theta_C + 120 = 4 \times (-8.6) + 120 = 85.6 \text{kN} \cdot \text{m}$$
$$M_{CD} = 8\theta_C + 4\theta_D - 20 = 8 \times (-8.6) + 4 \times 0.8 - 20 = -85.6 \text{kN} \cdot \text{m}$$
$$M_{DC} = 4\theta_C + 8\theta_D + 20 = 4 \times (-8.6) + 8 \times 0.8 + 20 = -8 \text{kN} \cdot \text{m}$$
$$M_{DE} = 6\theta_D = 6 \times 0.8 = 4.8 \text{kN} \cdot \text{m}$$
$$M_{ED} = 0$$
$$M_{DB} = 4\theta_D = 4 \times 0.8 = 3.2 \text{kN} \cdot \text{m}$$
$$M_{BD} = 2\theta_D = 2 \times 0.8 = 1.6 \text{kN} \cdot \text{m}$$

结构最后弯矩图同图 16-17 完全一致。

【例 16-6】 用直接平衡法求解[例 16-4]中结构。

解:1.判断结构中位移法 θ 基本未知量。此结构中有转角位移 θ、线位移 Δ。(分析方法与[例 17-4]相同)

2.求出各杆的单杆结构形式并写出杆端内力表达式。AB 单杆结构如图 16-41 所示。

$$M_{AB} = 0$$

$$M_{BA} = 3i_{AB}\theta_B + \frac{3Pl}{16} = 3 \times 2 \times \theta_B + \frac{3 \times 40 \times 8}{16} = 6\theta_B + 60$$

因线位移 Δ 与 AB 杆轴线重合,故线位移 Δ 不影响 M_{AB}。

BC 单杆结构如图 16-42 所示。

$$M_{BC} = 4i_{BC}\theta_B - \frac{6i_{BC}}{l}\Delta + \frac{ql^2}{12} = 4 \times 1 \times \theta_B - \frac{6 \times 1}{4}\Delta + \frac{12 \times 4^2}{12}$$

$$= 4\theta_B - 1.5\Delta + 16$$

$$M_{CB} = 2i_{BC}\theta_B - \frac{6i_{BC}}{l}\Delta - \frac{ql^2}{12} = 2 \times 1 \times \theta_B - \frac{6 \times 1}{4}\Delta + \frac{12 \times 4^2}{12}$$

$$= 2\theta_B - 1.5\Delta - 16$$

BD 单杆结构如图 16-43 所示(写 BD 杆内力时注意 $\Delta < 0$)。

$$M_{BD} = 4i_{BD}\theta_B - \frac{6i_{BD}}{l} \times (-\Delta) = 4 \times 1 \times \theta_B - \frac{6 \times 1}{4} \times (-\Delta)$$

$$= 4\theta_B + 1.5\Delta$$

$$M_{DB} = 2i_{BD}\theta_B - \frac{6i_{BD}}{l} \times (-\Delta) = 2 \times 1 \times \theta_B - \frac{6 \times 1}{4} \times (-\Delta)$$

$$= 2\theta_B + 1.5\Delta$$

3. 画受力图,列平衡方程解出未知量 θ、线位移 Δ。

结点 B 受力图如图 16-44 所示。

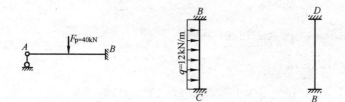

图 16-41   图 16-42   图 16-43   图 16-44

$$\sum M = 0, M_{BA} + M_{BC} + M_{BD} = 0$$

$$6\theta_B + 60 + 4\theta_B - 1.5\Delta + 16 + 4\theta_B + 1.5\Delta = 0$$

整理得:

$$14\theta_B + 76 = 0$$

$$\theta_B = -\frac{76}{14} = -5.4286$$

以杆件 AB 为脱离体画受力图如图 16-45 所示,因后续计算只标出杆端剪力。杆端剪力仍按照引起杆端内力的原因是结点位移(θ_B、Δ)和荷载的原则。查表 16-1、表 16-2 写出。

$$F_{QBC} = -\frac{6i_{BC}}{l}\theta_B + \frac{12i_{BC}}{l^2}\Delta - \frac{ql}{2} = -\frac{6\times1}{4}\times\theta_B + \frac{12\times1}{4^2}\Delta - \frac{12\times4}{2}$$

$$= -1.5\theta + 0.75\Delta - 24$$

$$F_{QBD} = -\frac{6i_{BD}}{l}\theta_B + \frac{12i_{BD}}{l^2}(-\Delta) = -\frac{6\times1}{4}\theta_B + \frac{12\times1}{4^2}(-\Delta)$$

$$= -1.5\theta_B - 0.75\Delta$$

在图 16-45 受力图中，$\sum x = 0$，$-F_{QBD} + F_{QBC} - F_{QB} = 0$

$$-[-1.5\theta_B - 0.75\Delta] + [-1.5\theta_B + 0.75\Delta - 24] - 0 = 0$$

整理得：

$$+1.5\Delta - 24 = 0$$

$$\Delta = \frac{24}{1.5} = 16$$

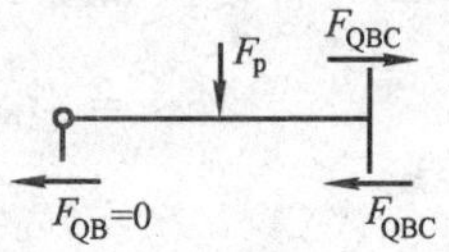

图 16-45

这个计算结果与[例 16-4]中用典型方程法的计算结果完全一致。

4. 将解出的基本未知量 θ_B、Δ 代入杆端内力表达式得杆端内力值。

$$M_{AB} = 0$$

$$M_{BA} = 6\theta_B + 60 = 6\times(-5.4286) + 60$$

$$= 27.4284\text{KN}\cdot\text{m}$$

$$M_{BC} = 4\theta_B - 1.5\Delta + 16 = 4\times(-5.4286) - 1.5\times16 + 16$$

$$= -29.7144\text{KN}\cdot\text{m}$$

$$M_{CB} = 2\theta_B - 1.5\Delta - 16 = 2\times(-5.4286) - 1.5\times16 - 16$$

$$= -50.8572\text{KN}\cdot\text{m}$$

$$M_{BD} = 4\theta_B + 1.5\Delta = 4\times(-5.4286) + 1.5\times16$$

$$= 2.2856\text{KN}\cdot\text{m}$$

$$M_{DB} = 2\theta_B + 1.5\Delta = 2\times(-5.4286) + 1.5\times16$$

$$= 13.1428\text{KN}\cdot\text{m}$$

上述结果与用位移法典型方程求得的结果完全一致。

◀ 小 结 ▶

1. 位移法的核心概念是超静定杆系结构可以由若干单杆结构组合而成,即超静定杆系结构＝∑单杆结构。

位移法相对计算简单的原因:①单杆结构只有三种基本形式;②三种单杆结构的形常数和载常数如表 16-1 和表 16-2 所示。

2. 由于将结构等效为单杆结构的方法不同,产生了位移法的两种表现形式典型方程法(用附加约束等效单杆结构)和直接平衡法(截断杆件用支座代替的方法来等效单杆结构)。求解位移法基本未知量时,典型方程是从基本结构还原为实际结构后满足的要求(即附加约束受力为零)来建立方程;直接平衡法是通过连接单杆结构的刚结点或产生线位移的杆段应满足的力学平衡条件($\sum M = 0, \sum X = 0$)来建立方程。

3. 位移法基本未知量是转角 θ 和线位移 Δ。位移法计算对象是杆端内力,引起杆端内力的原因是①支座转动;②支座移动;③荷载,即 $M_{AB} = M_{AB}^{\theta} + M_{AB}^{\Delta} + M_{AB}^{a}$。

4. 位移法典型方程

$$K_{11}\Delta_1 + K_{12}\Delta_2 + \cdots + K_{1i}\Delta_i + \cdots + K_{1n}\Delta_n + F_{1P} = 0$$
$$K_{21}\Delta_1 + K_{22}\Delta_2 + \cdots + K_{2i}\Delta_i + \cdots + K_{2n}\Delta_n + F_{2P} = 0$$
$$\vdots \qquad\qquad\qquad \vdots$$
$$K_{n1}\Delta_1 + K_{n2}\Delta_2 + \cdots + K_{ni}\Delta_i + \cdots + K_{nn}\Delta_n + F_{np} = 0$$

5. 转角位移方法

两端固定:

$$M_{AB} = 4i_{AB}\theta_A + 2i_{AB}\theta_B - \frac{6i_{AB}}{l}\Delta + M_{AB}^{g}$$

$$M_{BA} = 2i_{AB}\theta_A + 4i_{AB}\theta_B - \frac{6i_{AB}}{l}\Delta + M_{BA}^{g}$$

一端固定,一端铰支:

$$M_{AB} = 3i_{AB}\theta_A - \frac{3i_{AB}}{l}\Delta + M_{AB}^{g}$$

$$M_{BA} = 0$$

一端固定,一端滑动:

$$M_{AB} = i_{AB}\theta_A + M_{AB}^{g}$$

$$M_{BA} = -i_{AB}\theta_A + M_{BA}^{g}$$

▶ **思考题** ◀

16-1 何谓转角位移方程？三种等截面直杆的转角位移方程各有哪几部分组成？它在位移法中起什么作用？

16-2 转角位移方程中的杆端角位移、杆端相对线位移、杆端弯距和杆端剪力的正负号是如何规定的？

16-3 用位移法计算超静定结构时，怎样得到基本体系？与力法计算时所选择基本体系的思路有什么根本的不同？对于同一结构，力法计算时可以选择不同的基本体系，位移法可能有几种不同的基本体系吗？

16-4 位移法基本体系中附加转动约束和附加支杆约束，各起什么作用？

习　题

16-1 作图示超静定结构的弯矩图，EI 为常数。

16-2 作图示超静定结构的弯矩图，EI 为常数。

16-3 用位移法作图中所示无侧移刚架的弯矩图。

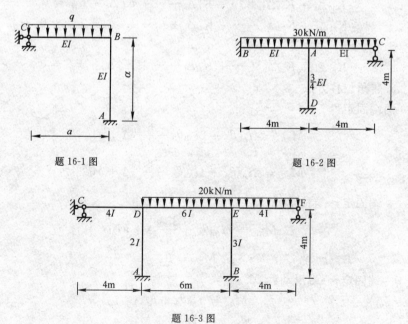

题 16-1 图　　　　　　　题 16-2 图

题 16-3 图

16-4 用位移法作如图所示刚架的弯矩图。

16-5 用位移法作如图所示铰接排架的弯矩图。

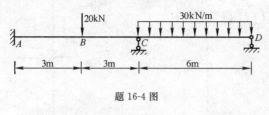

题 16-4 图

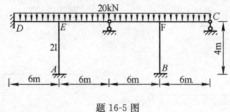

题 16-5 图

16-6 用位移法作如图所示刚架的弯矩图。

16-7 用位移法作如图所示结构的弯矩图。

16-8 用位移法作如图所示结构的弯矩图。

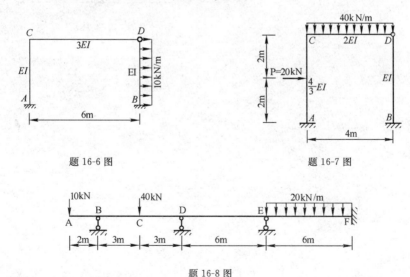

题 16-6 图　　　　　　　　　　　题 16-7 图

题 16-8 图

16-9 用位移法作如图所示结构的弯矩图。

16-10 用位移法作如图所示结构的弯矩图。

16-11 用位移法作如图所示结构的弯矩图,各杆 EI 为常数。

16-12　用位移法作如图所示结构的弯矩图,各杆 EI 为常数。

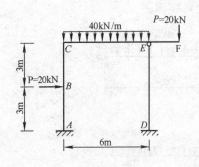

题 16-9 图

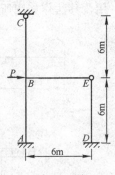

题 16-10 图

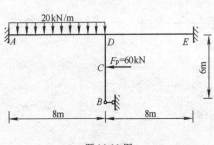

题 16-11 图

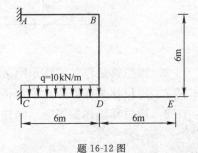

题 16-12 图

第十七章
力矩分配法

熟悉力矩分配法的原理,掌握力矩分配法的应用前提;

熟练掌握力矩分配法三个基本要素的计算;

熟练掌握用力矩分配法计算多跨超静定连续梁、无侧移刚架等无侧移结构的方法。

力矩分配法是在实际工程计算中广泛采用的实用计算方法。力矩分配法的计算方法是通过按固定的数值算法反复迭代运算,使计算值逐渐逼近准确值的一种超静定结构内力的近似计算方法。力矩分配法与力法,位移法等求超静定结构的经典计算方法相比,最突出的优点是在求解结构未知力的过程中,只需进行数值运算,不需解方程就可计算出未知力的近似值,且未知力与其精确值间的误差是可以控制的。

第一节　力矩分配法的计算原理

一　力矩分配法的计算基础

力矩分配法是一种建立在位移法基础之上的解超静定杆系结构未知力的近似计算方法。力矩分配法同位移法一样,认为求解超静定杆系结构的关键是必须计算出杆系结构的杆端内力,同时认为影响超静定杆系结构杆端内力的因素只有结点位移和荷载。但位移法认为结构中的结点位移有结点转动和结点移动两种形式,我们知道,这一种认识与实际工程中一般遇到的结点变形的情况是一

致的。而力矩分配法则认为结构的结点位移只有转角位移一种形式,这是力矩分配法与位移法的不同之处。简单地讲,位移法认为超静定杆系结构有刚结点转角 θ 和线位移 Δ 两种形式的基本未知量,而力矩分配法可以计算的超静定杆系结构都必须满足线位移 $\Delta = 0$ 条件,也就是说力矩分配法能够计算的超静定杆系结构只有刚结点转角 θ 一种形式的基本未知量。因此可看出,位移法可运用到任意的超静定杆系结构中去,而力矩分配法只能适用于线位移 $\Delta = 0$ 的超静定杆系结构,这种形式的结构也称为无侧移结构。这一点也是力矩分配法的应用前提。

力矩分配法中线位移 $\Delta = 0$ 的假设,使超静定杆系结构分析得到很大地简化,主要体现在二点:一是组成力矩分配法基本结构的附加约束只有刚臂一种形式;二是引起杆端弯矩的原因只有转角弯矩 M^{θ} 和固端弯矩 M^{g},即满足力矩分配法应用前提的结构中任意杆端内力为:

$$M_{AB} = M_{AB}^{\theta} + M_{AB}^{g} \tag{17-1}$$

由于固端弯矩 M^{g} 的大小主要是取决于单杆结构形式及荷载值,而单杆结构形式可依据位移法基本结构直接判断,荷载值一般情况下都是已知的,所以在力矩分配法的计算中,固端弯矩 M^{g} 是确定的数值。实际计算中,固端弯矩 M^{g} 的值可查表 16-2 得出具体数值。

因此,根据公式(17-1)的概念,力矩分配法主要是要解决转角弯矩 M^{θ} 的计算方法。

 力矩分配法的计算要素

计算转角弯矩的 M^{θ} 问题,从理论上来说,实际上是求结点力偶对单杆结构杆端内力的影响问题。在探讨这个问题前,先确定正负号的规定。力矩分配法中对杆端转角 θ、杆端剪力 F_{QAB} 和结点杆端剪力 F_{QBA}、杆端弯矩 M_{AB} 及固端弯矩 M^{g} 的正负号规定与位移法一致,都是假设使杆端顺时针旋转为正号,反之为负号。结点上杆端弯矩逆时针转为正,反之为负。另外,作用于结点的外力偶荷载以及作用于附加约束刚臂上的约束力矩,也假设使结点或约束顺时针旋转为正号,反之为负号。

为了帮助大家理解力矩分配法的计算要素概念,先通过用位移法求解图 17-1a)所示结构的计算过程,来说明结点力偶对超静定杆系结构杆端内力的影响。由于图 17-1a)结构的每一根杆段轴线方向上都有支座约束,所以该结构无线位移 Δ 未知量,或者说该结构为无侧移结构,该结构有一个刚结点,所以有一个转角位移。此结构位移法基本结构如图 17-1b)所示。该结构位移法典型方程为：

$$k_{11}\Delta_1 + F_{1p} = 0 \tag{1}$$

$\overline{M}_1$ 图如图 17-1c)所示。在 $\overline{M}_1$ 图中作 A 结点受力图，如图 17-1e)所示，由 $\sum M = 0$，得：

$$\overline{M}_{AC} + \overline{M}_{AB} + \overline{M}_{AD} - k_{11} = 0$$

$$3i_{AC} + 4i_{AB} + i_{AD} - k_{11} = 0$$

$$k_{11} = 3i_{AC} + 4i_{AB} + i_{AD}$$

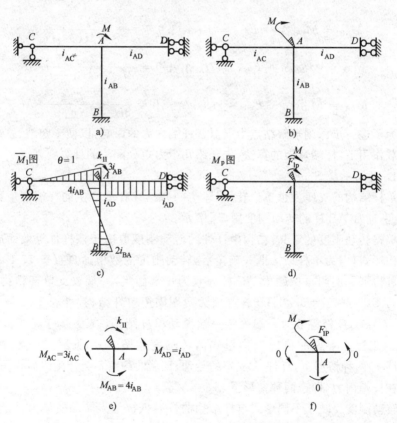

图 17-1

M_P 图如图 17-1d)所示。在 M_P 图中作 A 结点受力图如图 17-1f)所示，注意，由于各个杆段均无荷载作用，所以各个杆端的固端弯矩 M^g 均为 0，即 $M_{AB}^g = M_{AC}^g = M_{AD}^g = 0$。由 A 结点受力图[如图 17-1f)所示]$\sum M = 0$，得：

$$-F_{1P} - M = 0, F_{1P} = -M$$

将求出的 k_{11}、F_{1P} 代方程式(1)中,解得:

$$\Delta_1 = -\frac{F_{1P}}{k_{11}} = -\frac{(-M)}{3i_{AC} + 4i_{AB} + i_{AD}} = \frac{M}{3i_{AC} + 4i_{AB} + i_{AD}}$$

由叠加公式 $M = \overline{M}_1 \cdot \Delta_1 + F_p$,可得图 17-1a)结构中各个杆端弯矩:

$$M_{AB} = \overline{M}_{1AB}\Delta_1 + F_{PAB} = 4i_{AB}\Delta_1 + 0 = \frac{4i_{AB}}{3i_{AC} + 4i_{AB} + i_{AD}}M \quad (2)$$

$$M_{AC} = \overline{M}_{1AC}\Delta_1 + F_{PAC} = 3i_{AC}\Delta_1 + 0 = \frac{3i_{AC}}{3i_{AC} + 4i_{AB} + i_{AD}}M \quad (3)$$

$$M_{AD} = \overline{M}_{1AD}\Delta_1 + F_{PAD} = i_{AD}\Delta_1 + 0 = \frac{i_{AD}}{3i_{AC} + 4i_{AB} + i_{AD}}M \quad (4)$$

$$M_{BA} = \overline{M}_{1BA}\Delta_1 + F_{PBA} = 2i_{AB}\Delta_1 + 0 = \frac{2i_{AB}}{3i_{AC} + 4i_{AB} + i_{AD}}M \quad (5)$$

$$M_{DA} = \overline{M}_{1DA}\Delta_1 + F_{PDA} = -i_{AD}\Delta_1 + 0 = \frac{-i_{AC}}{3i_{AC} + 4i_{AB} + i_{AD}}M \quad (6)$$

为了进一步深刻理解结点力偶对各杆端内力的影响,以便于归纳、总结出结点荷载作用下,杆端弯矩的算法,先介绍几个力矩分配法的计算要素:

448

1. 转动刚度 S

单杆结构的支座发生单位转角(即 $\theta = 1$)时,在杆端产生的杆端弯矩称为转动刚度,通常 AB 杆的转动刚度用 S_{AB} 表示。

根据转动刚度的定义,结构中杆件的转动刚度取决于该杆件等效而成的单杆结构形式,因为单杆结构形式确定后,转动刚度的数值通过查表 17-1 的形常数即可得到。例如本例题中 AC 杆等效为一端固定,一端铰支单杆结构,查表 17-1 得 $S_{AC} = M_{AC} = 3i_{AC}$;$AB$ 杆等效为两端固定单杆结构,查表 17-1 得 $S_{AB} = M_{AB} = 4i_{AB}$;$AD$ 杆等效为一端固定一端滑动单杆结构,查表 16-1 得 $S_{AD} = M_{AD} = i_{AD}$。工程上常见的单杆结构形式的转刚度如图 17-2 所示。注意,由于图 17-2d)、e)两种情形下,杆件 A 支座的转动,B 端的约束不会产生阻碍作用,故不会存在杆端内力,即这两种情形下,$S_{AB} = M_{AB} = 0$。

转动刚度反映了不同形式单杆结构的杆端抵抗结点转动的能力,转动刚度越大,表示杆端产生单位转角所需施加的力矩越大。

在力矩分配法中,通常把单杆结构杆件中产生转角的一端称为近端,另外一个杆端称为远端,根据这一概念转动刚度 S_{AB} 是杆端 A 产生 $\theta_A = 1$ 时的近端弯矩 M_{AB}。当 $\theta_A \neq 1$ 时,根据弹性体系力与变形成正比概念,设 AB 杆的转动刚度为 S_{AB},则由结点转动引起的杆件近端弯矩 $M_{AB} = S_{AB}\theta_A$。

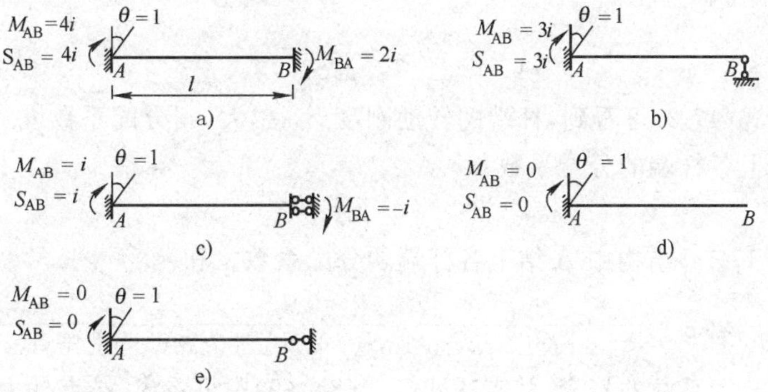

図　17-2

总之,杆件转动刚度的大小取决于单杆结构的形式,所以,杆件转动刚度与结点的转角 θ 值的大小无关。

2. 分配系数 μ

分析图 17-1a)所示结构,观察结点力偶对结构杆端近端弯矩的影响。

M_{AB}、M_{AC}、M_{AD} 分别如(2)、(3)、(4)表达式。可以看出:

$$M_{AB}+M_{AC}+M_{AD}=M$$

这说明,作用在结点上的外力偶 M,相当于被该结点上各个杆端的近端弯矩 M_{AB}、M_{AC}、M_{AD} 所瓜分,而每个杆端的近端弯矩瓜分结点外力偶 M 的份额则取决于各杆的转动刚度占结点所有杆端转动刚度之和中的比例,如:

$$M_{AB}=\frac{4i_{AB}}{3i_{AC}+4i_{AB}+i_{AD}}M=\frac{S_{AB}}{S_{AC}+S_{AB}+S_{AD}}M=\frac{S_{AB}}{\sum S_i}M \tag{7}$$

$$M_{AC}=\frac{3i_{AB}}{3i_{AC}+4i_{AB}+i_{AD}}M=\frac{S_{AC}}{S_{AC}+S_{AB}+S_{AD}}M=\frac{S_{AC}}{\sum S_i}M \tag{8}$$

$$M_{AD}=\frac{i_{AD}}{3i_{AC}+4i_{AB}+i_{AD}}M=\frac{S_{AD}}{S_{AC}+S_{AB}+S_{AD}}M=\frac{S_{AD}}{\sum S_i}M \tag{9}$$

从(7)、(8)、(9)表达到可看出,结点上各个杆端的近端弯矩是按一个比例系数来瓜分结点外力偶 M,这个比例系数在力矩分配法中称为分配系数,AB 杆的分配系数用 μ_{AB} 表示。

分配系数 μ 是由结点各杆端的转动刚度决定的。分配系数 μ 的数值等于一个分数,分母是计算结点上各个杆端转动刚度之和 $\sum S_i$,而分子则是计算杆端本身的转动刚度 S,即:

449

Jianzhu Lixue

第十七章　力矩分配法

$$\mu_{AB} = \frac{S_{AB}}{\sum S_i} \qquad (17\text{-}2)$$

从公式(17-2)可看到,杆端的转动刚度 S_{AB} 越大,则分配系数 μ_{AB} 也大,并且同一结点上各杆端的分配系数:

$$\sum \mu_i = 1 \qquad (17\text{-}3)$$

如图 17-1a)结构中 A 结上各杆端的分配系数之和:

$$\mu_{AB} + \mu_{AC} + \mu_{AD} = \frac{S_{AB}}{S_{AC} + S_{AB} + S_{AD}} + \frac{S_{AC}}{S_{AC} + S_{AB} + S_{AD}} + \frac{S_{AD}}{S_{AC} + S_{AB} + S_{AD}} = 1$$

结合分配系数的概念,从表达式(7)、(8)、(9)中可看出,结点外力偶 M 作用下,结点各杆端的近端转角弯矩等于:

$$M_{AB} = \mu_{AB}M \qquad (17\text{-}4)$$

3. 传递系数 C

从力矩分配法的角度来看,每一个受结点转角 θ 作用杆段的杆端弯矩都是由一个近端弯矩 M_{AB} 和一个远端弯矩 M_{BA} 构成,而远端弯矩 M_{BA} 与近端弯矩 M_{AB} 的比值定义为传递系数 C,即 AB 杆的传递系数 C_{AB}。

$$C_{AB} = \frac{M_{远端}}{M_{近端}} = \frac{M_{BA}}{M_{AB}} \qquad (17\text{-}5)$$

引入传递系数 C 概念以后,杆件远端转角弯矩就非常好计算了。

$$M_{BA} = M_{远端} = C_{AB}M_{AB} = C_{AB}M_{近端} \qquad (17\text{-}6)$$

传递系数 C 值的大小主要取决于单杆结构形式,从图 17-1c)可看出,两端固定单杆结构传递系数 $C_{AB} = M_{BA}/M_{AB} = 1/2$;一端固定,一端铰支单杆结构传递系数,$C_{AC} = M_{CA}/M_{AC} = 0$,一端固定,一端滑动单杆结构传递系数 $C_{AD} = M_{DA}/M_{AD} = -1$。

有了转动刚度 S、分配系数 μ 和传递系数 C 这三个力矩分配法计算要素,则很容易计算类似图 17-1 a)所示无侧移且只有结点力偶 M 作用下的超静定结构中由转角 θ 引起的杆端弯矩值:

AB 杆的近端弯矩:

$$M_{AB} = \mu_{AB}M \qquad (17\text{-}7)$$

AB 杆的远端弯矩:

$$M_{BA} = C_{AB}M_{AB} \qquad (17\text{-}8)$$

综上所述,力矩分配法认为杆端弯矩 M_{AB} 的表达式为:

$$M_{AB} = M_{AB}^{\theta_A} + M_{AB}^{\theta_B} + M_{AB}^{g} \qquad (17\text{-}9)$$

式中：M_{AB}——AB 杆件 A 端的杆端弯矩；

$M_{AB}^{\theta_A}$——AB 杆件因 θ_A 转动而引起的 A 端杆端弯矩，也称为近端转角弯矩；

$M_{AB}^{\theta_B}$——AB 杆件因 θ_B 转动而引起的 A 端杆端弯矩，也称为远端转角弯矩；

M_{AB}^{g}——AB 杆件因作用于杆件上的荷载在杆件 AB 端引起的固端弯矩。

公式(17-9)的含义，也就是说在无侧移超静定杆系结构中，形成单杆结构中杆段的杆端内力 M_{AB}，是由杆件的近端转角弯矩 $M_{AB}^{\theta_A}$、远端转角弯矩 $M_{AB}^{\theta_B}$ 和固端弯矩 M_{AB}^{g} 叠加而成。而转动刚度 δ_{AB} 取决于单杆结构形式，公式(17-2)告诉我们，知道结点上各个杆端的转动刚度，就可求出各个杆端的分配系数 μ_{AB}；近端弯矩 M_{AB} 根据公式(17-4)，取决于分配系数 μ_{AB} 和结点弯矩 M；远端弯矩 M_{BA} 由公式(17-6)知道，取决于传递系数 C 和近端转角弯矩 M_{AB}；固端弯矩 M_{AB}^{g} 可查表16-2 直接查得。当杆端的近端弯矩 $M_{AB}^{\theta_A}$ 和远端弯矩 $M_{AB}^{\theta_B}$ 以及固端 M_{AB}^{g} 都求出，根据公式(17-9)，则杆端弯矩 M_{AB} 也就计算出来了。

因此，可看出，只要求出了力矩分配法的三要素，则杆端的近端弯矩 $M_{AB}^{\theta_A}$ 和远端弯矩 $M_{AB}^{\theta_B}$ 都很快可以算出。请特别注意，公式(17-9)给出了任意杆件杆端弯矩 M_{AB} 的算法，公式(17-7)给出了杆件近端弯矩的算法，公式(17-8)给出了杆件远端弯矩的算法，实际上力矩分配法的运算过程。就是不断地按公式(17-7)、(17-8)计算转角弯矩(也称为分配弯矩)，直到满足要求，最后按公式(17-9)求最后杆端弯矩。

（三）力矩分配法的计算原理

力矩分配法解无侧移超静定杆系结构时，以杆端弯矩 M_{AB} 为计算对象，杆端弯矩 M_{AB} 的值按公式(17-9)计算，因此，力矩分配法主要是解决杆端的近端转角弯矩 $M_{AB}^{\theta_A}$，远端转角弯矩 $M_{AB}^{\theta_B}$ 以及固端弯矩 M_{AB}^{g} 的计算方法。对于杆端弯矩的计算方法，力矩分配法继承了位移法中典型方程求解未知力的思路。以图17-3a)所示结构的力学分析为例，介绍力矩分配法求杆端内力的思路。先通过增加附加约束——刚臂，使实际结构变成位移法基本结构，如图 17-3b)所示。此时，AB 杆段和 BC 杆段可以等效为两端固定的单杆结构，CD 杆段可以等效为一端固定一端铰支的单杆结构。在图 17-3b)中，由于各单杆结构在支座和刚臂的约束下，均不发生位移(端铰支座 D 除外)，因此图 17-3b)情形下，各单杆结构的杆端弯矩中的近端弯矩和远端弯矩均等于零，但是各个单杆结构上荷载的

影响,将会在每个单杆结构的杆端产生固端弯矩 M^g,各杆端上产生的固端弯矩 M^g 值,可查表 16-2 得到。所以可以很容易地理解,图 17-3b)状态下,各个单杆结构的杆端产生了固端弯矩,此固端弯矩正是杆端弯矩 M_{AB} 的一部分 M^g。因此,根据公式(17-9)的要求,力矩分配法剩下的工作就是要计算出杆端的近端转角弯矩 M_{AB}^{θ} 和远端转角弯矩 M_{AB}^{θ}。

为了帮助大家更好地理解力矩分配法的概念,我们对照图 17-3a)、b)强调几点:

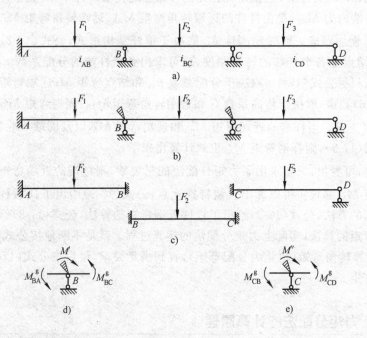

图 17-3

1. 由于位移法基本结构[如图 17-3b)所示]无节点位移,故在图 17-3b)基本结构中各单杆结构杆端只产生由荷载引起的固端弯矩。

2. 只有单杆结构支座发生转动时,才会发生近端转角弯矩 M_{AB}^{θ} 和远端转角 M_{AB}^{θ}。

3. 位移法基本结构[图 17-3b)]与实际结构[图 17-3a)]是不相同的。基本结构与实际结构的构造差别仅在于:基本结构有刚臂存在。而实际结构中无刚臂力学模型。这也可以理解为,如果我们能采用措施或方法,等效除去基本结构中的刚臂模型,则就能将图 17-3b)的基本结构转化为图 17-3a)的实际结构。力矩分配法的重要工作之一,就是采取措施等效地除去基本结构的刚臂。

4. 基本结构与实际结构的杆端内力是不同的。基本结构中各单杆结构的杆端只产生固端弯矩。而实际结构中相应的杆端弯矩则不仅包含固端弯矩 M^g 部分,并且还包含近端转角弯矩 M^θ_{AB} 部分和远端转角 M^θ_{AB} 部分。

5. 当结点刚臂上受到的力偶等于零时,即刚臂限制结点转动的能力为零,或者说刚臂作用为零时,结点上有刚臂和无刚臂是等效的。因此,等效地除去基本结构中结点的刚臂,就是要使结点刚臂上受力为零。

力矩分配法认为,单杆结构近端转角弯矩 M^θ_{AB} 和远端转角弯矩 M^θ_{AB},产生于基本结构还原为实际结构的过程中。当基本结构中各个单杆结构的杆端产生固端弯矩 M^g 以后,因为同一刚结点上各个杆端产生的固端弯矩 M^g 相互不会平衡(既 $M^g_{BA}+M^g_{BC}\neq0$ 和 $M^g_{CB}+M^g_{CD}\neq0$),这样就在刚臂上产生了不平衡力矩 M' 和 M'',如图 17-3d)、e)受力图所示。由结点平衡条件很容易计算出,B 结点上不平衡力矩 $M'=M^g_{BA}+M^g_{BC}$;C 结点上不平衡力矩 $M''=M^g_{CB}+M^g_{CD}$,即结点刚臂上的不平衡力矩 M(即此时刚臂上产生的力矩)为:

$$M=\sum M^g_i \tag{17-10}$$

如果是实际结构,即没有刚臂的约束作用,由于不平衡力矩 M'、M'' 的影响,结点 B 和结点 C 都将发生转角 θ_B 和转角 θ_C 的变形。但在基本结构里,因有结点上刚臂的约束,结点 B 和结点 C 将不发生转动,不平衡力矩 M'、M'' 变成了结点 B 的刚臂和结点 C 的刚臂上的约束力矩。为了便于说明概念,力矩分配法将在实际结构上增加刚臂,并使结点刚臂上产生约束力矩(即不平衡力矩)的过程称为"锁住"过程。

"锁住"后的结构实际上就是位移法基本结构,必须将该基本结构状态还原成实际结构状态,才符合真实情况,而要将基本结构还原成实际结构的关键,就是要等效地将基本结构中的刚臂除去。而等效地除去结构上刚臂必须遵循的原则是只有在结点刚臂上受到的力偶为零时,才能等效地除去结点上的刚臂。用力矩分配法的概念来说,只有在结点刚臂上的约束力矩(或称不平衡力矩)等于零时,才能等效地从基本结构的结点上除去刚臂,使位移法基本结构还原成实际结构。

将刚臂除去的过程叫做"放松"过程。以 B 结点、C 结点的受力分析过程,介绍"放松"过程。在结点 B 的刚臂上施加一个与不平衡力矩 M' 大小相等,转向相反的外力偶 $-M'$,这样就使结点 B 的刚臂上产生的不平衡力矩 M' 得到了平衡,即此刻结点 B 的刚臂上受力为零,意味着刚臂对结点 B 的转动约束作用消失了,B 结点将恢复原来由刚臂作用阻止的结点转动变形。

所以 B 结点的"放松"过程,实际上是在 B 结点上施加集中力偶 $-M'$,使结点杆端发生转动的过程,根据 17.1.2"力矩分配法的计算要素"介绍的概念,刚结点在结点力偶的作用下产生转角位移,同时在与刚结点相连的各个杆件中杆端产生近端转角弯矩 $M_{BA}^{\theta_B}=\mu_{BA}(-M')$ 和远端转角弯矩 $M_{AB}^{\theta_B}=C_{BA}M_{BA}^{\theta_B}$。总之,当在 B 结点"放松"(即在 B 结点上施加 $-M'$ 力偶)后,从变形的角度来看,B 结点的刚臂上受力为零,B 结点发生了转角位移。从杆端内力的角度来看,结点 B 转动后,对杆端弯矩的影响是出现了杆端的近端转角弯矩和远端转角弯矩。注意此时远端转角弯矩 $M_{CB}^{\theta_B}$ 将会影响 C 结点上的不平衡力矩 M'' 的数值,$M''=M_{CB}^{g}+M_{CD}^{g}+M_{CB}^{\theta_B}$。这样,$B$ 结点转动后,近端转角弯矩为 $M_{BA}^{\theta_B}=\mu_{BA}(-M')$,$M_{BC}^{\theta_B}=\mu_{BC}(-M')$,$BC$ 杆件另外一端(即远端)转角弯矩 $M_{CB}^{\theta_B}=C_{CB}M_{BC}^{\theta_B}$。

这里各个杆端产生的转角弯矩都是相应杆端弯矩中转角弯矩的一部分。

B 结点刚臂放松后,为了便于讨论 C 结点"放松"的影响,仍不除去 B 结点的刚臂。尽管这时基本结构的状态是 B 结点上刚臂受力为零,而 C 结点上刚臂受力不等于零。再来"放松" C 结点的刚臂,即在 C 结点上施加一个与不平衡力矩 M'' 大小相等、方向相反的的外力偶 $-M''$,这样使 B 结点的刚臂受力为零的情形发生变化,与放松 B 结点一样,施加外力偶 $-M''$ 后,C 结点将发生转角位移。结点 C 转动后,产生杆端的近端转角弯矩 $M_{CB}^{\theta_C}=\mu_{CB}(-M'')$ 和 $M_{CD}^{\theta_C}=\mu_{CD}(-M'')$,以及远端转角弯矩 $M_{BC}^{\theta_C}=C_{CB}M_{CB}^{\theta_C}$。此时,远端转角弯矩 $M_{CB}^{\theta_C}$ 实际上成为了 B 结点上的新的不平衡力矩 M'。也就是说,经过 C 结点"放松"后,在"锁住"的 B 结点上又产生了新的不平衡力矩 M',但新的不平衡力矩 M' 值是呈衰减趋势的。经过若干轮的"锁住"和"放松"过程,可以使刚臂上的不平衡力矩值减至足够小,就可以认为不平衡力矩值近似为零,这也就意味着结构上所有刚臂(如 B 结点和 C 结点上的刚臂)上的受力都等于零,故可将所有刚臂除去,使位移法基本结构恢复成实际结构。

简单地讲,力矩分配法按杆端内力等于近端转角弯矩、远端转角弯矩及固端弯矩之和[即公式(17-9)]的概念,通过"锁住"环节,由查表方式将杆端的固端弯矩求出,通过"放松"环节,按固定算法求出杆端转角弯矩:近端转角弯矩 $M_{BC}^{\theta_B}=\mu_{BC}(-M')$,远端弯矩 $M_{CB}^{\theta_B}=C_{CB}M_{BC}^{\theta_B}$ 计算出转角弯矩。经过数轮"锁住"、"放松"过程,确定每次"放松"产生的转角弯矩,然后将所有转角弯矩以及杆端的固端弯矩统统迭加起来,从而得到最后的杆端弯矩。这种方法的最大优点是,不论是求转角弯矩还是求固端弯矩都不需解方程。在工程计算中，一般都是以列数表的形式来体现"锁住"和"放松"环节。

第二节　力矩分配法的应用

一　无侧移多跨连续梁的计算

【例 17-1】　求图 17-4 所示结构弯矩图（EI 为常数）。

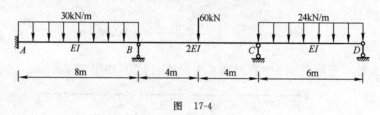

图　17-4

解：（1）先计算力矩分配法的计算要素

转动刚度：

$$S_{BA} = 4i_{BA} = 4 \times \frac{EI}{l} = 4 \times \frac{EI}{8} = \frac{EI}{2}$$

$$S_{CB} = S_{BC} = 4i_{BC} = 4 \times \frac{2EI}{8} = EI$$

$$S_{CD} = 3i_{CD} = 3 \times \frac{EI}{6} = \frac{EI}{2}$$

分配系数：

$$\mu_{BA} = \frac{S_{BA}}{S_{BA} + S_{BC}} = \frac{\dfrac{EI}{2}}{\dfrac{EI}{2} + EI} = 0.333$$

$$\mu_{BC} = \frac{S_{BC}}{S_{BA} + S_{BC}} = \frac{EI}{\dfrac{EI}{2} + EI} = 0.667$$

$$\mu_{CB} = \frac{S_{CB}}{S_{CB} + S_{CD}} = \frac{EI}{EI + \dfrac{EI}{2}} = 0.667$$

$$\mu_{CD} = \frac{S_{CD}}{S_{CB} + S_{CD}} = \frac{\dfrac{EI}{2}}{EI + \dfrac{EI}{2}} = 0.333$$

(2)固端弯矩

$$M_{BA}^g = -M_{AB}^g = \frac{ql^2}{12} = \frac{30 \times 8^2}{12} = 160 \text{kN} \cdot \text{m}$$

$$M_{CB}^g = -M_{BC}^g = \frac{pl}{8} = \frac{60 \times 8}{8} = 60 \text{kN} \cdot \text{m}$$

$$M_{CD}^g = -\frac{ql^2}{8} = \frac{24 \times 6^2}{8} = -108 \text{kN} \cdot \text{m}$$

将分配系数 μ 固端弯矩 M^g 分别列入相应杆端下面,如图 17-5 所示。

A		B		C		D
μ		0.333	0.667	0.667	0.333	
M^g	−160	160	−60	60	−108	
	−16.55 ←	−33.3	−66.7 →	−33.35		
			27.13 ←	54.260	27.090	
	−4.517 ←	−9.034	−18.096 →	−9.048		
			3.018 ←	−6.035	3.013	
	−0.503 ←	−1.005	−2.013 →	−1.007		
			0.336 ←	0.672	0.335	
		−0.112	−0.224			
	−181.67	116.549	−116.549	77.562	−77.562	

图 17-5

(3)放松 B 结点

根据经验先放松不平衡力矩绝对值大的结点将会加快不平衡力矩的收敛速度,因为 B 结点不平衡力矩绝对值大于 C 结点不平衡力矩绝对值,故先放松 B 结点,B 结点不平衡力矩:

$$M' = 160 + (-60) = 100 \text{kN} \cdot \text{m}$$

放松 B 结点,产生的近端弯矩:

$$M_{BA}^{\theta_B} = \mu_{AB}(-M') = 0.333 \times (-100) = -33.3 \text{kN} \cdot \text{m}$$

$$M_{BC}^{\theta_B} = \mu_{BC}(-M') = 0.667 \times (-100) = -66.7 \text{kN} \cdot \text{m}$$

同时产生远端弯矩

$$M_{AB}^{\theta_B} = C_{AB}M_{BA}^{\theta_B} = \frac{1}{2} \times (-33.3) = -16.65\text{kN} \cdot \text{m}$$

$$M_{CB}^{\theta_B} = C_{CB}M_{BC} = \frac{1}{2} \times (-66.7) = -33.35\text{kN} \cdot \text{m}$$

将上述第一轮放松引起的杆端转角弯矩分别写在相应的杆端下面,形成数表的第一行。

(4)放松 C 结点

注意此时放松 B 结点时,远端弯矩 $M_{CB}^{\theta_B}$ 传递到 C 结点后,实际上将影响 C 结点刚臂上的不平衡力矩。C 结点上不平衡力矩 $M'' = 60 + (-108) + (-33.35) = -81.35\text{kN} \cdot \text{m}$。

放松 C 结点产生的杆端弯矩:

$$M_{CB}^{\theta_C} = \mu_{CB}(-M') = 0.667 \times [-(-81.35)] = 54.260\text{kN} \cdot \text{m}$$

$$M_{CD}^{\theta_C} = \mu_{CD}(-M') = 0.333 \times [-(-81.35)] = 27.090\text{kN} \cdot \text{m}$$

同时产生远端弯矩:

$$M_{BC}^{\theta_C} = C_{CB}M_{CB}^{\theta_C} = \frac{1}{2} \times 54.260 = 27.13\text{kN} \cdot \text{m}$$

将上述杆端转角弯矩分别写在相应的杆端下面,形成数表的第二行。

这样就完成了一轮弯矩分配。特别注意完成第一轮力矩分配后产生的远端传递弯矩 $M_{BC}^{\theta_C} = 27.13\text{kN} \cdot \text{m}$,实际上形成了 B 刚结点刚臂上新的不平衡力矩 M',为了消除这一新产生的不平衡力矩 M',又需进行第二轮力矩分配,但分配的方法与第一轮完全相同,不再复述。

经过三轮的力矩分配,不平衡力矩已减小至 $M' = 0.336\text{kN} \cdot \text{m}$,认为此弯矩值已较小了,所以放松(即再分配一次不平衡力矩)后,即此时近端弯矩 $M_{BA}^{\theta_B} = -0.112\text{kN} \cdot \text{m}$、$M_{BC}^{\theta_B} = -0.224\text{kN} \cdot \text{m}$,在这种情况下再产生的远端传递弯矩很小,认为可忽略,至此,可以认为 B 结点和 C 结点上的不平衡力矩都近似为零,附加约束—刚臂可以除去,基本结构恢复为实际结构,这样力矩分配结束,将每个杆端的固端弯矩 M^g 和转角矩 M^θ 都加起来,即得到杆端的最后弯矩。根据各杆端的最后弯矩,画出结构弯矩图如图 17-6 所示。

【例 17-2】 求图 17-7a)所示结构的弯矩图。(EI 为常数)

解:这道题有静定杆段 CD 段,注意处理方法,由于静定段的杆端内力是可由平衡条件求出 $F_{QCD} = ql = 18 \times 2 = 36\text{kN}$,$M_{CD} = \dfrac{ql^2}{2} = \dfrac{18 \times 2^2}{2} = 36\text{kN} \cdot \text{m}$,来进

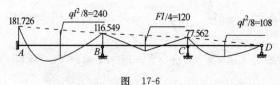

图 17-6

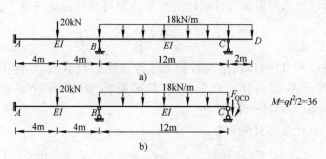

行力矩分配法列表计算时,不画静定段,仅用杆端内力 F_{QCD} 和来 M_{CD} 来代替静定杆段对结构的影响,计算简图如图 17-7b)所示。

求计算要素:

转动刚度:

$$S_{BA} = 4i_{BA} = 4 \times \frac{EI}{8} = \frac{EI}{2}$$

$$S_{BC} = 3i_{BC} = 3 \times \frac{EI}{12} = \frac{EI}{4}$$

分配系数:

$$\mu_{BA} = \frac{S_{BA}}{S_{BA} + S_{BC}} = \frac{\dfrac{EI}{2}}{\dfrac{EI}{2} + \dfrac{EI}{4}} = 0.667$$

$$\mu_{BC} = \frac{S_{BC}}{S_{BA} + S_{BC}} = \frac{\dfrac{EI}{4}}{\dfrac{EI}{2} + \dfrac{EI}{4}} = 0.333$$

固端弯矩:

$$M_{BA}^g = -M_{AB}^g = \frac{pl}{8} = \frac{20 \times 8}{8} = 20 \text{kN} \cdot \text{m}$$

458

BC 杆段对应的单杆结构如图 17-8 所示。将分配系数 μ、固端弯矩 M^g 分别列入相应杆端下面，力矩分配法如图 17-9 所示。

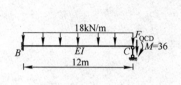

图 17-8

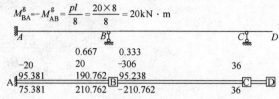

$$M_{BA}^g = -M_{AB}^g = \frac{pl}{8} = \frac{20 \times 8}{8} = 20 \text{kN} \cdot \text{m}$$

图 17-9

根据各杆端的最后弯矩画出结构弯矩图如图 17-10 所示。

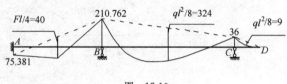

图 17-10

二 无侧移刚架的计算

【例 17-3】 求图 17-11 所示结构的弯矩图（EI 为常数）。

解：求计算要素转动刚度：

B 结点：

$$S_{BA} = 4i_{BA} = 4 \times \frac{EI}{8} = \frac{EI}{2}$$

$$S_{BC} = 4i_{BC} = 4 \times \frac{2EI}{8} = EI$$

C 结点：

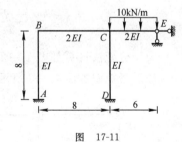

图 17-11

$$S_{CB} = 4i_{BC} = 4 \times \frac{2EI}{8} = EI$$

$$S_{CD} = 4i_{CD} = 4 \times \frac{EI}{8} = \frac{EI}{2}$$

$$S_{CE} = 3i_{CE} = 3 \times \frac{2EI}{6} = EI$$

分配系数：

$$\mu_{BA} = \frac{S_{BA}}{S_{BA} + S_{BC}} = \frac{\dfrac{EI}{2}}{\dfrac{EI}{2} + EI} = 0.333$$

$$\mu_{BC} = \frac{S_{BC}}{S_{BA} + S_{BC}} = \frac{EI}{\dfrac{EI}{2} + EI} = 0.667$$

$$\mu_{CB} = \frac{S_{CB}}{S_{CB} + S_{CD} + S_{CE}} = \frac{EI}{EI + \dfrac{EI}{2} + EI} = 0.4$$

$$\mu_{CD} = \frac{S_{CD}}{S_{CB} + S_{CD} + S_{CE}} = \frac{\dfrac{EI}{2}}{EI + \dfrac{EI}{2} + EI} = 0.2$$

$$\mu_{CE} = \frac{S_{CE}}{S_{CB} + S_{CD} + S_{CE}} = \frac{EI}{EI + \dfrac{EI}{2} + EI} = 0.4$$

固端弯矩：

$$M^g_{CE} = \frac{-ql^2}{8} = -\frac{10 \times 6^2}{8} = -45 \text{kN} \cdot \text{m}$$

力矩分配法计算如图 17-12 所示。

最后弯矩图如图 17-13 所示。

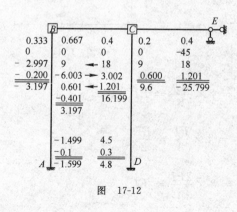

图 17-12

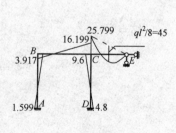

图 17-13

一、力矩分配法是建立在位移法基础上的一种求解超静定结构内力的实用近似计算方法。这种计算方法有二个突出特点：一是求解未知内力值时不需求解方程，只需按固定规则进行数值迭代运算；二是尽管计算结果不是精确值，但计算结果与精确值之间的误差是可以控制的，迭代计算次数越多，误差越小。

二、力矩分配法应用前提：力矩分配法只适用于线位移 $\Delta=0$ 的结构（也称为无侧移结构）。因此，力矩分配法中各杆端内力由近端转角弯矩 $M_{AB}^{\theta_A}$，远端转角弯矩 $M_{AB}^{\theta_B}$ 和固端弯矩 M_{AB}^{g} 组成，即：

$$M_{AB} = M_{AB}^{\theta_A} + M_{AB}^{\theta_B} + M_{AB}^{g}$$

三、力矩分配法三个计算元素

1. 转动刚度 S_{AB}

转动刚度 S_{AB} 是指单杆结构的支座发生单位转角（即 $\theta=1$）时，在杆端产生的杆端弯矩。

$S_{AB}=4i$　　　$S_{AB}=3i$　　　$S_{AB}=i$

2. 分配系数 μ_{AB}

分配系数 μ_{AB} 表示 AB 杆件在 A 端产生抵抗 A 结点弯矩（即不平衡力矩 M_A）的能力大小，也可以说 μ_{AB} 表示 AB 杆件在 A 端瓜分不平衡力矩 M_A 的份额。

$$\mu_{AB}=\frac{S_{AB}}{\sum S_i}$$

式中：S_{AB}——AB 杆件的转动刚度；

$\sum S_i$——超静定结构中第 i 个刚结点上，各个杆端内力的分配系数之和。

注意：$\sum \mu_i = 1$

同一刚结点上各个杆端内力的分配系数之和等于1。

3. 传递系数 C_{AB}

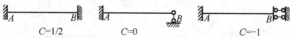

$C=1/2$　　　$C=0$　　　$C=-1$

杆件远端弯矩 M_{BA} 与近端弯矩 M_{AB} 的比值称为传递系数。

四、力矩分配法计算

近端转角弯矩 $M_{AB}^\theta = \mu_{AB} M_A$

远端转角弯矩 $M_{AB}^\theta = C_{AB} M_{BA}^\theta$

固端弯矩查表 16-2 可得。

五、力矩分配法算法是先通过锁住刚结点，使实际结构变成位移法基本结构，这样在刚臂（即结点）上产生结点弯矩 M（或称不平衡力矩），然后通过在刚臂上施加 $-M$，逐点放松刚臂（即使放松结点上的结点弯矩为零），这时在杆端会产生近端转角弯矩 $M_{AB}^\theta = \mu_{AB}(-M)$ 和远端传递弯矩 $M_{BA}^\theta = C_{AB} M_{AB}^\theta$，其中远端传递弯矩 M_{BA}^θ 将会产生（或影响）B 结点上的结点弯矩（或称不平衡力矩）。

通过多次"锁住"和"放松"的过程，最终结构中各个刚结点上的结点弯矩（或称不平衡力矩）均很小，在计算过程中忽略这些结点弯矩，这样相当于位移法基本结构中各个刚臂上受力为零，这就意味着这些刚臂都可以等效地从位移法基本结构中除去，此时位移法基本结构就等效地还原为实际结构，以上这些过程中，杆端产生的弯矩按公式（17-9）可计算出来。

◄ **思 考 题** ►

17-1　力矩分配法中的分配系数、传递系数与外来因素（荷载、温度变化等）有关吗？

17-2　若图示各杆件线刚度 i 相同，则各杆 A 端的转动刚度 S 分别为多少？

17-3　图示结构 EI ＝常数，用力矩分配法的概念计算各杆的分配系数？

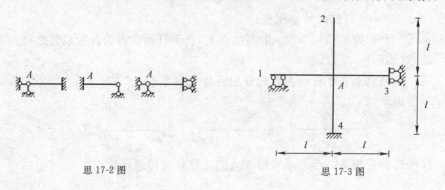

思 17-2 图　　　　　　　　　思 17-3 图

17-4 在力矩分配法中反复进行力矩分配及传递,结点不平衡力矩愈来愈小,主要是因为分配系数及传递系数<1,这种说法对吗?

17-5 若用力矩分配法计算图示刚架,则结点 A 的不平衡力矩为多少?

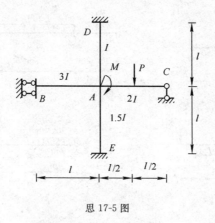

思 17-5 图

习　题

17-1 用力矩分配法作图示结构的 M 图。已知:$M_0 =$ kN·m,$\mu_{BA} = 3/7$,$\mu_{BC} = 4/7$,$P = 24$kN。

17-2 用力矩分配法计算连续梁并求支座 B 的反力。

17-3 用力矩分配法计算图示结构并作 M 图,$EI =$ 常数。

17-4 用力矩分配法作图示梁的弯矩图,EI 为常数。(计算两轮)

17-5 用力矩分配法作图示梁的弯矩图,EI 为常数。(计算两轮)

17-6 计算图示结构的力矩分配系数和固端弯矩。

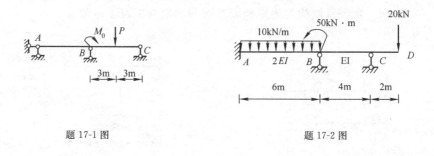

题 17-1 图

题 17-2 图

17-7 用力矩分配法作图示连续梁的 M 图。(计算两轮)

17-8 用力矩分配作图示连续梁的 M 图。(计算两轮)

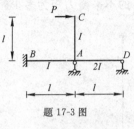

题 17-3 图

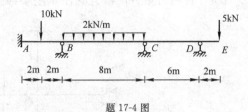

题 17-4 图

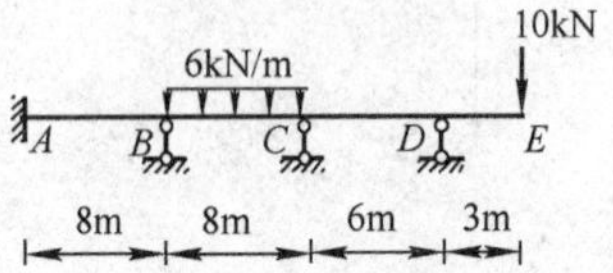

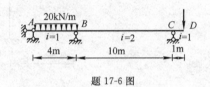

题 17-5 图

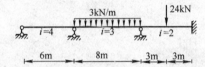

题 17-7 图

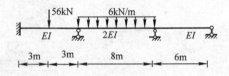

题 17-6 图

题 17-8 图

17-9 用力矩分配法作图示结构 M 图。

17-10 求图示结构的力矩分配系数和固端弯矩,EI = 常数。

17-11 已知:$q = 20\text{kN/m}, M_0 = 100\text{kN} \cdot \text{m}, \mu_{AB} = 0.4, \mu_{AC} = 0.35, \mu_{AD} = 0.25$。用力矩分配法作图示结构的 M 图。

17-12 已知图示结构的力矩分配系数 $\mu_{A1} = 8/13, \mu_{A2} = 2/13, \mu_{A3} = 3/13$,作 M 图。

17-13 用力矩分配法作图示结构 M 图,EI = 常数。

17-14 求图示结构的力矩分配系数和固端弯矩,EI = 常数。

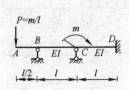

题 17-9 图

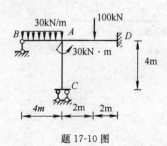

题 17-10 图

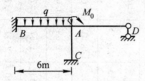

题 17-11 图

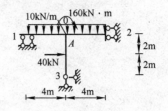

题 17-12 图

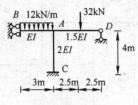

题 17-13 图

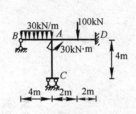

题 17-14 图

附 录 型 钢 表

热轧等边角钢（GB 9787—88）

表 1

符号意义：b——边宽度；
d——边厚度；
r——内圆弧半径；
r₁——边端内圆弧半径；
I——惯性距；
i——惯性半径；
W——截面系数；
z_0——重心距离。

角钢号数	尺寸(mm)			截面面积(cm²)	理论重量(kg/m)	外表面积(m²/m)	参考数值											
							$x-x$			x_0-x_0			y_0-y_0			x_1-x_1	z_0
	b	d	r				I_x (cm⁴)	i_x (cm)	W_x (cm³)	I_{x0} (cm⁴)	i_{x0} (cm⁴)	W_{x0} (cm)	I_{y0} (cm⁴)	i_{y0} (cm)	W_{y0} (cm⁴)	I_{r1} (cm⁴)	(cm)
2	20	3	3.5	1.132	0.889	0.078	0.40	0.59	0.29	0.63	0.75	0.45	0.17	0.39	0.20	0.81	0.60
		4		1.459	1.145	0.077	0.50	0.58	0.36	0.78	0.73	0.55	0.22	0.38	0.24	1.09	0.64
2.5	25	3		1.432	1.124	0.098	0.82	0.76	0.46	1.29	0.95	0.73	0.34	0.49	0.33	1.57	0.73
		4		1.859	1.459	0.097	1.03	0.74	0.59	1.62	0.93	0.92	0.43	0.48	0.40	2.11	0.76

角钢号数	尺寸(mm)			截面面积(cm²)	理论重量(kg/m)	外表面积(m²/m)	参考数值											
	b	d	r				$x-x$			x_0-x_0			y_0-y_0			x_1-x_1	z_0
							I_x (cm⁴)	i_x (cm)	W_x (cm³)	I_{x0} (cm⁴)	i_{x0} (cm⁴)	W_{x0} (cm)	I_{y0} (cm⁴)	i_{y0} (cm)	W_{y0} (cm⁴)	I_{r1} (cm⁴)	(cm)
3.0	30	3	4.5	1.749	1.373	0.117	1.46	0.91	0.68	2.31	1.51	1.09	0.61	0.59	0.51	2.71	0.85
		4		2.276	1.786	0.117	1.84	0.90	0.87	2.92	1.13	1.37	0.77	0.58	0.62	3.63	0.89
3.6	36	3		2.109	1.656	0.141	2.58	1.11	0.99	4.06	1.39	1.61	1.07	0.71	0.76	4.68	1.00
		4		2.756	2.163	0.141	3.29	1.09	1.28	5.22	1.38	2.05	1.37	0.70	0.93	6.25	1.04
		5		3.382	2.654	0.141	3.95	1.08	1.56	6.24	1.36	2.45	1.65	0.70	1.09	7.84	1.07
4.0	40	3		2.359	1.852	0.157	3.50	1.23	1.23	5.69	1.55	2.01	1.49	0.79	0.96	6.41	1.09
		4		3.086	2.422	0.157	4.60	1.22	1.60	7.29	1.54	2.58	1.91	0.79	1.19	8.56	1.13
		5		3.791	2.976	0.156	5.53	1.21	1.96	8.76	1.52	3.10	2.30	0.78	1.39	10.74	1.17
4.5	45	3	3.5	2.659	2.088	0.177	5.17	1.40	1.58	8.20	1.76	2.58	2.14	0.89	1.24	9.12	1.22
		4		3.486	2.736	0.177	6.65	1.38	2.05	10.56	1.74	3.32	2.75	0.89	1.54	12.18	1.26
		5		4.292	3.369	0.176	8.04	1.37	2.51	12.74	1.72	4.00	3.33	0.88	1.81	15.25	1.30
		6		5.076	3.985	0.176	9.33	1.36	2.95	14.76	1.70	4.64	3.89	0.88	2.06	18.36	1.33
5	50	3	5.5	2.971	2.332	0.197	7.18	1.55	1.96	11.37	1.96	3.22	2.98	1.00	1.57	12.50	1.34
		4		3.897	3.059	0.197	9.26	1.54	2.56	14.70	1.94	4.16	3.82	0.99	1.96	16.69	1.38
		5		4.803	3.770	0.196	11.21	1.53	3.13	17.79	1.92	5.03	4.64	0.98	2.31	20.90	1.42
		6		5.688	4.465	0.196	13.05	1.52	3.68	20.68	1.91	5.85	5.42	0.98	2.63	25.14	1.46

467

角钢号数	尺寸 (mm)			截面面积 (cm²)	理论重量 (kg/m)	外表面积 (m²/m)	参考数值										
							x—x			x0—x0			y0—y0			x1—x1	z0 (cm)
	b	d	r				I_x (cm⁴)	i_x (cm)	W_x (cm³)	I_{x0} (cm⁴)	i_{x0} (cm⁴)	W_{x0} (cm)	I_{y0} (cm⁴)	i_{y0} (cm)	W_{y0} (cm⁴)	I_{r1} (cm⁴)	
5.6	56	3	6	3.343	2.624	0.221	10.19	1.75	2.48	16.14	2.20	4.08	4.24	1.13	2.02	17.56	1.48
		4		4.300	3.446	0.220	13.18	1.73	3.24	20.92	2.18	5.28	5.46	1.11	2.52	23.43	1.53
		5		5.415	4.251	0.220	16.02	1.72	3.97	25.42	2.17	6.42	6.61	1.10	2.98	29.33	1.57
		8		8.367	6.568	0.219	23.63	1.68	6.03	37.37	2.11	9.44	9.89	1.09	4.16	47.24	1.68
6.3	63	4	7	4.978	3.907	0.248	19.03	1.96	4.13	30.17	2.46	6.78	7.89	1.26	3.29	33.35	1.70
		5		6.143	4.822	0.248	23.17	1.94	5.08	36.77	2.45	8.25	9.57	1.25	3.90	41.73	1.74
		6		7.288	5.721	0.247	27.12	1.93	6.00	43.03	2.43	9.66	11.20	1.24	4.46	50.14	1.78
		8		9.515	7.469	0.247	34.46	1.90	7.75	54.56	2.40	12.25	14.33	1.23	5.47	67.11	1.85
		10		11.657	9.151	0.246	41.09	1.88	9.39	64.85	2.36	14.56	17.33	1.22	6.36	84.31	1.93
7	70	4	8	5.570	4.372	0.275	26.39	2.18	5.14	41.80	2.74	8.44	10.99	1.40	4.17	45.74	1.86
		5		6.875	5.397	0.275	32.21	2.16	6.32	51.08	2.73	10.32	13.34	1.39	4.95	57.21	1.91
		6		8.160	6.406	0.275	37.77	2.15	7.84	59.93	2.71	12.11	15.61	1.38	5.67	68.73	1.95
		7		9.424	7.398	0.275	43.09	2.14	8.59	68.35	2.69	13.81	17.82	1.38	6.34	80.29	1.99
		8		10.667	8.373	0.274	48.17	2.12	9.68	75.37	2.68	15.43	19.98	1.37	6.98	91.92	2.03

角钢号数	尺寸(mm) b	d	r	截面面积(cm²)	理论重量(kg/m)	外表面积(m²/m)	I_x(cm⁴)	i_x(cm)	W_x(cm³)	I_{x0}(cm⁴)	i_{x0}(cm)	W_{x0}(cm)	I_{y0}(cm⁴)	i_{y0}(cm)	W_{y0}(cm⁴)	I_{x1}(cm⁴)	z_0(cm)
							x—x			x0—x0			y0—y0			x1—x1	
7.5	75	5	9	7.412	5.818	0.295	39.97	2.33	7.32	63.30	2.92	11.94	16.63	1.50	5.77	70.56	2.04
		6		8.797	6.905	0.294	46.95	2.31	8.64	74.38	2.90	14.02	19.51	1.49	6.67	84.55	2.07
		7		10.160	7.976	0.294	53.57	2.30	9.93	84.96	2.89	16.02	22.18	1.48	7.44	98.71	2.11
		8		11.503	9.030	0.294	59.96	2.28	11.20	95.07	2.88	17.93	24.86	1.47	8.19	112.97	2.15
		10		14.126	11.089	0.293	71.98	2.26	13.64	113.92	2.84	21.48	30.05	1.46	9.56	141.71	2.22
8	80	5	9	7.912	6.211	0.315	48.79	2.48	8.34	77.33	3.13	13.67	20.25	1.60	6.66	85.36	2.15
		6		9.397	7.376	0.314	57.35	2.47	9.87	90.98	3.11	16.08	23.72	1.59	7.65	102.50	2.19
		7		10.860	8.525	0.314	65.58	2.46	11.37	104.07	3.10	18.40	27.09	1.58	8.58	119.70	2.23
		8		12.303	9.658	0.314	73.49	2.44	12.83	116.60	3.08	20.61	30.39	1.57	9.46	136.97	2.27
		10		15.126	11.874	0.313	88.43	2.42	15.64	140.09	3.04	24.76	36.77	1.56	11.08	171.74	2.35
9	90	6	9	10.637	8.350	0.354	82.77	2.79	12.61	131.26	3.51	20.63	34.28	1.80	9.95	145.87	2.44
		7		12.301	9.656	0.354	94.83	2.78	14.54	150.47	3.50	23.64	39.18	1.78	11.19	170.30	2.48
		8		13.944	10.946	0.353	106.47	2.76	16.42	168.97	3.48	26.55	43.97	1.78	12.35	194.80	2.52
		10		17.167	13.476	0.353	128.58	2.74	20.07	203.90	3.45	32.04	53.26	1.76	14.52	244.07	2.59
		12		20.306	15.940	0.352	149.22	2.71	23.57	236.21	3.41	37.12	62.22	1.75	16.49	293.76	2.67

参 考 数 值

参 考 数 值

角钢号数	尺寸(mm) b	d	r	截面面积 (cm²)	理论重量 (kg/m)	外表面积 (m²/m)	x—x Ix (cm⁴)	ix (cm)	Wx (cm³)	x0—x0 Ix0 (cm⁶)	ix0 (cm⁴)	Wx0 (cm)	y0—y0 Iy0 (cm⁴)	iy0 (cm)	Wy0 (cm⁴)	x1—x1 Ix1 (cm⁴)	z0 (cm)
10	100	6	12	11.932	9.366	0.393	114.95	3.10	15.68	181.98	3.90	25.74	47.92	2.00	12.69	200.07	2.67
		7		13.796	10.830	0.393	131.86	3.09	18.10	208.97	3.89	29.55	54.74	1.99	14.26	233.54	2.71
		8		15.638	12.276	0.393	148.24	3.08	20.47	235.07	3.88	33.24	61.41	1.98	15.75	267.09	2.76
		10		19.261	15.120	0.392	179.51	3.05	25.06	284.68	3.84	40.26	74.35	1.96	18.54	334.48	2.84
		12		22.800	17.898	0.391	208.90	3.03	29.48	330.95	3.81	46.80	86.84	1.95	21.08	402.34	2.91
		14		26.256	20.611	0.391	236.53	3.00	33.73	374.06	3.77	52.90	99.00	1.94	23.44	470.75	2.99
		16		29.627	23.257	0.390	262.53	2.98	37.82	414.16	3.74	58.57	110.89	1.94	25.63	539.80	3.06
11	110	7	12	15.196	11.928	0.433	177.16	3.41	22.05	280.94	4.30	36.12	73.38	2.20	17.51	310.64	2.96
		8		17.238	13.532	0.433	199.46	3.40	24.95	316.49	4.28	40.09	82.42	2.19	19.39	355.20	3.01
		10		21.261	16.690	0.432	242.19	3.38	30.60	384.39	4.25	49.42	99.98	2.17	22.91	444.65	3.09
		12		25.200	19.782	0.431	282.55	3.35	36.05	448.17	4.22	57.62	116.93	2.15	26.15	534.60	3.16
		14		29.056	22.809	0.431	320.71	3.32	41.31	508.01	4.18	65.31	133.40	2.14	29.14	625.16	3.24
12.5	125	8	14	19.750	15.504	0.492	297.03	3.88	35.52	470.89	4.88	53.28	123.16	2.50	25.86	521.01	3.37
		10		24.373	19.133	0.491	361.67	3.85	39.97	573.89	4.85	64.93	149.46	2.48	30.62	651.93	3.45
		12		28.912	22.696	0.491	423.16	3.83	41.17	671.44	4.82	75.96	174.88	2.46	35.03	783.42	3.53
		14		33.367	26.193	0.490	481.65	3.80	54.16	763.73	4.78	86.41	199.57	2.45	39.13	915.61	3.61
14	140	10	14	27.373	21.488	0.551	514.65	4.34	50.58	817.27	5.46	82.56	212.04	2.78	39.20	915.11	3.82
		12		35.512	25.522	0.551	603.68	4.31	59.80	958.79	5.43	96.85	248.57	2.76	45.02	1099.28	3.90
		14		37.567	29.490	0.550	688.81	4.28	68.75	1093.56	5.40	110.47	284.06	2.75	50.45	1284.22	3.98
		16		42.539	33.393	0.549	770.24	4.26	77.46	1221.81	5.36	123.42	318.67	2.74	55.55	1470.07	4.06

角钢号数	尺寸 (mm) b	尺寸 (mm) d	尺寸 (mm) r	截面面积 (cm²)	理论重量 (kg/m)	外表面积 (m²/m)	I_x (cm⁴)	i_x (cm)	W_x (cm³)	I_{x_0} (cm⁴)	i_{x_0} (cm)	W_{x_0} (cm)	I_{y_0} (cm⁴)	i_{y_0} (cm)	W_{y_0} (cm⁴)	I_{r_1} (cm⁴)	z_0 (cm)
								$x-x$			x_0-x_0			y_0-y_0		x_1-x_1	
16	160	10	16	31.502	24.729	0.630	779.53	4.98	66.70	1237.30	6.27	109.36	321.76	3.20	52.76	1365.33	4.31
		12		37.441	29.391	0.630	916.58	4.95	78.98	1455.68	6.24	128.67	377.49	3.18	60.74	1639.57	4.39
		14		43.296	33.987	0.629	1048.36	4.92	90.95	1665.02	6.20	147.17	431.70	3.16	68.24	1914.68	4.47
		16		49.067	38.518	0.629	1175.08	4.89	102.63	1865.57	6.17	164.89	484.59	3.14	75.31	2190.82	4.55
18	180	12	16	42.241	33.159	0.710	1321.35	5.59	100.82	2100.10	7.05	165.00	542.61	3.58	78.41	2332.80	4.89
		14		48.896	38.383	0.709	1514.48	5.56	116.25	2407.42	7.02	189.14	621.53	3.56	88.38	2723.48	4.97
		16		55.467	43.542	0.709	1700.99	5.54	131.13	2703.37	6.98	212.40	698.60	3.55	97.83	3115.29	5.05
		18		61.955	48.634	0.708	1875.12	5.50	145.64	2988.24	6.94	234.78	762.01	3.51	105.14	3502.43	5.13
20	200	14	18	54.642	42.894	0.788	2103.55	6.20	144.70	3343.26	7.82	236.40	863.83	3.98	111.82	3734.10	5.46
		16		62.013	48.680	0.788	2366.15	6.18	163.65	3760.89	7.79	265.93	971.41	3.96	123.96	4270.39	5.54
		18		69.301	54.401	0.787	2620.64	6.15	182.22	4164.54	7.75	294.48	1076.74	3.94	135.52	4808.18	5.62
		20		76.505	60.056	0.787	2867.30	6.12	200.42	4554.55	7.72	322.60	1180.04	3.93	146.55	5347.51	5.69
		24		90.661	71.168	0.785	3338.25	6.07	236.17	5294.97	7.61	374.41	1381.53	3.90	166.65	6457.16	5.87

参 考 数 值

注：截面图中的 $r_1 = 1/3d$ 及表中 r 值的数据用于孔型设计，不做交货条件。

表2

热轧不等边角钢(GB9783—88)

符号意义:

B——长边宽度;
d——边厚度;
r₁——边端内圆弧半径;
i——惯性半径;
x₀——重心距离;

b——短边宽度;
r——内圆弧半径;
I——惯性矩;
W——截面系数;
y₀——重心距离

参考数值

| 角钢号数 | 尺寸(mm) | | | | 截面面积 (cm²) | 理论质量 (kg/m) | 外表面积 (m²/m) | x—x | | | y—y | | | x₁—x₁ | | y₁—y₁ | | u—u | | | |
	B	b	d	r				I_x (cm⁴)	i_x (cm)	W_x (cm³)	I_y (cm⁴)	i_y (cm)	W_y (cm³)	I_{x1} (cm⁴)	y_0 (cm)	I_{y1} (cm⁴)	x_0 (cm)	I_u (cm⁴)	i_u (cm)	W_u (cm³)	$\tan\alpha$
2.5/1.0	25	16	3	3.5	1.162	0.912	0.080	0.70	0.78	0.43	0.22	0.44	0.19	1.56	0.86	0.43	0.42	0.14	0.34	0.16	0.392
			4		1.499	1.176	0.079	0.88	0.77	0.55	0.27	0.43	0.24	2.09	0.90	0.59	0.46	0.17	0.34	0.20	0.381
3.2/2	32	20	3		1.492	1.171	0.102	1.53	1.01	0.72	0.46	0.55	0.30	3.27	1.08	0.82	0.49	0.28	0.43	0.25	0.382
			4		1.939	1.522	0.101	1.93	1.00	0.93	0.57	0.54	0.39	4.37	1.12	1.12	0.53	0.35	0.42	0.32	0.374
4/2.5	40	25	3	4	1.890	1.484	0.127	3.08	1.28	1.15	0.93	0.70	0.49	5.39	1.32	1.59	0.59	0.56	0.54	0.40	0.385
			4		2.467	1.936	0.127	3.93	1.26	1.49	1.18	0.69	0.63	8.53	1.37	2.14	0.63	0.71	0.54	0.52	0.381
4.5/2.8	45	28	3		2.149	1.687	0.143	4.45	1.44	1.47	1.34	0.79	0.62	9.10	1.47	2.23	0.64	0.80	0.61	0.51	0.383
			4		2.806	2.203	0.143	5.69	1.42	1.91	1.70	0.78	0.80	12.13	1.51	3.00	0.68	1.02	0.60	0.66	0.380
5/3.2	50	32	3		2.431	1.908	0.161	6.24	1.60	1.84	2.02	0.91	0.82	12.49	1.60	3.31	0.73	1.20	0.70	0.68	0.404
			4		3.177	2.494	0.160	8.02	1.59	2.39	2.58	0.90	1.06	16.65	1.65	4.45	0.77	1.53	0.69	0.87	0.402
5.6/3.6	56	36	3	6	2.743	2.153	0.181	8.88	1.80	2.32	2.92	1.03	1.05	17.54	1.78	4.70	0.80	1.73	0.79	0.87	0.408
			4		3.590	2.818	0.180	11.45	1.79	3.03	3.76	1.02	1.37	23.39	1.82	6.33	0.85	2.23	0.79	1.13	0.408
			5		4.415	3.466	0.180	13.86	1.77	3.71	4.49	1.01	1.65	29.25	1.87	7.94	0.88	2.67	0.78	1.36	0.404

角钢号数	尺寸(mm) B	b	d	r	截面面积 (cm²)	理论质量 (kg/m)	外表面积 (m²/m)	x-x I_x (cm⁴)	i_x (cm)	W_x (cm³)	y-y I_y (cm⁴)	i_y (cm)	W_y (cm³)	x_1-x_1 I_{x1} (cm⁴)	y_0 (cm)	y_1-y_1 I_{y1} (cm⁴)	x_0 (cm)	u-u I_u (cm⁴)	i_u (cm)	W_u (cm³)	$\tan\alpha$
6.3/4	63	40	4	7	4.058	3.185	0.202	16.49	2.02	3.87	5.23	1.14	1.70	33.30	2.04	8.63	0.92	3.12	0.88	1.40	0.398
			5		4.993	3.920	0.202	20.02	2.00	4.74	6.31	1.12	2.71	41.63	2.08	10.86	0.95	3.76	0.87	1.71	0.396
			6		5.908	4.638	0.201	23.36	1.96	5.59	7.29	1.11	2.43	49.98	2.12	13.12	0.99	4.34	0.86	1.99	0.393
			7		6.802	5.339	0.201	26.53	1.98	6.40	8.24	1.10	2.78	58.07	2.15	15.47	1.03	4.97	0.86	2.29	0.389
7/4.5	70	45	4	7.5	4.547	3.570	0.226	23.17	2.26	4.86	7.55	1.29	2.17	45.92	2.24	12.26	1.02	4.40	0.98	1.77	0.410
			5		5.609	4.403	0.225	27.95	2.23	5.92	9.13	1.28	2.65	57.10	2.28	15.39	1.06	5.40	0.98	2.19	0.407
			6		6.647	5.218	0.225	32.54	2.21	6.95	10.62	1.26	3.12	68.35	2.32	18.58	1.09	6.35	0.98	2.59	0.404
			7		7.657	6.011	0.225	37.22	2.20	8.03	12.01	1.25	3.57	79.99	2.36	21.84	1.13	7.16	0.97	2.94	0.402
7.5/5	75	50	5	8	6.125	4.808	0.245	34.86	2.39	6.83	12.61	1.44	3.30	70.00	2.40	21.04	1.17	7.41	1.10	2.74	0.435
			6		7.260	5.699	0.245	41.12	2.38	8.12	14.70	1.42	3.88	84.30	2.44	25.37	1.21	8.54	1.08	3.19	0.435
			8		9.467	7.431	0.244	52.39	2.35	10.52	18.53	1.40	4.99	112.50	2.52	34.23	1.29	10.87	1.07	4.10	0.429
			10		11.590	9.098	0.244	62.71	2.33	12.79	21.96	1.38	6.04	140.80	2.60	43.43	1.36	13.10	1.06	4.99	0.423
8/5	80	50	5	8	6.375	5.005	0.255	41.96	2.56	7.78	12.82	1.42	3.32	85.21	2.60	21.06	1.14	7.66	1.10	2.74	0.388
			6		7.560	5.935	0.255	49.49	2.56	9.25	14.95	1.41	3.91	102.53	2.65	25.41	1.18	8.85	1.08	3.20	0.387
			7		8.724	6.848	0.255	56.16	2.54	10.58	16.96	1.39	4.48	119.33	2.69	29.82	1.21	10.18	1.08	3.70	0.384
			8		9.867	7.745	0.254	62.83	2.52	11.92	18.85	1.38	5.03	136.41	2.73	34.32	1.25	11.38	1.07	4.16	0.381
9/5.6	90	56	5	9	7.212	5.661	0.287	60.45	2.90	9.92	18.32	1.59	4.21	121.32	2.91	29.53	1.25	10.98	1.23	3.49	0.385
			6		8.557	6.717	0.286	71.03	2.88	11.74	21.42	1.58	4.96	145.59	2.95	35.58	1.29	12.90	1.23	4.13	0.384
			7		9.880	7.756	0.286	81.01	2.86	13.49	24.36	1.57	5.70	169.60	3.00	41.71	1.33	14.67	1.22	4.72	0.382
			8		11.183	8.779	0.286	91.03	2.85	15.27	27.15	1.56	6.41	194.17	3.04	47.93	1.36	16.34	1.21	5.29	0.380

角钢号数	尺寸(mm) B	b	d	r	截面面积 (cm²)	理论质量 (kg/m)	外表面积 (m²/m)	参考数值 x—x I_x (cm⁴)	i_x (cm)	W_x (cm³)	y—y I_y (cm⁴)	i_y (cm)	W_y (cm³)	x_1—x_1 I_{x1} (cm⁴)	y_0 (cm)	y_1—y_1 I_{y1} (cm⁴)	x_0 (cm)	u—u I_u (cm⁴)	i_u (cm)	W_u (cm³)	$\tan\alpha$
10/6.3	100	63	6	10	9.617	7.550	0.320	99.06	3.21	14.64	30.94	1.79	6.35	199.71	3.24	50.50	1.43	18.42	1.38	5.25	0.394
			7		11.111	8.722	0.320	113.45	3.20	16.88	35.26	1.78	7.29	233.00	3.28	59.14	1.47	21.00	1.38	6.02	0.394
			8		12.584	9.878	0.319	127.37	3.18	19.08	39.39	1.77	8.21	266.32	3.32	67.88	1.50	23.50	1.37	6.78	0.391
			10		15.467	12.142	0.319	153.81	3.15	23.32	47.12	1.74	9.98	333.06	3.40	85.73	1.58	28.33	1.35	8.24	0.387
10/8	100	80	6	10	10.637	8.350	0.354	107.04	3.17	15.19	61.24	2.40	10.16	199.83	2.95	102.68	1.97	31.65	1.72	8.37	0.627
			7		12.301	9.650	0.354	122.73	3.16	17.52	70.08	2.39	11.71	233.20	3.00	119.98	2.01	36.17	1.72	9.60	0.626
			8		13.944	10.946	0.353	137.92	3.14	19.81	78.58	2.37	13.21	266.61	3.04	137.37	2.05	40.58	1.71	10.80	0.625
			10		17.167	13.476	0.353	166.87	3.12	24.24	94.65	2.35	16.12	333.63	3.12	172.48	2.13	49.10	1.69	13.12	0.622
11/7	110	70	6	10	10.637	8.350	0.354	133.37	3.54	17.85	42.92	2.01	7.90	265.78	3.53	69.08	1.57	25.36	1.54	6.53	0.403
			7		12.301	9.656	0.354	153.00	3.53	20.60	49.01	2.00	9.09	310.07	3.57	80.82	1.61	28.95	1.53	7.50	0.402
			8		13.944	10.946	0.353	172.04	3.51	23.30	54.87	1.98	10.25	354.39	3.62	92.70	1.65	32.45	1.53	8.45	0.401
			10		17.167	13.467	0.353	208.39	3.48	28.54	65.88	1.96	12.48	443.13	3.70	169.83	1.72	39.20	1.51	10.29	0.397
12.5/8	125	80	7	11	14.096	11.066	0.403	277.98	4.02	26.86	74.42	2.30	12.01	454.99	4.01	120.32	1.80	43.81	1.76	9.92	0.408
			8		15.989	12.551	0.403	256.77	4.01	30.41	83.49	2.28	13.56	519.99	4.06	137.85	1.84	49.15	1.75	11.18	0.407
			10		19.712	15.474	0.402	312.04	3.98	37.33	100.67	2.26	16.56	650.09	4.14	173.40	1.92	59.45	1.74	13.64	0.404
			12		23.351	18.330	0.402	364.41	3.95	44.01	116.67	2.24	19.43	780.39	4.22	209.67	2.00	69.35	1.72	16.01	0.400

角钢号数	尺寸(mm) B	b	d	r	截面面积 (cm²)	理论质量 (kg/m)	外表面积 (m²/m)	参考数值 x—x I_x (cm⁴)	i_x (cm)	W_x (cm³)	y—y I_y (cm⁴)	i_y (cm)	W_y (cm³)	x_1—x_1 I_{x1} (cm⁴)	y_0 (cm)	y_1—y_1 I_{y1} (cm⁴)	x_0 (cm)	u—u I_u (cm⁴)	i_u (cm)	W_u (cm³)	tan α
14/9	140	100	8	12	18.038	14.160	0.453	365.64	4.50	38.48	120.69	2.59	17.34	730.53	4.50	195.79	2.04	70.83	1.98	14.31	0.411
			10		22.261	17.475	0.452	445.50	4.47	47.31	140.03	2.56	21.22	913.20	4.58	245.92	2.12	85.82	1.96	17.48	0.409
			12		26.400	20.724	0.451	521.59	4.44	55.87	169.79	2.54	24.95	1096.09	4.66	296.89	2.19	100.21	1.95	20.54	0.406
			14		30.456	23.908	0.451	594.10	4.42	64.18	192.10	2.51	28.54	1279.26	4.74	348.82	2.27	114.13	1.94	23.52	0.403
16/10	160	100	10	13	25.315	19.872	0.512	668.69	5.14	62.13	205.03	2.85	26.56	1362.89	5.24	336.59	2.28	121.74	2.19	21.92	0.390
			12		30.054	23.592	0.511	784.91	5.11	73.49	239.06	2.82	31.28	1635.56	5.32	405.94	2.36	142.33	2.17	25.79	0.388
			14		34.709	27.247	0.510	896.30	5.08	84.56	271.20	2.80	35.83	1908.50	5.40	476.42	2.43	162.23	2.16	29.56	0.385
			16		39.281	30.835	0.510	1003.04	5.05	95.33	301.60	2.77	40.24	2181.79	5.48	548.2	2.51	182.57	2.16	33.44	0.382
18/11	180	110	10	14	28.373	22.273	0.571	956.25	5.80	78.96	278.11	3.13	32.49	1940.40	5.89	447.22	2.44	166.50	2.42	26.88	0.376
			12		33.712	26.464	0.571	1124.72	5.78	93.53	325.03	3.10	38.32	2328.38	5.98	538.94	2.52	194.87	2.40	31.66	0.374
			14		38.967	30.589	0.570	1286.91	5.75	107.76	369.55	3.08	43.97	2716.60	6.06	631.95	2.59	222.30	2.39	36.32	0.372
			16		44.139	34.649	0.569	1443.06	5.72	121.64	411.85	3.06	49.44	3105.15	6.14	726.46	2.67	248.94	2.38	40.87	0.369
20/12.5	200	125	12	14	37.912	29.761	0.641	1570.90	6.44	116.73	483.16	3.57	49.99	3193.85	6.54	787.74	2.83	285.79	2.74	41.23	0.392
			14		43.867	34.436	0.640	1800.97	6.41	134.65	550.83	3.54	57.44	3726.17	6.62	922.47	2.91	326.58	2.73	47.34	0.390
			16		49.739	39.045	0.639	2023.35	6.38	152.18	615.44	3.52	64.69	4258.86	6.70	1058.86	2.99	366.21	2.71	53.32	0.388
			18		55.526	43.588	0.639	2238.30	6.35	169.33	677.19	3.49	71.74	4792.00	6.78	1197.13	3.06	404.83	2.70	59.18	0.385

注：1. 括号内型号不推荐使用。
2. 截面图中的 $r_1 = 1/3d$ 及表中的 r 的数据用于孔型设计，不做交货条件。

表3

热轧槽钢（GB707—88）

符号意义：

h——高度；
b——腿宽度；
d——腰厚度；
t——平均腿厚度；
r——内圆弧半径；
r_1——腿端圆弧半径；
I——惯性矩；
W——截面系数；
i——惯性半径；
z_0——y—y轴与y_1—y_1轴间距。

型号	尺寸(mm)						截面面积 (cm²)	理论质量 (kg/m)	参考数值							
									x—x			y—y			y_1—y_1	z_0 (cm)
	h	b	d	t	r	r_1			W_x (cm³)	I_x (cm⁴)	i_x (cm)	W_y (cm³)	I_y (cm⁴)	i_y (cm)	I_{y1} (cm⁴)	
5	50	37	4.5	7	7.0	3.5	6.928	5.438	10.4	26.0	1.94	3.55	8.30	1.10	20.9	1.35
6.3	63	40	4.8	7.5	75	3.8	8.451	6.634	16.1	50.8	2.45	4.50	11.9	1.19	28.4	1.36
8	80	43	5.0	8	8.0	4.0	10.248	8.045	25.3	101	3.15	5.79	16.6	1.27	37.4	1.43
10	100	48	5.3	8.5	8.5	4.0	12.748	10.007	39.7	198	3.95	7.8	25.6	1.41	54.9	1.52
12.6	126	53	5.5	9	9.0	4.5	15.692	12.318	62.1	391	4.95	10.2	38.0	1.57	77.1	1.59
14 a	140	58	6.0	9.5	9.5	4.8	18.516	14.535	80.5	564	5.52	13.0	53.2	1.70	107	1.71
14 b	140	60	8.0	9.5	9.5	4.8	21.316	16.733	87.1	09	5.35	14.1	61.1	1.69	121	1.67
16a	160	63	6.5	10	10.0	5.0	21.962	17.240	108	866	6.28	16.3	73.3	1.83	144	1.80
16	160	65	8.5	10	10.0	5.0	25.162	19.752	117	935	6.10	17.6	83.4	1.82	161	1.75
18a	180	68	7.0	10.5	10.5	5.2	25.699	20.174	141	1 270	7.04	20.0	98.6	1.96	190	1.88
18	180	70	9.0	10.5	10.5	5.2	29.299	23.000	152	1 370	6.84	21.5	111	1.95	210	1.84

型号	尺寸(mm)						截面面积 (cm²)	理论质量 (kg/m)	参考数值							
									x—x			y—y			y1—y1	z0 (cm)
	h	b	d	t	r	r1			Wx (cm³)	Ix (cm⁴)	ix (cm)	Wy (cm³)	Iy (cm⁴)	iy (cm)	Iy1 (cm⁴)	
20a	200	73	7.0	11	11.0	5.5	28.837	22.637	178	1 780	7.86	24.2	128	2.11	244	2.01
20	200	75	9.0	11	11.0	5.5	32.837	25.777	191	1 910	7.64	25.9	144	2.09	268	1.95
22a	220	77	7.0	11.5	11.5	5.8	31.846	24.999	218	2 390	8.67	28.2	158	2.23	298	2.10
22	220	79	9.0	11.5	11.5	5.8	36.246	28.453	234	2 570	8.42	30.1	176	2.21	326	2.03
25 a	250	78	7.9	12	12.0	6.0	34.917	27.410	270	3 370	9.82	30.6	176	2.24	322	20.7
25 b	250	80	9.0	12	12.0	6.0	39.917	31.335	282	3 530	9.41	32.7	196	2.22	353	1.98
25 c	250	82	11.0	12	12.0	6.0	44.917	35.260	295	3 690	9.07	35.9	218	2.21	384	1.92
28 a	280	82	7.5	12.5	12.5	6.2	40.034	31.427	340	4 760	10.9	35.7	218	2.33	388	2.10
28 b	280	84	9.5	12.5	12.5	6.2	45.634	35.823	366	5 130	10.6	37.9	242	2.30	428	2.02
28 c	280	86	11.5	12.5	12.5	6.2	51.234	40.219	393	5 500	10.4	40.3	268	2.29	463	1.95
32 a	320	88	8.0	14	14.0	7.0	48.513	38.083	475	7 600	12.5	46.5	305	2.50	552	2.24
32 b	320	90	10.0	14	14.0	7.0	54.913	43.107	509	8 140	12.2	49.2	336	2.47	593	2.16
32 c	320	92	12.0	14	14.0	7.0	61.313	48.131	543	8 690	11.9	52.6	374	2.47	643	2.09
36 a	360	96	9.0	16	16.0	8.0	60.910	47.814	660	11 900	14.0	63.5	455	2.73	818	2.44
36 b	360	98	11.0	16	16.0	8.0	68.110	53.466	703	12 700	13.6	66.9	497	2.70	880	2.37
36 c	360	100	13.0	16	16.0	8.0	75.310	59.118	746	13 400	13.4	70.0	536	2.67	948	2.34
40 a	400	100	10.5	18	18.0	9.0	75.068	58.928	879	17 600	15.3	78.8	592	2.81	1070	2.49
40 b	400	102	12.5	18	18.0	9.0	83.068	65.208	932	18600	15.0	82.5	640	2.78	1140	2.44
40 c	400	104	14.5	18	18.0	9.0	91.068	71.488	986	19700	14.7	86.2	688	2.75	1220	2.42

注：截面图和表中标注的圆弧半径 r、r_1 的数据用于孔型设计，不做交货条件。

表 4

热轧工字钢（GB706—88）

符号意义：

h——高度；
b——腿宽度；
d——腰厚度；
t——平均腿厚度；
r——内圆弧半径；
r_1——腿端圆弧半径；
I——惯性矩；
W——截面系数；
i——惯性半径；
S——半截面的静力矩。

型号	尺寸(mm)						截面面积 (cm²)	理论质量 (kg/m)	参考数值						
									$x-x$				$y-y$		
	h	b	d	t	r	r_1			I_x (cm⁴)	W_x (cm³)	i_x (cm)	$I_x : S_x$	I_y (cm⁴)	W_y (cm³)	i_y (cm)
10	100	68	4.5	7.6	6.5	3.3	14.345	11.261	245	49.0	4.14	8.59	33.0	9.72	1.52
12.6	126	74	5.0	8.4	7.0	3.5	18.118	14.223	488	77.5	5.20	10.8	46.9	12.7	1.61
14	140	80	5.5	9.1	7.5	3.8	21.516	16.890	712	102	5.76	12.0	64.4	16.1	1.73
16	160	88	6.0	9.9	8.0	4.0	26.131	20.513	1130	141	6.58	13.8	93.1	21.2	1.89
18	180	94	6.5	10.7	8.5	4.3	30.756	24.143	1660	185	7.36	15.4	122	26.0	2.00
20a	200	100	7.0	11.4	9.0	4.5	35.578	27.929	2370	237	8.15	17.2	158	31.5	2.12
20b	200	102	9.0	11.4	9.0	4.5	39.578	31.069	2500	250	7.96	16.9	169	33.1	2.06
22a	220	110	7.5	12.3	9.5	4.8	42.128	33.070	3400	309	8.99	18.9	225	40.9	2.31
22b	220	112	9.5	12.3	9.5	4.8	46.528	36.524	3570	325	8.78	18.7	239	42.7	2.27
25a	250	116	8.0	13.0	10.0	5.0	48.541	38.105	5020	402	10.2	21.6	280	48.3	2.40
25b	250	118	10.0	13.0	10.0	5.0	53.541	42.030	5280	423	9.94	21.3	309	52.4	2.40

型号	尺寸(mm)						截面面积 (cm²)	理论重量 (kg/m)	参 考 数 值						
	h	b	d	t	r	r₁			x—x				y—y		
									I_x (cm⁴)	W_x (cm³)	i_x (cm)	$l_x : S_x$	I_y (cm⁴)	W_y (cm³)	i_y (cm)
28a	280	122	8.5	13.7	10.5	5.3	55.404	43.492	7110	508	11.3	24.6	345	56.6	2.50
28b	280	124	10.5	13.7	10.5	5.3	61.004	47.888	7480	534	11.1	24.2	379	61.2	2.49
33a	320	136	9.5	15.0	11.5	5.8	67.156	52.717	11100	692	12.8	27.5	460	70.8	2.62
33b	320	132	11.5	15.0	11.5	5.8	73.556	57.741	11600	726	12.6	27.1	502	76.0	2.61
33c	320	134	13.5	15.0	11.5	5.8	79.956	62.765	12200	760	12.3	26.8	544	81.2	2.61
36a	360	136	10.0	15.8	12.0	6.0	76.480	60.037	15800	875	14.4	30.7	552	81.2	2.69
36b	360	138	12.0	15.8	12.0	6.0	83.680	65.689	16500	919	14.1	30.3	582	84.3	2.64
36c	360	140	14.0	15.8	12.0	6.0	90.880	71.341	17300	962	13.8	29.9	612	87.4	2.60
40a	400	142	10.5	16.5	12.5	6.3	86.112	67.598	21700	1090	15.9	34.1	660	93.2	2.77
40b	400	144	12.5	16.5	12.5	6.3	94.112	73.878	22800	1140	15.6	33.6	692	96.2	2.71
40c	400	146	14.5	16.5	12.5	6.3	102.112	80.158	23900	1190	15.2	33.2	727	99.6	2.65
45a	450	150	11.5	18.0	13.5	6.8	102.446	80.420	32200	1430	17.7	38.6	855	114	2.89
45b	450	152	13.5	18.0	13.5	6.8	111.446	87.485	33800	1500	17.4	38.0	894	118	2.84
45c	450	154	15.5	18.0	13.5	6.8	120.446	94.550	35300	1570	17.1	37.6	938	122	2.79

续上表

型号	尺寸(mm)						截面面积 (cm²)	理论重量 (kg/m)	参考数值						
									x—x				y—y		
	h	b	d	t	r	r₁			I_x (cm⁴)	W_x (cm³)	i_x (cm)	$I_x:S_x$	I_y (cm⁴)	W_y (cm³)	i_y (cm)
50a	500	158	12.0	20.0	14.0	7.0	119.304	93.654	46500	1860	19.7	42.8	1120	142	3.07
50b	500	160	14.0	20.0	14.0	7.0	129.304	101.504	48600	1940	19.4	42.4	1170	146	3.01
50c	500	162	16.0	20.0	14.0	7.0	139.304	109.354	50600	2080	19.0	41.8	1220	151	2.93
56a	560	166	12.5	21.0	14.5	7.3	135.435	106.316	65600	2340	22.0	47.7	1370	165	3.18
56b	560	168	14.5	21.0	14.5	7.3	146.635	115.108	68500	2450	21.6	47.2	1490	174	3.16
56c	560	170	16.5	21.0	14.5	7.3	157.835	123.900	71400	2550	21.3	46.7	1560	183	3.16
63a	630	176	13.0	22.0	15.0	7.5	154.658	121.407	93900	2980	24.5	54.2	1700	193	3.31
63b	630	178	15.0	22.0	15.0	7.5	167.258	131.298	98100	3160	24.2	53.5	1810	204	3.29
63c	630	180	17.0	22.0	15.0	7.5	179.858	141.189	102000	3300	23.8	52.9	1920	214	3.27

注：截面图和表中标注的圆弧半径 r、r_1 的数据用于孔型设计，不做交货条件。

参考文献

[1] 沈伦序. 建筑力学(上、下). 北京:高等教育出版社,1990.

[2] 陈大钺. 理论力学. 北京:高等教育出版社,1983.

[3] 伍云青等. 理论力学. 上海:同济大学出版社,1988.

[4] 谢传锋. 理论力学. 北京:中央广播电视大学出版社,1995.

[5] 吴永生等. 材料力学. 北京:高等教育出版社,1983.

[6] 顾志荣等. 材料力学. 上海:同济大学出版社,1990.

[7] 吴永生等. 材料力学学习方法及解题指导. 上海,同济大学出版社,1989.

[8] 清华大学材料力学教研室. 材料力学解题指导及习题集. 北京:高等教育出版社,2002.

[9] 张良成. 工程力学与建筑结构. 北京:科学出版社,2002.

[10] 陈安生. 建筑力学与结构基础. 北京:中国建工出版社,2003.

[11] 包世华. 结构力学. 北京:中国广播电视大学出版社,1993.